中文版 Flash CS4 网页动画实例教程

解本巨　朱仁成　张　伟　编著

西安电子科技大学出版社

内 容 简 介

Flash CS4 是 Adobe 公司并购 Macromedia 公司之后对 Flash 的全面改进与升级，它融入了基于对象的补间动画、骨骼动画等，大大增强了 Flash 的动画功能。

本书是一本以实例带动理论知识讲解的基础教程，采用了“知识+实践+小结+练习”的写作模式，由浅入深、层层深入地介绍了 Flash CS4 的核心技术。全书共 10 章，包括 Flash CS4 的新增功能、工作界面与基本操作、基本绘图工具的使用、颜色的设置、对象的编辑与修饰、元件与实例、文本与声音的使用、各种类型动画的制作技术、简单的 ActionScript 编程、动画的优化及输出等，最后两章安排了综合性实例，以帮助读者提高 Flash 动画的综合制作能力。

本书结构清晰、语言流畅、实例丰富，是一本易学易用的实例教程，适合于高职院校相关专业选用，也可作为社会培训班和 Flash 爱好者的自学教材。另外，对于网站设计人员、多媒体课件开发人员也有一定的参考价值。

图书在版编目(CIP)数据

中文版 Flash CS4 网页动画实例教程 / 解本巨，朱仁成，张伟编著.

—西安：西安电子科技大学出版社，2010.5

ISBN 978-7-5606-2415-0

Ⅰ. 中…　Ⅱ. ① 解… ② 朱… ③ 张…　Ⅲ. 动画—设计—图形软件，Flash CS4—教材

Ⅳ. TP391.41

中国版本图书馆 CIP 数据核字(2010)第 039061 号

策　　划　毛红兵

责任编辑　孟秋黎　毛红兵

出版发行　西安电子科技大学出版社（西安市太白南路 2 号）

电　　话　(029)88242885　88201467　　邮　　编　710071

网　　址　www.xduph.com　　电子邮箱　xdupfxb001@163.com

经　　销　新华书店

印刷单位　西安文化彩印厂

版　　次　2010 年 5 月第 1 版　2010 年 5 月第 1 次印刷

开　　本　787 毫米×1092 毫米　1/16　印张 22.5

字　　数　535 千字

印　　数　1～3000 册

定　　价　38.00 元(含光盘)

ISBN 978 – 7 – 5606 – 2415 – 0 / TP・1208

XDUP 2707001-1

前　言

Flash 是 1996 年首次推出的，但其发展速度迅猛。到 1999 年 5 月，Macromedia 公司推出了 Flash 4，使其在全球得以风靡，迅速成为交互矢量动画的标准，在网页制作中得到广泛的应用。

目前，Flash 已经成为一款交互式矢量图形编辑、动画制作、多媒体开发工具，能够将矢量图、位图、音频、动画、视频和脚本语言有机地结合在一起，从而制作出效果突出、交互性强、文件极小、画质极高的作品。由于 Flash 生成的动画文件短小精悍，采用了跨媒体技术，所以被广泛应用于各种媒体环境。

Flash 归于 Adobe 旗下以后，2008 年 9 月推出了 Flash CS4(Flash 10.0 版本)。该版本在动画制作方面做了很多改进，新增了基于对象的补间动画、3D 动画、骨骼动画等，重新设计了 ActionScript 3.0 脚本语言，同时还保留了 ActionScript 2.0，以满足不同的用户群。所有这些，让 Flash 从原来的网络动画制作软件彻底蜕变成一款大型开发工具。它最主要的应用体现在以下三个方面：

- 网站建设方面的应用。

Flash 一推出就是针对网络动画而设计的，因此在网站建设方面的应用是 Flash 最重要的一个应用领域，现在的互联网上几乎看不到没有 Flash 动画的网站了。在这一应用领域中，Flash 的表现形式也很多，例如，网络上飘动的广告、横幅广告 Banner、动态效果的 Flash 按钮、Flash 贺卡或游戏，甚至是完整的 Flash 网站。

- 多媒体方面的应用。

由于 Flash 具有超强的图、文、声、像处理能力，灵活多变的交互能力，因此它已经成为多媒体领域中的一支生力军。特别是它的 ActionScript 编程能力越来越强，甚至可以与数据库相链接，这使得它表现出其它多媒体制作工具所不具有的特色，深受人们的追捧。在这一应用领域中，比较常见的表现形式有：多媒体光盘、Flash 动漫和 MTV、公司宣传片、产品介绍等。

- 教学课件方面的应用。

使用 Flash 制作课件是近几年 Flash 应用推广的一个新趋势。这是因为 Flash 具有强大的交互动画功能，使用它制作的课件不仅可以形象地表现教学内容，更重要的是可以让授课者自由地控制课堂的节奏。正是由于 Flash 具有强大的动画功能、交互功能、多媒体功能，甚至是编程功能，因此受到越来越多的多媒体课件制作者的喜爱。

与 PowerPoint、Authorware 等课件制作软件相比，Flash 课件一个最大的优势是可以将制作的课件应用于网络，因为 Flash 文件的体积非常小。

正是由于 Flash 具有独特的魅力、广泛的应用，所以学习 Flash 的人也越来越多。

本书是一本针对初学者的实例教程，内容安排如下：

第 1 章：介绍了 Flash CS4 的新功能、工作界面与基本操作。

第 2 章：介绍了绘图工具的使用以及颜色的设置，这是最基本的内容，用于创建与编辑动画对象。

第 3 章：介绍了对象的选择、编辑、修饰与管理技术，同时介绍了 3D 工具的使用方法。

第 4 章：介绍了元件、实例与库的概念、关系与使用方法。

第 5 章：介绍了文本、滤镜与声音运用技术。

第 6 章：介绍了图层与帧的应用，重点介绍了【时间轴】面板的构成、图层与帧的操作，为制作动画奠定基础。

第 7 章：介绍了各种不同类型的动画制作方法，并运用大量实例帮助读者理解与掌握关键技术。

第 8 章：介绍了 ActionScript 3.0 的基础知识与动画的优化与发布。

第 9 章：介绍了综合实例“端午节贺卡”的制作过程，帮助读者提高综合运用能力。

第 10 章：介绍了综合实例“某公司网站片头”的制作过程，帮助读者提高综合运用能力。

为了方便读者的学习，本书配备了一张光盘，光盘中收集了书中所有实例的素材与结果，读者既可以参照本书制作步骤从头开始制作实例，也可以打开光盘中的实例进行分解与分析。

本书由解本巨、朱仁成、张伟编著，参加编写的还有孙爱芳、崔树娟、车明霞、于岁、孙为钊、谭桂爱、姜迎美、朱海燕、刘继文、于进训、葛秀苓等。

由于水平有限，书中不妥之处在所难免，欢迎广大读者朋友批评指正。

作　者

2009 年 12 月

目　录

第 1 章　认识 Flash CS4 用户界面

本 章 内 容

- Flash CS4 的新功能
- Flash 的基本应用
- 认识 Flash CS4 工作界面
- 工作界面的相关操作
- Flash CS4 基本操作
- 初试身手——Flash CS4 体验
- 本章小结
- 课后练习

Flash CS4 是 Adobe 公司收购 Macromedia 公司以后对 Flash 的一次重大升级与改进，与以前的版本相比其变化非常大，除了在功能上增加了 3D 功能、角色动画以外，工作界面以及工作模式也有所改变。在 Flash CS4 中，【时间轴】面板被调整到工作界面下方，【属性】面板调整到了右侧，并且增加了【动画编辑器】面板。另外，Flash CS4 的工作方式吸收了 After Effects 的特点，特别是对关键帧的编辑，与 After Effects 极其相似。

Flash CS4 的改进很多，也更加适合于设计与开发人员创作 Flash 作品。本章主要学习 Flash CS4 的用户界面与基本操作，为今后的深入学习奠定基础。

1.1　Flash CS4 的新功能

Flash CS4 与以前的版本相比，有了一些质的飞跃，许多功能都是革命性的，例如，新增了骨骼动画功能、三维动画工具、基于对象的动画创建方式等。这使得 Flash 的功能更加强大，特别是 ActionScript 3.0 的引入，让 Flash 如虎添翼，成为了大型的、专业的多媒体开发工具。

1.1.1　工作界面的变化

Flash CS4 的工作界面有了一定的变化。一是启动后的欢迎画面多了 ActionScript 3.0 的选项，如图 1-1 所示。当选择该项创建文件以后，则脚本编程时必须使用 ActionScript 3.0 的语法结构，另外会有一些功能被禁用，如“行为”。

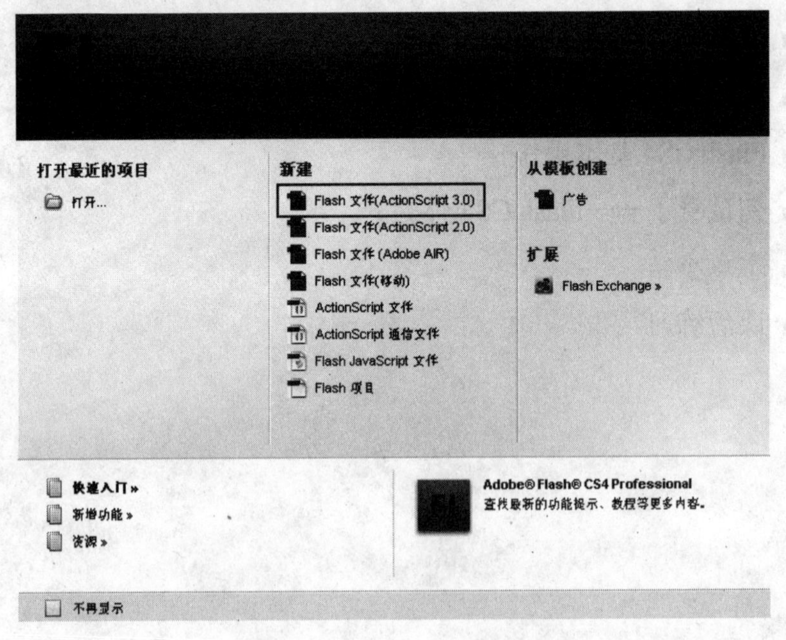

图 1-1　Flash CS4 的欢迎画面

二是工作界面组件做了调整。默认状态下，工具箱被调整到了界面右侧，【时间轴】面板则调整到了界面的下方，而【属性】面板调整到了右侧。另外，还增加了六种工作界面形式，用户可以根据自己的习惯选择适合的工作界面布局，如图 1-2 所示。

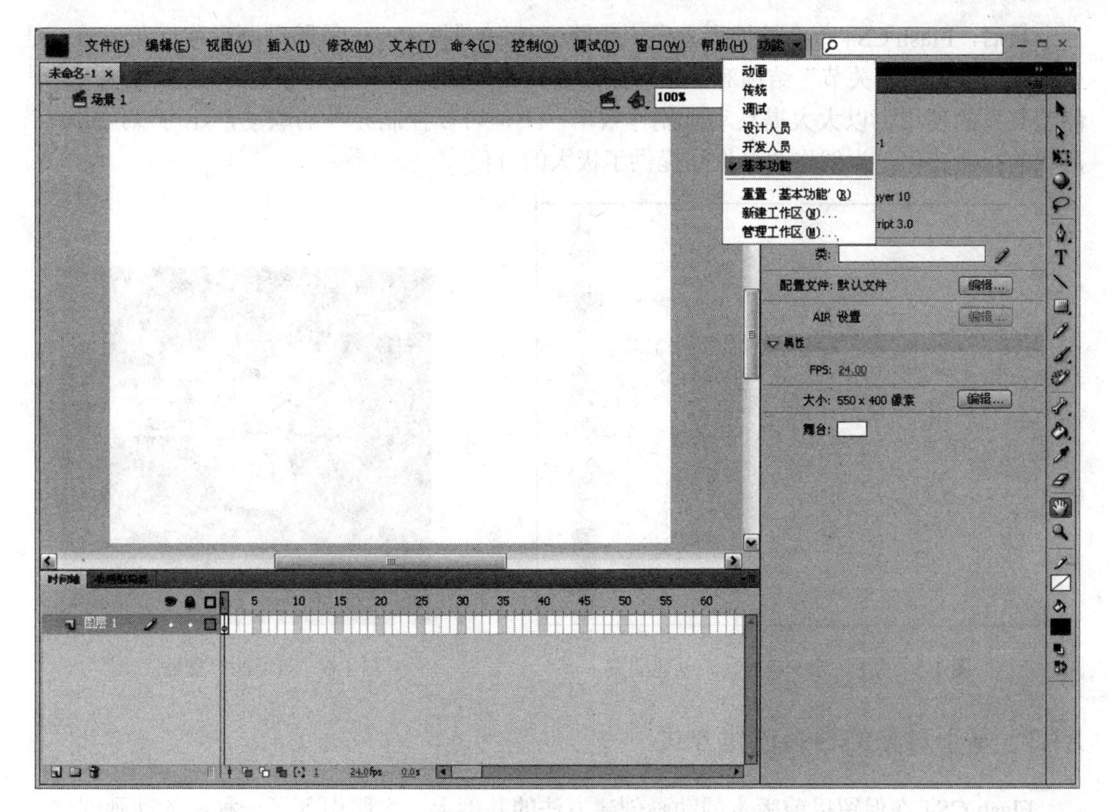

图 1-2　Flash CS4 工作界面

1.1.2　新增的工具

仔细观察 Flash CS4 的工具箱不难发现，Flash CS4 新增了很多工具。

首先，新增了一组 3D 变形工具(共有 2 个)，分别是“3D 旋转工具”和“3D 平移工具”，如图 1-3 所示。这组工具可以使动画对象进行 3D 旋转或平移，使 2D 对象产生 3D 动画，让对象沿着 x、y 和 z 轴运动。

其次，在刷子工具组中新增了“喷涂刷工具”，如图 1-4 所示。该工具可以像喷枪一样将元件喷涂到舞台中，可以用于制作动画背景。

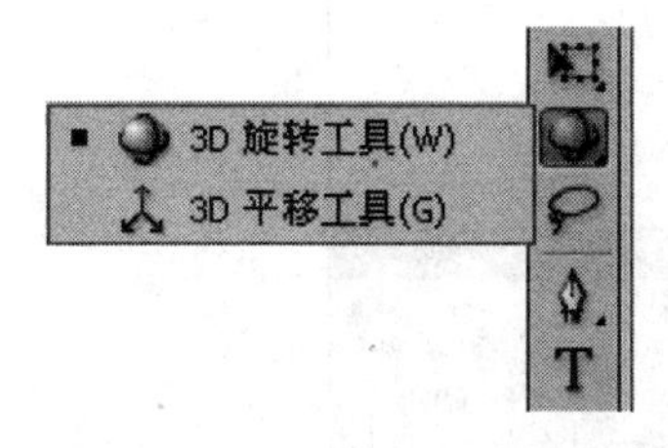

图 1-3　新增的 3D 变形工具

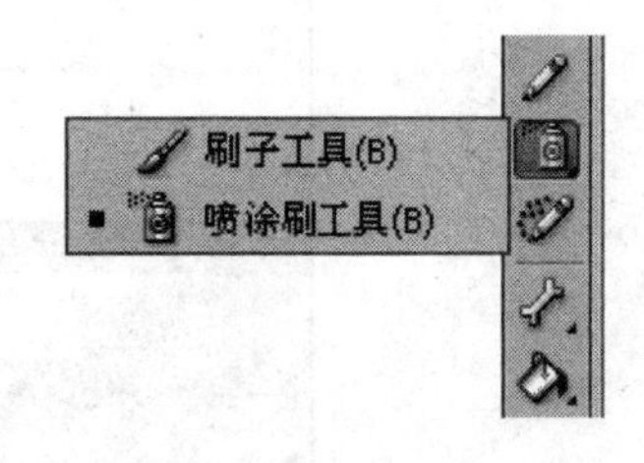

图 1-4　新增的“喷涂刷工具”

再次，新增了“Deco 工具”，使用该工具可以快速地创建类似于万花筒的效果(见图 1-5)。“Deco 工具”有三种填充方式，可以创建不同的图案，使用该工具可以在指定区域喷涂元件，其功能比“喷涂刷工具”更强，极大地拓展了 Flash 的表现力。

最后，Flash CS4 革命性地引入了“骨骼工具”(见图 1-6)。骨骼动画也称反向运动，是一种使用骨骼的“关节”结构对一个对象或彼此相关的一组对象进行动画处理的方法。“骨骼工具”的使用可以大大提高动画制作效率，不但可以控制元件的联动，还可以控制单个形状的扭曲变化，为创作动漫作品提供了极大的方便。

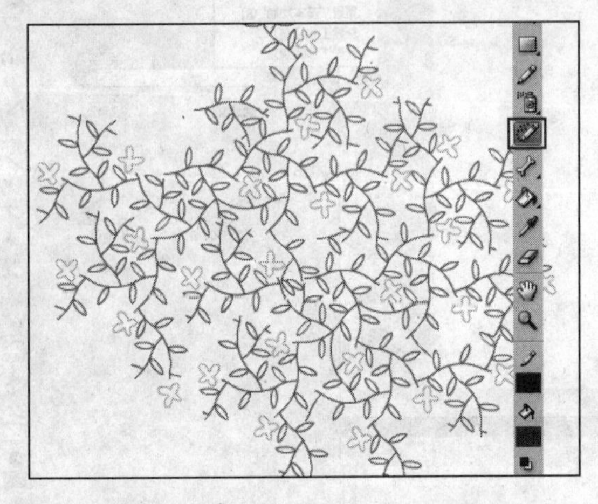

图 1-5　使用“Deco 工具”创建图案

图 1-6　新增的“骨骼工具”

1.1.3　基于对象的动画创建方式

Flash CS4 在保留以前版本的动画创建方法的基础上，大胆引入了一种新的动画创建方式，即基于对象的动画创建方式，这是一种很大的改进，它使动画的编辑更简单、更容易理解。如果用户使用过 Adobe 公司的 LiveMotion、After Effects 等软件，将会很快掌握这种工作方式，它可以直接在场景中调整运动路径，从而提高工作效率，如图 1-7 所示。

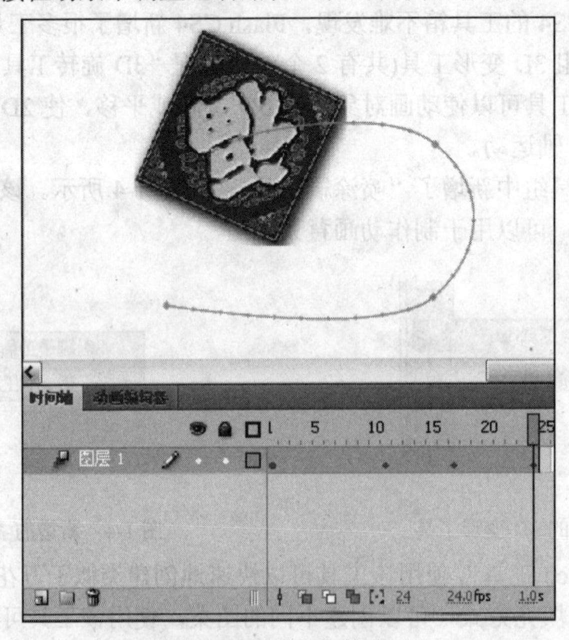

图 1-7　基于对象的动画

1.1.4　动画预设

Flash CS4 新增的【动画预设】面板(见图 1-8)提供了若干动画效果，它可以直接应用到动画对象上，用户也可以将自己制作的动画定义为动画预设。

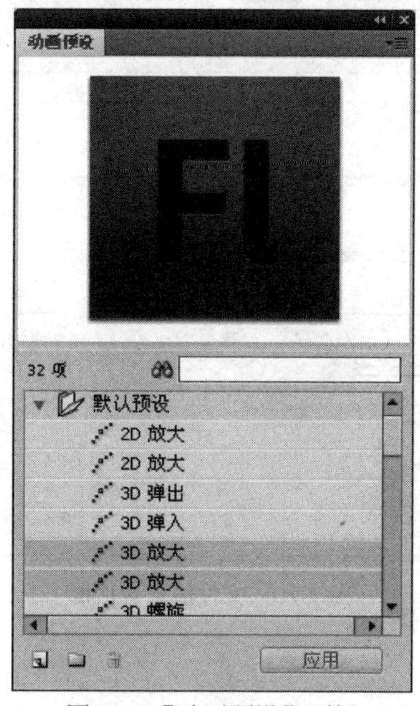

图 1-8　【动画预设】面板

1.1.5　动画编辑器

【动画编辑器】面板(见图 1-9)是 Flash CS4 新增的组件，它主要是为基于对象的动画而设置的，其作用在于编辑动画对象的属性，从而实现全局控制。【动画编辑器】是一个功能强大的动画设置工具，使用该工具不但可以控制动画对象的基本变换，如移动、旋转等，还可以控制色彩效果、滤镜等参数，其工作模式与 After Effects 基本一致。

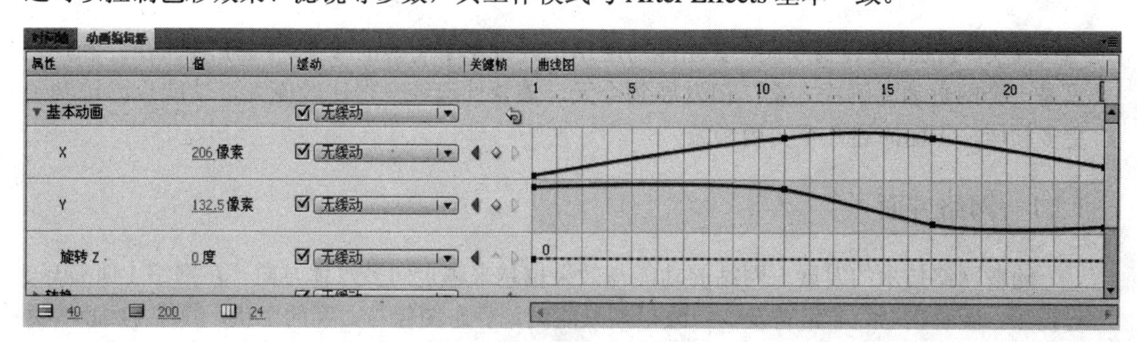

图 1-9 【动画编辑器】面板

1.1.6　【文件信息】命令

在 Flash CS4 的【文件】菜单中新增了【文件信息】命令，执行该命令可以打开一个如

图 1-10 所示的对话框。该对话框允许用户为制作的动画文件添加各类文档信息，如文档标题、作者、说明、版权公告等，对于团队协同作业具有很大帮助。

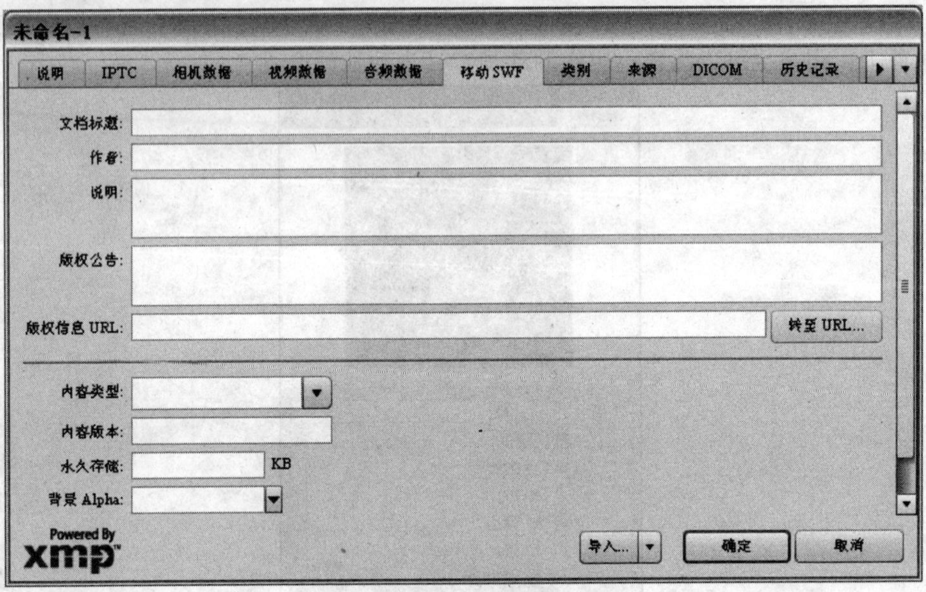

图 1-10　文件信息对话框

1.1.7　其它方面

除了前面介绍的一些新功能之外，Flash CS4 还支持以 H.264 为基准的高清编/解码的 F4V 格式，但是该格式需要 Flash Player 9 才能支持。

另外，Flash CS4 安装程序中加入了 Adobe AIR 作为可选安装组件，如果安装了该组件，则可以通过它轻松地创建 AIR 程序。

1.2　Flash 的基本应用

其实，Flash 发展到今天，其功能与应用已经发生了明显的改变。Flash 在推出之初，它只是一个网页动画解决方案，但发展到今天，该软件已经变得比较庞大，功能也渗透到了更多领域。下面简述几个实用领域。

1.2.1　网络方面

随着网络技术的发展，网站的功能与效果也越来越走向多媒体方向。在网络上听音乐、看视频、玩游戏已经非常普及，一改早期只能浏览静态图像与文字的现状，其中 Flash 的贡献功不可没，它由早期的 Flash 小动画替代了 GIF 动画。近几年，由于 Flash 功能的不断增强，出现了越来越多的纯 Flash 技术网站。所以，Flash 的第一个应用领域就是网络应用，并且可以细分为很多方面，如网站片头、网络广告、网站 Logo、Flash 整站、FLV 视频等。如图 1-11 所示为用 Flash 制作的网站 Banner。

图 1-11　网站 Banner

1.2.2　教学方面

Flash 出现之后不久，就受到了广大教师与教育工作者的推崇。采用 Flash 软件制作的课件生动、形象、过程逼真，极大地增强了学生的学习兴趣，有助于理解课堂知识，特别是物理、化学的实验等科目，非常直观。图 1-12 所示分别为用 Flash 创建的不同的教学课件。

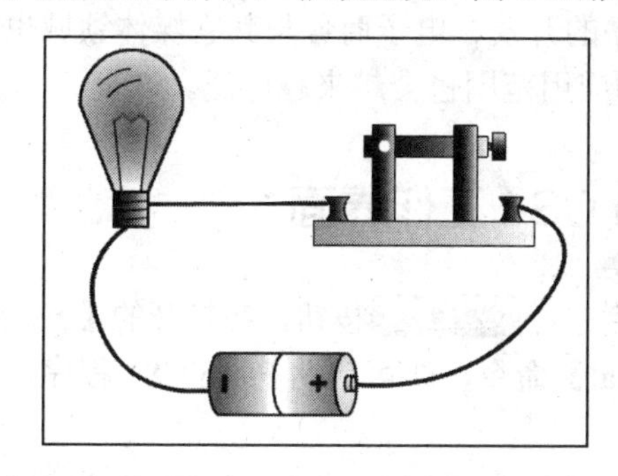

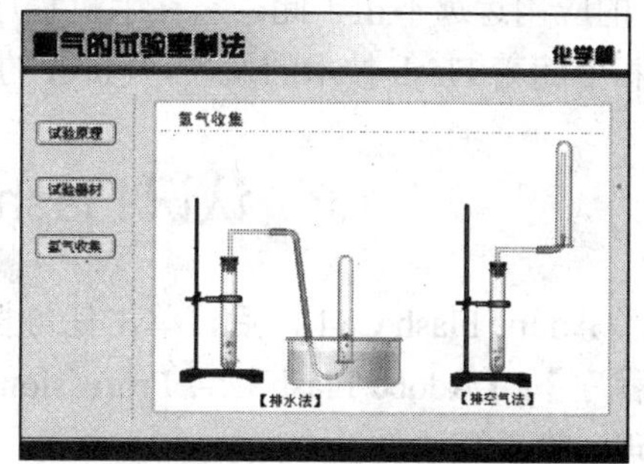

图 1-12　教学课件

1.2.3　娱乐方面

由于 Flash 具有强大的脚本编程能力，其交互性非常好，而且支持声音、动画、视频等，所以 Flash 在娱乐方面也被应用得淋漓尽致。例如电视上经常出现的 Flash 小品、相声等就是很典型的事例。当然，除此之外还有很多，如 Flash 游戏、Flash MTV、Flash 贺卡、Flash 动漫等都属于娱乐方面的应用。图 1-13 所示为用 Flash 开发的游戏与 MTV。

图 1-13　Flash 游戏与 MTV

1.2.4　多媒体方面

这里的多媒体主要指光盘的开发与制作，以前开发光盘主要使用 Director 或 Authorware 完成，而现在越来越多的开发人员喜欢使用 Flash，主要因为它的交互性、支持性、扩展性比较好，还可以配上一些 Flash 动画特效，并且生成的文件又比较小。图 1-14 所示为使用

Flash 开发的光盘。

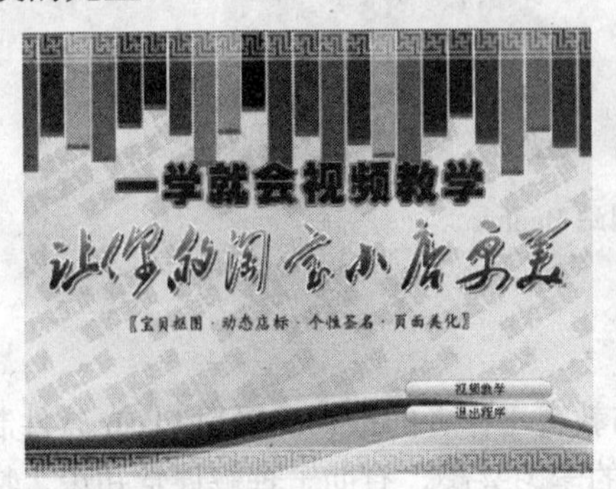

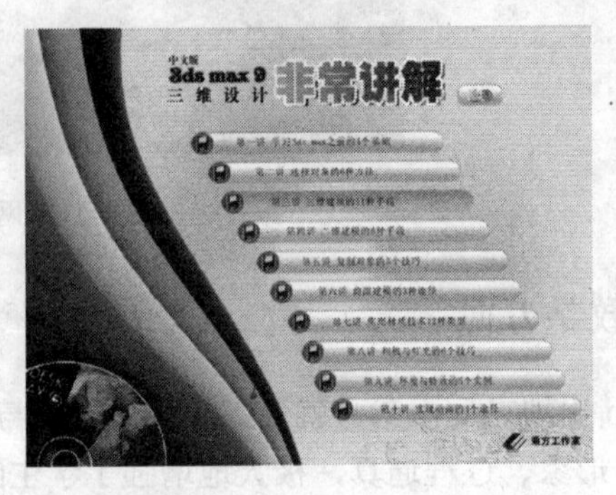

图 1-14　使用 Flash 开发的光盘

Flash 的应用远远不止于此，它在手机程序的开发、电子商务与其它媒体领域也有广泛的应用。相信随着 Flash 技术的发展，Flash 的应用范围也会越来越广泛。

1.3　认识 Flash CS4 工作界面

安装了 Adobe Flash CS4 以后，单击任务栏中的开始按钮，在打开的【开始】菜单中选择【程序】\【Adobe Flash CS4 Professional】命令，即可启动 Flash CS4 程序，默认情况下会出现一个欢迎画面。

通过欢迎画面打开或新建一个 Flash 文档，就进入了 Flash CS4 的工作环境。默认情况下，Flash CS4 的工作界面由菜单栏、文档标签、工具箱、【时间轴】面板、工作区、【属性】面板组成，如图 1-15 所示。

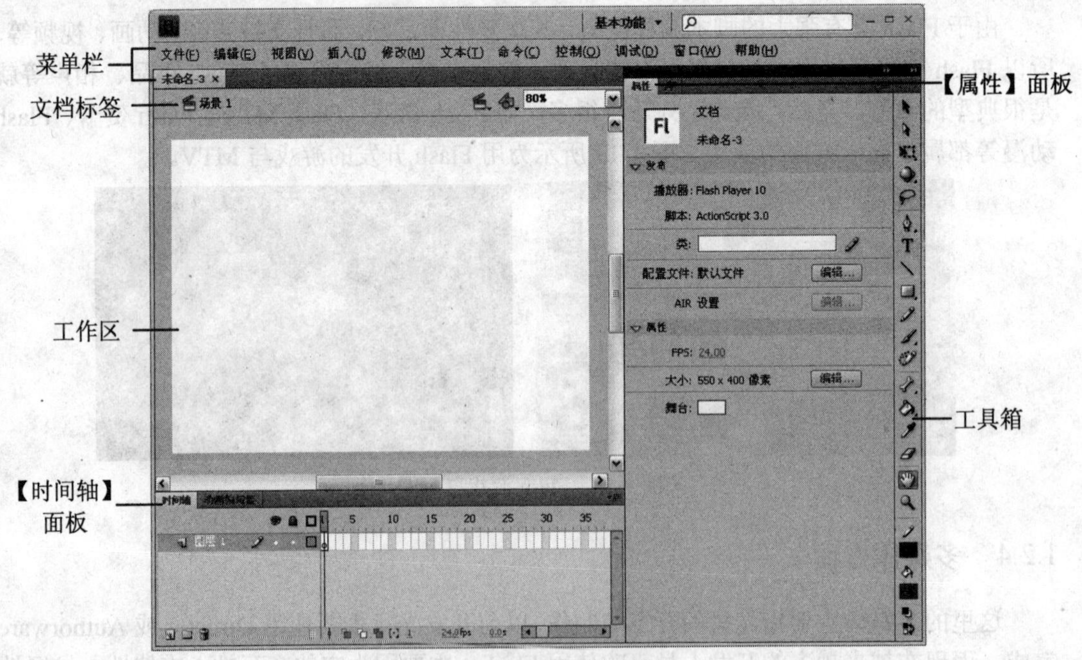

图 1-15　Flash CS4 工作界面

1.3.1　菜单栏

Flash CS4 的菜单栏包括两部分：一是菜单项，二是工作区切换器。当显示器的分辨率较低时，菜单栏将以两行显示；当显示器的分辨率较高时，则以一行显示。

Flash CS4 含有 11 组菜单项，依次是【文件】、【编辑】、【视图】、【插入】、【修改】、【文本】、【命令】、【控制】、【调试】、【窗口】和【帮助】菜单。在这些菜单中包括了操作 Flash 文件的大部分命令，其中有一些操作是必须通过菜单命令来完成的。

- 【文件】：用于操作和管理 Flash 动画文件，比较常用的命令有新建、打开、保存、导入、导出、发布等。
- 【编辑】：用于对动画对象进行基本的编辑操作，如复制、粘贴、撤消、重做等。
- 【视图】：用于控制工作区的显示效果，如放大、缩小、显示标尺、网格等。
- 【插入】：用于创建新元件或者向时间轴中插入图层、关键帧或场景等。
- 【修改】：用于设置文档属性或动画对象的高级编辑操作，如合并、变形、组合、排列等。
- 【文本】：用于对文本进行编辑，如字体、大小、样式等。
- 【命令】：用于管理与运行通过【历史记录】面板保存的命令。
- 【控制】：用于控制影片的播放，包括测试影片与播放影片等。
- 【调试】：用于调试影片中的 ActionScript 脚本语言。
- 【窗口】：用于打开或关闭各种面板，如【时间轴】面板、工具箱、【属性】面板等。
- 【帮助】：用于提供帮助信息。

菜单栏的右侧是工作区切换器，这是 Flash CS4 的新增功能，用于选择工作界面布局。系统为我们提供了六种界面布局，分别是“动画”、“传统”、“调试”、“设计人员”、“开发人员”和“基本功能”，如图 1-16 所示。用户可以根据习惯选择不同的界面布局。

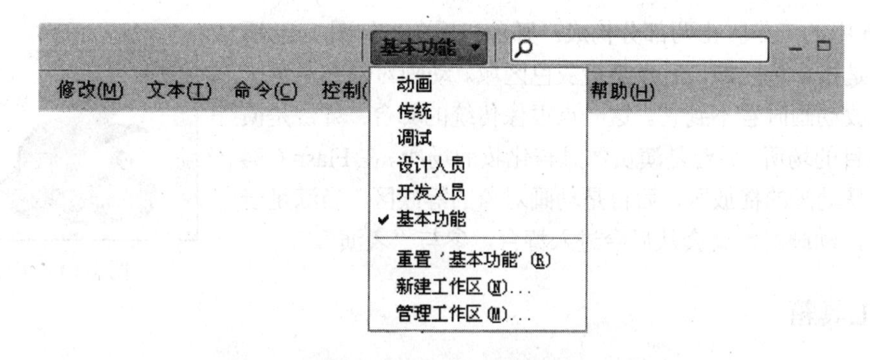

图 1-16　工作区切换器

当工作窗口最大化显示时，工作区切换器出现在菜单栏的右侧；如果将工作窗口缩小，菜单栏的右侧没有足够的空间时，工作区切换器自动调整到菜单栏的上方。

1.3.2　文档标签

Flash CS4 允许同时打开多个文档，并且以标签的形式显示。打开多个文档以后，当前正在编辑的文档名称将以高亮显示，如果想编辑其它的 Flash 文档，只需单击文档名称即可，如图 1-17 所示。

图 1-17　当前编辑文件

1.3.3　【时间轴】面板

【时间轴】面板由图层与帧两部分组成，它是制作 Flash 动画文件的重要面板之一，起着组织和控制 Flash 动画对象的作用。也就是说，【时间轴】面板是用来设计动画、组织管理动画对象、控制动画播放形式的。用户通过添加图层和帧来完成 Flash 电影的制作，使用图层可以设定动画对象在空间排列上的顺序，使用帧可以设定动画对象在时间排列上的顺序。图 1-18 所示为【时间轴】面板。

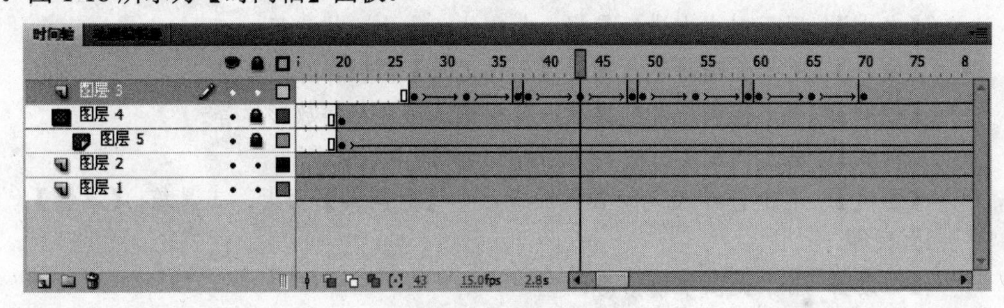

图 1-18 【时间轴】面板

1.3.4　工作区

Flash 中的工作区由两部分构成：舞台和后台。如图 1-19 所示，舞台是指白色区域，后台是指灰色区域。动画对象在灰色区域时，播放动画时看不到它。这一点很像传统的舞台：舞台是演员表演节目的场所，后台是演员休息与化妆的场所。在 Flash CS4 中，舞台是动画的播放区，后台是动画对象的等候区，当满足一定条件时，动画对象就会从后台进入舞台，参与“表演”。

图 1-19　工作区

1.3.5　工具箱

默认状态下，Flash CS4 的工具箱位于工作界面的右侧，并且只有一列，这样可以节约工作空间，为设计者提供较大方便。在制作动画的过程中，工具箱的使用最频繁，主要用来创建或编辑动画对象。

使用某种工具时，可以按照以下方法选择工具：

➪方法一：使用鼠标单击要使用的工具按钮，即可选择该工具。

➪方法二：直接按下键盘上的工具快捷键可以快速选择该工具，这是实际工作中最常用的一种方法。例如，按下P键，就可以快速选择“钢笔工具”。

1.3.6　【属性】面板及其它

以前的 Flash 版本中，【属性】面板位于界面的下方，在 Flash CS4 中，【属性】面板被调整到了界面的右侧。这是一个非常实用又比较特殊的面板，在【属性】面板中并没有固定的参数，它随着选择对象的不同而发生变化，当不选择任何对象时，【属性】面板中显示舞台的属性，如图 1-20 所示。

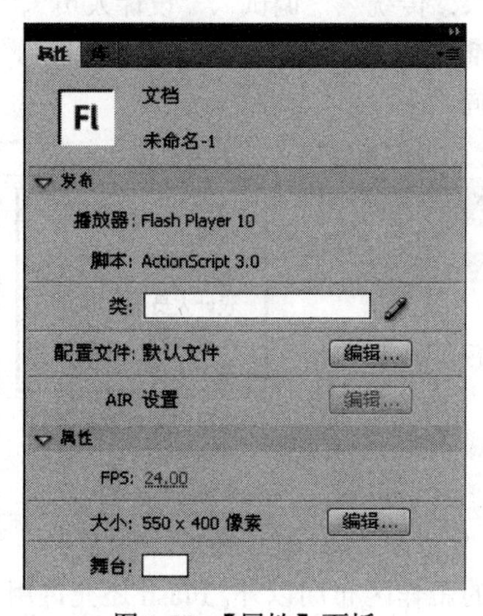

图 1-20　【属性】面板

Flash CS4 提供了很多面板，只是默认情况下没有打开，在工作过程中，如果需要使用哪个面板，可以通过【窗口】菜单或快捷键打开，例如，要打开【对齐】面板，可以单击菜单栏中的【窗口】\【对齐】命令，如图 1-21 所示，也可以直接按下 Ctrl+K 键。

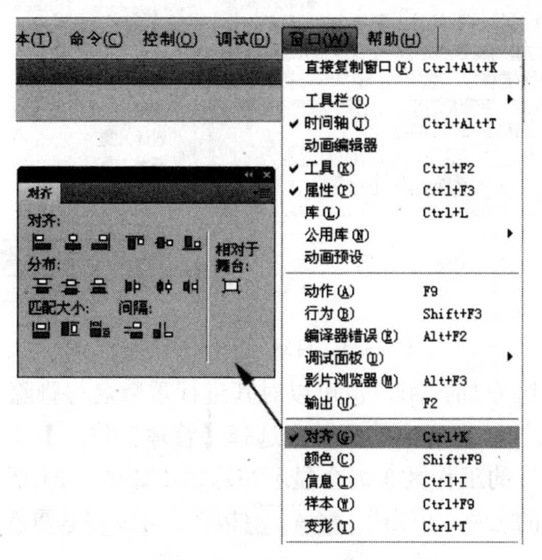

图 1-21　【对齐】面板

1.4 工作界面的相关操作

这里介绍一下工作界面的相关操作，以便于对工作环境有一个清晰的认识，为今后的学习与操作提供便利。

1.4.1 工作区布局

Flash CS4 为用户提供了六种默认的工作区布局，分别适合于不同的用户。系统提供的六种布局方式分别为“动画”、“传统”、“调试”、“设计人员”、“开发人员”和“基本功能”，如图 1-22 所示。Flash CS4 推荐的工作区布局为“基本功能”，用户可以根据工作习惯或任务选择适合自己的工作区布局。

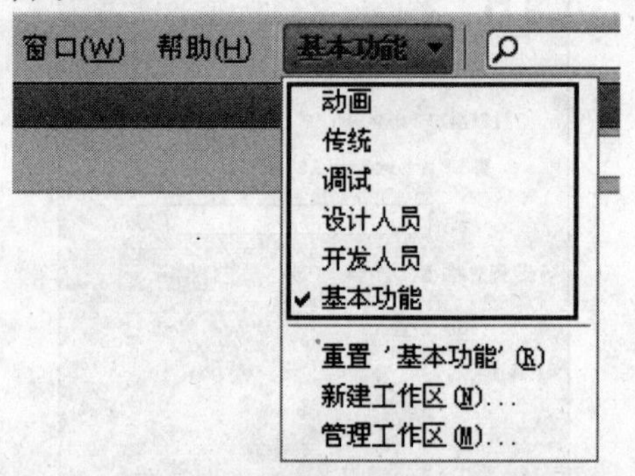

图 1-22　默认的工作区布局

除了可以选择系统提供的工作区布局以外，Flash 还允许用户自定义工作区布局：首先，用户根据需要布局好工作区，然后单击菜单栏右侧的 基本功能 按钮，在弹出的菜单中选择【新建工作区】命令，则弹出【新建工作区】对话框，在该对话框中输入工作区布局的名称，然后单击 确定 按钮，即可保存自定义的工作区布局，如图 1-23 所示。

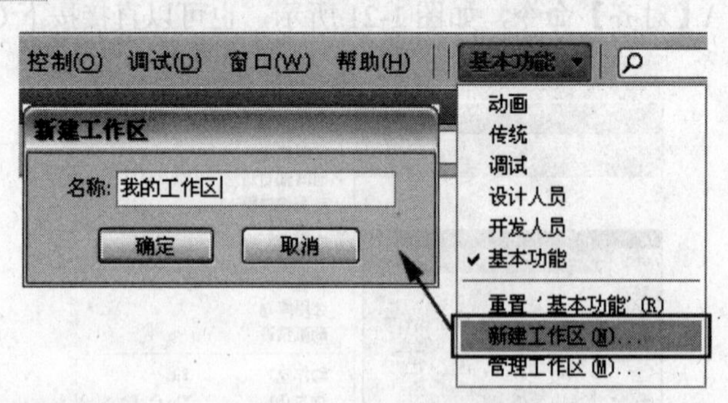

图 1-23　自定义工作区布局

对于自定义的工作区布局，用户也可以对其进行重命名与删除等管理操作。在菜单栏的右侧单击 基本功能 按钮，在弹出的菜单中选择【管理工作区】命令，则弹出【管理工作区】对话框，我们定义过的工作区布局会显示在这里，如图 1-24 所示。在该对话框中选择需要管理的工作区布局的名称，单击 重命名... 按钮，可以将其重新命名；单击 删除 按钮，可以将其删除。

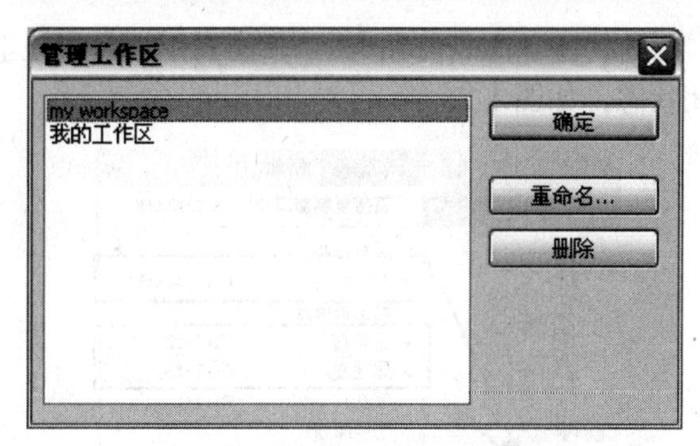

图1-24 【管理工作区】对话框

1.4.2　面板的操作

Flash CS4提供了非常多的面板，每个面板可以完成不同的工作，默认情况下，只显示了【属性】面板、【库】面板、【时间轴】面板等。实际上，用户可以根据工作需要随时打开或关闭任何一个面板。

1. 打开与关闭面板

在Flash CS4中，如果需要打开相关的面板进行操作，只需要单击菜单栏中的【窗口】菜单下相关的命令即可。例如，需要打开【变形】面板，可以执行菜单栏中的【窗口】\【变形】命令，如图1-25所示。

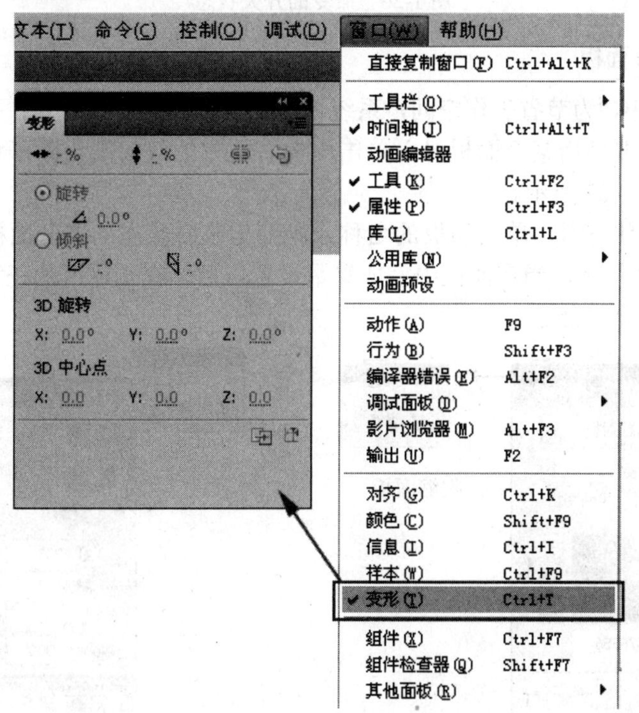

图1-25 【变形】面板

对于不需要使用的面板可以将其关闭，关闭面板可以通过单击【窗口】菜单下相关的命令完成，也可以单击面板右上方的关闭按钮。【窗口】菜单下的命令都属于“开关式命令”，即只有“开”与“关”两种状态。命令前面有“√”的表示该命令处于打开状态，没有“√”的表示该命令处于关闭状态，如图 1-26 所示。

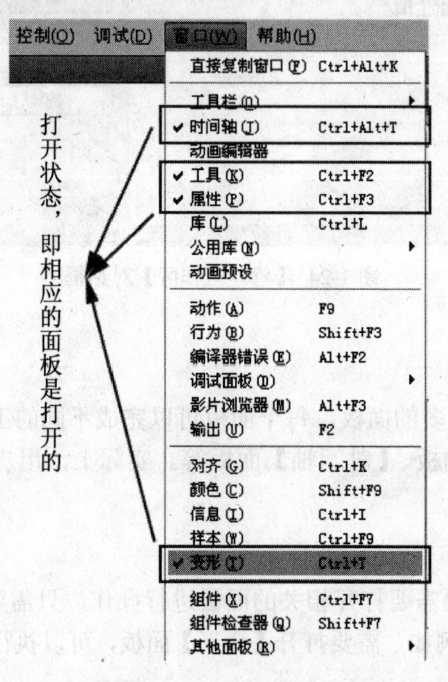

图 1-26 命令的开关状态

2. 收缩与展开面板

在 Flash CS4 中，为节省工作空间，系统还提供了另一种解决方案，即面板可以展开也可以收缩。当不需要使用某个面板时，单击面板右上方的双向箭头即可将面板收缩成文字图标的形式，如图 1-27 所示。

当面板为收缩状态时，单击面板的名称，则弹出临时状态的展开面板，以便于用户设置参数，如图 1-28 所示。当在面板中完成参数设置以后，在工作区的任意位置单击鼠标，则临时状态的展开面板会消失。

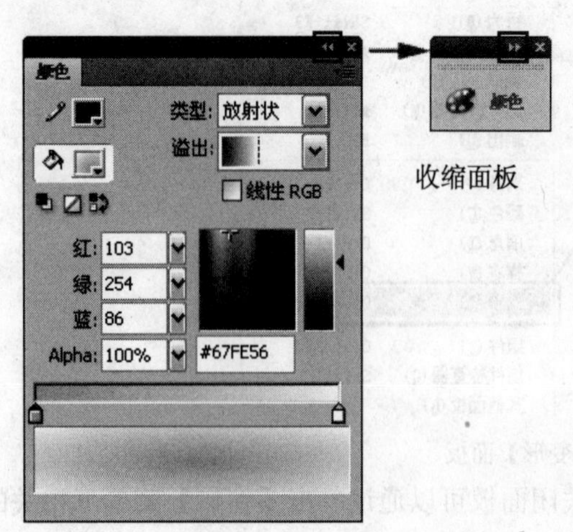

图 1-27 收缩面板

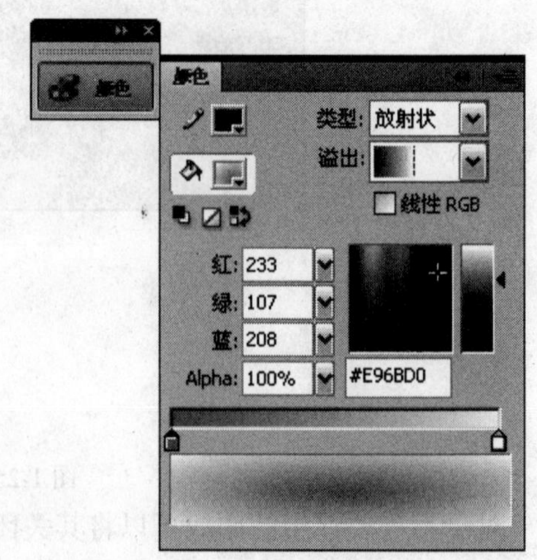

图 1-28 临时状态的展开面板

3. 移动、合并与分离面板

Flash 工作界面中的面板是按照默认方式排列的，当然，用户也可以按照自己的需要安排各个面板的布局，从而打造自己个性化的工作空间。

(1) 将光标指向面板标签，按住鼠标左键并拖拽鼠标，可以移动面板的位置。

(2) 移动面板的过程中，面板将以半透明形式显示，如果将其拖拽到其它面板上，当面板四周出现蓝色线框时释放鼠标，则两个面板合并到一起，如图 1-29 所示。

如果要将面板从面板组中分离出来，操作与上述基本一致：将光标指向面板标签，按住鼠标左键，将其拖拽到其它非面板的位置上即可。

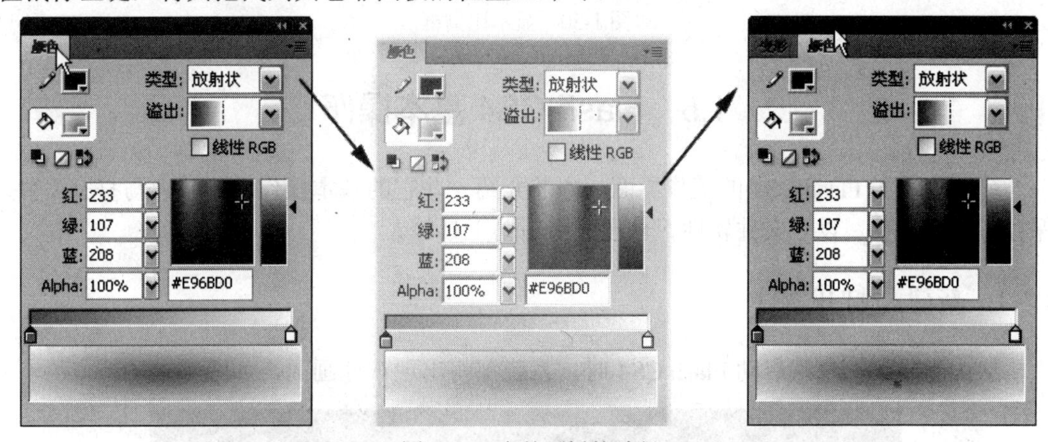

图 1-29　合并面板的过程

4. 隐藏与显示所有面板

在 Flash CS4 中，众多面板为动画创建带来很大方便，但是，任何事物都具有两面性，带来方便的同时也占据很大的屏幕空间，这使本来就不大的工作空间更加拥挤，所以为了工作的需要，有时会隐藏所有的面板以便于观察。隐藏面板的操作非常简单，单击菜单栏中【窗口】\【隐藏面板】命令或者按下 F4 键即可。同样，如果面板已经隐藏，则单击菜单栏中的【窗口】\【显示面板】命令或者按下 F4 键，则显示隐藏的面板。

1.4.3　舞台的移动与缩放

Flash 的舞台是可以移动的。在工作过程中，有时为了操作后台的对象，可能会移动舞台。移动舞台有两种方法：第一，拖动舞台的横向和竖向滚动块，即可移动舞台；第二，选择工具箱中的“手形工具”，在工作区中拖拽鼠标也可以移动舞台。

任何情况下按下空格键，光标都将临时切换为“手形工具”，此时拖拽鼠标就可以移动舞台的位置，释放空格键以后，工具又恢复为原状态。

在制作 Flash 动画的过程中，除了移动舞台外，经常需要对舞台放大或缩小。放大的目的是进行局部细节操作，缩小的目的是察看全局。

选择工具箱中的“缩放工具”，在舞台上单击鼠标，可以放大显示舞台；按住 Alt 键的同时单击鼠标，可以缩小显示舞台。另外，在舞台的右上角有一个显示比例框，如图 1-30

所示，在这里可以选择百分比，还可以直接输入百分比(如 75%)，从而控制舞台的缩放。

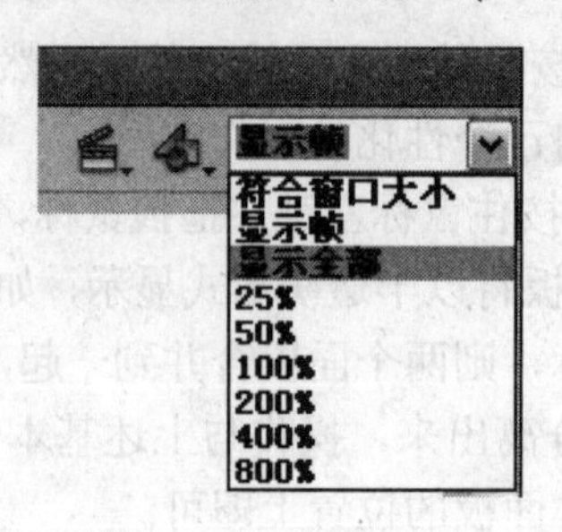

图 1-30　显示比例框

1.5　Flash CS4 基本操作

前面介绍了 Flash CS4 的工作界面，本节介绍一些它的基本操作，如新建与打开文件、保存与关闭文件、设置文件属性、合理使用辅助工具等。

1.5.1　新建与打开文件

默认情况下，每次启动 Flash CS4 时，系统都将出现欢迎画面，如图 1-31 所示。

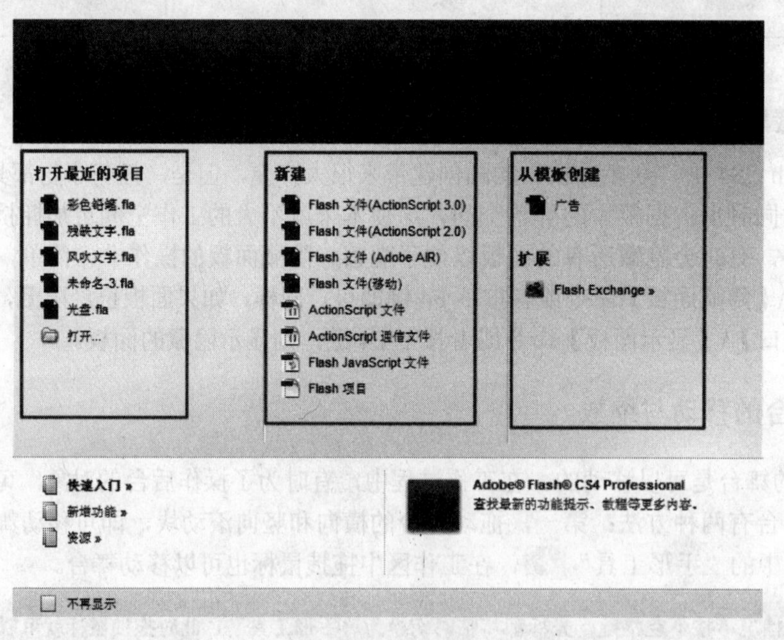

图 1-31　欢迎画面

欢迎画面分成了三列：【打开最近的项目】、【新建】、【从模板创建】。通过它们可以新建 Flash 文件、打开文件或者基于模板新建文件。单击【新建】列中的相应选项，可以建立 Flash 动画文件。

如果已经打开或建立了一个新文件，这时还要再创建新文件，可以单击菜单栏中的【文件】\【新建】命令。

同时建立了多个动画文件以后，工作窗口中将出现相应的标签，显示动画文件的名称。默认情况下文件的名称为“未命名-1”、“未命名-2”、“未命名-3”、…… 如图 1-32 所示。

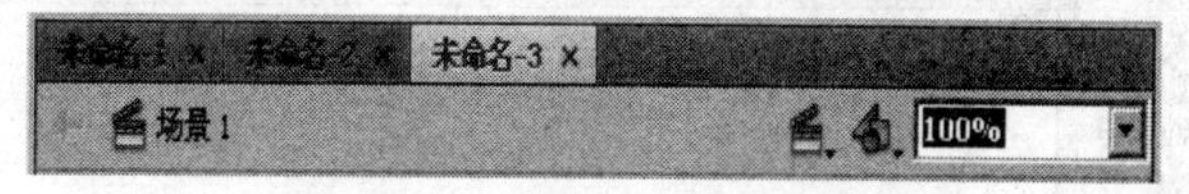

图 1-32　标签形式的文件名称

在欢迎画面的【打开最近的项目】列中，列出了最近操作过的 Flash 文件，如果要打开这些文件，直接单击文件名称即可。如果要打开其它的 Flash 文件，则单击【打开】选项，这时将弹出如图 1-33 所示的【打开】对话框，从中选择要打开的 Flash 文件，单击 打开(O) 按钮即可。

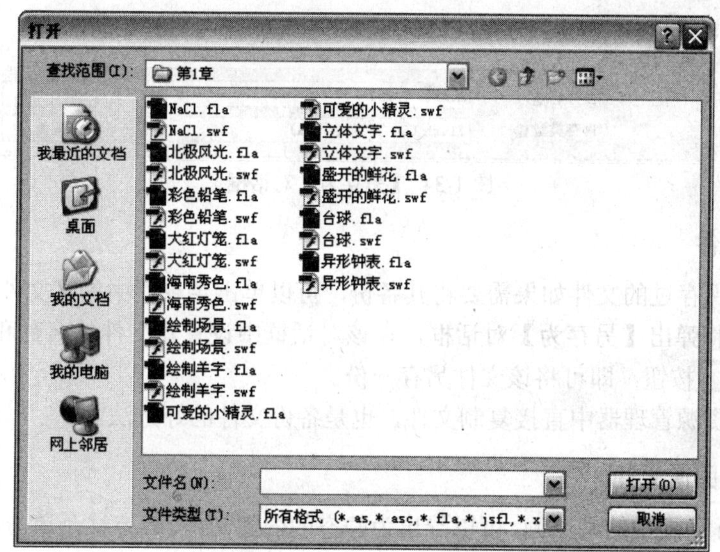

图 1-33　【打开】对话框

1.5.2　保存与关闭文件

Flash 动画制作完成后需要将文件保存，以便日后进行编辑修改。此外，在编辑动画的过程中，为防止因发生意外而造成数据丢失，也需要随时对制作的文件进行保存，同时也可以将编辑的文件另存为一个新的文件，也就是对该文件进行备份。

1. 保存文件

保存 Flash 文档的操作非常简单，单击菜单栏中的【文件】\【保存】命令，如果是第一次保存文件，将弹出如图 1-34 所示的【另存为】对话框。在【保存在】下拉列表中选择动画文件保存的路径，在【文件名】中输入保存文件的名称，然后单击 保存(S) 按钮，即可将制作的动画文件保存。

> **在【保存类型】列表中有两个选项，分别是“Flash CS4 文档(*.fla)”和“Flash CS3 文档(*.fla)”。如果选择保存类型为“Flash CS3 文档(*.fla)”，则 Flash CS4 的许多新增功能便不能显现。**

如果文件已经保存过，或者是打开了一个现有的文件，则编辑文件以后，执行【保存】命令时，将直接覆盖原文件，不再弹出【另存为】对话框。

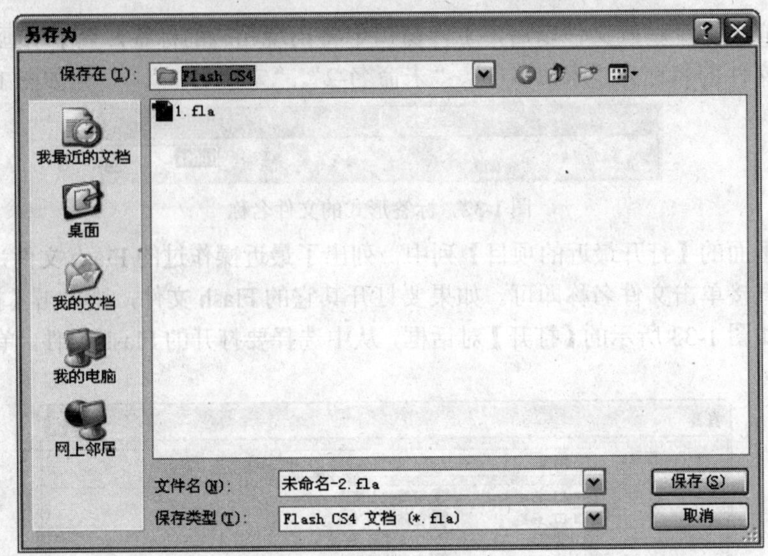

图 1-34 【另存为】对话框

2. 备份文件

对于已经保存过的文件如果需要将其备份，可以单击菜单栏中的【文件】\【另存为】命令，这时也将弹出【另存为】对话框，在该对话框中设置新文件的名称和保存路径，然后单击 保存(S) 按钮，即可将该文件另存一份。

当然，在资源管理器中直接复制文件，也是备份文件的好方法。

3. 导出为图像文件

对于 Flash 动画中的某一帧，可以导出为静态的图像文件。其方法是单击菜单栏中的【文件】\【导出】\【导出图像】命令，打开【导出图像】对话框，如图 1-35 所示。

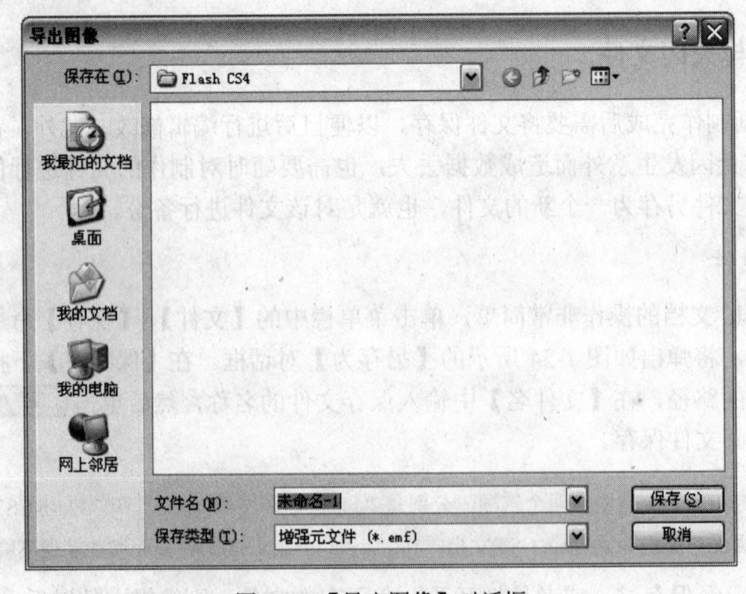

图 1-35 【导出图像】对话框

在对话框的【保存类型】下拉列表中可以选择多种图像格式，如 GIF、PNG、WMF、AI 等，这一功能为创作矢量图形提供了可能，也为与平面设计软件之间的交流提供了保障。

4. 关闭文档

完成 Flash 动画制作以后，需要将文档关闭，其方法非常简单，只需单击文档标签右侧的 ✕ 按钮即可。如果此时 Flash 文档没有保存过，则会弹出一个提示框，询问用户是否保存编辑的文档。单击 是(Y) 按钮，将先执行保存文件的命令再关闭文档；如果单击 否(N) 按钮，则不保存文件直接关闭文档，如图 1-36 所示。

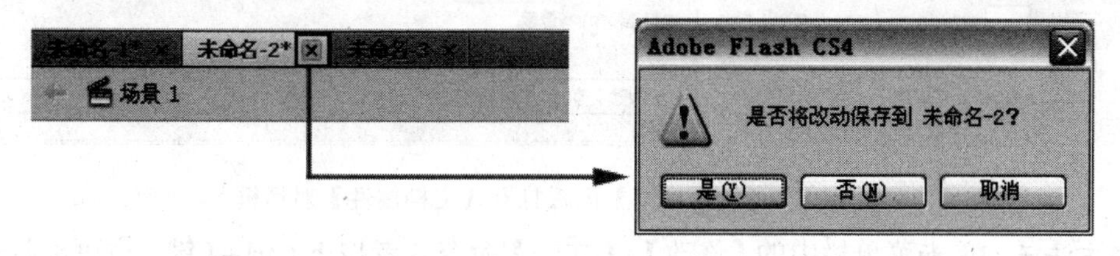

图 1-36　关闭文档

除此以外，还可以使用下列方法关闭文档：

- 单击菜单栏右侧的 ✕ 按钮，可以关闭文档，同时退出 Flash 程序。
- 单击菜单栏中的【文件】\【关闭】命令，可以关闭当前文档。
- 单击菜单栏中的【文件】\【全部关闭】命令，可以关闭所有打开的文档。
- 按下 Ctrl+W 键或 Ctrl+Alt+W 键，可以关闭当前文档或所有文档。

1.5.3　设置文档属性

在制作 Flash 动画之前，需要先设置文档属性，即舞台的大小、背景颜色、动画的播放速度等，只有确定了这些基本属性后，才可以创作动画。这些属性的设置是在【文档属性】对话框中完成的。

打开【文档属性】对话框的方法如下：

➪*方法一*：在舞台的空白位置处单击鼠标右键，在弹出的快捷菜单中选择【文档属性】命令，则打开【文档属性】对话框，如图 1-37 所示。

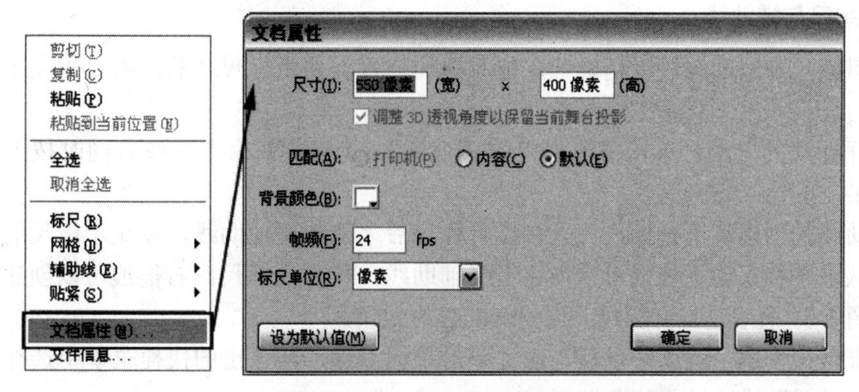

图 1-37　通过快捷菜单打开【文档属性】对话框

⇨*方法二*：不选择舞台中的任何对象，这时【属性】面板将显示舞台的相关参数，在【属性】面板中单击 编辑... 按钮，则打开【文档属性】对话框，如图 1-38 所示。

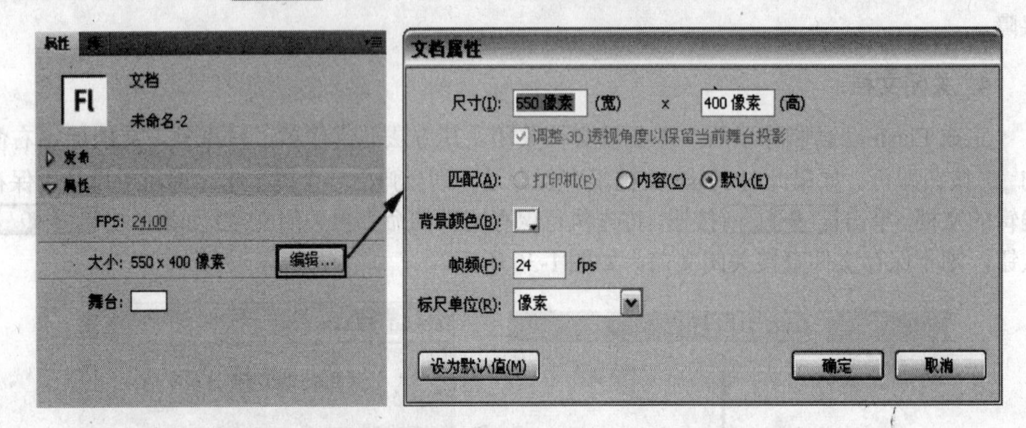

图 1-38　通过【属性】面板打开【文档属性】对话框

⇨*方法三*：单击菜单栏中的【修改】\【文档】命令或者按下 Ctrl+J 键，也可以打开【文档属性】对话框。

【文档属性】对话框中的主要参数作用如下：

- 【尺寸】：用于设置舞台的宽度与高度。
- 【背景颜色】：用于设置舞台的背景颜色。
- 【帧频】：用于设置动画的播放速度，其单位为 fps，是指每秒钟动画播放的帧数，也就是说每秒钟动画可以播放多少个画面。值越大，动画的播放速度越快，同时动画也越流畅。在实际工作中可以设置为 30 帧每秒(fps)。
- 【标尺单位】：用于选择舞台宽度与高度的单位，通常选择默认的“像素”为单位。

1.5.4　合理使用辅助工具

在 Flash CS4 中创作动画对象或者制作复杂动画时，往往需要使用辅助工具进行定位、对齐、排列对象等，因此，必须掌握辅助工具的基本使用方法。

1. 标尺与辅助线

使用标尺与辅助线可以精确地定位对象的位置。使用标尺之前，需要先在工作区中显示标尺。

打开标尺的方法：单击菜单栏中的【视图】\【标尺】命令，或者同时按下键盘上的 Ctrl+Alt+Shift+R 键即可。

辅助线的创建离不开标尺，只有显示标尺后才能创建辅助线。在显示标尺的状态下，将光标从水平标尺向下拖拽可以创建水平辅助线；从垂直标尺向右拖拽可以创建垂直辅助线。如图 1-39 所示是打开标尺并创建辅助线的效果。

在舞台中创建了辅助线以后，通过单击鼠标右键，从弹出的快捷菜单中选择合适的命令，可以对辅助线进行各种操作。

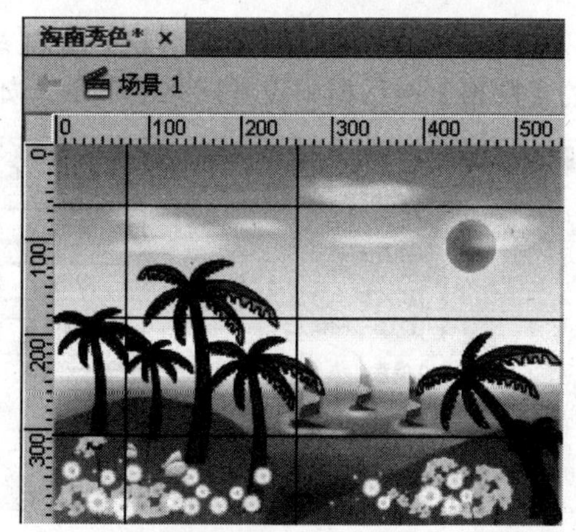

图1-39　标尺和辅助线

- 选择【辅助线】\【显示辅助线】命令，可以显示或隐藏所有辅助线。
- 选择【辅助线】\【锁定辅助线】命令，可以将所有的辅助线锁定，这时的辅助线将不能被移动或删除。
- 选择【辅助线】\【编辑辅助线】命令，在弹出的【辅助线】对话框中可以设置辅助线的颜色、显示等，如图1-40所示。
- 选择【辅助线】\【清除辅助线】命令，可以删除所有的辅助线。

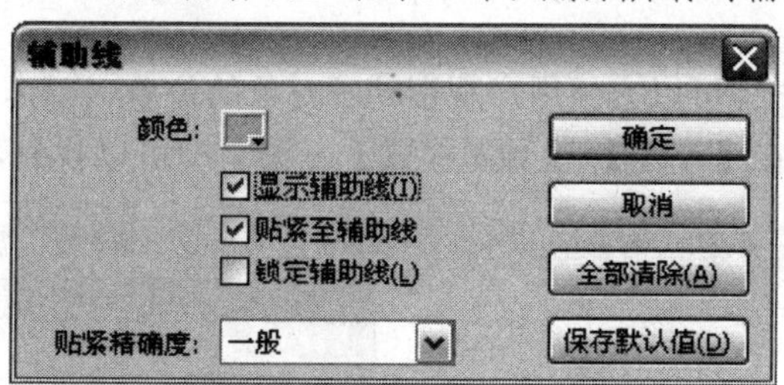

图1-40　【辅助线】对话框

2. 网格的设置

使用网格可以精确地控制动画对象在舞台上的位置。单击菜单栏中的【视图】\【网格】\【显示网格】命令，可以显示网格。默认情况下，网格线呈灰色，每一个网格的大小为18×18像素，如图1-41所示。

图1-41　显示网格

如果要编辑网格，可以单击菜单栏中的【视图】\【网格】\【编辑网格】命令(或者按下Ctrl+Alt+G键)，在弹出的【网格】对话框中设置网络的参数，如图 1-42 所示。

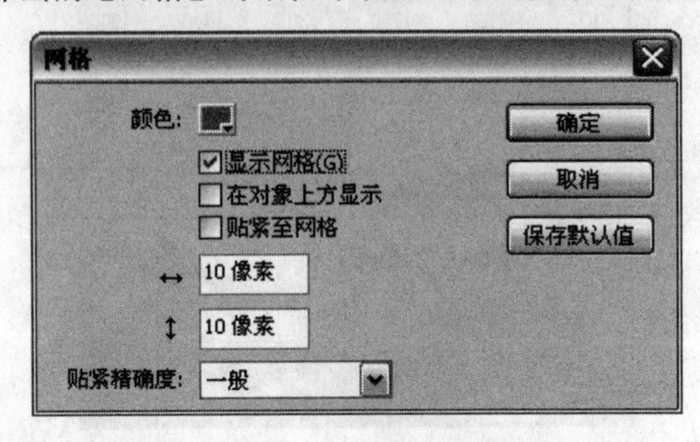

图 1-42 【网格】对话框

- 【颜色】：用于调整网格显示的颜色。
- 【显示网格】：选择该选项，可以在舞台中显示网格。
- 【在对象上方显示】：选择该选项，网格将显示在对象的上方。
- 【贴紧至网格】：选择该选项，通过配合“横向”、“纵向”、“贴紧精确度”选项，当拖动对象的边缘靠近网格时，对象会自动吸附到网格上。

3. 预览模式

改变场景的预览模式，可以方便用户观察动画对象的位置、次序、显示效果等。Flash CS4提供了五种预览模式，在【视图】\【预览模式】子菜单中可以找到，如图 1-43 所示。

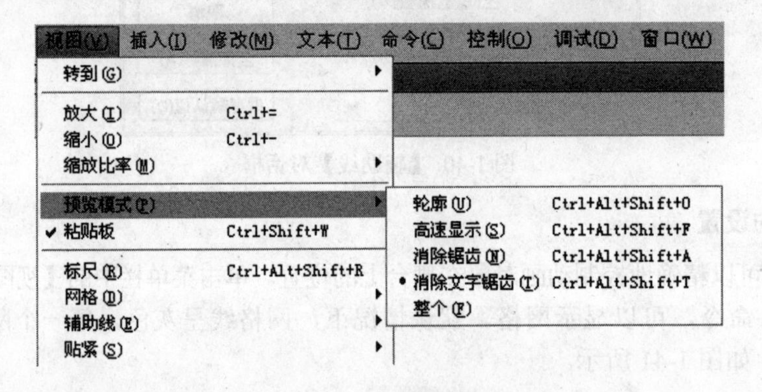

图 1-43 五种预览模式

- 【轮廓】：简化舞台中的元素，只显示它们的轮廓线。使用该命令可以加速复杂场景的显示速度。
- 【高速显示】：关闭消除锯齿和抖动功能，以此加速场景的显示速度。
- 【消除锯齿】：可以使形状的边缘和线条在屏幕上显示得更平滑。使用该命令会降低场景的刷新速度。
- 【消除文字锯齿】：与【消除锯齿】命令相同，用于平滑文本的边缘。只有在文字尺寸较大时，使用该命令的效果才比较明显。
- 【整个】：选择该命令时，场景的显示效果最精确、最完美，但是刷新速度也最慢。

1.6　初试身手——Flash CS4 体验

通常情况下，我们得到一个软件以后，都会迫不急待地想进行实际操作，以便了解它的功能。通过前面的介绍，我们了解了 Flash CS4 的工作界面及基本操作。下面我们制作一个动画，感性地了解一下 Flash CS4，让读者亲自体验一下 Flash CS4 的强大功能。如图 1-44 所示为动画的几个主要画面。

图 1-44　动画的几个主要画面

(1) 启动 Flash CS4 软件，在欢迎画面中单击【Flash 文件(ActionScript 3.0)】选项，创建一个新文档。

(2) 在舞台中单击鼠标右键，在弹出的快捷菜单中选择【文档属性】命令，打开【文档属性】对话框，设置尺寸为 425 × 290 像素、背景颜色为蓝色(#4A6CB4)、帧频为 1 fps，如图 1-45 所示。

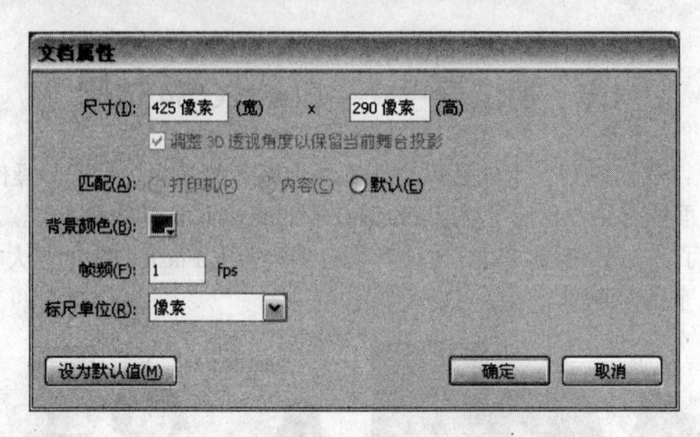

图 1-45 【文档属性】对话框

(3) 单击 确定 按钮，完成文档属性的设置。

(4) 在【时间轴】面板中双击“图层 1”名称，则“图层 1”处于可编辑状态，将图层名称更改为“图片 1”。

(5) 单击菜单栏中的【文件】\【导入】\【导入到舞台】命令(或者按下 Ctrl+R 键)，在弹出的【导入】对话框中选择本书光盘“第 1 章”文件夹中的“1.gif”文件，单击 打开(O) 按钮，则弹出一个提示框，如图 1-46 所示。

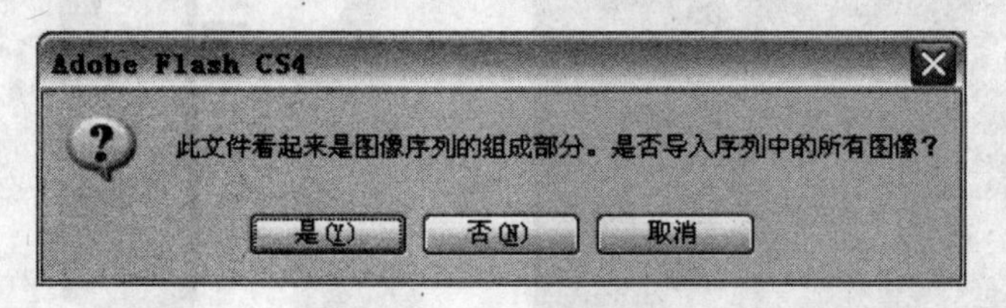

图 1-46　提示框

- 单击 是(Y) 按钮，Flash 将导入这个图像序列中的所有图片，同时也将图片导入到【库】面板中。
- 单击 否(N) 按钮，Flash 将只导入选定的图片。

(6) 单击 否(N) 按钮，只将“1.gif”文件导入到舞台中，将图片调整到舞台的左侧，如图 1-47 所示。

图 1-47　导入的图片“1.gif”

(7) 选择导入的图片，按下 F8 键，在弹出的【转换为元件】对话框中设置选项如图 1-48 所示。

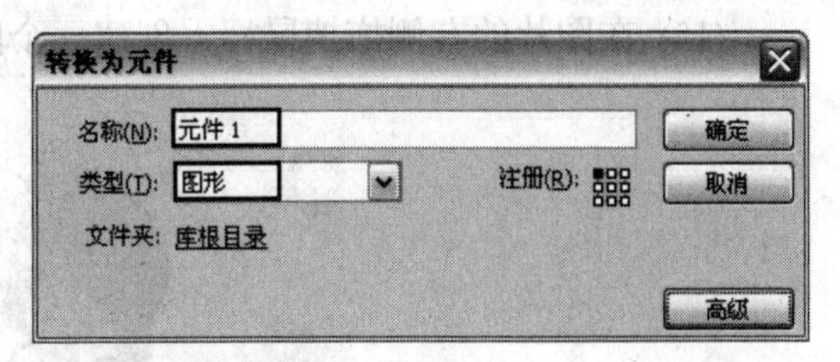

图 1-48　【转换为元件】对话框

(8) 单击 确定 按钮，将图片转换为图形元件“元件 1”。

(9) 分别选择第 10 帧和第 15 帧，按下 F6 键插入关键帧。

(10) 在舞台中选择第 10 帧处的实例，在【属性】面板中的【色彩效果】类别下设置样式选项为“Alpha”，并设置 Alpha 值为 70%，如图 1-49 所示，这样就更改了第 10 帧处实例的透明度。

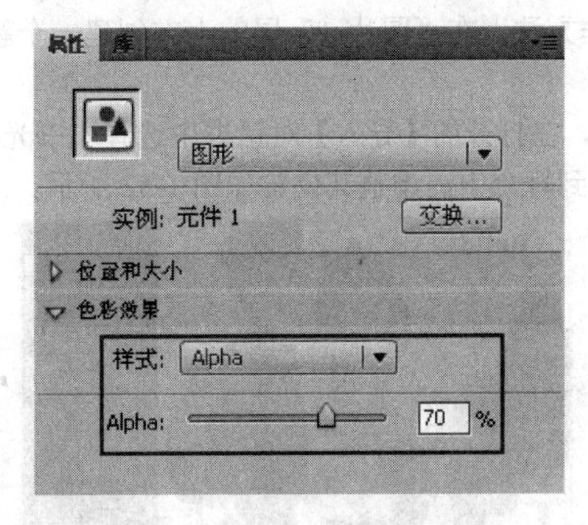

图 1-49　设置“元件 1”的透明度

(11) 用同样的方法，选择第 15 帧处的实例，将其 Alpha 值更改为 0%。

(12) 在【时间轴】面板中的第 10～15 帧之间的任意一帧上单击鼠标右键，在弹出的快捷菜单中选择【创建传统补间】命令，创建传统补间动画。

(13) 在【时间轴】面板中单击 按钮，则在“图片 1”层的上方创建了一个新图层“图层 2”，参照前面的操作方法，将图层的名称更改为“文字”。

(14) 选择工具箱中的“文本工具” T，在【属性】面板中设置颜色为白色，并设置其它参数如图 1-50 所示。

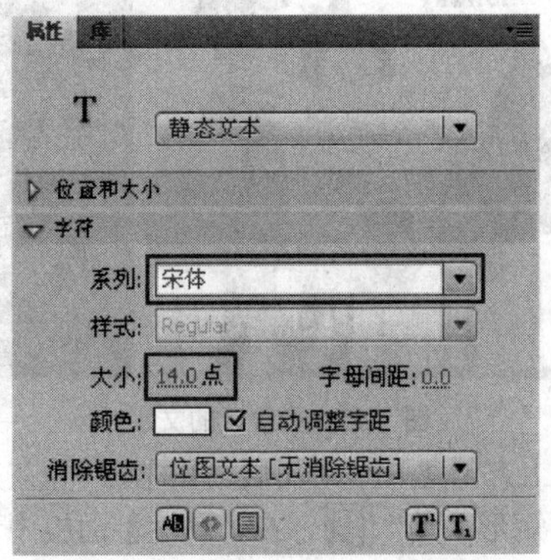

图 1-50　设置“图层 2”的参数

(15) 在图片的右侧拖拽鼠标，创建一个段落文本框，并输入文字，如图 1-51 所示。

图 1-51　输入的文字

(16) 参照前面的操作方法，在"图片 1"层的上方创建一个新图层"图片 2"，并在第 15 帧处插入关键帧。

(17) 按下 Ctrl+R 键，在打开的【导入】对话框中选择本书光盘"第 1 章"文件夹中的"2.gif"文件，将其导入到舞台中，调整其位置如图 1-52 所示。

图 1-52　导入的图片"2.gif"

(18) 选择刚导入的图片，按下 F8 键将其转换为图形元件"元件 2"。

(19) 在【时间轴】面板中选择"图片 2"层的第 24 帧，按下 F5 键插入普通帧。

(20) 选择"文字"层的第 15 帧，按下 F6 键插入关键帧。然后使用"文本工具" T 更改图片右侧的文字内容，结果如图 1-53 所示。

图 1-53　更改后的文字

(21) 在"图片 2"层的上方创建一个新图层"黑幕"，并在第 25 帧处插入关键帧。

(22) 选择工具箱中的"矩形工具" ，在【属性】面板中设置笔触颜色为无色，填充颜色为黑色，然后在舞台中拖拽鼠标绘制一个黑色的矩形，其大小与舞台大小相同。

(23) 选择“黑幕”层的第 39 帧，按下 F5 键插入普通帧。

(24) 选择“文字”层的第 25 帧，按下 F7 键插入空白关键帧，运用“文本工具” T 输入文字，结果如图 1-54 所示。

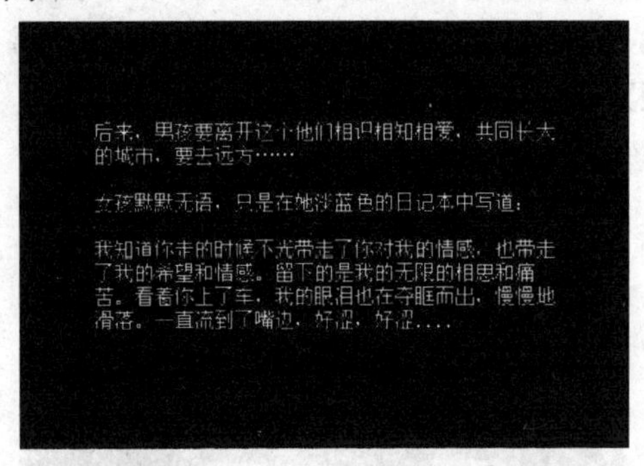

图 1-54　输入的文字(第 25 帧处)

(25) 在“黑幕”层的上方创建一个新图层“图片 3”，并在第 40 帧处插入关键帧。

(26) 参照前面的操作方法，将本书光盘“第 1 章”文件夹中的“3.gif”文件导入到舞台中，其位置如图 1-55 所示。

图 1-55　导入的图片“3.gif”

(27) 选择刚导入的图片，按下 F8 键将其转换为图形元件“元件 3”，分别在第 55 和 60 帧处插入关键帧。

(28) 在“文字”层的第 40 帧处按下 F7 键，插入空白关键帧。运用“文本工具” T 在图片的右侧输入文字，如图 1-56 所示。

图 1-56　输入的文字(第 40 帧处)

(29) 选择“图片 3”层第 55 帧处的实例，在【属性】面板中设置其 Alpha 值为 70%；选择第 60 帧处的实例，将其 Alpha 值设置为 0%。

(30) 在“图片 3”层的第 55～60 帧之间任选一帧，单击鼠标右键，在弹出的快捷菜单中选择【创建传统补间】命令，创建传统补间动画。

(31) 在“图片 3”层的上方创建一个新图层“图片 4”，并在第 60 帧处插入关键帧。

(32) 按下 Ctrl+R 键，打开【导入】对话框，将本书光盘“第 1 章”文件夹中的“4.gif”文件导入到舞台中，调整其位置如图 1-57 所示。

图 1-57　导入的图片“4.gif”

(33) 按下 F8 键，将导入的图片转换为图形元件“元件 4”，并在第 69 帧处插入普通帧。

(34) 在“文字”层的第 60 帧处按下 F7 键，插入空白关键帧，运用“文本工具” T 在图片的右侧输入文字，如图 1-58 所示。

图 1-58　输入的文字(第 60 帧处)

(35) 在“图片 4”层的上方创建一个新图层“图片 5”，并在第 70 帧处插入关键帧。

(36) 按下 Ctrl+R 键，选择本书光盘“第 1 章”文件夹中的“5.gif”文件，将其导入到舞台中，位置如图 1-59 所示。

图 1-59　导入的图片“5.gif”

(37) 选择刚导入的图片，按下 F8 键将其转换为图形元件“元件 5”，并在第 80 帧处插入普通帧。

(38) 在“文字”层的第 70 帧处插入空白关键帧，运用“文本工具” T 在图片的右侧输入文字，如图 1-60 所示。

图 1-60　输入的文字(第 70 帧处)

(39) 在“文字”层的第 80 帧处插入普通帧，则完成了动画的制作。

(40) 单击菜单栏中的【文件】\【保存】命令，在弹出的【另存为】对话框中将文件保存为“初试身手.fla”。

(41) 保存完动画之后，按下 Ctrl+Enter 键测试动画，观看影片动画效果。如果对动画不满意，可以关闭测试窗口，继续对动画进行编辑。

本 章 小 结

本章我们学习了 Flash CS4 的一些基础知识，包括 Flash CS4 的新功能、实际应用、工作界面的认识与操作、文件的基本操作等内容。最后通过一个简单的实例体会了 Flash 动画的制作过程。通过这一章的学习，可以使读者对 Flash CS4 产生感性认识，并掌握其基本操作方法。

在实际工作中，制作复杂的动画时通常会列出详细的计划表，包括确定基本任务、添加媒体元素、排列元素、应用特殊效果、使用 ActionScript 控制行为、测试并发布应用程序等，这样会使工作事半功倍。

课 后 练 习

一、填空题

1. Flash CS4 为我们提供了六种界面布局，分别是“动画”、____________、“调试”、“设计人员”、“开发人员”和____________，用户可以根据习惯选择不同的界面布局。

2. Flash 中的工作区由两部分构成：____________和____________。

3. 在制作 Flash 动画的过程中，除了移动舞台外，经常需要对舞台放大或缩小，放大的目的是进行____________操作，缩小的目的是____________。

4. 在制作 Flash 动画之前，需要先设置____________，即舞台的大小、背景颜色、动画的播放速度等，只有确定了这些基本属性后，才可以创作动画。

5. 辅助线的创建离不开标尺，只有显示标尺后才能创建辅助线。在显示标尺的状态下，将光标从____________向下拖拽可以创建水平辅助线；从____________向右拖拽可以创建垂直辅助线。

6. 在Flash中，____________用于设置动画的播放速度，其单位为fps，是指每秒钟动画播放的帧数，也就是说每秒钟动画可以播放多少个画面。

二、简答题

1. 简述Flash的基本应用范围。
2. 如何打开或关闭面板？
3. 怎样将Flash动画中的某一帧导出为静态的图像文件？
4. Flash CS4的主界面由哪些主要部分组成？
5. 创建新的Flash文档有哪几种方法？

第 2 章　学会使用绘图工具

本章内容

- 矢量图与位图
- 两种绘图模式
- 基本绘图工具的使用
- 颜色的设置与处理
- 高级绘图工具的使用
- 本章小结
- 课后练习

所有的动画都是由一幅一幅的图形构成的，当这些图形连续、快速地播放时，就形成了我们所看到的动画。因此，绘制图形是学习 Flash 动画的基础。Flash 中提供了功能丰富的图形绘制与编辑工具，这些工具基本可以满足动画制作的需要。此外还可以通过其它图形绘制软件绘制所需的图形，然后导入到 Flash 中进行编辑，这样可以进一步补充 Flash 的绘图功能。

2.1 矢量图与位图

计算机图形分为位图(bitmap images)和矢量图(vector graphics)两种形式。在 Flash 中既可以使用位图，也可以使用矢量图。位图是通过导入外部文件获得的，矢量图则可以通过 Flash 自身的绘图工具进行绘制，当然也可以导入外部的矢量图。

2.1.1 矢量图

矢量图就是指用直线和曲线描述的图形，它是由点、线或是文字等物件组合而成的，其中每一个物件都是独立的个体，都有各自的色彩、形状、位置坐标等属性。矢量图主要由矢量绘图软件绘制产生，常见的矢量软件有 CorelDRAW、Flash、Illustrator、Freehand 等。

矢量图和分辨率无关，任意缩放图形时都不影响其清晰度，如图 2-1 所示。而且矢量图容量很小，非常适合网络传输，因此，在 Flash 中，矢量图适合绘制轮廓清晰的图形来充当各种动画角色，如人物、动物以及各种卡通形象等。

图 2-1　矢量图放大后的效果

2.1.2 位图

位图也称做栅格图或点阵图，它是由许多小栅格(即像素)组成的。处理位图时，实际上是编辑像素而不是图像本身。因此，在表现图像中的阴影和色彩的细微变化方面，或者进行一些特殊效果处理时，位图是最佳的选择，也是矢量图无法比拟的。但是，位图的清晰度与其分辨率有关，分辨率是指单位面积内的像素数。

一般情况下，分辨率越高，像素数就越多，图像也越清晰；但是，分辨率较低时，或者对图像放大时，容易导致图像模糊或产生锯齿边缘，甚至会遗漏图像的细节，如图 2-2 所示。

图 2-2　位图放大后的效果

2.2　两种绘图模式

在以前的 Flash 版本中，只提供了一种绘图模式，即图形模式。从 Flash 8 开始对此功能进行了改进，引入了对象模式，Flash CS4 延续了这项功能。

2.2.1　图形模式

图形模式是最初的绘图模式，绘制出来的对象是图形，具有自动粘合的特点。绘制一个图形以后，如果后绘制的图形与第一个图形有重叠部分，则它们自动融合为一体。

如果两个图形的颜色一样，则融合后的图形成为一体，不能再分离。如果两个图形的颜色不一样，则融合后的图形再分开时，将会删除第一个图形与第二个图形的重叠部分，如图 2-3 所示。

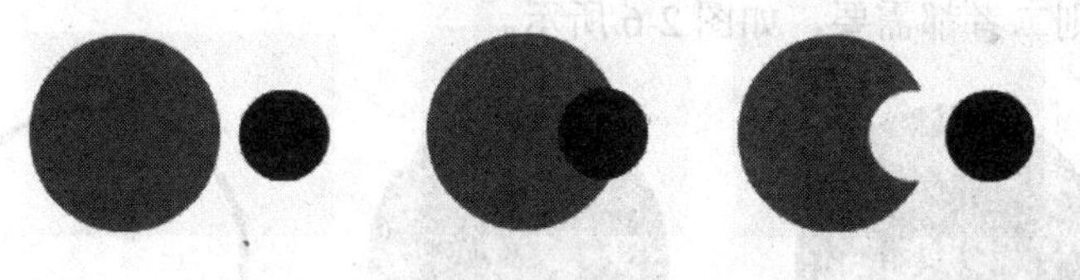

图 2-3　图形模式

图形模式的优点是修改方便，绘制图形以后可以任意修改；其缺点是，绘制复杂图形时，必须时时小心，避免绘制过程中图形粘合在一起。

2.2.2　对象模式

对象模式可以保证绘制的图形保持为单独的对象，叠加时不会自动融合在一起，它为绘制动画对象带来了方便，解决了 Flash 图形自动粘合的问题。当使用对象模式创建图形时，Flash 会在图形的周围添加矩形边框来标识，实际上绘制出来的对象是一个群组对象，如图 2-4 所示。

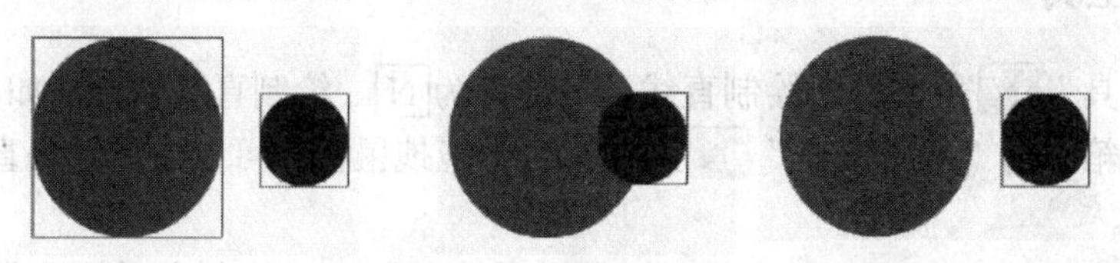

图 2-4　对象模式

对象模式的优点是，各图形相对独立，不必担心自动粘合带来的不良后果；其缺点是，不能在对象模式下进行修改，要修改图形必须先双击进入下一层级，稍显繁琐。

2.2.3 两种模式的转换

Flash CS4 提供了两种绘图模式，给我们的工作带来了很大的方便，用户可以根据工作需要选择绘图模式。

通常情况下，在绘图之前就要确定绘图模式。例如选择了“矩形工具”以后，这时工具箱下方将出现一个(模式切换)按钮，如图 2-5 所示。该按钮按下时为对象模式，浮起时则为图形模式。快捷键是J键。

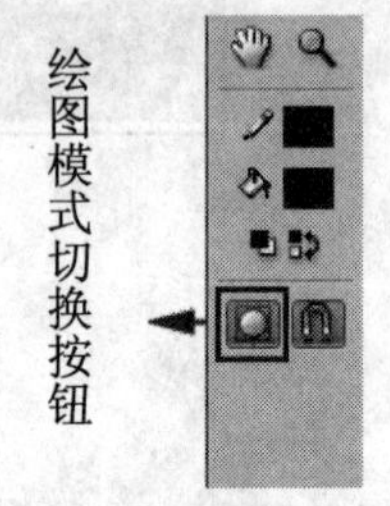

图 2-5 模式切换按钮

如果已经绘制了图形，需要更改它的模式类型，可使用以下方法选择图形：如果该图形是对象模式，则执行菜单栏中的【修改】\【分离】命令(或按下 Ctrl+B 键)，可以转换为图形模式；如果该图形是图形模式，则执行菜单栏中的【修改】\【群组】命令(或按下 Ctrl+G 键)，可以转换为对象模式。

2.3 基本绘图工具的使用

Flash 图形由两部分构成，即轮廓线与填充色。轮廓线定义了图形的形状，填充色定义了图形的颜色。它们的颜色可以通过设置笔触颜色与填充颜色来改变，笔触颜色用于定义轮廓线的颜色，填充颜色用于定义填充色。在实际绘图时，有时不需要填充色，有时不需要轮廓线，有时则二者都需要，如图 2-6 所示。

图 2-6 轮廓线与填充色

Flash CS4 中的图形工具主要有“线条工具”、“铅笔工具”、“矩形工具”、“基本矩形工具”、“椭圆工具”、“基本椭圆工具”、“多角星形工具”、“刷子工具”等。下面分别介绍这些工具的使用方法。

2.3.1 线条工具

“线条工具”主要用于绘制直线，快捷键为N。绘制直线的方法如下：

选择工具箱中的“线条工具”，在舞台中拖拽鼠标，可以绘制一条直线，绘制过程如图 2-7 所示。

在绘制直线的过程中，如果按住 Shift 键拖拽鼠标，可以绘制水平、垂直或 45° 角的直线；如果按住 Alt 键拖拽鼠标，则以起始点为中心向两侧绘制直线。

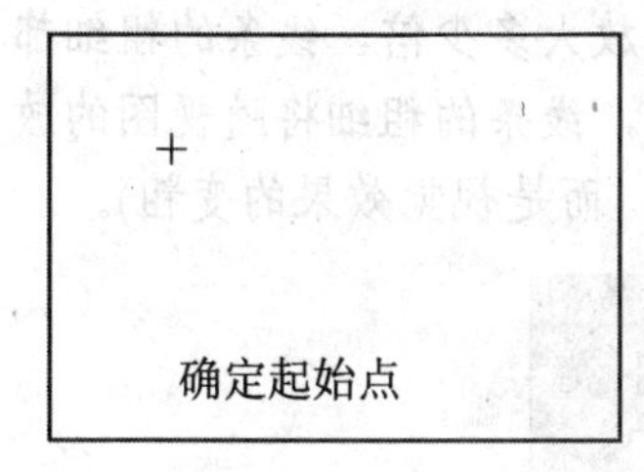

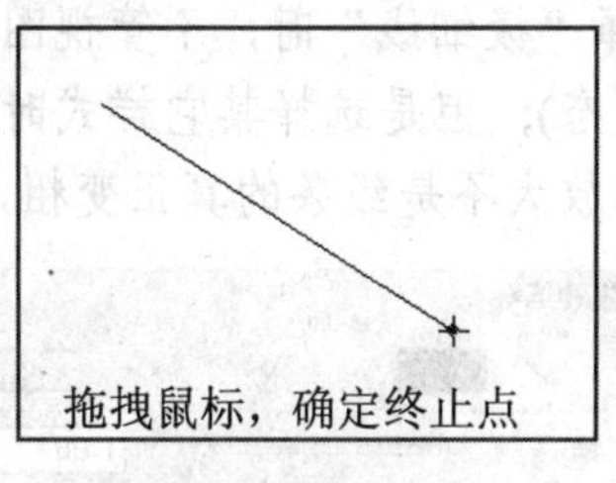

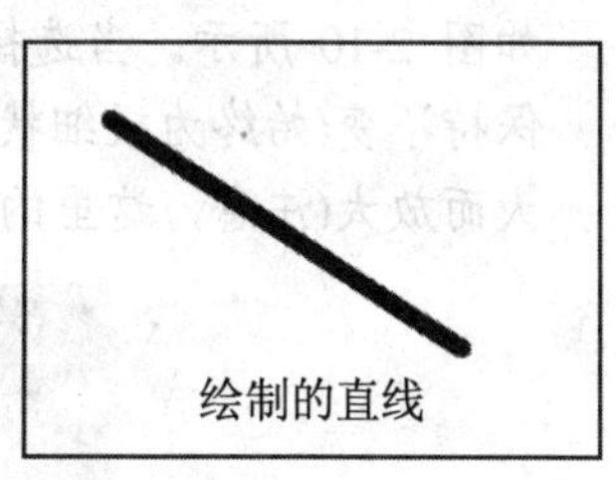

图 2-7　绘制直线的过程

在绘制直线之前或者绘制直线以后，都可以通过【属性】面板设置直线的属性，包括颜色、粗细、样式、端点类型等，如图 2-8 所示。

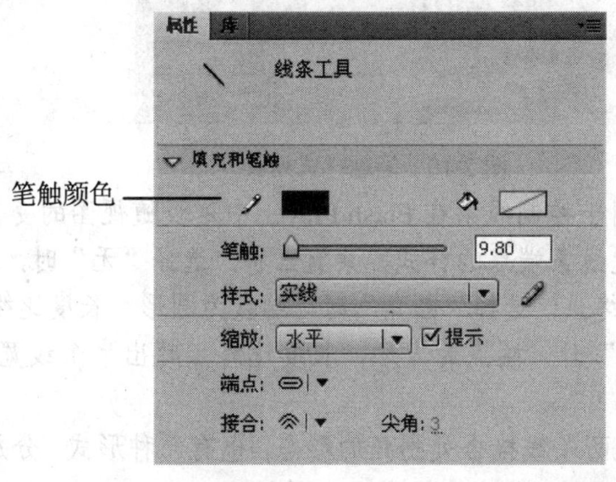

图 2-8　“线条工具”的【属性】面板

- (笔触颜色)：用于设置线条的颜色。单击 (笔触颜色)按钮，将弹出一个调色板，如图 2-9 所示，在其中可以直接选择颜色；如果要设置为无色，可以单击调色板右上角的 (无色)按钮。

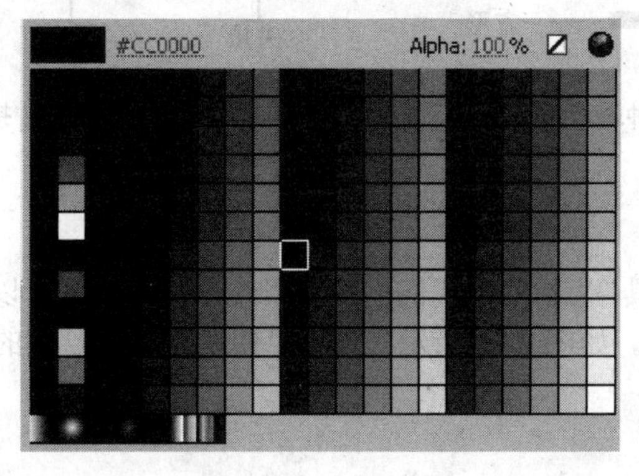

图 2-9　调色板

- 【笔触】：用于设置线条的粗细，直接在右侧的文本框中输入精确的数值，可以改变线条的粗细；也可以通过拖动滑块的方式改变线条的粗细，取值范围为 0.1～200。
- 【样式】：用于选择线条的类型，如虚线，实线、点状线等，其作用是改变线条的外观样式。在右侧的笔触样式下拉列表中可以选择系统提供的七种样式，如图 2-10 所示。当选择“极细线”时，不管视图放大多少倍，线条的粗细都保持不变(始终为极细状态)；但是选择其它样式时，线条的粗细将随视图的放大而放大(注意，这里的放大不是线条的真正变粗，而是视觉效果的变粗)。

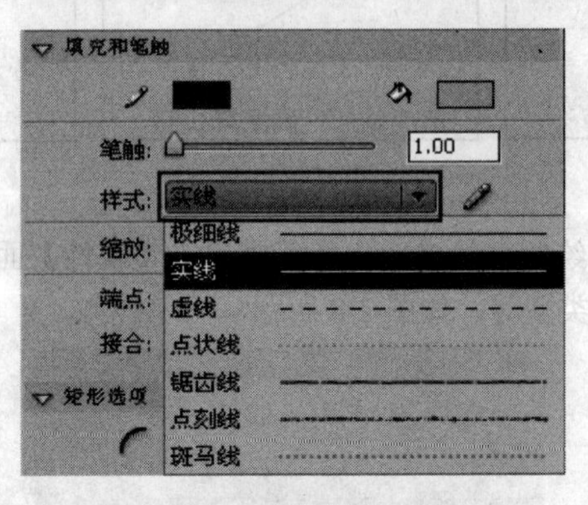

图 2-10　笔触样式列表

- 【缩放】：该选项用于控制线条在 Flash Player 中是否随视图的变化而缩放。
- 【端点】：用于设置线条端点的样式，共有三种：选择“无”时，端点为方形，长度对齐到线段的终点；选择“圆角”时，端点为圆形，长度比终点超出半个线宽；选择“方形”时，端点为方形，长度比终点超出半个线宽，如图 2-11 所示。
- 【接合】：用于设置两条线接合处拐角的形态，也有三种形式，分别为“尖角”、“圆角”和“斜角”，如图 2-12 所示。

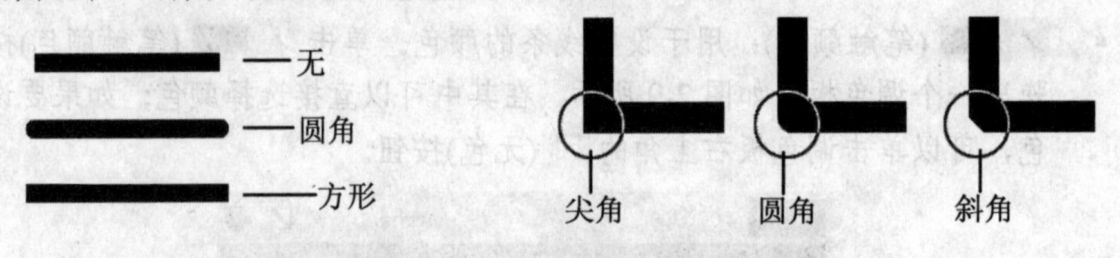

图 2-11　三种端点类型　　图 2-12　三种接合形态

2.3.2　铅笔工具

Flash 中的“铅笔工具”就像我们平时使用的铅笔一样，可以随意绘制各种形状的线条，使用起来非常方便。如图 2-13 所示为使用“铅笔工具”绘制的线条。

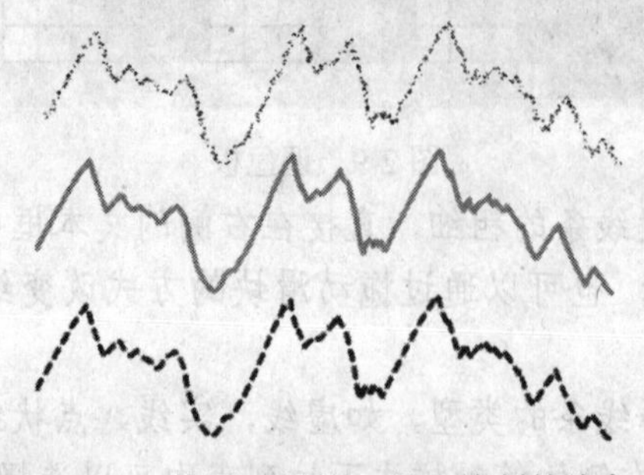

图 2-13　使用“铅笔工具”绘制的线条

Flash 中预置了三种铅笔模式，分别是“伸直”模式、“平滑”模式和“墨水”模式。选择“铅笔工具”后，在工具箱的下方中可以选择不同的铅笔模式，如图 2-14 所示。

- “伸直”模式：选择该模式，绘制线条时系统会自动将其主要部分转成直线，同时锐化其拐角处，因此适合画有棱角的图形。选择该模式绘制闭合线条时，会自动适应三角形、矩形、圆形等几个基本形状，如图 2-15 所示。
- “平滑”模式：选择该模式，绘制线条时系统会尽可能地光滑曲线，从而弥补电脑作图的缺陷。这种模式适合绘制平滑的图形，如图 2-16 所示。
- “墨水”模式：选择该模式，所绘制的线条将最大限度地保持原样。此模式适合绘制手绘效果的图形。

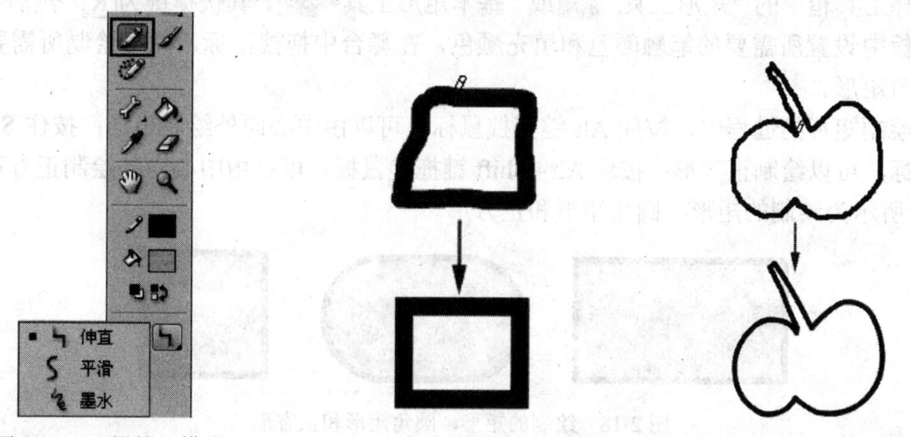

图 2-14　“铅笔”模式　　　　图 2-15　“伸直”模式　　　　图 2-16　“平滑”模式

与“线条工具”一样，无论使用“铅笔工具”绘制直线还是曲线，都可以通过【属性】面板设置图形的笔触颜色、粗细、线条样式等。与“线条工具”相比，“铅笔工具”的【属性】面板中多了一个【平滑】选项，如图 2-17 所示。

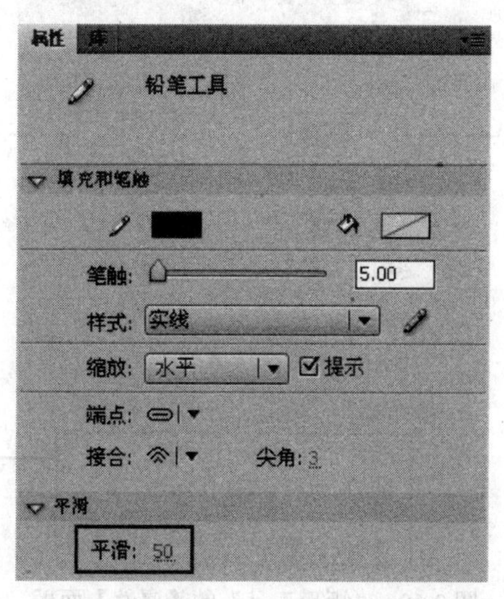

图 2-17　“铅笔工具”的【属性】面板

【平滑】选项用于控制使用铅笔绘制线条时的平滑度，该选项只有在“平滑”模式下才有效。在此直接单击参数值，可以激活文本框，直接修改其数值即可。数值越大，绘制的线条趋于曲线；数值越小，绘制的线条趋于直线。另外，也可以将光标指向数值，通过左右拖拽鼠标改变参数。

2.3.3　矩形工具与基本矩形工具

在 Flash CS4 中提供了两种矩形工具，即“矩形工具”与“基本矩形工具”，两者都可以绘制矩形、圆角矩形、正方形或圆角正方形。其区别在于：“矩形工具”只有在绘制之前才有【矩形选项】属性，一旦完成矩形的绘制，这个属性便消失；而“基本矩形工具”则不同，在绘制之前和绘制之后这个属性都是存在的。

选择工具箱中的“矩形工具”或“基本矩形工具”，其快捷键为R，然后在【属性】面板中设置所需要的笔触颜色和填充颜色，在舞台中拖拽鼠标，即可绘制所需要的矩形或圆角矩形。

在绘制矩形的过程中，按住 Alt 键拖拽鼠标，可以由中心向外绘制矩形；按住 Shift 键拖拽鼠标，可以绘制正方形；按住 Alt+Shift 键拖拽鼠标，可以由中心向外绘制正方形。如图 2-18 所示为绘制的矩形、圆角矩形和正方形。

图 2-18　绘制的矩形、圆角矩形和正方形

合理设置工具属性，可以绘制出更丰富的矩形效果。当选择了“矩形工具”或“基本矩形工具”以后，【属性】面板中将显示其相关的属性，如图 2-19 所示。

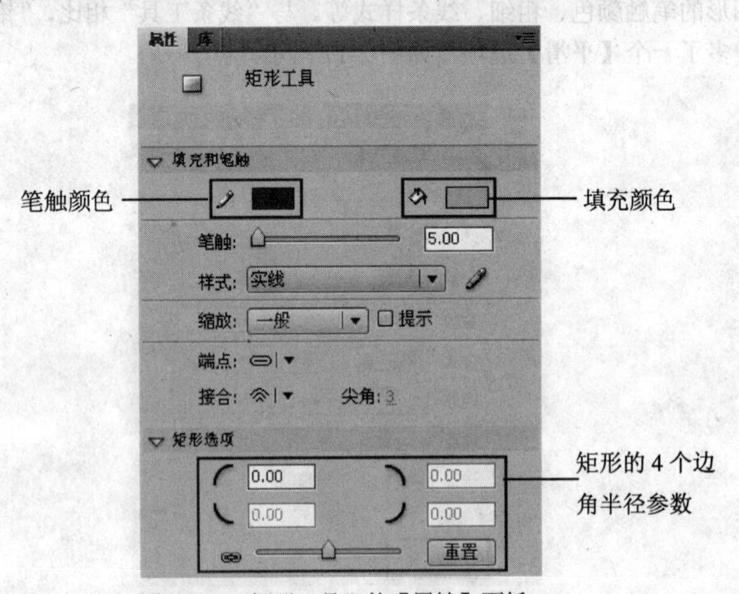

图 2-19　“矩形工具”的【属性】面板

在【属性】面板中可以设置矩形轮廓线的属性、填充颜色以及矩形的边角半径。其中轮廓线属性的设置与“线条工具”的属性完全相同。下面介绍“矩形工具”独具的属性。

- 填充颜色：用于设置矩形的填充色。
- 边角半径：用于设置矩形的边角半径，使矩形产生圆角。这里提供了 4 个边角半径，可以分别进行设置，也可以同时设置。
- (锁定)与 (解锁)按钮：默认状态下，4 个边角半径是锁定的，“锁定”按钮显示为 状态，单击该按钮，则切换为 (解锁)按钮。锁定状态下，设置一个边角半径，其它 3 个值也发生同样的改变；解锁状态下，可以分别设置不同的边角半径，如图 2-20 所示。

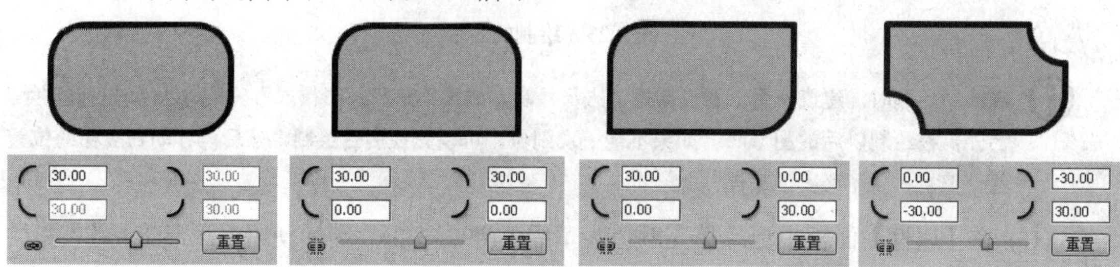

图 2-20　不同边角半径的效果

- 重置 (重置)：单击该按钮，则边角半径值重置为 0。

2.3.4　课堂实践——绘制小房子

通过前面的讲解，我们已经掌握了几个简单绘图工具的使用方法，下面通过绘图实践进一步巩固所学的知识，重点是“线条工具”、“矩形工具”的使用。本例的最终效果如图 2-21 所示。

图 2-21　最终效果

(1) 创建一个新的 Flash 文档。

(2) 按下 Ctrl+J 键，在【文档属性】对话框中设置尺寸为 400 × 300 像素、背景颜色为白色、帧频为 1 fps。

(3) 选择工具箱中的“矩形工具” ，在【属性】面板中设置笔触颜色为黑色、填充颜色为深黄色(#FFCC33)、笔触为 2，如图 2-22 所示。

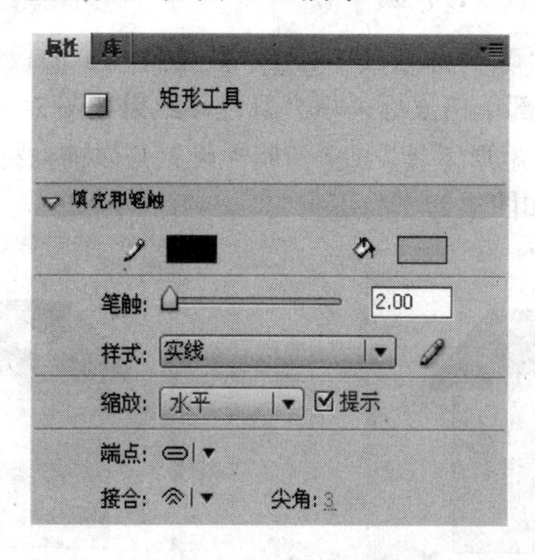

图 2-22　【属性】面板

(4) 在舞台中拖拽鼠标绘制一个矩形，如图 2-23 所示。

图 2-23　绘制的矩形

在绘制矩形时，建议使用“图形模式”进行绘制，如果不是“图形模式”，可以按J键进行切换。另外，在绘制以后的图形时，如果不能一次到位，可以先在后台绘制，然后再移动到应在的位置上，避免产生不必要的粘连。

(5) 在【属性】面板中更改填充颜色为草绿色(#999933)，继续使用“矩形工具”绘制一个小矩形作为屋檐，如图 2-24 所示。

(6) 选择工具箱中的“线条工具”，在【属性】面板中设置笔触颜色为黑色，笔触为 2.0，在屋檐的上方分 3 次拖拽鼠标，绘制一个图形作为屋顶，如图 2-25 所示。

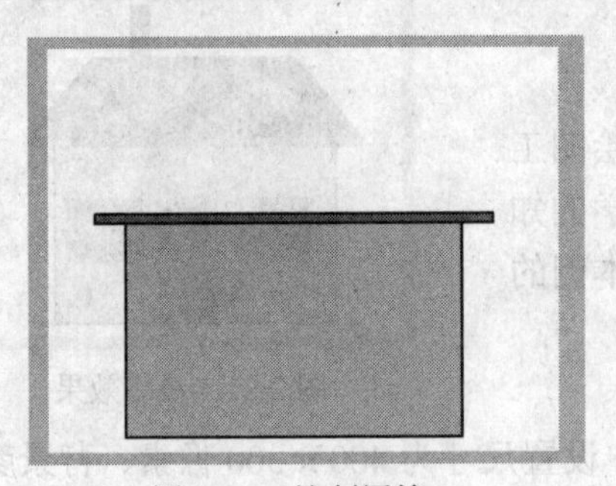

图 2-24　绘制屋檐

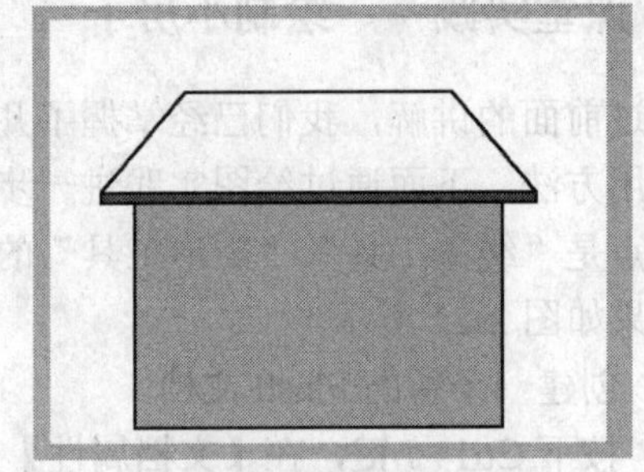

图 2-25　绘制屋顶图形

使用“线条工具”绘制屋顶造型时，要注意绘制的 3 条线段端点要重合，一定要形成一个封闭的区域，否则颜色可能填充不上。

(7) 选择工具箱中的“颜料桶工具”，在【属性】面板中设置填充颜色为深红色(#CC0000)，在屋顶图形内部单击鼠标，填充颜色，结果如图 2-26 所示。

(8) 选择工具箱中的“矩形工具”，属性设置与以前保持一致，在屋顶的上方绘制一个矩形作为烟囱，结果如图 2-27 所示。

图 2-26　填充颜色

图 2-27　绘制烟囱

(9) 在【属性】面板中更改填充颜色为草绿色(#999933)，继续使用“矩形工具”绘制一个矩形作为门框，结果如图 2-28 所示。

(10) 在【属性】面板中更改填充颜色为深红色(#CC0000)，再使用“矩形工具”绘制一个矩形作为门，结果如图 2-29 所示。

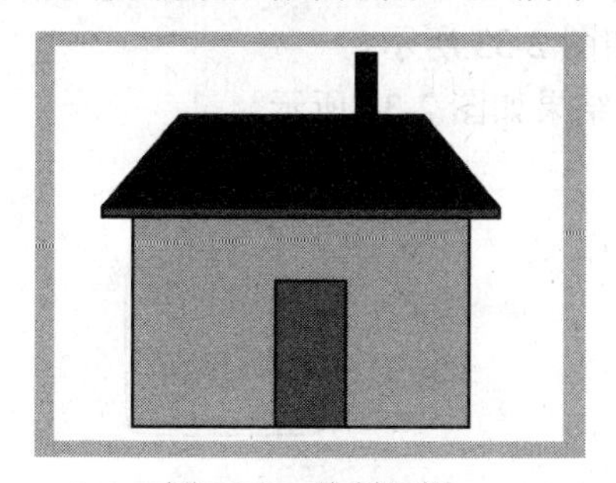

图 2-28　绘制门框

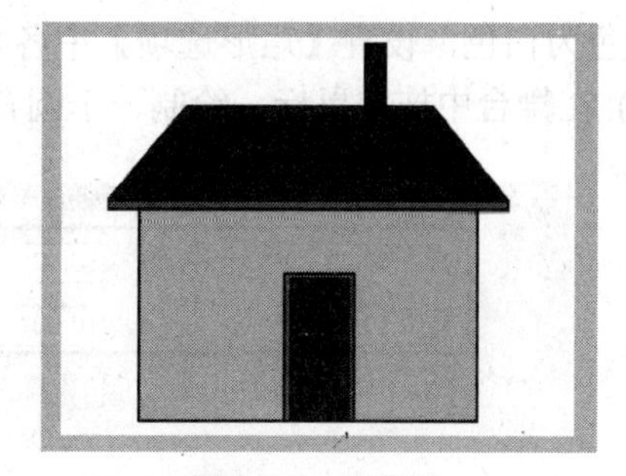

图 2-29　绘制门

(11) 用同样的方法，使用“矩形工具”在门的左侧绘制窗户图形，玻璃的颜色为淡青色(#CDFFFF)，结果如图 2-30 所示；再将绘制的窗户图形复制一份到右侧，其结果如图 2-31 所示。

图 2-30　绘制窗户图形

图 2-31　复制窗户图形

(12) 至此完成了本例的制作，按下 Ctrl+S 键将文件保存为“小房子.fla”。

2.3.5　课堂实践——绘制梳妆台

通过前面的实践练习，我们了解了“矩形工具”与“线条工具”最基本的应用。下面继续做一个实践练习，绘制一个梳妆台图形，学习圆角矩形的运用，实例的最终效果如图 2-32 所示。

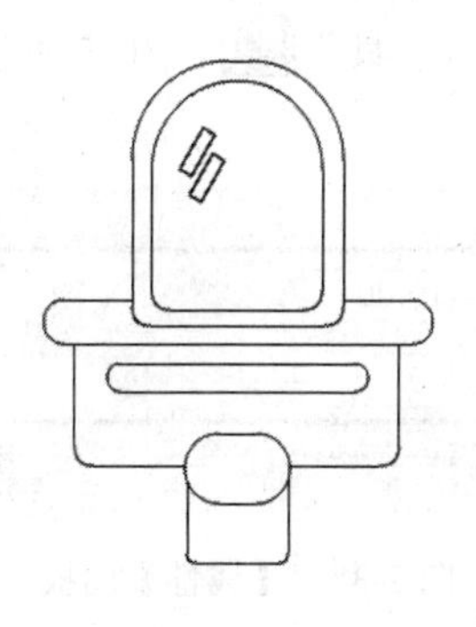

图 2-32　最终效果

(1) 创建一个新的 Flash 文档。

(2) 按下 Ctrl+J 键，在【文档属性】对话框中设置尺寸为 400 × 300 像素、背景颜色为白色、帧频为 1 fps。

(3) 选择工具箱中的“基本矩形工具”，在【属性】面板中设置笔触颜色为黑色、填充颜色为白色，设置【矩形选项】中各项参数如图 2-33 所示。

(4) 在舞台中拖拽鼠标，绘制一个圆角矩形，结果如图 2-34 所示。

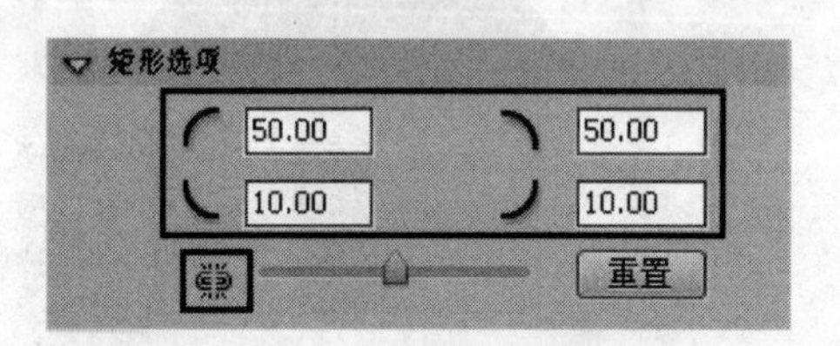

图 2-33　【属性】面板

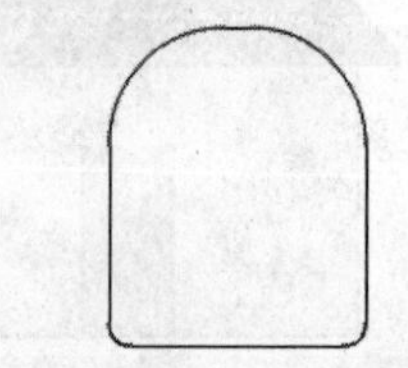

图 2-34　绘制的圆角矩形(1)

使用“基本矩形工具”绘制出来的图形均为“对象模式”，并且绘出图形对象以后，自动处于选择状态，所以在绘制下一个图形对象之前，要按下 Esc 键取消选择，然后再设置属性，否则会影响刚绘制的图形对象。

(5) 在圆角矩形内再次拖拽鼠标，再绘制一个圆角矩形，结果如图 2-35 所示。

(6) 在【属性】面板中设置边角半径值均为 0，然后在舞台中绘制一个小矩形，并运用“任意变形工具”将其旋转一定的角度，如图 2-36 所示。

(7) 使用“选择工具”选择绘制的矩形，按住 Alt 键拖拽鼠标，复制一个矩形，其位置如图 2-37 所示。

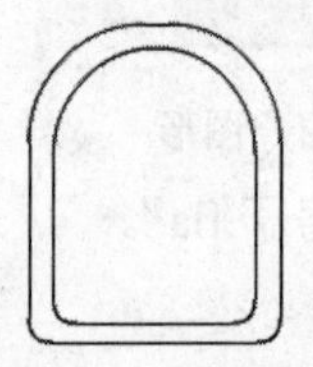

图 2-35　绘制的圆角矩形(2)

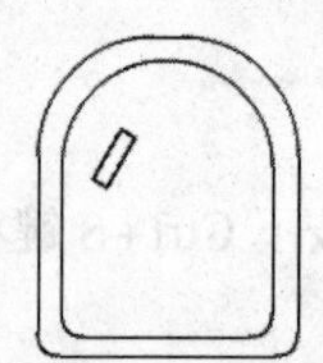

图 2-36　旋转后的矩形

图 2-37　复制的矩形

“任意变形工具”与“选择工具”的具体使用方法将在后面的相关章节中进行介绍，这里只要求大家能够按照步骤使用即可，重点体会“基本矩形工具”的使用技巧。

(8) 选择工具箱中的“基本矩形工具”，在【属性】面板中设置【矩形选项】参数如图 2-38 所示。

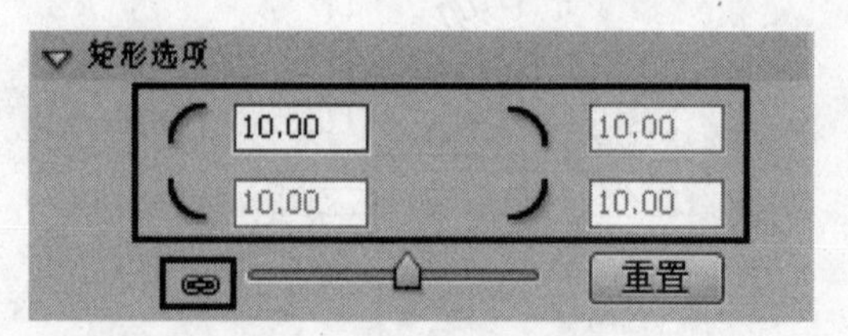

图 2-38　【属性】面板

(9) 在舞台中拖拽鼠标，绘制一个圆角矩形，如图 2-39 所示。

(10) 选择刚绘制的圆角矩形，单击鼠标右键，在弹出的快捷菜单中选择【排列】\【移至底层】命令，如图 2-40 所示，调整图形的顺序。

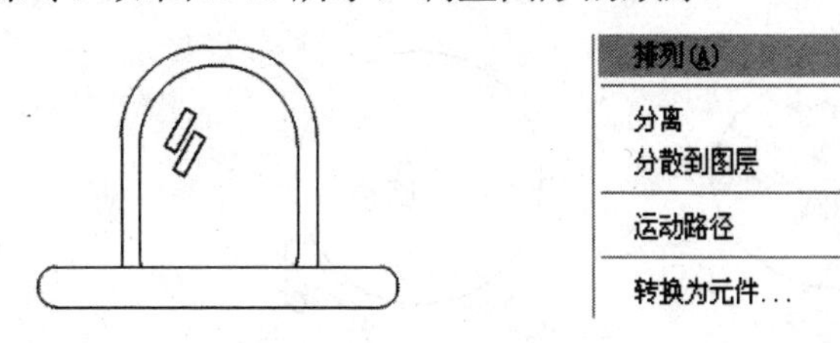

图 2-39　绘制的圆角矩形(3)　　图 2-40　快捷菜单

(11) 用同样的方法再绘制两个圆角矩形，在【属性】面板中设置合适的【矩形选项】参数，并移动到底层，结果如图 2-41 所示。

(12) 最后再绘制两个圆角矩形作为板凳，可以绘制图形以后再设置参数，结果如图 2-42 所示。

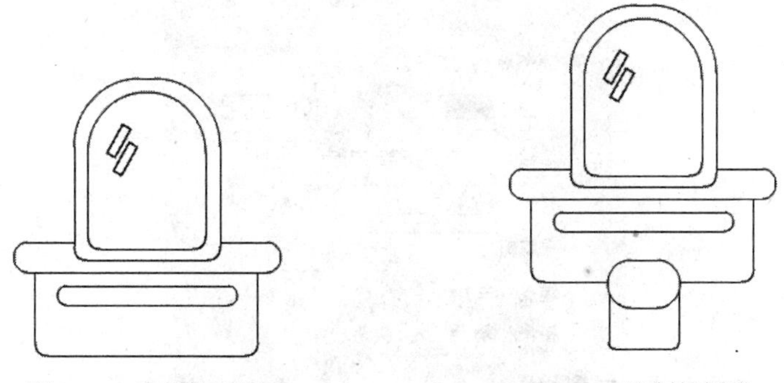

图 2-41　绘制的图形　　图 2-42　绘制的板凳

(13) 这样便完成了梳妆台的绘制，按下 Ctrl+S 键将文件保存为“梳妆台.fla”。

2.3.6　椭圆工具与基本椭圆工具

与矩形类似，“椭圆工具”和“基本椭圆工具”的区别在于：“椭圆工具”只有在绘制之前才有【椭圆选项】属性，一旦完成图形的绘制，这个属性便消失；而“基本椭圆工具”则不同，在绘制之前和绘制之后这个属性都存在。

这两个工具的功能是一样的，都可以绘制椭圆或者圆形，而且通过设置【属性】面板中的相关选项，还可以绘制环形、扇形等形状。

选择工具箱中的“椭圆工具”或“基本椭圆工具”，在舞台中拖拽鼠标，即可绘制出所需要的图形。图 2-43 所示为绘制的椭圆、圆、扇形与圆环。

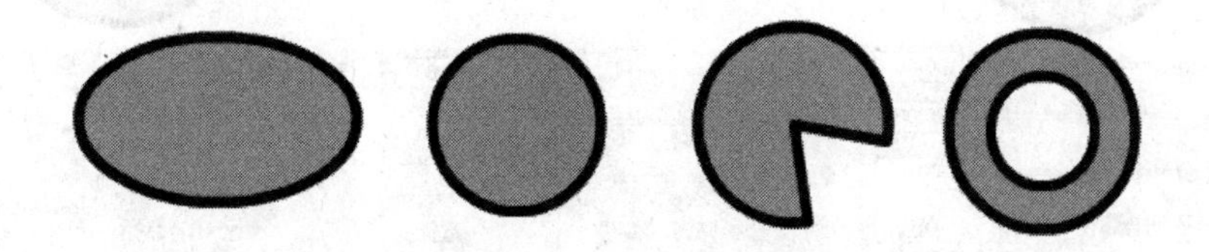

图 2-43　绘制的椭圆、圆、扇形与圆环

绘制圆形时，需要按住 Shift 键的同时拖拽鼠标；另外，先单击工具箱中的按钮，

使之呈凹陷状态，打开捕捉功能，然后再拖拽鼠标，当光标下方的圆圈变大变黑时，画出来的就是圆形，如图 2-44 所示。

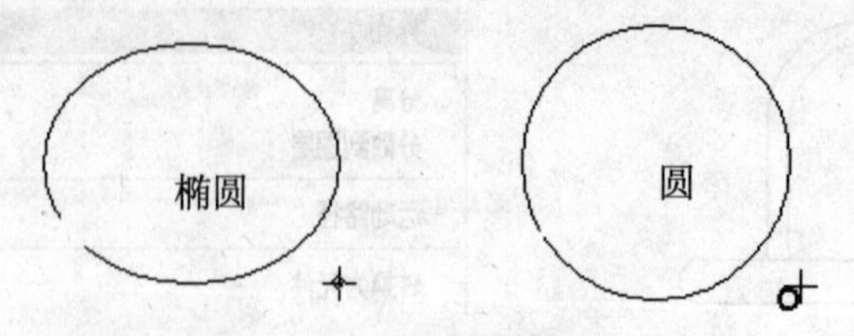

图 2-44　绘制椭圆与圆时的光标

"椭圆工具"和"基本椭圆工具"的【属性】面板是一样的，大部分参数前面已经介绍过，这里只介绍一下"基本椭圆工具"的特有参数，如图 2-45 所示。

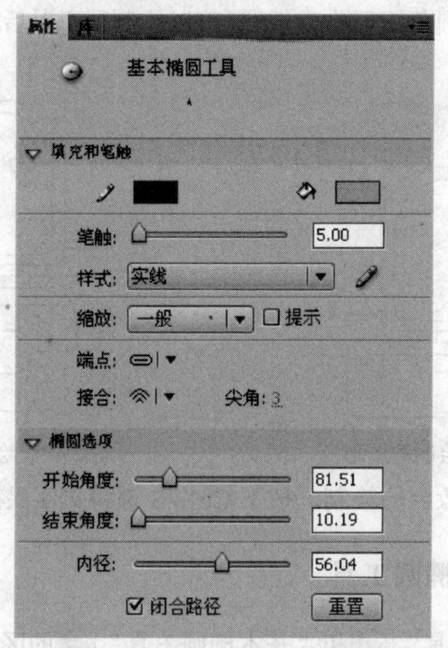

图 2-45　"基本椭圆工具"的【属性】面板

- 【开始角度】与【结束角度】：用于设置椭圆形的起始角度值与结束角度值。如果这两个相同，则图形为椭圆或圆形；否则会形成扇形，如图 2-46 所示。

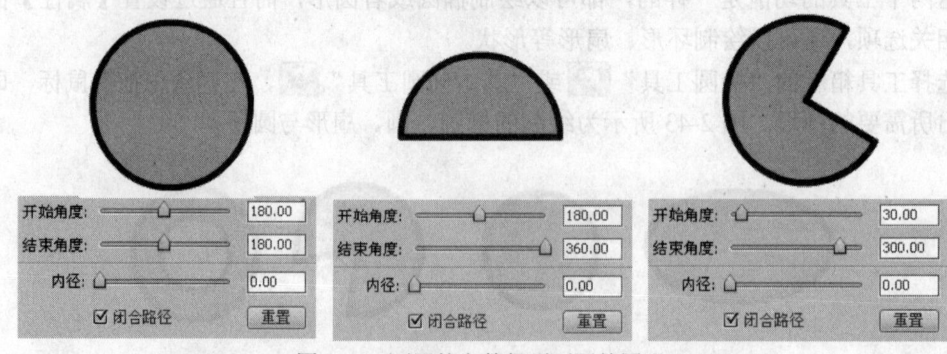

图 2-46　不同的参数得到不同的图形

- 【内径】：用于设置椭圆的内径，当值为 0 时，则为实心图形；否则为圆环，如图 2-47 所示。

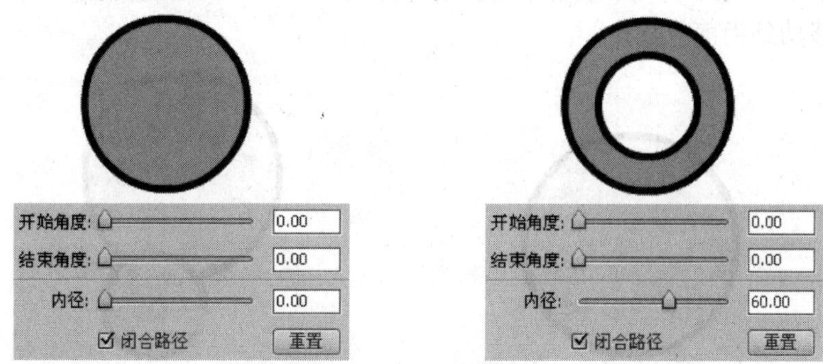

图 2-47　实心图形和圆环

- 【闭合路径】：选择该选项，当图形为扇形或半圆环时，图形有填充色；否则没有填充色，只是一段线条，如图 2-48 所示。

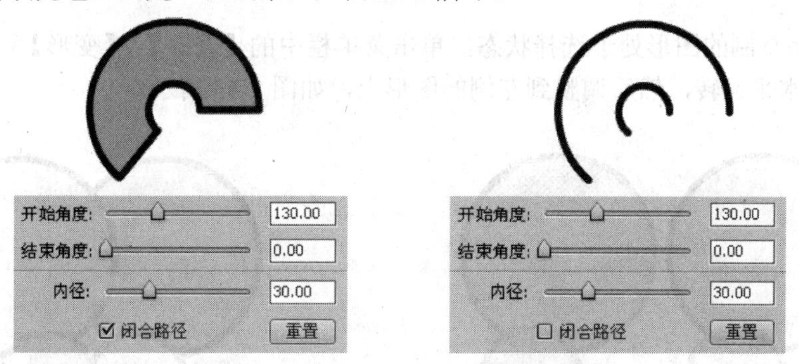

图 2-48 【闭合路径】选项对图形的影响

2.3.7　课堂实践——绘制蝴蝶

为了加强“椭圆工具”和“基本椭圆工具”的使用，巩固所学的知识点，接下来进行课堂实践练习，绘制一个漂亮的花蝴蝶，最终效果如图 2-49 所示。

图 2-49　最终效果

(1) 创建一个新的 Flash 文档。

(2) 按下 Ctrl+J 键，在【文档属性】对话框中设置尺寸为 400×400 像素、背景颜色为白色、帧频为 1 fps。

(3) 选择工具箱中的“椭圆工具”，在【属性】面板中设置笔触颜色为黑色、笔触为 4、填充颜色为黄色(#FFFF00)。

(4) 确保绘图模式为“图形模式”，在舞台中拖拽鼠标，绘制一个大圆，如图 2-50 所示。

(5) 再绘制一个小圆，叠加到大圆形的上方，如图 2-51 所示(绘制的时候可以先在一侧绘制，然后移动到当前位置)。

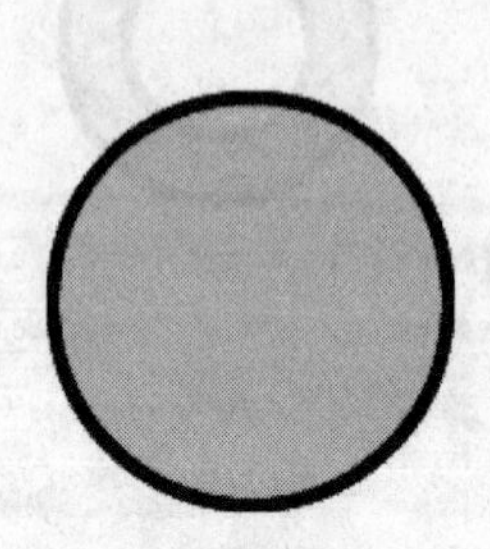

图 2-50　绘制的大圆

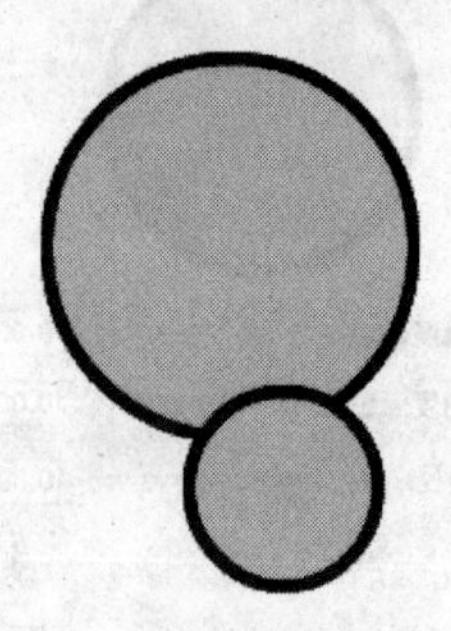

图 2-51　绘制的小圆

(6) 使用“选择工具” 框选绘制的图形，按住 Alt 键向右拖拽鼠标，复制一组图形，如图 2-52 所示。

(7) 确保复制的图形处于选择状态，单击菜单栏中的【修改】\【变形】\【水平翻转】命令，将其水平翻转，然后调整到左侧的图形上，如图 2-53 所示。

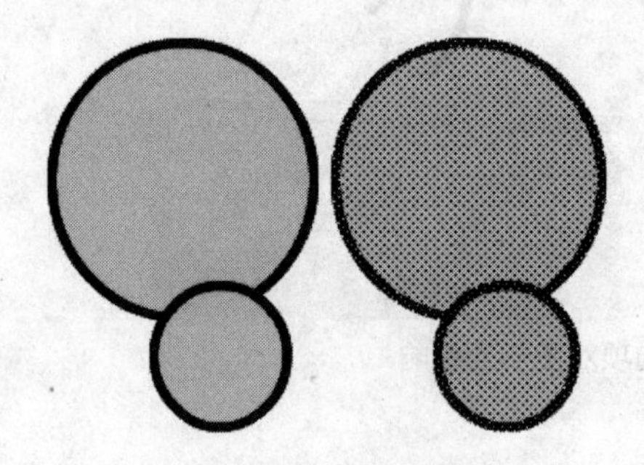

图 2-52　复制的图形

图 2-53　调整复制图形的位置

(8) 使用“选择工具” 单击图形中叠加部分的轮廓(这样不会选择整个轮廓)，只选择叠加部分，按下 Delete 键将其删除，结果如图 2-54 所示。

(9) 选择工具箱中的“颜料桶工具” ，在【属性】面板中设置填充颜色为黄色(#FFFF00)，在图形中间的空白位置处单击鼠标填充黄色，则得到蝴蝶翅膀轮廓，效果如图 2-55 所示。

图 2-54　删除重叠的轮廓

图 2-55　图形效果

(10) 选择工具箱中的“椭圆工具” ，在【属性】面板中设置填充颜色为深黄色(#FF9900)、笔触颜色为无色，在蝴蝶翅膀的左下方绘制一个圆形，结果如图 2-56 所示。

(11) 使用“选择工具”选择圆形，然后按住 Alt 键向右拖拽鼠标，复制出一个圆形，并将其放置在蝴蝶翅膀的右下方，与刚刚绘制的圆形相对应，如图 2-57 所示。

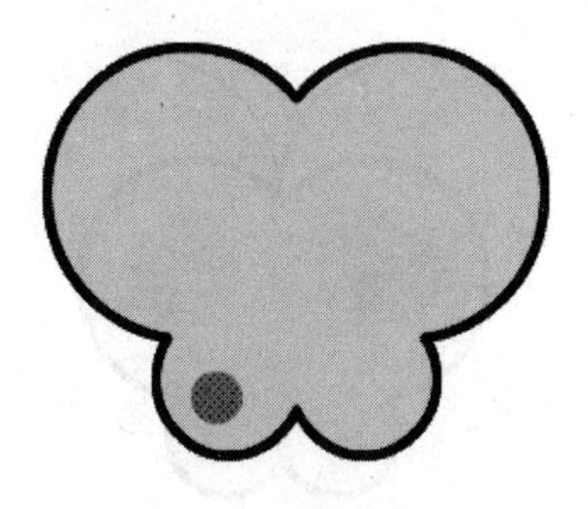

图 2-56　绘制的圆形(下方)

图 2-57　复制的圆形

(12) 用同样的方法，在蝴蝶翅膀上方左右两侧各绘制一个相对应的圆形，如图 2-58 所示。

(13) 选择工具箱中的“基本椭圆工具”，在【属性】面板中设置笔触颜色为黑色、笔触为 2、填充颜色为任意颜色，然后在舞台中绘制一个大圆形，位置如图 2-59 所示。

图 2-58　绘制的圆形(上方)

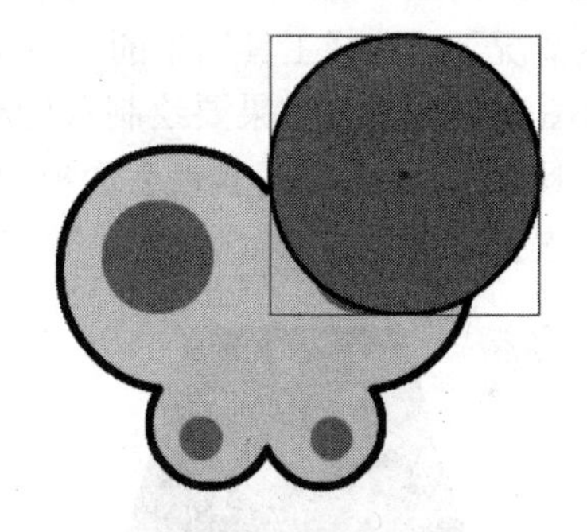

图 2-59　绘制的大圆形

(14) 在【属性】面板中设置开始角度为 180，结束角度为 280，并取消【闭合路径】选项，如图 2-60 所示，则图形形状如图 2-61 所示，将其作为触须。

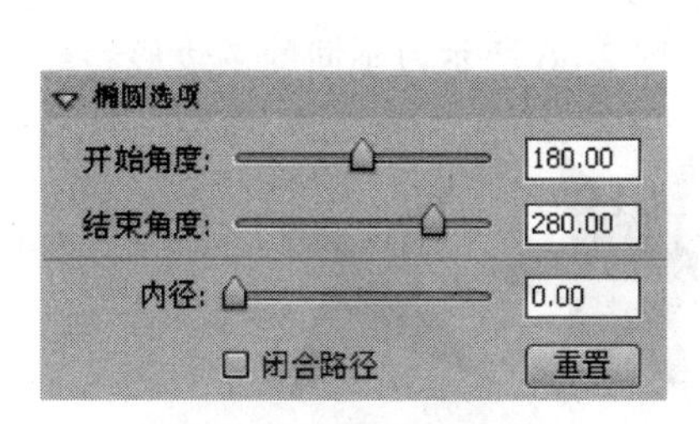

图 2-60 【属性】面板

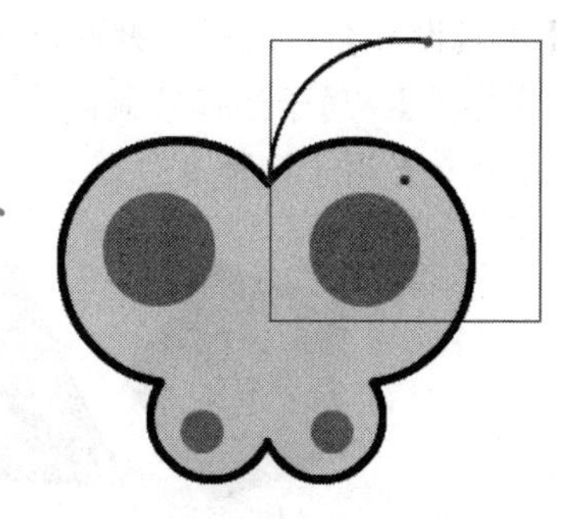

图 2-61　图形形状

(15) 选择绘制的触须，按住 Alt 键向左拖拽鼠标，将其复制一份，单击菜单栏中的【修改】\【变形】\【水平翻转】命令，将复制的触须水平翻转，并调整其位置如图 2-62 所示。

(16) 选择工具箱中的“椭圆工具”，在【属性】面板中设置笔触颜色为无色、填充颜色为黑色，在两个触须的末端各绘制一个小的黑色圆形，其效果如图 2-63 所示。

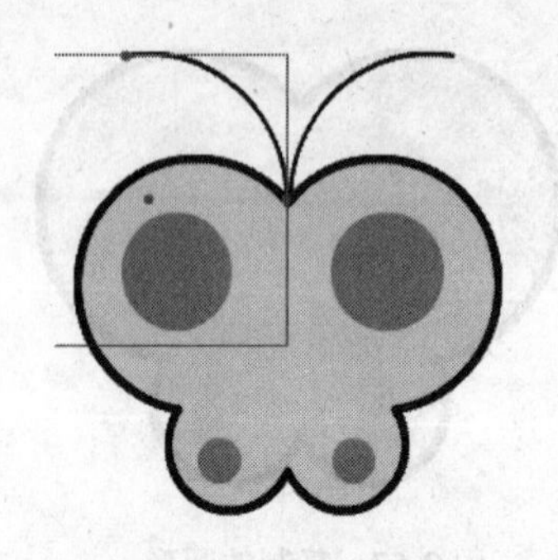

图 2-62　复制的触须

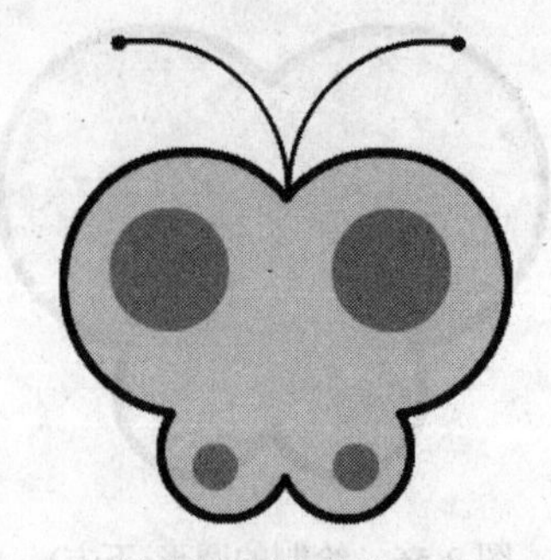

图 2-63　绘制触须末端的黑色圆形

(17) 至此完成了本例的绘制，按下 Ctrl+S 键将文件保存为“蝴蝶.fla”。

2.3.8　多角星形工具

在矩形工具组中还有一个“多角星形工具”，使用它可以绘制多边形或星形。

默认情况下，选择工具箱中的“多角星形工具”，在舞台中拖拽鼠标，可以绘制五边形，如图 2-64 所示。如果要绘制六边形、七边形或星形，则需要进行选项设置。选择“多角星形工具”后，在【属性】面板中单击 选项... 按钮，将弹出如图 2-65 所示的【工具设置】对话框。

图 2-64　绘制的五边形

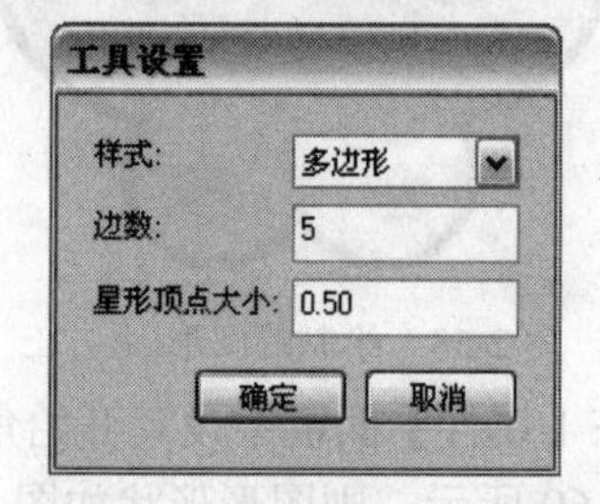

图 2-65 【工具设置】对话框

在【工具设置】对话框中设置合适的选项，可以绘制符合要求的多边形或星形。

- 【样式】: 用于选择绘制的是多边形还是星形。
- 【边数】: 用于设置多边形或星形的边数，如图 2-66 所示为不同的多边形和星形。

图 2-66　绘制的多边形和星形

- 【星形顶点大小】: 该选项只对星形有效，用于设置星形顶点的尖锐度，取值范围为 0～1。值越大，星形顶点越平滑；值越小星形顶点越尖锐，如图 2-67 所示。

图 2-67　不同尖锐度的星形

2.3.9　刷子工具

“刷子工具”用于绘制图形或为图形填充颜色，其使用方法基本与“铅笔工具”相同。不同之处在于：“铅笔工具”绘制的对象性质为轮廓线，而“刷子工具”绘制的对象性质为填充色。

选择工具箱中的“刷子工具”，工具箱下方将出现“刷子工具”的相关选项，包括刷子模式、刷子形状、刷子大小等，如图 2-68 所示。

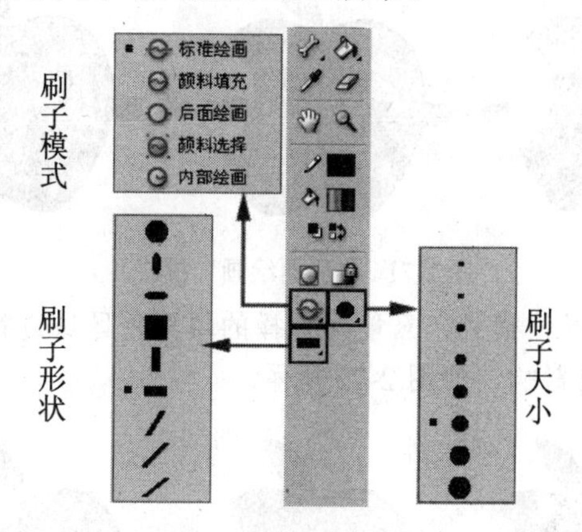

图 2-68　“刷子工具”的相关选项

- 刷子模式：用于设置刷子工具的各种绘制模式，Flash CS4 提供了五种绘制模式供用户选择。
- 刷子形状：用于设置刷子工具的形状，如圆形、矩形、椭圆形、斜线形等。
- 刷子大小：用于设置刷子工具的笔头大小。

不同的绘制模式，绘画效果是不一样的。下面详细介绍“刷子工具”的各种绘制模式与绘画效果。

- 标准绘画：选择该模式，所画的图形将覆盖原来的图形，如图 2-69 所示。

图 2-69　“标准绘画”模式

- 颜料填充：选择该模式，所画的图形只覆盖原来图形的填充色区域，而不影响轮廓线，如图 2-70 所示。

图 2-70　“颜料填充”模式

- 后面绘画：选择该模式，所画的图形将位于舞台的最底层，新图形被原有的图形覆盖，如图 2-71 所示。

图 2-71　“后面绘画”模式

- 颜料选择：选择该模式，只能对选择的填充色区域进行绘画，对没有选择的区域或轮廓没有影响，如图 2-72 所示。

图 2-72 “颜料选择”模式

- 内部绘画：选择该模式，刷子所绘的线条只影响原图形内部，而图形以外的区域并不影响。但是要注意，绘画时刷子的起点应在图形内部，否则与“后面绘画”模式相同，如图 2-73 所示。

图 2-73　“内部绘画”模式

2.3.10　课堂实践——绘制群山

下面使用“多角星形工具”与“刷子工具”绘制一个群山图形，这是一个写意的图形效果，重点练习与体会绘图工具的基本运用，本例效果如图 2-74 所示。

图 2-74　最终效果

(1) 创建一个新的 Flash 文档。

(2) 按下 Ctrl+J 键，在【文档属性】对话框中设置尺寸为 300 × 200 像素、背景颜色为白色、帧频为 1 fps。

(3) 选择工具箱中的“多角星形工具”，在【属性】面板中设置笔触颜色为黑色、笔触为 2、填充颜色为青色(#9AC4B7)，然后单击 选项... 按钮，在弹出的【工具设置】对话框中设置选项，如图 2-75 所示。

(4) 单击 确定 按钮，在舞台中拖拽鼠标，绘制一个三角形，如图 2-76 所示。

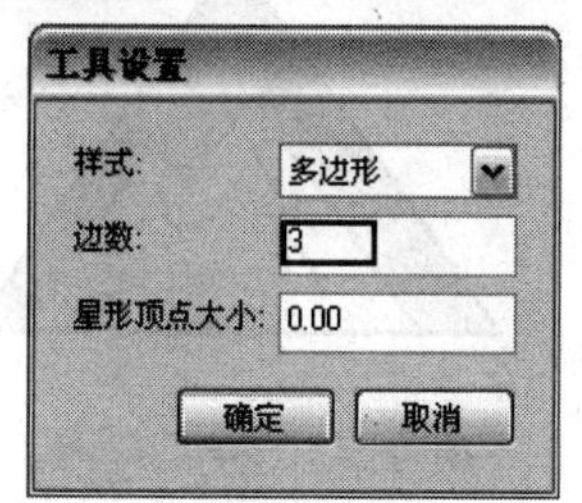

图 2-75　【工具设置】对话框

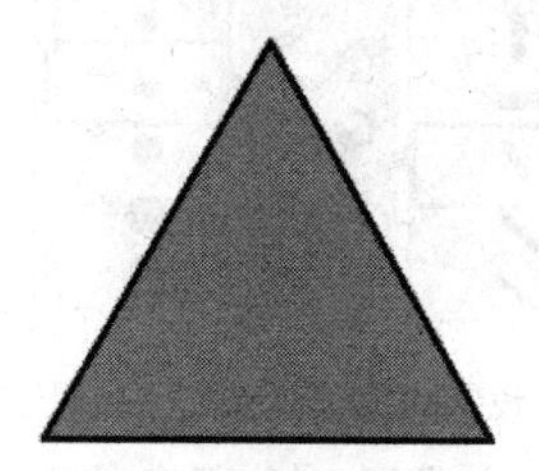

图 2-76　绘制的三角形

(5) 在【属性】面板中修改填充颜色为白色，其它参数不变，然后在舞台中再绘制一个小的三角形，位置如图 2-77 所示。

(6) 在舞台中继续拖拽鼠标，在小三角形的右侧再绘制一个更小的三角形，如图 2-78 所示。

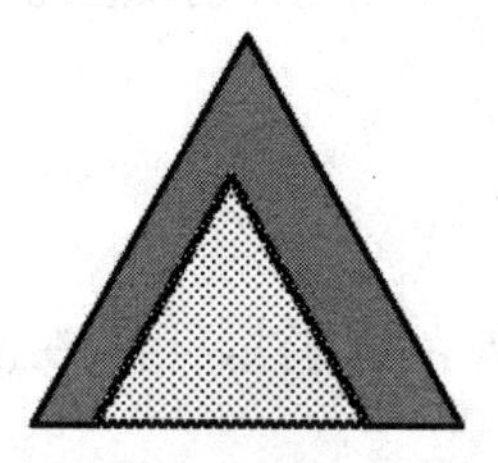

图 2-77　绘制的小三角形

图 2-78　绘制的更小的三角形

(7) 使用“选择工具”选中两个三角形相交的轮廓，按下 Delete 键将其删除，则图形效果如图 2-79 所示。

(8) 按下 Ctrl+A 键，全选图形。

(9) 选择工具箱中的“任意变形工具”，则图形周围出现一个带有 8 个实心控制点的变形框，将光标指向变形框右侧的控制点上，当光标变为双向箭头时拖拽鼠标，将图形水平放大，如图 2-80 所示。

图 2-79　图形效果

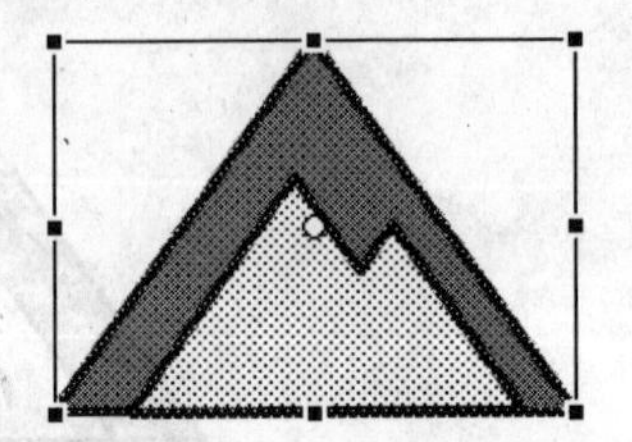

图 2-80　将图形水平放大

(10) 选择工具箱中的“刷子工具”，在工具箱下方设置“刷子工具”的形状与大小如图 2-81 所示。

(11) 在舞台中“山体”的一侧拖拽鼠标，绘制一些线条，表示“山体”背光的一面，效果如图 2-82 所示。

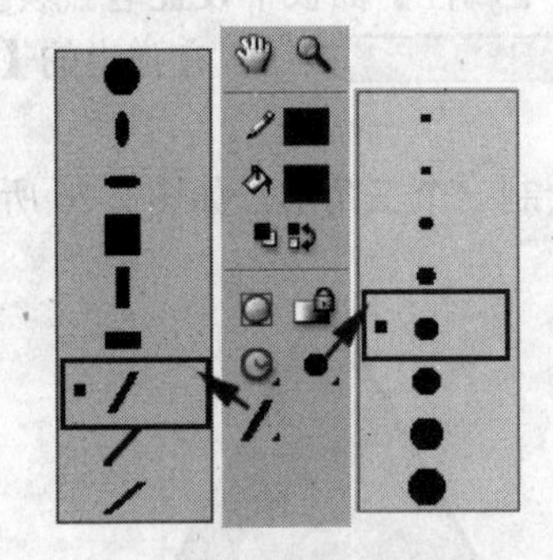

图 2-81　设置“刷子工具”的形状与大小

图 2-82　绘制的线条

(12) 这样就完成了一个写意的群山造型，按下 Ctrl+S 键将文件保存为“群山.fla”。

2.4　颜色的设置与处理

通过前面的学习我们知道，绘制图形之前必须先设置颜色，其中包括轮廓线颜色与填充颜色。在 Flash CS4 中，用户可以为图形的轮廓线或填充色分别设置纯色、渐变色或位图填充。

2.4.1　设置颜色的方法

为了绘图的方便，Flash 提供了几种不同的设置颜色的方法，用户在使用的时候可以根据具体情况进行选择。

1. 使用工具箱的颜色区域

Flash 工具箱的下方提供了一个颜色设置选项区域，在此可以进行简单的颜色设置，如图 2-83 所示。

- (笔触颜色)：单击该按钮，可以设置图形的轮廓线颜色。
- (填充颜色)：单击该按钮，可以设置图形填充色的颜色。
- (黑白)：单击该按钮，可以将笔触颜色恢复为黑色，填充颜色恢复为白色。
- (交换颜色)：单击该按钮，可以将笔触颜色与填充颜色互换。

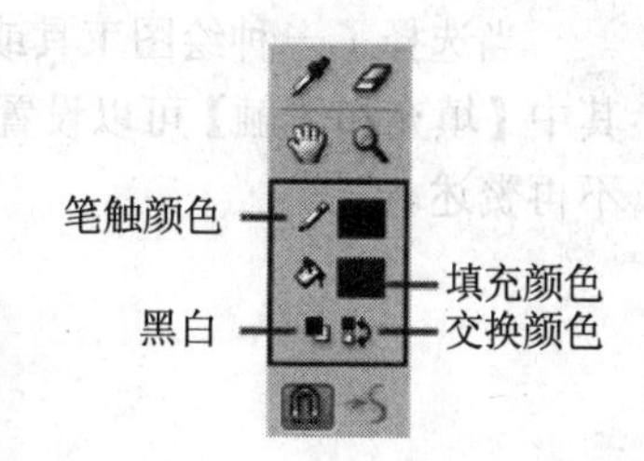

图 2-83　颜色设置选项区域

下面以填充颜色为例，详细介绍如何设置颜色。单击(填充颜色)按钮，则弹出一个颜色设置调色板，如图 2-84 所示。

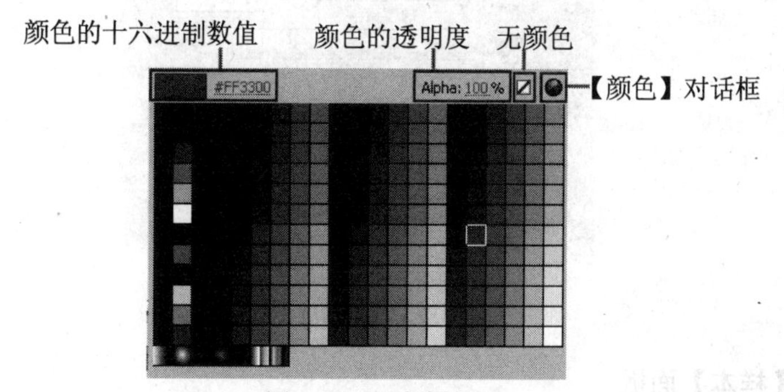

图 2-84　调色板

① 在该调色板中单击预置的颜色样本，就可以选择一种颜色，也可以选择下方的渐变色。

② 单击左上角的颜色值，则激活文本输入框，直接输入颜色的十六进制数值，可以精确地设置颜色。

③ 选择一种颜色以后，单击右上角的 Alpha 值，可以设置颜色的透明度，取值范围为 0～100%。当值为 0 时，颜色完全透明；当值为 100%时，颜色完全不透明。

④ 单击(无颜色)按钮，可以设置笔触颜色或填充颜色为无色。

⑤ 如果要进行更详细的颜色设置，可以单击按钮，这时将弹出【颜色】对话框，如图 2-85 所示，在这里可以对颜色进行更详细的设置。

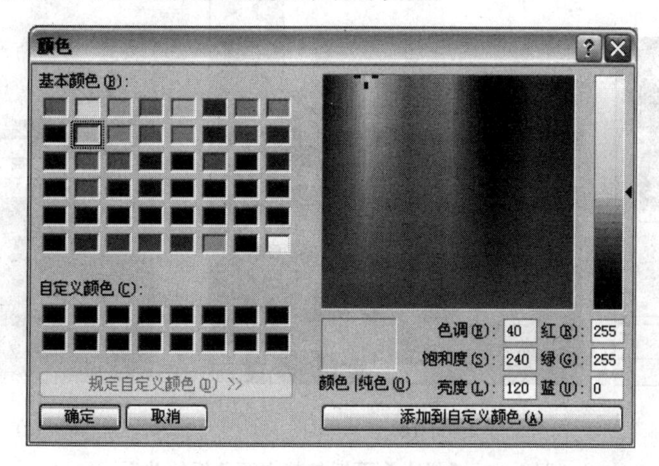

图 2-85　【颜色】对话框

2. 使用【属性】面板

当选择了一种绘图工具或填充工具以后，在【属性】面板中将出现该工具的相关选项，其中【填充和笔触】可以设置笔触颜色与填充颜色，如图 2-86 所示。设置方法与前面相同，不再赘述。

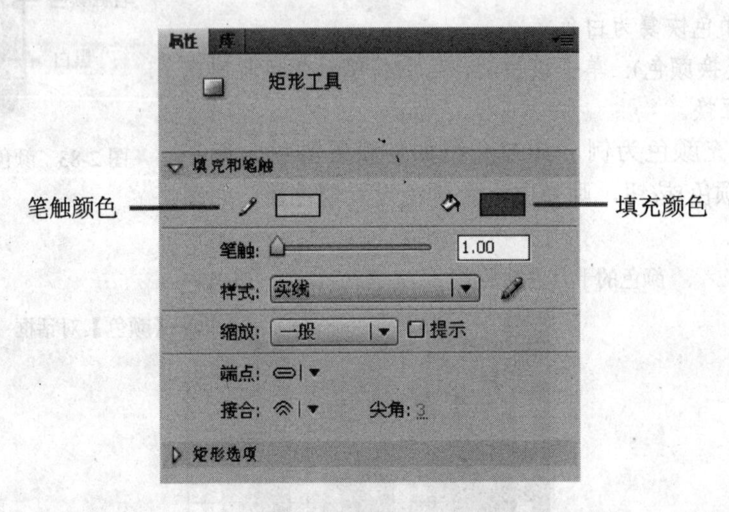

图 2-86 【属性】面板

3. 使用【样本】面板

【样本】面板用于管理颜色样本，一般不使用它设置颜色，可以将它看做颜料箱或组织颜色样本的工具，使用它可以存储颜色、加载颜色、添加颜色等。

单击菜单栏中的【窗口】\【样本】命令(或者按下 Ctrl+F9 键)，可以打开【样本】面板，在这里设置的颜色样本将出现在工具箱的颜色区域或【属性】面板的调色板中。如图 2-87 所示，(a)为【样本】面板，(b)为工具箱中颜色区域的调色板，(c)为【属性】面板中的调色板，它们是完全相同的，其中(a)的改变直接影响(b)与(c)。

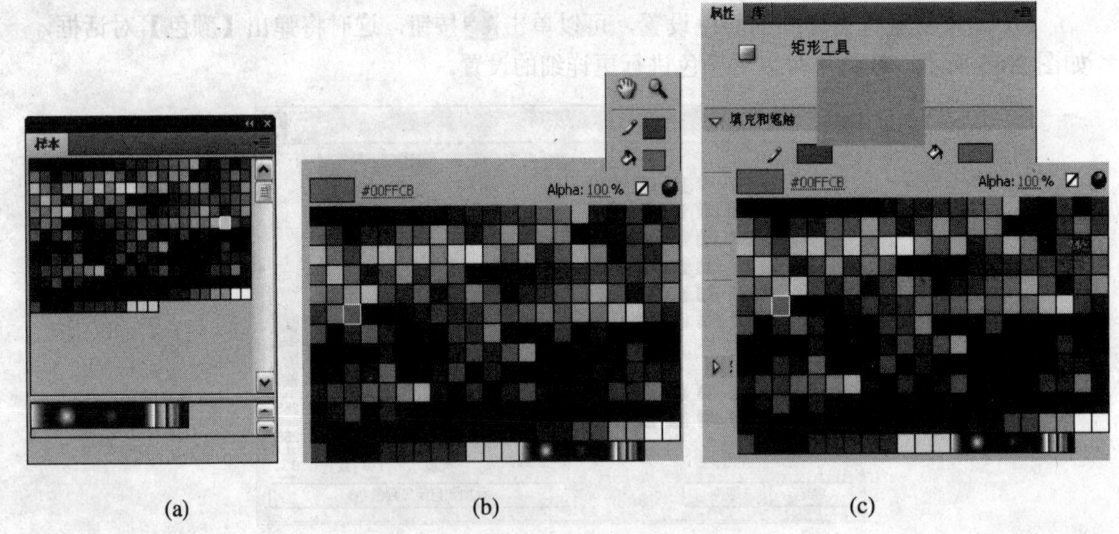

图 2-87 【样本】面板与其它调色板的关系

4. 使用【颜色】面板

如果说【样本】面板是一个颜色样本管理器，那么【颜色】面板就是一个颜色编辑器，它是 Flash 中最专业的颜色设置工具，使用它可以自由地设置颜色，包括纯色、各种渐变色以及位图。

如果当前 Flash 界面中没有显示【颜色】面板，可以单击菜单栏中的【窗口】\【颜色】命令(或者按下 Shift+F9 键)，打开【颜色】面板，如图 2-88 所示。

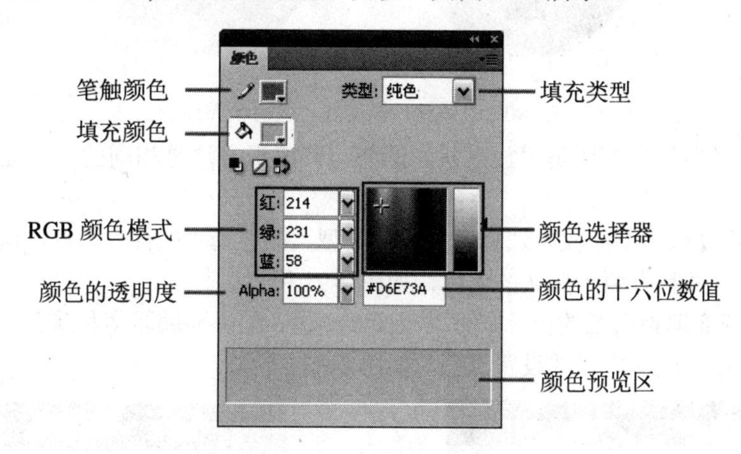

图 2-88 【颜色】面板

- (笔触颜色)：按下该按钮，进入笔触颜色设置状态，此时设置的颜色只影响图形的轮廓线。
- (填充颜色)：按下该按钮，进入填充颜色设置状态，此时设置的颜色只影响图形的填充色，它与笔触颜色按钮不能同时按下。
- RGB 颜色模式：采用 RGB 颜色模式只要输入红(R)、绿(G)、蓝(B)三个数值，就可以确定颜色。
- 颜色的透明度：在 Flash 中，Alpha 选项的作用是控制颜色的透明度，数值越小颜色越透明。
- 填充类型：单击右侧的 纯色 按钮，在打开的下拉列表中可以选择 Flash 所有填充颜色的类型，如图 2-89 所示。
- 颜色选择器：这里是一个 HSB 模式的颜色分布模型，左侧用于选择颜色，右侧用于设置颜色的明度。
- 颜色的十六位数值：当设置颜色以后，这里显示颜色的十六进制数值；反之，也可以直接输入颜色的十六位数值确定颜色。
- 颜色预览区：用于预览设置的颜色效果。

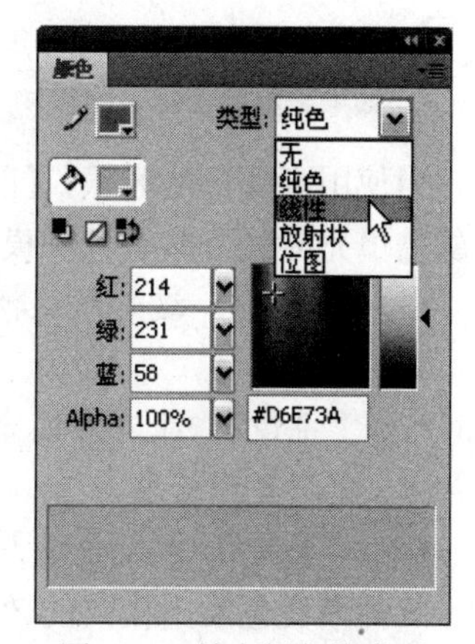

图 2-89　填充颜色的类型

通过图 2-89 可以看到，Flash CS4 的【颜色】面板中提供了两种渐变类型，分别是“线性”和“放射状”。

所谓渐变色，是指两种或两种以上的颜色逐渐发生过渡的填充方式。“线性”渐变是由一点向另一点沿直线过渡；“放射状”渐变是由中心向四周过渡，如图 2-90 所示。

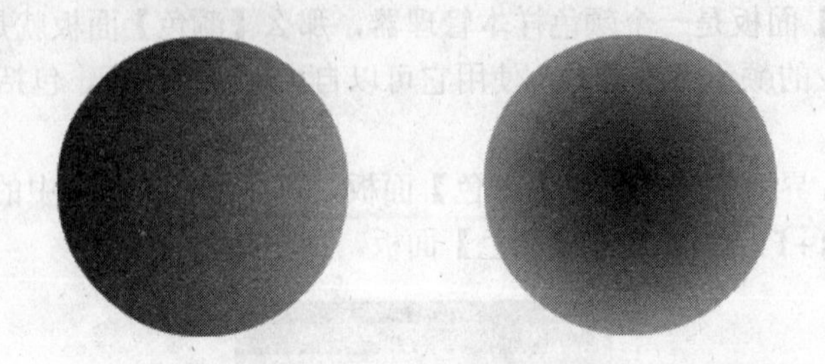

图 2-90　“线性”渐变与“放射状”渐变

不论是“线性”渐变还是“放射状”渐变，其编辑方法是相同的。下面介绍如何编辑所需要的渐变色。

(1) 首先在【颜色】面板中选择一种渐变类型，如选择“线性”渐变，这时其下方将出现渐变编辑条，并且有两个默认的色标，如图 2-91 所示。

(2) 双击渐变编辑条上的色标，可以改变其颜色；如果要编辑多种颜色，可以在渐变条的下方单击鼠标，添加色标并设置颜色，如图 2-92 所示。

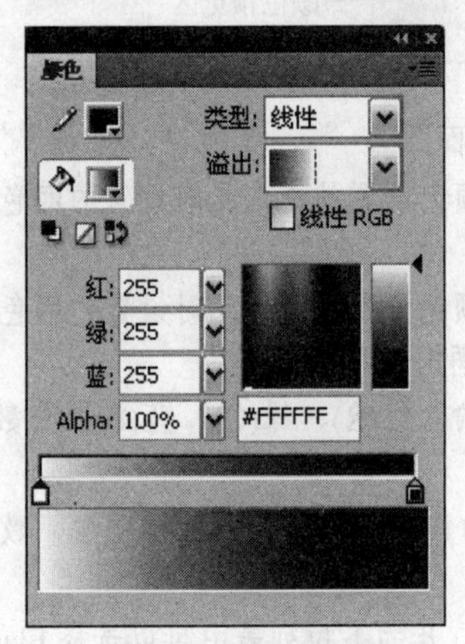

图 2-91　渐变编辑条

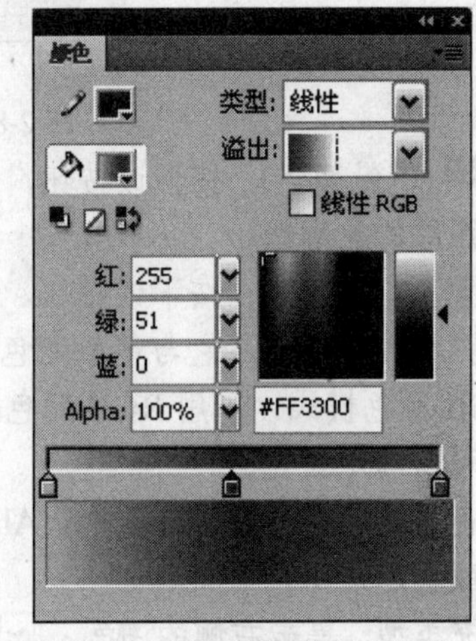

图 2-92　添加色标并更改颜色

Flash CS4 中的渐变色最多可以有 15 种颜色，即可以另外添加 13 个色标。另外，添加了色标之后，如果要删除色标，可以将光标指向色标，按住鼠标左键将其拖离渐变编辑条。

当使用渐变色的时候，【颜色】面板中会出现一个【溢出】选项，控制着超出填充范围的颜色填充方式，共有三种模式：“扩展”、“镜像”、“重复”。

- “扩展”：这是默认模式，将填充的渐变色与图形匹配，使颜色一直延伸到图形的末端。
- “镜像”：即对称填充，渐变色从开始到结束，再从结束到开始，依次反复填充，直至结束。
- “重复”：渐变色从开始到结束反复填充，直至图形填充完毕。

三种渐变色溢出模式的效果如图 2-93 所示。

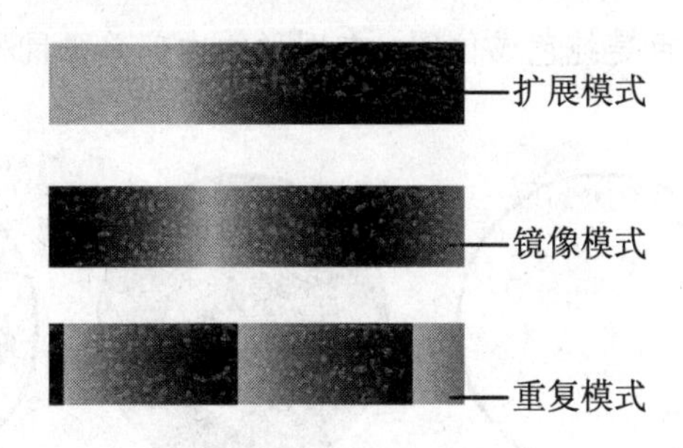

图 2-93　三种渐变色的溢出模式

2.4.2　颜料桶工具

使用“颜料桶工具”可以为图形填充各种各样的颜色，该工具与【颜色】面板相结合，还可以为图形填充渐变色与位图。

选择工具箱中的“颜料桶工具”，这时在工具箱下方的选项中将出现颜料桶的相关选项，如图 2-94 所示。

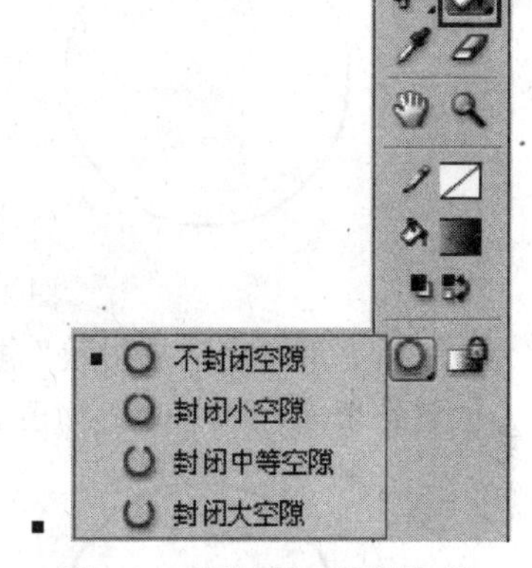

图 2-94　颜料桶工具的选项

- “不封闭空隙”：选择该模式，使用“颜料桶工具”进行填充时，填充区域的轮廓线必须为全封闭，否则将不能填充。
- “封闭小空隙”：选择该模式，使用“颜料桶工具”进行填充时，允许填充区域的轮廓有微小的空隙。
- “封闭中等空隙”：选择该模式，使用“颜料桶工具”进行填充时，允许填充区域的轮廓有中等的空隙。
- “封闭大空隙”：选择该模式，使用“颜料桶工具”进行填充时，允许填充区域的轮廓有稍大的空隙。

当图形的轮廓存在空隙时，可以根据空隙的大小选择相关的选项。如果选择“封闭大空隙”都无法完成填充的话，有两种解决方法：一是缩小视图后进行填充，因为这样相当于将空隙缩小了；二是将空隙封闭之后再填充。如图 2-95 所示为填充轮廓存在空隙的图形。

图 2-95　填充轮廓存在空隙的图形

使用“颜料桶工具”填充图形时，可以分为以下几种情况：

- 如果填充颜色是纯色或位图，在图形的内部单击鼠标，就可以完成填充，如图 2-96 所示。

图 2-96　填充纯色与位图

> 如果 Flash 中没有导入的位图，当选择“位图”填充时，将弹出【导入到库】对话框，用于选择导入到 Flash 中的位图图形。

- 如果填充颜色是“线性”渐变色，可通过拖拽鼠标完成填充，如图 2-97 所示。

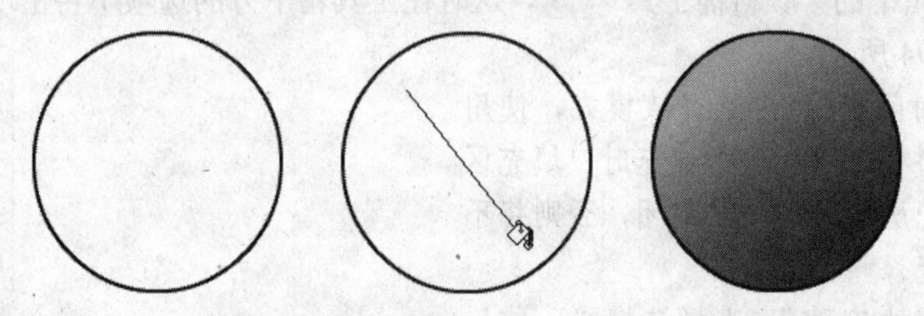

图 2-97　填充“线性”渐变

- 如果填充颜色是“放射状”渐变色，也是通过单击鼠标完成填充，但是单击的位置是填充色的中心，如图 2-98 所示。

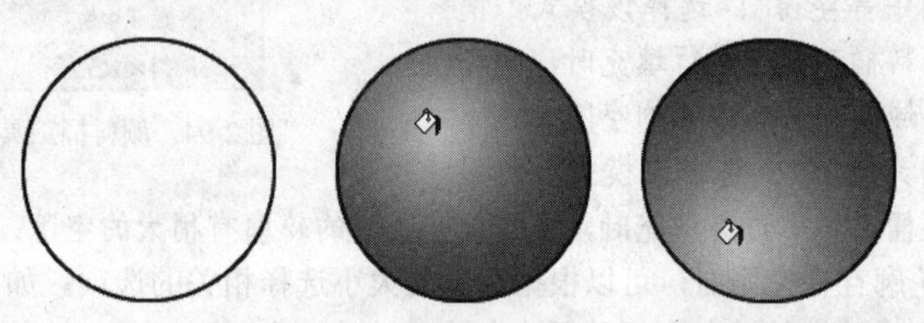

图 2-98　单击不同的位置填充“放射状”渐变

2.4.3　课堂实践——关怀

“颜料桶工具”是 Flash 中重要的颜色填充与修改工具，下面通过实例进一步学习其使用方法。绘制一个主题为“关怀”的公益图形，最终效果如图 2-99 所示。

图 2-99　最终效果

(1) 创建一个新的 Flash 文档。

(2) 按下 Ctrl+J 键，在【文档属性】对话框中设置尺寸为 120 × 150 像素、背景颜色为白色、帧频为 12 fps。

(3) 选择工具箱中的“椭圆工具”，在【属性】面板中设置笔触颜色为黑色、填充颜色为无色，如图 2-100 所示。

(4) 按住 Shift 键在舞台中拖拽鼠标，绘制一个圆形作为人的头部，如图 2-101 所示。

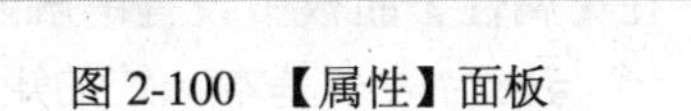

图 2-100　【属性】面板

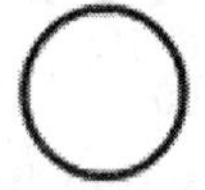

图 2-101　绘制头部

(5) 选择工具箱中的“线条工具”，在圆的下方绘制人的身体轮廓，结果如图 2-102 所示。

(6) 按下 Ctrl+A 键全选绘制的图形，再按下 Ctrl+C 键复制选择的图形，接着按下 Ctrl+V 键粘贴复制的图形。

(7) 单击菜单栏中的【修改】\【变形】\【水平翻转】命令，将复制的图形水平翻转，并使用“选择工具”调整其位置如图 2-103 所示。

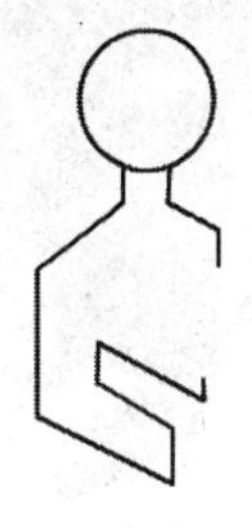

图 2-102　绘制身体轮廓

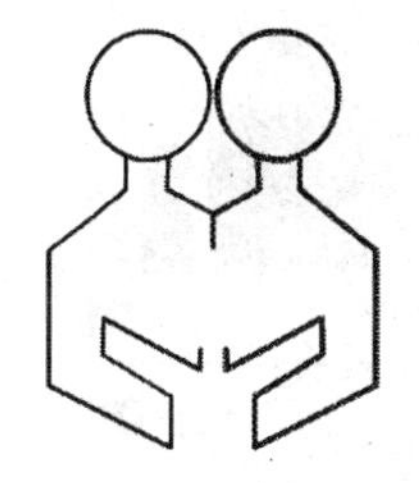

图 2-103　复制的图形

(8) 选择工具箱中的“椭圆工具”，在图形的中间绘制一个圆形，如图 2-104 所示。

(9) 选择工具箱中的“颜料桶工具”，在【属性】面板中设置填充颜色为黑色，然后在左侧人物的头部单击鼠标填充颜色，结果如图 2-105 所示。

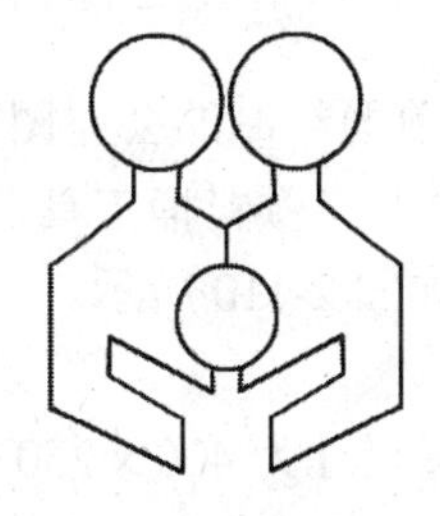

图 2-104　绘制的圆形

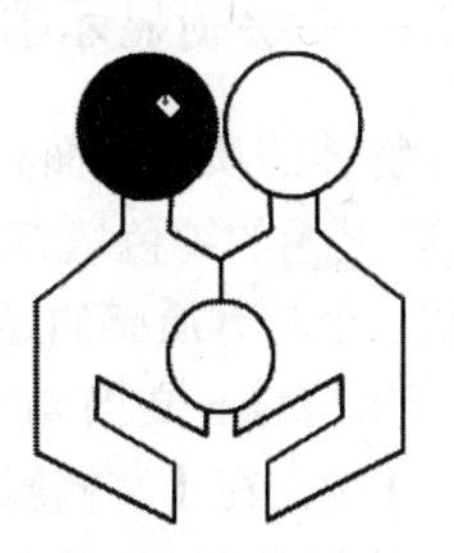

图 2-105　填充颜色

(10) 用同样的方法，继续在头部与身体部分单击鼠标填充黑色，结果如图 2-106 所示。

(11) 在【时间轴】面板中创建一个新图层“图层 2”，将其调整到“图层 1”的下方，如图 2-107 所示。

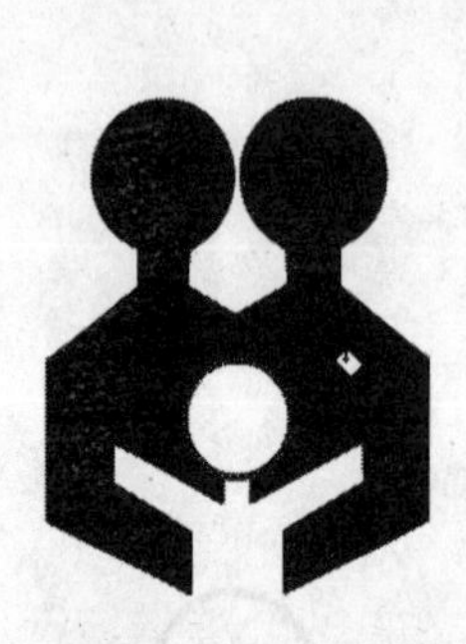

图 2-106　填充人物

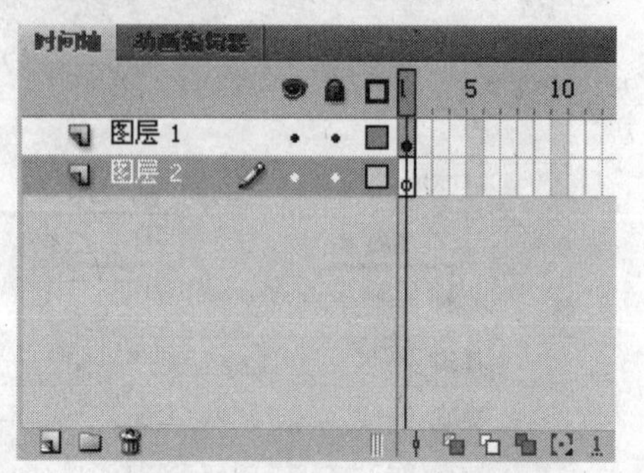

图 2-107　【时间轴】面板

(12) 选择工具箱中的“矩形工具”，在【属性】面板中设置笔触颜色为无色、填充颜色为任意颜色，在舞台中拖拽鼠标，绘制一个与舞台大小基本一致的矩形。

(13) 按下 Shift+F9 键打开【颜色】面板，选择填充类型为“线性”，设置左侧的色标为蓝色(#0099FF)、右侧的色标为白色(#FFFFFF)，如图 2-108 所示。

(14) 在刚才绘制的矩形上由上向下垂直拖拽鼠标，填充“线性”渐变色，制作一个背景，其效果如图 2-109 所示。

图 2-108　颜色面板

图 2-109　填充“线性”渐变色效果

(15) 至此完成了本例的制作，按下 Ctrl+S 键将文件保存为“关怀.fla”。

2.4.4　课堂实践——绘制显示器

渐变色在表现物体的质感方面具有独特的优势，前面绘制的公益图形“关怀”主要学习了“颜料桶工具”的纯色填充功能，下面深入学习“颜料桶工具”在填充渐变色方面的运用。绘制一个具有质感的显示器，最终效果如图 2-110 所示。

(1) 创建一个新的 Flash 文档。

(2) 按下 Ctrl+J 键，在【文档属性】对话框中设置尺寸为 400×350 像素、背景颜色为深蓝色(#000066)、帧频为 12 fps。

(3) 选择工具箱中的“矩形工具”，在【属性】面板中设置笔触颜色为灰色(#666666)、填充颜色为黄色(#FFCC00)，并设置其它参数如图 2-111 所示。

图 2-110　最终效果

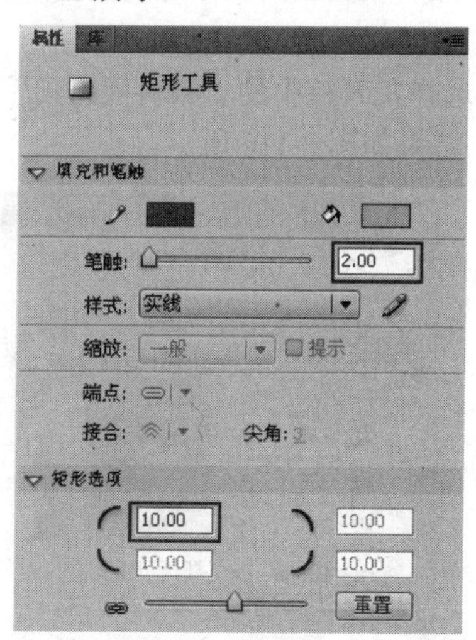

图 2-111　【属性】面板

(4) 在舞台中拖拽鼠标，绘制一个圆角矩形，大小与位置如图 2-112 所示。

(5) 选择工具箱中的“椭圆工具”，在矩形的下方绘制一个椭圆，大小与位置如图 2-113 所示。

图 2-112　绘制的圆角矩形(1)

图 2-113　绘制的椭圆

(6) 使用“选择工具”单击矩形和椭圆重叠的轮廓线，选择这段轮廓线，按下 Delete 键将其删除，如图 2-114 所示。

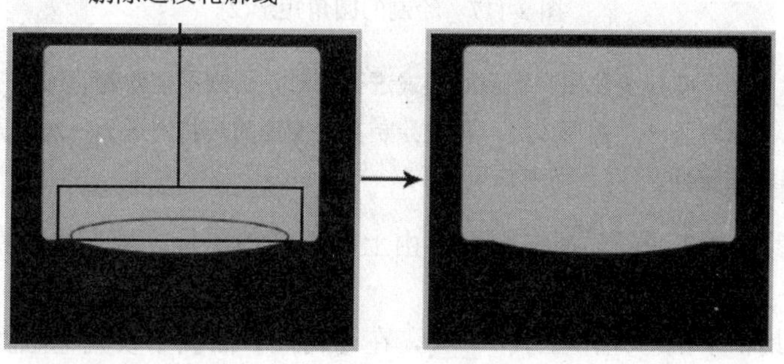

图 2-114　删除椭圆的部分轮廓线

(7) 按下 Shift+F9 键打开【颜色】面板，按下 按钮，在【类型】下拉列表中选择“线性”，然后设置左侧色标为浅蓝色(#ACB7C4)、右侧色标为灰白色(#EBEEF1)，如图 2-115 所示。

(8) 选择工具箱中的“颜料桶工具” ，在图形中由下向上拖拽鼠标，填充“线性”渐变色，结果如图 2-116 所示。

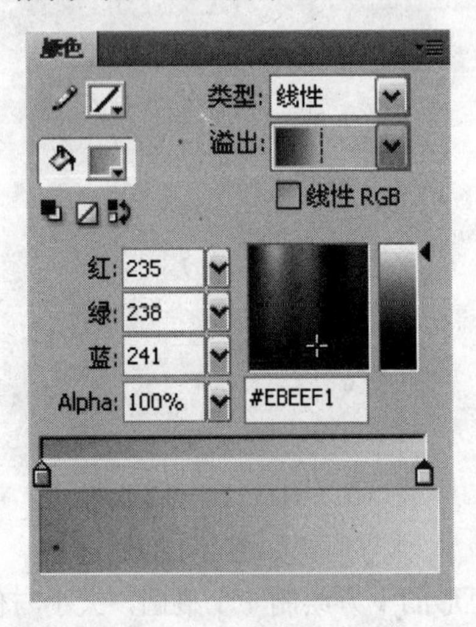

图 2-115 【颜色】面板

图 2-116 填充“线性”渐变色(由下向上)

(9) 使用“矩形工具” 在图形中绘制一个略小的圆角矩形，然后选择矩形的轮廓线，按下 Delete 键将其删除，结果如图 2-117 所示。

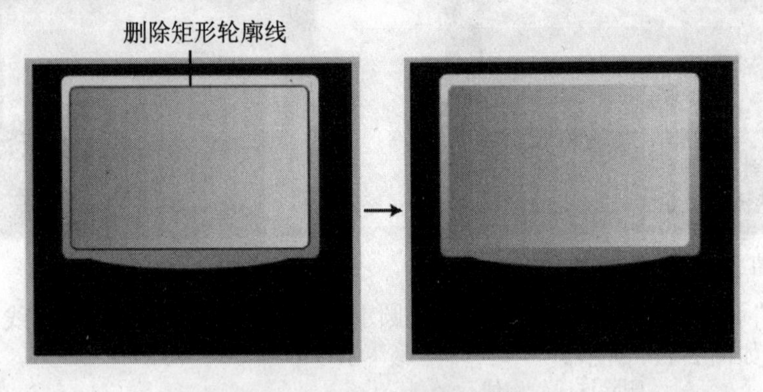

图 2-117 绘制的圆角矩形(2)

在本例中绘制图形时，要使用“图形”模式进行绘制，否则不能对轮廓线直接进行选择与删除操作。另外，当绘制了一个图形以后，再次绘制其它图形时，将继承上一次的属性设置，所以要根据需要适当调整属性。

(10) 使用“颜料桶工具” 在图形中由上向下拖拽鼠标，填充“线性”渐变色，如图 2-118 所示。

(11) 选择工具箱中的“矩形工具” ，在【属性】面板中设置笔触颜色为无色，填充颜色为任意颜色，在舞台中绘制一个略小的圆角矩形，其大小与位置如图 2-119 所示。

(12) 使用“选择工具”单击刚才绘制的矩形，按下 Delete 键将其删除，此时图形产生了镂空效果，如图 2-120 所示。

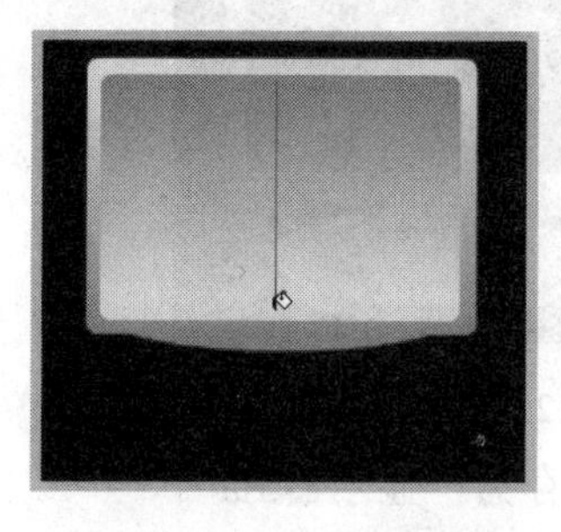
图 2-118　填充“线性”渐变色(由上向下)

图 2-119　绘制的圆角矩形(3)

图 2-120　图形效果

(13) 在【时间轴】面板中创建一个新图层“图层 2”，并将该层调整到“图层 1”的下方。

(14) 单击菜单栏中的【文件】\【导入】\【导入到舞台】命令，导入本书光盘“第 2 章”文件夹中的“pic.jpg”文件，并调整好位置，结果如图 2-121 所示。

(15) 在【时间轴】面板中选择“图层 1”为当前图层，然后选择工具箱中的“矩形工具”，在【属性】面板中设置笔触颜色为无色，在舞台中绘制一个圆角矩形，大小与位置如图 2-122 所示。

(16) 在【颜色】面板中设置左侧色标为白色，Alpha 值为 70%；设置右侧色标为白色，Alpha 值为 0%。

在 Flash CS4 的【颜色】面板中，Alpha 值代表颜色的不透明度。上一步中将两个色标均设置为白色，然后右侧色标的 Alpha 值为 0%，即代表右侧的颜色是透明的，这样就形成了白色到透明的渐变色。

(17) 选择工具箱中的“颜料桶工具”，在刚绘制的矩形中由上向下拖拽鼠标，填充“线性”渐变色，结果如图 2-123 所示。

图 2-121　导入的图像“pic.jpg”

图 2-122　绘制的圆角矩形(4)

图 2-123　填充渐变色

(18) 在【时间轴】面板中创建一个新图层“图层 3”，将该层调整到“图层 2”的下方。

(19) 单击菜单栏中的【文件】\【打开】命令，打开本书光盘“第 2 章”文件夹中的“底座.fla”文件，如图 2-124 所示。

(20) 选择其中的底座图形，按下 Ctrl+C 键复制图形，然后切换到显示器所在的窗口文件中，按下 Ctrl+V 键粘贴复制的图形，并调整好位置，其结果如图 2-125 所示。

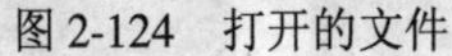

图 2-124 打开的文件　　图 2-125 调整底座的位置

(21) 至此完成了本例的制作，按下 Ctrl+S 键将文件保存为“显示器.fla”。

本例中涉及到一些尚未学习的内容，如图层、调整图层顺序、导入图像等。对于这些内容，只要按照步骤操作即可，后面的相关章节中会有详细讲解。

2.4.5 墨水瓶工具

“墨水瓶工具”的作用是改变图形轮廓线的颜色与形态，功能很单一，所以使用起来也不繁琐。使用“墨水瓶工具”的基本步骤如下：

(1) 选择工具箱中的“墨水瓶工具”。

(2) 在【属性】面板中选择适当的笔触颜色、笔触高度、笔触样式等选项，如图 2-126 所示。

(3) 在绘制的图形边缘单击鼠标，即可改变图形的轮廓线，如图 2-127 所示。

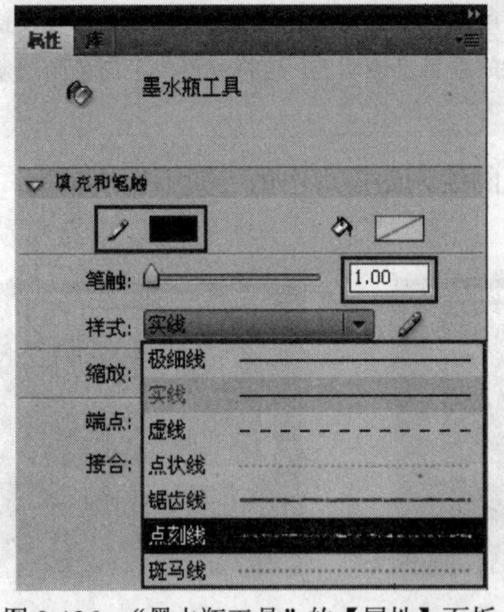

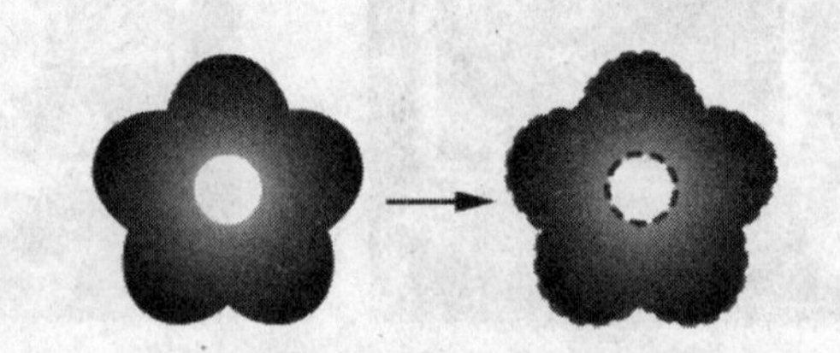

图 2-126 “墨水瓶工具”的【属性】面板　　图 2-127 改变图形的轮廓线

2.4.6 滴管工具

使用“滴管工具”可以从现有的图形中提取内部填充色或者轮廓线的颜色，从而快速地将一个图形的颜色复制到另一个图形上。

- 吸取填充颜色：选择工具箱中的“滴管工具”，则光标变为吸管形状。

当将光标指向图形的填充色时，光标显示为形状，此时单击鼠标，即可吸取图形的填充色，而工具自动切换为“颜料桶工具”，如图 2-128 所示。

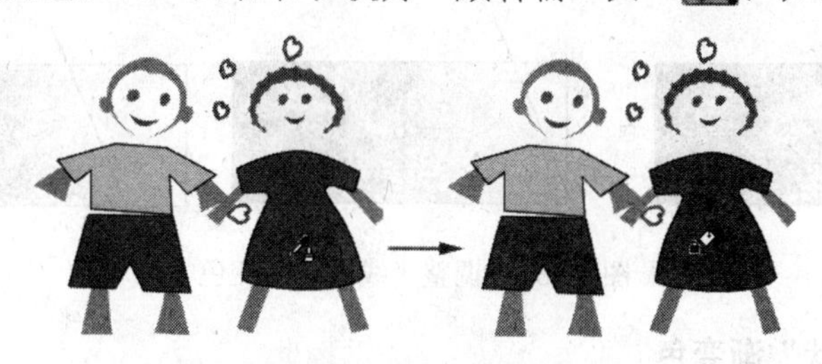

图 2-128　吸取图形的填充色

▪ 吸取笔触颜色：选择工具箱中的“滴管工具”，则光标变为吸管形状。当将光标指向图形的轮廓时，光标显示为形状，此时单击鼠标，即可吸取图形的轮廓线颜色，而工具自动切换为“墨水瓶工具”，如图 2-129 所示。

图 2-129　吸取图形的轮廓颜色

2.4.7　渐变变形工具

“渐变变形工具”是 Flash 中一种重要的颜色编辑工具，它主要用于处理渐变色与位图。“渐变变形工具”可以改变渐变色的方向、中心位置和范围大小，也可以改变填充位图的大小、方向、倾斜度等。

1. 调整线性渐变色

为图形填充“线性”渐变色以后，选择工具箱中的“渐变变形工具”，在图形上单击鼠标，则出现调整“线性”渐变色的控制柄，共有 3 个控制点，如图 2-130 所示。

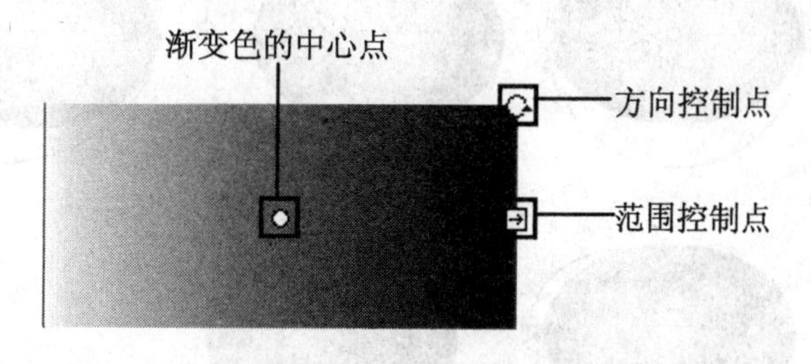

图 2-130　“线性”渐变色的调整状态

① 拖拽“线性”渐变色的中心点，可以改变渐变色的填充位置。

② 旋转方向控制点，可以改变渐变色的填充方向。

③ 拖拽范围控制点，可以改变渐变色的填充范围。

调整“线性”渐变色各控制点的效果如图 2-131 所示。

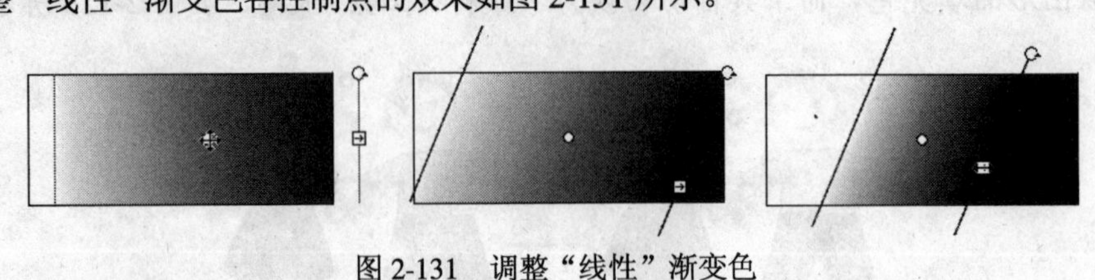

图 2-131 调整“线性”渐变色

2. 调整“放射状”渐变色

为图形填充了“放射状”渐变色以后，选择工具箱中的“渐变变形工具”，在图形上单击鼠标，则出现调整“放射状”渐变色的控制柄，共有 5 个控制点，如图 2-132 所示。

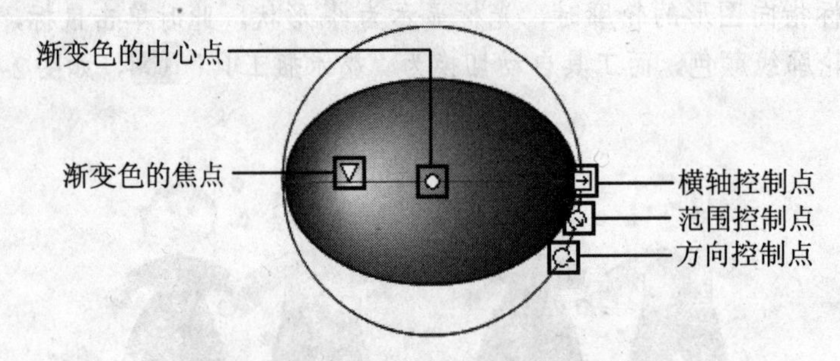

图 2-132 “放射状”渐变色的调整状态

① 拖拽“放射状”渐变色的焦点，可以改变“放射状”渐变色的焦点位置，即渐变色的放射中心，焦点只能在中心线上左右移动。

② 拖拽“放射状”渐变色的中心点，可以改变渐变色的填充位置。

③ 拖拽横轴控制点，可以改变渐变色在横轴方向上的大小，即形成椭圆形。

④ 拖拽范围控制点，可以同时改变横轴与纵轴方向的大小，即改变了渐变色的填充范围。

⑤ 旋转方向控制点，可以改变渐变色的填充方向，当“放射状”渐变色为椭圆形时，改变方向才有效果。

调整“放射状”渐变色各控制点的效果如图 2-133 所示。

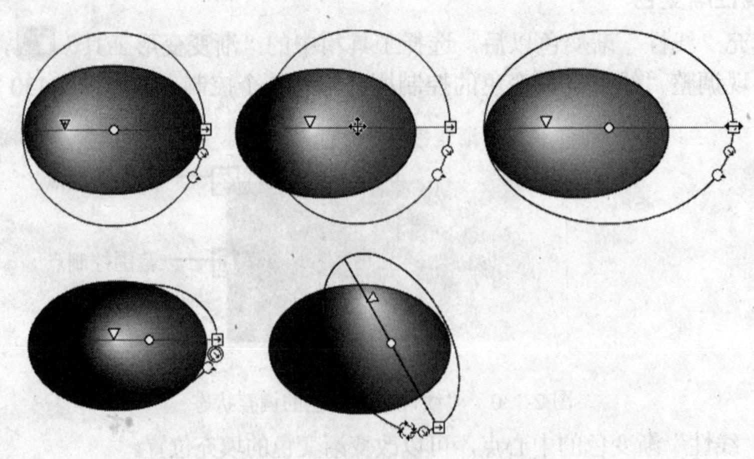

图 2-133 调整“放射状”渐变色

3. 调整填充的位图

为图形填充位图以后，选择工具箱中的“渐变变形工具”，在图形上单击鼠标，则出现调整位图的控制柄，共有 7 个控制点，如图 2-134 所示。

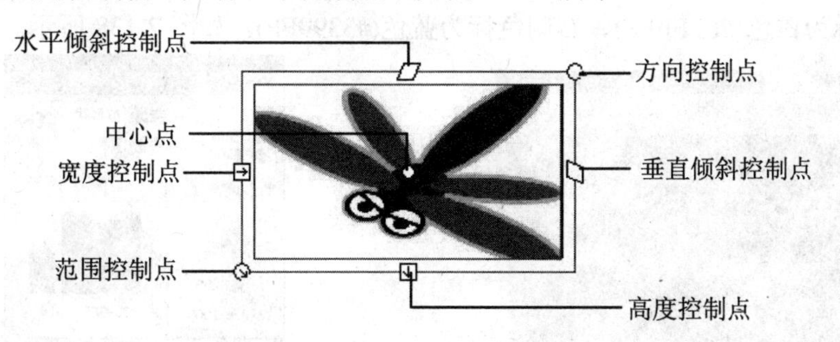

图 2-134　位图填充的调整状态

① 拖拽中心点，可以改变填充位图的中心位置。

② 旋转方向控制点，可以改变填充位图的填充方向。

③ 拖拽范围控制点，可以调整填充位图的比例大小，当缩小位图比例以后，位图将以平铺的形式填充图形。

④ 拖拽宽度控制点，可以调整填充位图的宽度。

⑤ 拖拽高度控制点，可以调整填充位图的高度。

⑥ 拖拽水平倾斜控制点，可以使填充位图在水平方向上倾斜。

⑦ 拖拽垂直倾斜控制点，可以使填充位图在垂直方向上倾斜。

调整填充位图各控制点的效果如图 2-135 所示。

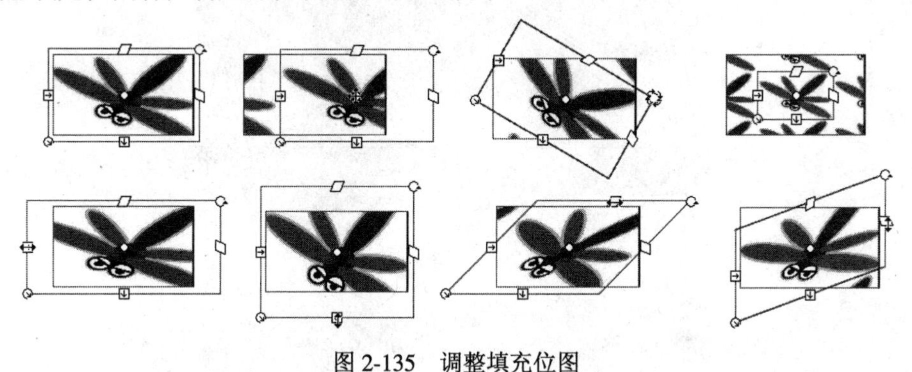

图 2-135　调整填充位图

2.4.8　课堂实践——五彩气球

本例将绘制一个五彩气球，重点学习放射状渐变色的使用与“渐变变形工具”的基本运用，最终效果如图 2-136 所示。

图 2-136　最终效果

(1) 创建一个 Flash 新文档。

(2) 在舞台中单击鼠标右键，在弹出的快捷菜单中选择【文档属性】命令，在【文档属性】对话框中设置尺寸为 400 × 350 像素、帧频为 1 fps。

(3) 选择工具箱中的“矩形工具”，设置笔触颜色为无色、填充颜色为任意色，绘制一个与舞台大小一致的矩形，如图 2-137 所示。

(4) 选择绘制的矩形，在【颜色】面板中按下按钮，在【类型】中选择“放射状”。设置左侧色标为白色(#FFFFFF)、右侧色标为蓝色(#3399FF)，如图 2-138 所示。

图 2-137 绘制的矩形

图 2-138 【颜色】面板

(5) 选择工具箱中的“渐变变形工具”，则矩形的周围将出现“放射状”渐变色的控制手柄，将光标移动到中心点上，拖拽鼠标，移动渐变中心的位置，并放大渐变的范围，效果如图 2-139 所示。

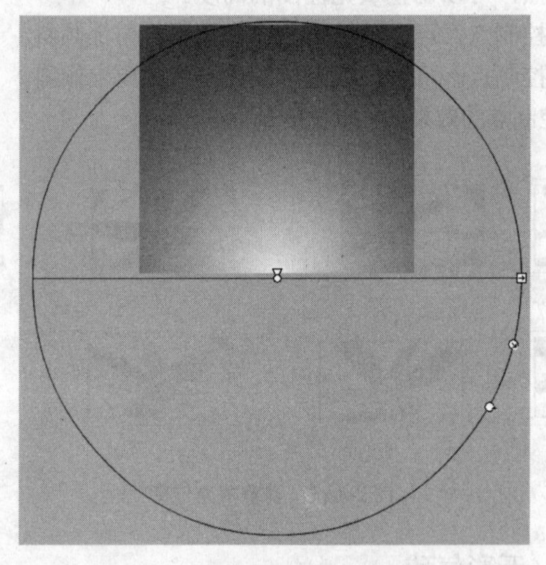

图 2-139 调整渐变色的位置与范围

(6) 在【时间轴】面板中“图层 1”的上方创建一个新图层“图层 2”。

(7) 选择工具箱中的“椭圆工具”，在【属性】面板中设置笔触颜色为无色、填充颜色为任意色。

(8) 在舞台中拖拽鼠标，绘制一个椭圆形，其大小与位置如图 2-140 所示。

(9) 选择绘制的椭圆形，在【颜色】面板中按下按钮，在【类型】中选择“放射状”。设置左侧色标为白色(#FFFFFF)，并将色标略向右移动；右侧色标为橙色(#FF6600)，如图 2-141 所示。

图 2-140　绘制的椭圆形

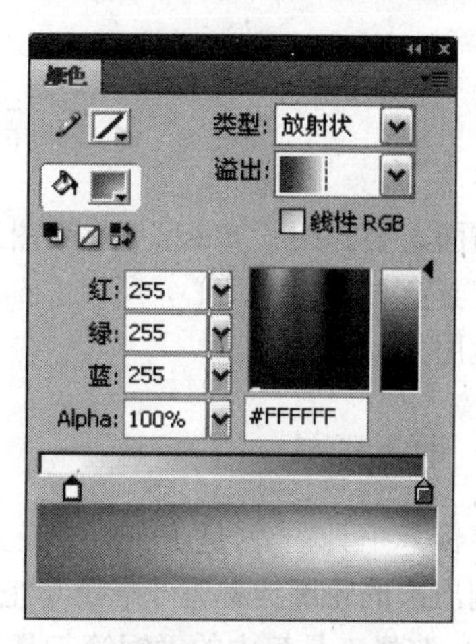

图 2-141　【颜色】面板

(10) 选择工具箱中的“渐变变形工具”，则椭圆形的周围将出现“放射状”渐变色的控制手柄，调整该控制手柄的形态及焦点位置如图 2-142 所示。

(11) 选择工具箱中的“铅笔工具”，在工具箱的下方设置模式为“平滑”，在【属性】面板中设置笔触颜色为深红色(#990000)、笔触为 2.0，如图 2-143 所示。

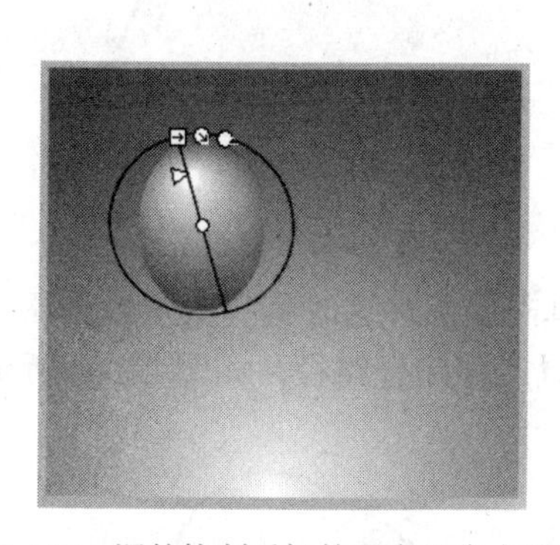

图 2-142　调整控制手柄的形态及焦点位置

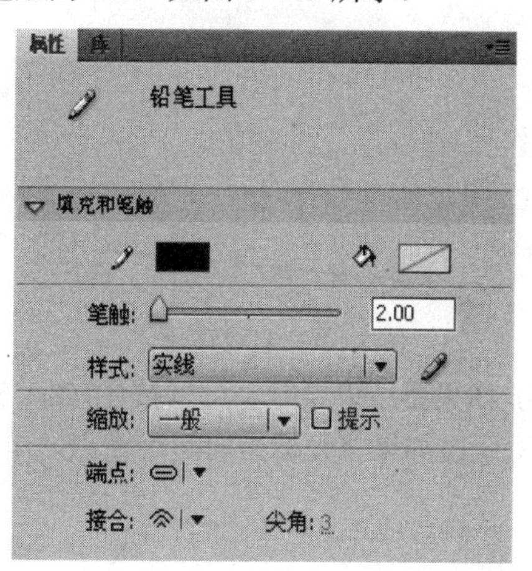

图 2-143　【属性】面板

(12) 使用“铅笔工具”在气球的下方绘制一条曲线，如图 2-144 所示。

(13) 用上述同样的方法再绘制几个其它颜色的气球，其效果如图 2-145 所示。

图 2-144　绘制的曲线

图 2-145　绘制的多个气球

2.5 高级绘图工具的使用

前面主要介绍了 Flash 基本绘图工具的使用与颜色的处理。对于一些复杂的图形，运用这些工具会显得力不从心，所以 Flash 提供了更高级的绘图工具。这里介绍几个高级工具的基本运用。

2.5.1 钢笔工具

“钢笔工具”是 Flash 中最灵活的绘图工具，主要用于绘制图形的轮廓。使用该工具绘制出来的轮廓线称为“路径”。它是基于贝塞尔曲线原理而设计的，调整起来非常方便。

(1) 选择工具箱中的“钢笔工具”，在【属性】面板中设置好笔触颜色与笔触的值。

(2) 在舞台中单击鼠标，确定路径的第一个锚点。移动光标到其它位置，再单击鼠标，则确定第二个锚点。这时两个锚点之间产生了一段直线路径，如图 2-146 所示。

(3) 再次将光标移动到其它位置，按住鼠标左键拖拽鼠标，则确定第三个锚点，同时生成一段曲线路径，如图 2-147 所示。

图 2-146 直线路径　　图 2-147 曲线路径

(4) 如果要结束绘制，可以按住 Ctrl 键的同时单击鼠标，这时将产生开放路径，如图 2-148 所示；如果将光标指向起始锚点，单击鼠标可以产生闭合路径，如图 2-149 所示。

图 2-148 开放路径

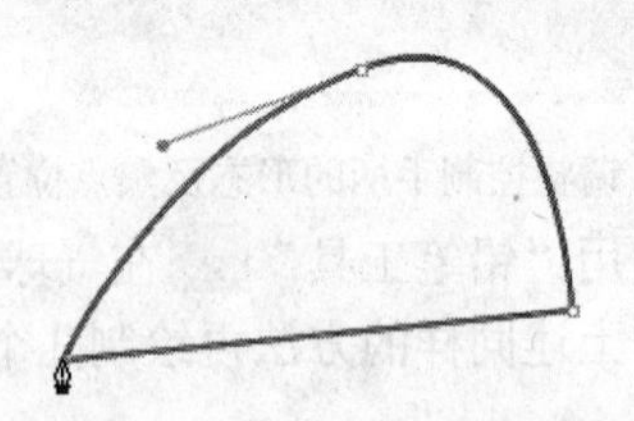

图 2-149 闭合路径

使用“钢笔工具”绘制路径时，按住 Shift 键的同时，可以绘制垂直、水平或 45° 角的直线路径。另外，用户还可以在【属性】面板中设置“钢笔工具”的其它属性，例如颜色、笔触高度、线段样式等，从而得到不同的线条。

2.5.2 课堂实践——绘制树叶

“钢笔工具”与“铅笔工具”属于同一类工具，它们都可以绘制图形轮廓线，但是“钢笔工具”的可调节性更强，可以有效地控制曲线的形态。下面使用“钢笔工具”绘制一个树叶造型，最终效果如图 2-150 所示。

图 2-150　最终效果

(1) 创建一个新的 Flash 文档。

(2) 按下 Ctrl+J 键，在【文档属性】对话框中设置尺寸为 400 × 300 像素、背景颜色为白色、帧频为 1 fps。

(3) 选择工具箱中的“钢笔工具”，在【属性】面板中设置笔触值为 4。在舞台中单击鼠标确定一个起始点，然后移动光标到其它位置后拖拽鼠标，绘制一条曲线，如图 2-151 所示。

(4) 用同样的方法，以上一段曲线的终点为起始点再绘制几段曲线，作为叶子的轮廓，如图 2-152 所示。

图 2-151　绘制的曲线

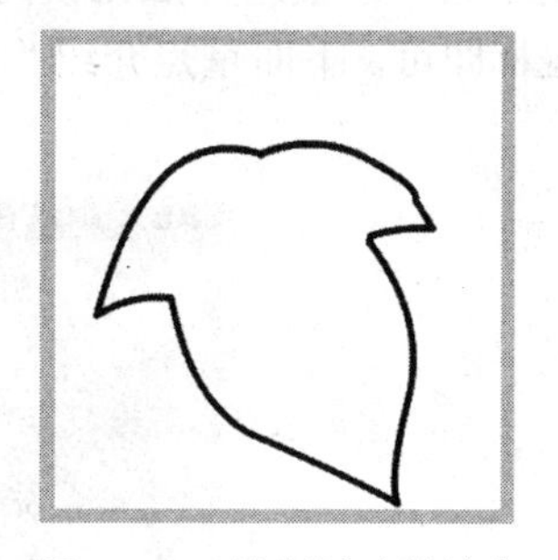

图 2-152　绘制树叶的轮廓

(5) 选择工具箱中的“刷子工具”，在【属性】面板中设置填充颜色为黑色，然后在工具箱的下方设置“刷子工具”的选项，如图 2-153 所示。

(6) 在树叶的上方拖拽鼠标绘制图形，作为树叶柄，如图 2-154 所示。

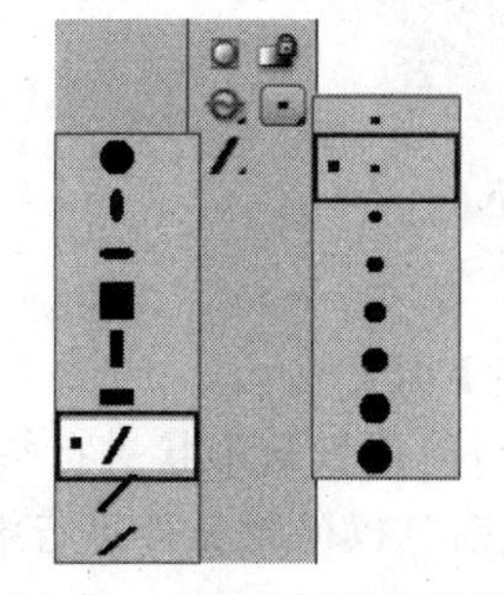

图 2-153　“刷子工具”的选项

图 2-154　绘制树叶柄

(7) 用同样的方法，运用“刷子工具”在树叶轮廓的内部再绘制几个图形，如图 2-155 所示。

(8) 选择工具箱中的“颜料桶工具”，在【属性】面板中设置填充颜色为绿色(#99FF00)，在树叶轮廓内单击鼠标，为树叶填充绿色，效果如图 2-156 所示。

图 2-155　在树叶轮廓内绘制的图形

图 2-156　为树叶填充颜色

(9) 至此完成了本例的制作，按下 Ctrl+S 键将文件保存为“树叶.fla”。

2.5.3 喷涂刷工具

“喷涂刷工具”是 Flash CS4 新增的一个功能，它的作用类似于粒子喷射器，使用它可以一次性将图案“刷”到舞台上。默认情况下，喷涂刷使用当前选定的填充颜色喷射粒子点。除此之外，用户可以自定义喷涂对象。

“喷涂刷工具”的使用方法比较简单，首先需要在【属性】面板中设置参数，然后在舞台中拖拽鼠标即可。下面重点介绍“喷涂刷工具”【属性】面板中的相关参数，如图 2-157 所示。

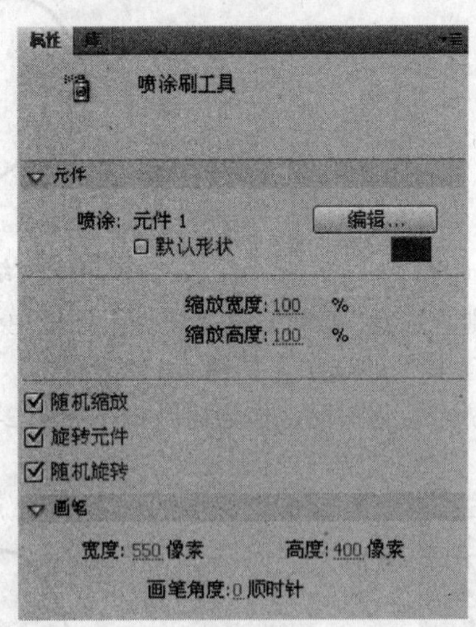

图 2-157　“喷涂刷工具”的【属性】面板

- 【喷涂】: 用于设置喷涂对象。如果没有元件，则使用默认形状进行喷涂，这时可以设置默认形状的颜色；如果定义了元件，则可以使用元件进行喷涂。
- 【缩放宽度】和【缩放高度】: 用于控制喷涂对象的百分比，值小于 100%为缩小；值等于 100%为原始大小；值大于 100%为放大。

- 【随机缩放】：选择该选项，在喷涂的过程中，喷涂对象的大小将随机发生变化。
- 【旋转元件】：当喷涂对象为元件时才出现该选项。选择该选项，在喷涂元件对象时将发生旋转。
- 【随机旋转】：选择该选项，在喷涂元件对象时将随机进行旋转，而不是统一的旋转角度。
- 【宽度】与【高度】：用于设置喷涂刷喷涂对象时的宽度与高度。
- 【画笔角度】：用于设置喷涂对象的旋转角度。

2.5.4 课堂实战——浪漫夜空

下面使用“喷涂刷工具”绘制夜空中的星星，制作一幅浪漫夜空效果，重点学习“喷涂刷工具”的使用，其它图形通过导入图片完成，最终效果如图 2-158 所示。

图 2-158　最终效果

(1) 创建一个新的 Flash 文档。

(2) 按下 Ctrl+J 键，在【文档属性】对话框中设置尺寸为 500×360 像素、背景颜色为黑色、帧频为 1 fps。

(3) 单击菜单栏中的【文件】\【导入】\【导入到舞台】命令，导入本书光盘“第 2 章”文件夹中的“bj.jpg”文件，如图 2-159 所示。

图 2-159　导入的图片“bj.jpg”

(4) 单击菜单栏中的【插入】\【新建元件】命令，在弹出的【创建新元件】对话框中设置参数，如图 2-160 所示。

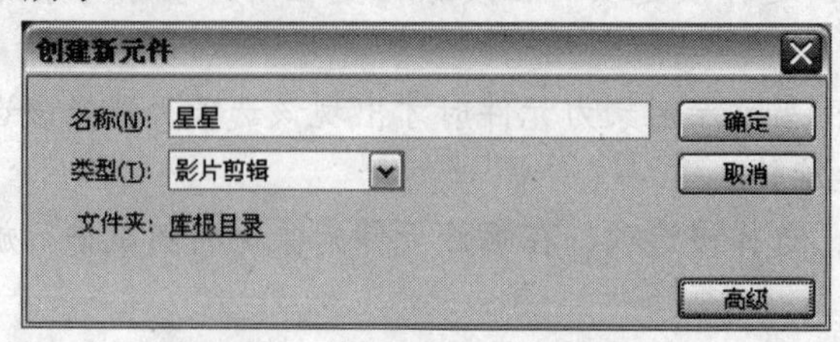

图 2-160　【创建新元件】对话框

(5) 单击 确定 按钮，创建一个影片剪辑元件，并进入该元件的编辑窗口中。

(6) 选择工具箱中的“多角星形工具”，在【属性】面板中设置笔触颜色为无色、填充颜色为白色，然后单击 选项... 按钮，在弹出的【工具设置】对话框中设置选项如图 2-161 所示。

(7) 单击 确定 按钮确认操作，在舞台中拖拽鼠标绘制一个五角星，如图 2-162 所示。

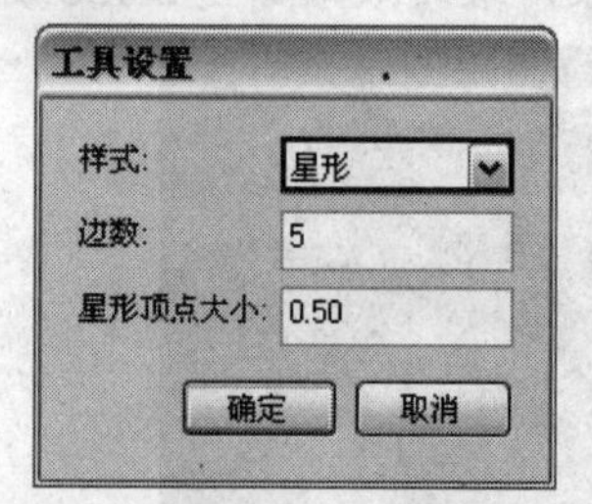

图 2-161　【工具设置】对话框

图 2-162　绘制的五角星

(8) 选择绘制的五角星，按下 F8 键将其转换为影片剪辑元件“元件 1”，然后在【属性】面板中单击最下方的 按钮，在弹出的菜单中选择【模糊】命令，如图 2-163 所示，为其添加【模糊】滤镜，设置参数如图 2-164 所示。

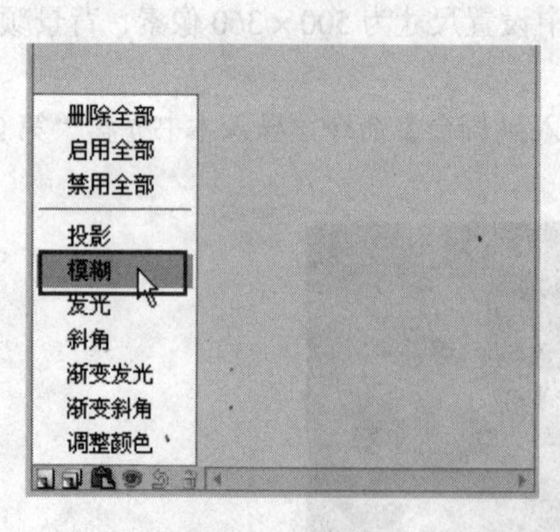

图 2-163　添加【模糊】滤镜

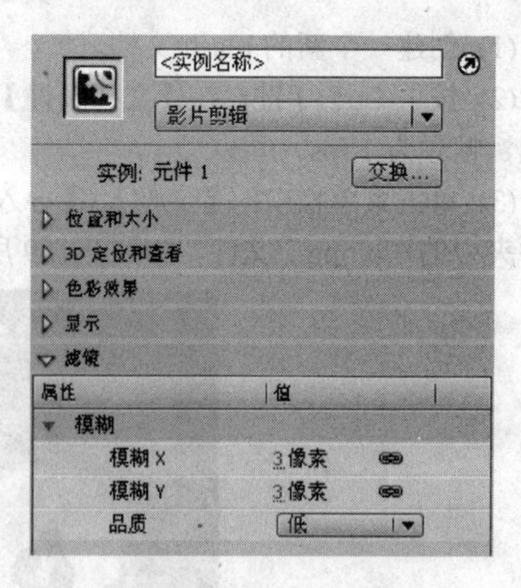

图 2-164　【属性】面板

(9) 单击 场景 1 返回到舞台中。然后选择工具箱中的“喷涂刷工具”，在【属性】面板中单击 编辑... 按钮，在打开的【交换元件】对话框中选择影片剪辑元件“星星”，如图 2-165 所示。

图 2-165　【交换元件】对话框

(10) 单击 确定 按钮，然后在【属性】面板中设置各项参数如图 2-166 所示；在舞台中多次单击鼠标，为夜空喷涂出星星效果，如图 2-167 所示。

在本例中使用了元件，元件是 Flash 中非常重要的一个概念与动画对象，这里重点体会“喷涂刷工具”的使用，关于元件的更多知识将在后面章节中详细介绍。

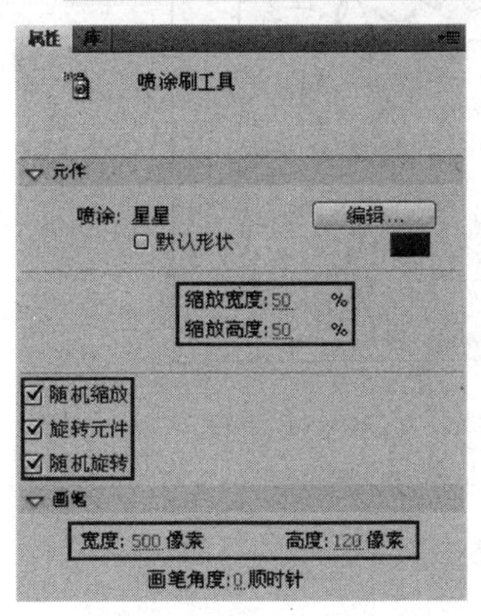

图 2-166　【属性】面板

图 2-167　喷涂的星星

2.5.5　Deco 工具

“Deco 工具” 是新增的一个装饰画绘画工具，它可以将影片剪辑元件或图形元件作为绘图单元，以某种特定的计算方式创建复杂的几何图案。

选择工具箱中的“Deco 工具” ，则【属性】面板中将显示其相关的属性。“Deco 工具”有三种绘制方式，分别是“藤蔓式填充”、“网格填充”和“对称刷子”，如图 2-168 所示。选择不同的绘制方式，其属性有所不同。

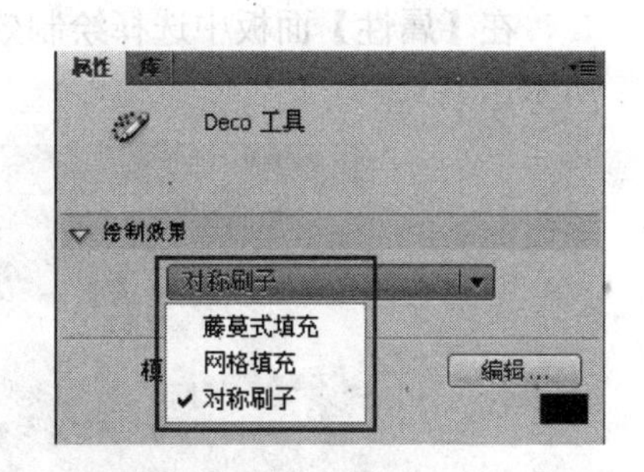

图 2-168　三种绘制方式

1. 藤蔓式填充

在【属性】面板中选择绘制效果为“藤蔓式填充”时，【属性】面板中的参数如图 2-169 所示。

- 【叶】: 用于设置“藤蔓式填充”的叶子图形，如果【库】中有制作好的元件，可以选择元件作为叶子图形。
- 【花】: 用于设置“藤蔓式填充”的花图形，如果【库】中有制作好的元件，可以选择元件作为花图形。
- 【分支角度】: 用于设置“藤蔓式填充”的枝条分支的角度。
- 【图案缩放】: 用于设置填充图案进行填充时的缩放比例。
- 【段长度】: 用于设置叶子节点和花朵节点之间的线段长度。
- 【动画图案】: 选择该项，则每次迭代都绘制在【时间轴】面板的新帧中，从而形成动画。
- 【帧步骤】: 用于设置绘制藤蔓时每秒要横跨的帧数。

选择“藤蔓式填充”时，在舞台中单击鼠标，则藤蔓开始蔓延。在有藤蔓的位置再次单击鼠标，可以结束藤蔓的蔓延；否则将在新位置处生成新的藤蔓。

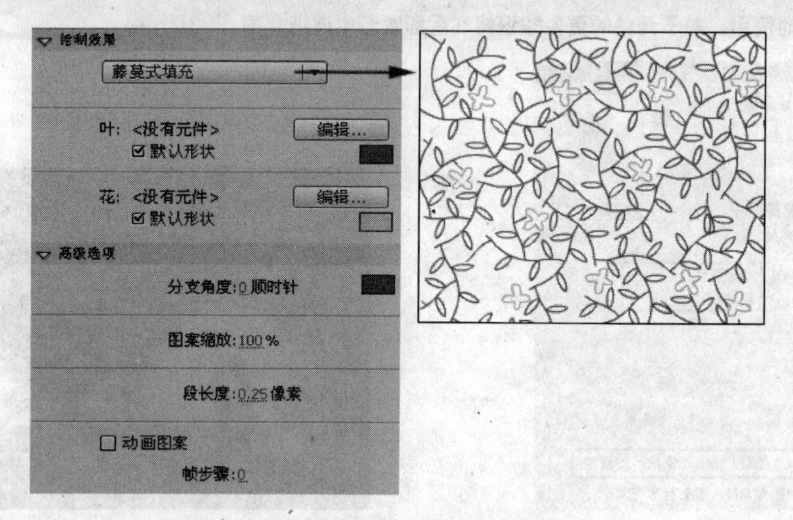

图 2-169 “藤蔓式填充”的【属性】面板

2. 网格填充

在【属性】面板中选择绘制效果为“网格填充”时，【属性】面板中的参数如图 2-170 所示。

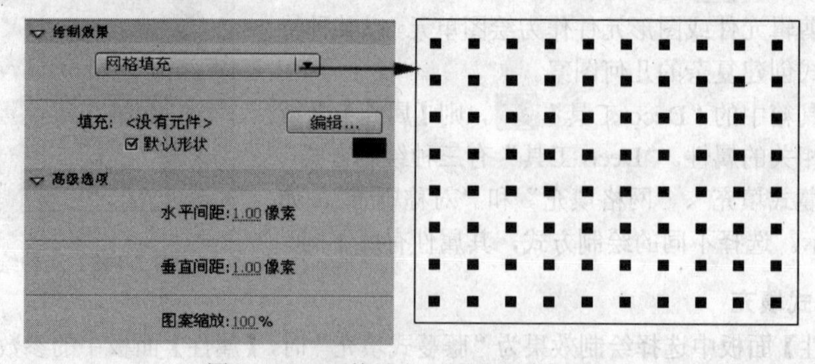

图 2-170 “网格填充”的【属性】面板

- 【填充】：用于设置“网格填充”的网格图形，如果在【库】面板中有制作好的元件，可以选择元件作为网格图形。
- 【水平间距】：用于设置“网格填充”中所用图形之间的水平距离，单位为像素。
- 【垂直间距】：用于设置“网格填充”中所用图形之间的垂直距离，单位为像素。
- 【图案缩放】：用于设置“网格填充”对象的缩放比例。

3. 对称刷子

在【属性】面板中选择绘制效果为“对称刷子”时，则【属性】面板中的参数如图 2-171 所示。这种方式是以对称的形式绘制图案的。

- 【模块】：用于设置“对称刷子”填充效果的图形，如果在【库】面板中有制作好的元件，可以选择元件作为填充图形。
- 【高级选项】：它包括四种对称方式，分别是“跨线反射”、“跨点反射”、“绕点旋转”和“网格平移”，即以对称或放射形式进行填充。

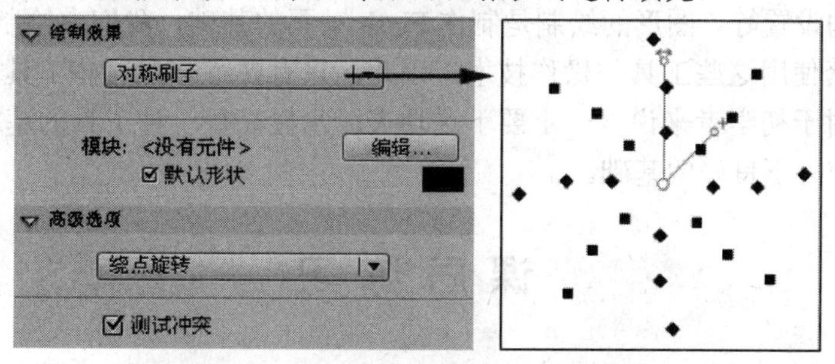

图 2-171　“对称刷子”的【属性】面板

接下来，我们对“高级选项”中的 4 个选项进行解释与图示，以便于读者理解。为了便于观察，下面的图示中使用了元件作为填充对象。

- “跨线反射”：以一条指定的线为对称轴，等距离填充图形，并且镜像对称，如图 2-172 所示。
- “跨点反射”：以一个固定的点为对称中心，等距离填充对象，与跨线反射相比，方向更自由，如图 2-173 所示。

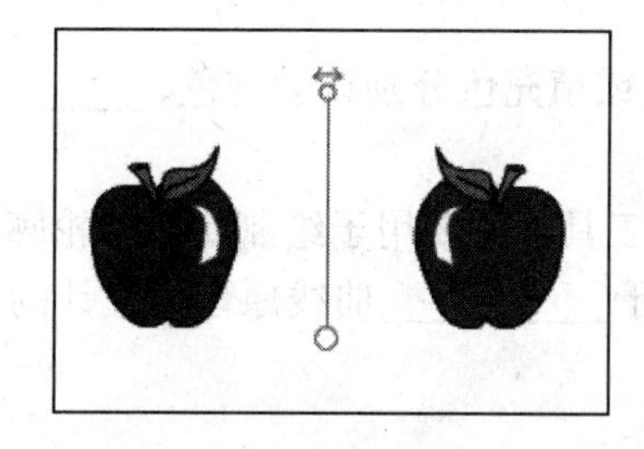

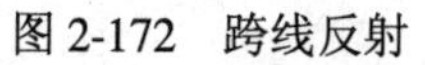
图 2-172　跨线反射

图 2-173　跨点反射

- “绕点旋转”：以一个固定点为中心，将填充对象以放射状进行填充，如图 2-174 所示。
- “网格平移”：按照对称效果创建形状网格。每次在舞台上单击鼠标，都会创建一个形状网格。通过调整 x 轴和 y 轴的控制手柄，可以调整这些形状的高度、宽度与方向，如图 2-175 所示。

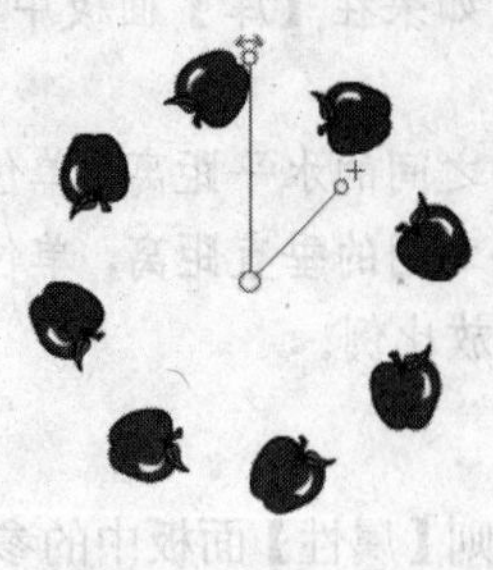
图 2-174 绕点旋转

图 2-175 网格平移

本章小结

本章主要讲解了 Flash CS4 的图形绘制技术与相关知识，涉及了大量的绘图工具、新增功能以及颜色的设置等。图形的绘制是制作 Flash 动画的基础，我们在绘制 Flash 图形与动画对象时将频繁使用这些工具与操作技术。因此，只有熟练掌握这些工具，才能更好地完成动画创作。对于初学者来说，一定要下足功夫，掌握好每一种工具的基本运用技术，为以后的动画制作打下良好的基础。

课后练习

一、填空题

1. 计算机图形分为位图和__________两种形式。

2. 矢量图和__________无关，任意缩放图形时都不影响其清晰度，而且矢量图容量很小，非常适合网络传输。

3. __________模式是最初的绘图模式，绘制出来的对象是图形，具有__________的特点。__________模式可以保证绘制的图形保持为单独的对象。

4. Flash 图形由两部分构成，即__________和__________，前者定义了图形的形状，后者定义了图形的颜色。

5. 在 Flash CS4 中，用户可以为图形的轮廓线或填充色分别设置纯色、__________或者__________填充。

6. “钢笔工具”是 Flash 中最灵活的绘图工具，主要用于绘制图形的轮廓。使用该工具绘制出来的轮廓线称为__________，它是基于__________曲线原理而设计的，调整起来非常方便。

二、简答题

1. 图形模式和对象模式的区别是什么？如何转换两种模式？

2. 简述刷子工具的各种绘制模式及绘画效果。

3. Flash 中提供了哪几种设置颜色的方法？

4. 使用“渐变变形工具”时如何改变渐变色的方向、中心位置和范围大小？

第3章　对象的编辑与修饰

本章内容

- 对象的选择与编辑
- 图形的高级编辑
- 对象的变形
- 合并对象
- 对象的管理
- 新增的 3D 工具
- 本章小结
- 课后练习

上一章详细介绍了图形的绘制技术。在实际工作中，绘制图形或者动画对象时，不可能一步到位，中间过程往往需要多次调整与修改，从而得到满意的图形效果。Flash CS4 提供了很多编辑图形的方法，以满足不同层次的需求。本章将重点介绍如何编辑图形与动画对象，如选择对象、修改对象、排列组合对象、对象的任意变形、合并对象等多方面的内容。

3.1　对象的选择与编辑

使用绘图工具直接绘制的图形往往不能满足动画设计的需要，还要对其进行适当的编辑，而大部分编辑操作都需要先选择对象。在 Flash CS4 中，我们可以选择单个对象、多个对象以及对象的某一部分。

3.1.1　选择工具

“选择工具”位于工具箱的第一个位置，其重要性可见一斑。Flash 中的“选择工具”主要有两大作用：一是选择并移动对象，二是修改图形。

1. 选择对象

在 Flash 中绘制的图形分为对象模式与图形模式，不同模式的对象被选中以后的状态是不同的。以对象模式绘制的图形被选中以后将出现一个线框，而以图形模式绘制的图形被选中后没有线框，而是出现密布的小点，如图 3-1 所示。

对象模式

图形模式

图 3-1　不同模式的对象被选中后的状态

对象模式的图形实际上是群组对象，其选择方法很简单，只需要单击鼠标即可。如果要选择多个对象，可以按住 Shift 键的同时依次单击鼠标，也可以通过拖拽鼠标进行框选，如图 3-2 所示。

图 3-2　框选多个对象

下面重点介绍如何选择以图形模式绘制的图形。通过前面的学习，我们知道这种模式的图形由两部分构成：轮廓线与填充色。所以在选择对象时分为几种不同的情况：

- 单击填充色可以选择图形的填充区；双击填充色可以选择整个图形，包括轮廓线与填充色两部分。
- 对于非圆图形，单击轮廓线可以选择一段轮廓线；双击轮廓线可以选择整条轮廓线。

图3-3所示为选择图形时的几种状态。

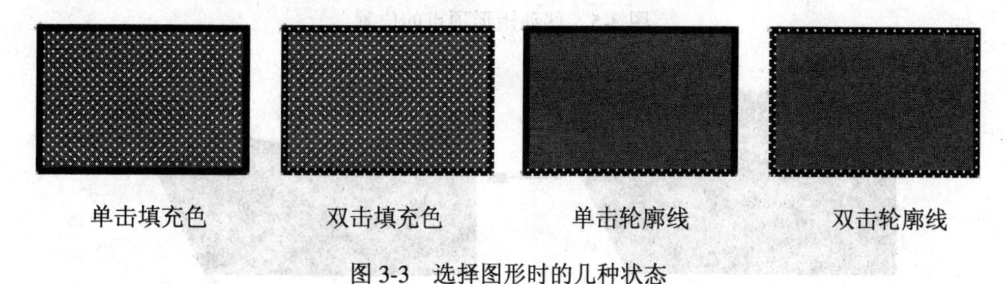

图3-3 选择图形时的几种状态

- 拖拽鼠标可以框选要选择的图形，也可以选择图形的一部分，如图3-4所示。

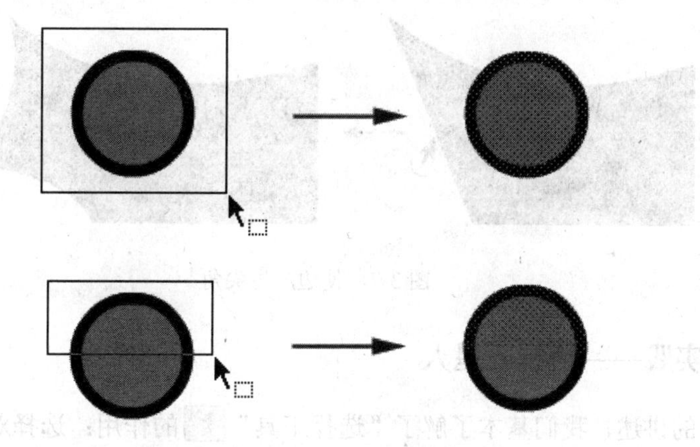

图3-4 框选图形与选择部分图形

除了“选择工具”以外，使用“任意变形工具”也可以选择对象，但是使用该工具选择对象以后，对象周围将出现变形框；另外，使用快捷键Ctrl+A键可以选择全部对象。

2. 修改图形

“选择工具”还有一个重要的功能，就是改变图形的形状，在绘制Flash图形时经常用到这一功能。下面以矩形为例，介绍使用“选择工具”修改图形的方法。

- 选择工具箱中的“选择工具”，将光标指向矩形的一个顶点，当光标下方出现一个折线标志时拖拽鼠标，可以移动该顶点的位置，从而改变矩形的形状，如图3-5所示。
- 将光标指向矩形的任意一条边上，当光标下方出现一个弧线标志时拖拽鼠标，则该边将产生弧度，从而改变矩形的形状，如图3-6所示。
- 按住Alt键的同时将光标指向矩形的任意一条边上，当光标下方出现一个弧线标志时拖拽鼠标，则该边将产生尖角，从而改变矩形的形状，如图 3-7 所示。

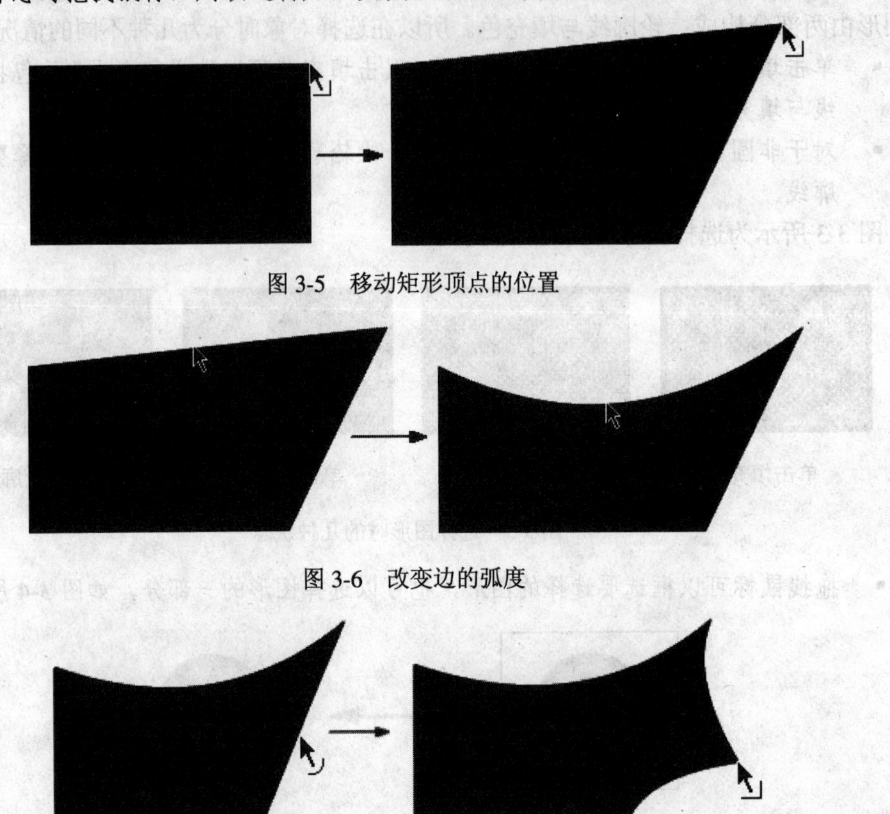

图 3-5 移动矩形顶点的位置

图 3-6 改变边的弧度

图 3-7 使边产生尖角

3.1.2 课堂实践——绘制五星人

通过前面的讲述，我们基本了解了“选择工具”的作用：选择对象、移动对象、修改图形。下面通过“绘制五星人”的实例练习，进一步认识其功能及运用，本例的最终效果如图 3-8 所示。

图 3-8 最终效果

(1) 创建一个新的 Flash 文档。

(2) 按下 Ctrl+J 键，在【文档属性】对话框中设置尺寸为 550 × 400 像素、背景颜色为白色、帧频为 12 fps。

(3) 选择工具箱中的“多角星形工具”，在【属性】面板中单击 选项... 按钮，在打开的【工具设置】对话框中设置样式为“星形”，如图 3-9 所示。

图 3-9　【工具设置】对话框

(4) 单击 确定 按钮，继续在【属性】面板中设置笔触颜色为黑色、填充颜色为黄色(#FFFF00)、样式为“实线”、笔触为 3，如图 3-10 所示。

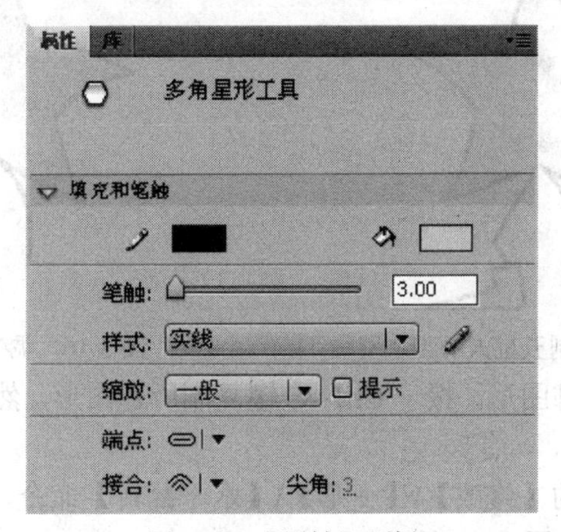

图 3-10　【属性】面板

(5) 在舞台中拖拽鼠标，绘制一个五角星，如图 3-11 所示。

(6) 选择工具箱中的“选择工具”，将光标指向五角星的轮廓线上，当光标变为形状时拖拽鼠标，调整五角星的形状，调整后的结果如图 3-12 所示。

图 3-11　绘制的五角星

图 3-12　调整五角星的边

(7) 选择工具箱中的“线条工具”，在舞台中拖拽鼠标，绘制两条线条，作为五星人的腿，如图 3-13 所示。

(8) 选择工具箱中的“选择工具”，将光标指向刚绘制的线条上，调整其形状如图 3-14 所示。

图 3-13 绘制五星人的腿

图 3-14 调整腿的形状

(9) 使用“线条工具”在舞台中再绘制一个图形，作为五星人的脚，如图 3-15 所示。

(10) 选择工具箱中的“选择工具”，对脚图形进行调整，结果如图 3-16 所示。

图 3-15 绘制五星人的脚

图 3-16 调整脚的形状

(11) 选中调整后的脚图形，按下 Ctrl+C 键复制所选图形，然后按下 Ctrl+Shift+V 键，将图形粘贴到当前位置。

(12) 单击菜单栏中的【修改】\【变形】\【水平翻转】命令，将复制的图形水平翻转，并将其水平向左移动，如图 3-17 所示。

(13) 选择工具箱中的“线条工具”，在舞台中绘制三条线段，作为五星人的眉毛和嘴巴，如图 3-18 所示。

(14) 选择工具箱中的“刷子工具”，在工具箱的下方设置填充颜色为黑色，并设置笔刷大小和笔刷形状，如图 3-19 所示。

图 3-17 调整复制的脚

图 3-18 绘制五星人的眉和嘴

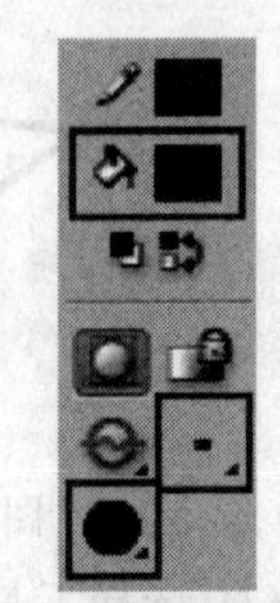

图 3-19 设置笔刷属性

(15) 在图形中单击鼠标，绘制两个黑点，作为五星人的眼睛，如图 3-20 所示。

(16) 参照前面的操作方法，使用“选择工具”调整五星人的眉毛和嘴巴，调整后的效果如图 3-21 所示。

图 3-20　绘制五星人的眼睛

图 3-21　调整后的图形

(17) 继续运用“线条工具”在舞台中绘制两条线段，作为五星人的手臂，如图 3-22 所示。

(18) 参照前面的方法，运用“选择工具”调整手臂的形状，如图 3-23 所示。

图 3-22　绘制五星人的手臂

图 3-23　调整手臂的形状

(19) 选择工具箱中的“铅笔工具”，在舞台中绘制两个封闭的图形，作为五星人的手，如图 3-24 所示。

(20) 选择工具箱中的“颜料桶工具”，在【属性】面板中设置填充颜色为白色，在手图形上单击鼠标，为其填充白色，结果如图 3-25 所示。

图 3-24　绘制五星人的手

图 3-25　手的填充效果

(21) 至此完成了本例的制作，按下 Ctrl+S 键将文件保存为“五星人.fla”。

3.1.3　套索工具

“套索工具”主要用于选择图形或位图中的任意一部分，它的使用方法与 Photoshop 中的“套索工具”基本一致。选择“套索工具”后，工具箱的下方将出现三个基本选项，如图 3-26 所示。

图 3-26　“套索工具”的选项

- 不选择任何选项时为自由“套索工具”，这时在舞台中拖拽鼠标，可以选择任意形状的区域，如图 3-27 所示。
- 单击按钮，可以选择多边形区域。使用方法是：在舞台中单击鼠标，设置多边形选区的起始点，然后移动光标到另外的位置再单击鼠标，如此重复，结束时双击鼠标即可，如图 3-28 所示。

图 3-27　选择任意形状的区域

图 3-28　选择多边形区域

- 单击按钮，则“套索工具”相当于 Photoshop 中的“魔术棒工具”，它主要作用于位图，对图形对象不起作用。在位图上单击鼠标就可以选择位图上颜色相近的连续区域，可以用来做简单的抠图，如图 3-29 所示。

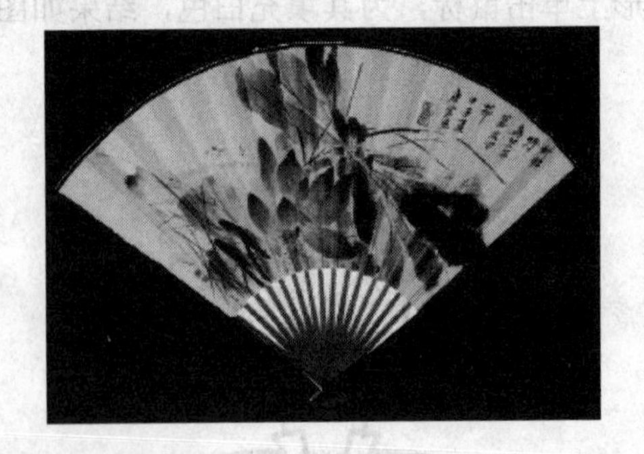

图 3-29　选择位图的背景并删除

使用(魔术棒)选择位图时，经常出现“选不全”或“选多了”的现象。这时可以设置选取图形的范围。单击按钮，在弹出的【魔术棒设置】对话框中可以设置魔术棒的属性，如图 3-30 所示。

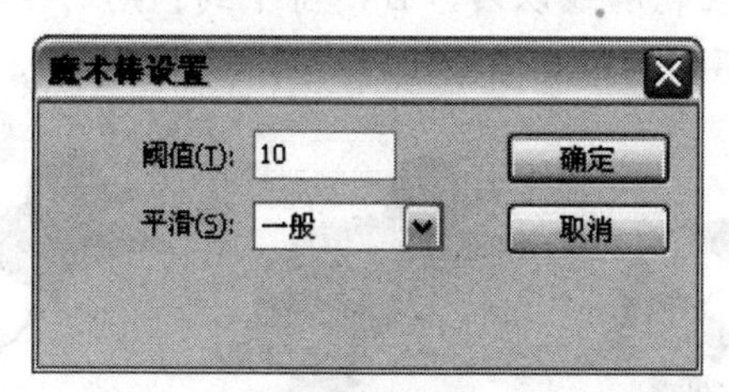

图 3-30　【魔术棒设置】对话框

- 【阈值】: 用于设置选择范围内邻近像素颜色值的相近程度。参数值越大，选择的颜色范围越多；参数值越小，选择的颜色范围越少。
- 【平滑】: 用于定义选择范围边缘的平滑程度。

3.1.4　橡皮擦工具

在绘制图形的过程中，对于多余的图形，可以使用“套索工具”将其选择后删除；也可以使用“橡皮擦工具”将其擦除。“橡皮擦工具”的使用方法和日常生活中的橡皮一样，主要用来擦除舞台中多余的图形部分。选择了“橡皮擦工具”以后，工具箱下方将显示它的参数，如图 3-31 所示。

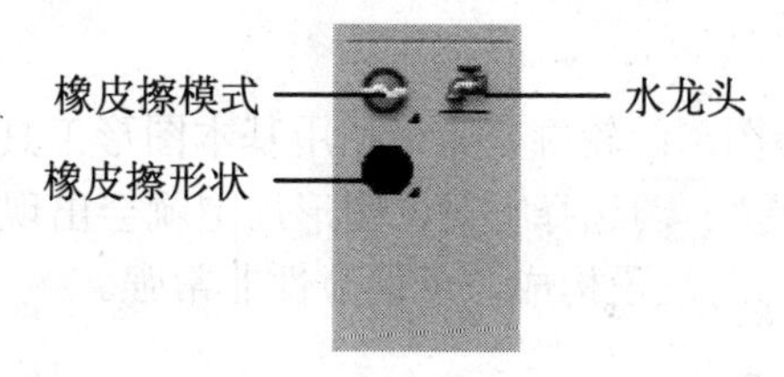

图 3-31　“橡皮擦工具”的选项

- (橡皮擦模式): 用于设置“橡皮擦工具”擦除图形的方式。不同的方式擦除的结果是不一样的。
- (水龙头): 该选项的作用是快速删除。选择该选项以后，在图形上单击鼠标可以一次性删除填充色或轮廓线。
- (橡皮擦形状): 该选项中列出了橡皮擦的形状与大小，分别提供了圆形与方形两种形状，并且只能选择系统预设的大小，不能进行参数化设置。

Flash CS4 中的“橡皮擦工具”共有五种擦除模式，如图 3-32 所示。

- “标准擦除”: 以常规模式擦除图形，光标所经过之处均被擦除。
- “擦除填色”: 只擦除图形的填充色，对轮廓线不产生影响。
- “擦除线条”: 只擦除图形的轮廓线，不影响填充色。
- “擦除所选填充”: 只擦除当前选中的填充色，不会影响未被选中的填充色与轮廓线。
- “内部擦除”: 只擦除轮廓线以内的填充色，而不影响轮廓线。但是擦除时鼠

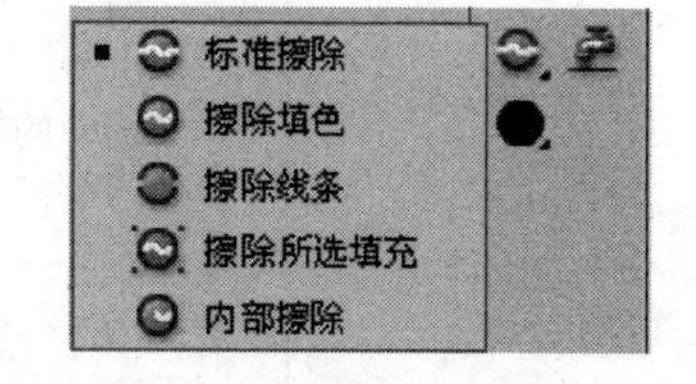

图 3-32　五种擦除模式

标的起始点一定要在轮廓线以内，否则得不到预期的结果。

如图 3-33 所示为五种不同的擦除效果。

图 3-33　五种不同的擦除效果

3.2　图形的高级编辑

几乎所有的绘图软件都提供了“钢笔工具”与路径的概念，因为它是功能最强大、操作最灵活的工具之一。Flash 也是如此，它不但提供了“钢笔工具”，让我们自由地绘制图形，还提供了几个重要的路径编辑工具。

3.2.1　路径及其相关概念

在 Flash 中，路径就是指图形的轮廓，无论使用基本图形工具还是“钢笔工具”绘制的图形，当使用“部分选取工具” 选择它时，图形周围就会出现一个绿色的轮廓，它就是我们所说的路径。路径由锚点与线段构成，可调节性非常强。

1. 锚点、方向线和方向点

路径是由一条或多条直线段或曲线段构成的，既可以是封闭的，也可以是不封闭的，路径上的转折点处是锚点。在曲线路径上，每个选中的锚点都将显示一条或两条方向线，方向线以方向点结束，如图 3-34 所示。选中的锚点是实心的，未选中的锚点是空心的。移动锚点或方向点的位置可以改变曲线路径的形状。

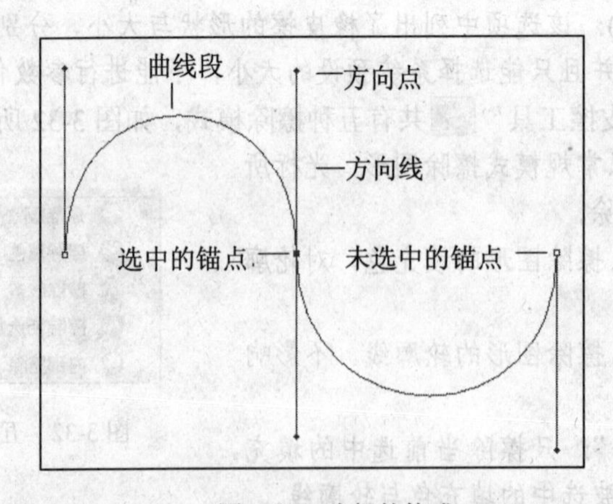

图 3-34　路径的构成

2. 平滑点、角点和拐点

锚点有三种形态：没有方向线的锚点称为角点；有方向线且方向线对称的锚点称为平滑点；有方向线但方向线不对称的锚点称为拐点，如图 3-35 所示。

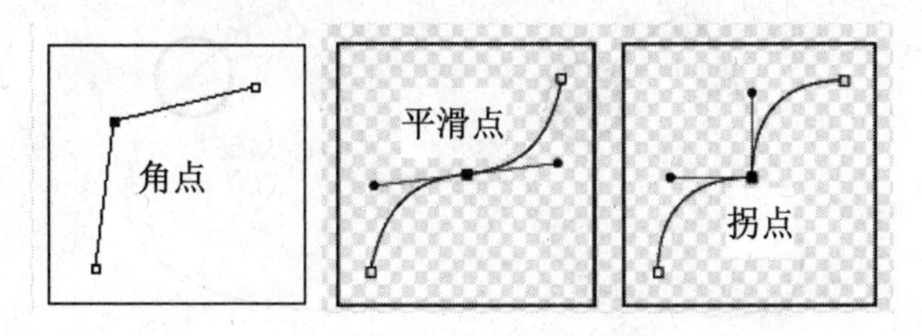

图 3-35　锚点的三种类型

3.2.2　部分选取工具

“部分选取工具”通常与“钢笔工具”结合使用，主要用于调整路径，从而改变图形的形态。其主要用途如下：

(1) 选择路径：在工具箱中选择“部分选取工具”，在图形上单击鼠标，则显示并选择了路径，默认情况下显示为绿色，如图 3-36 所示。

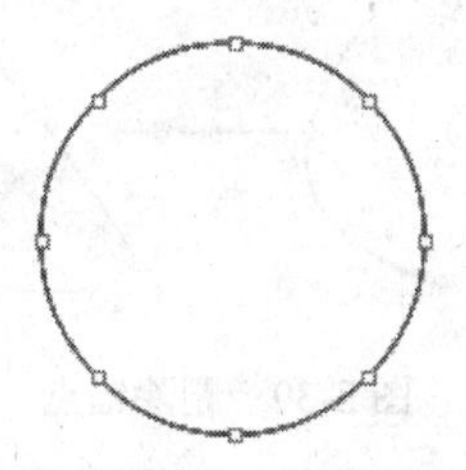

图 3-36　选择路径

(2) 移动与复制路径：选择路径以后，将光标指向路径(注意不要指向锚点)，按下鼠标左键拖拽鼠标，可以移动路径；按住 Alt 键的同时拖拽鼠标，可以复制路径。

(3) 移动锚点：选择路径以后，路径上会出现一些小方块(即锚点)，将光标指向锚点，按下鼠标左键拖拽鼠标，可以改变锚点的位置，如图 3-37 所示。

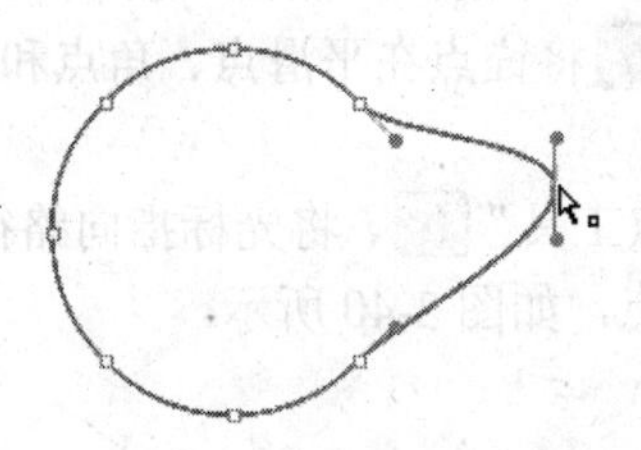

图 3-37　改变锚点的位置

3.2.3　添加与删除锚点

编辑路径的锚点可以改变路径的形态，所以路径的编辑实质上就是对锚点的编辑。在 Flash CS4 中，新增了“添加锚点工具”与“删除锚点工具”。

1. 添加锚点

添加锚点的方法比较简单，选择工具箱中的“添加锚点工具”，将光标指向路径，当光标变为(右下角为+号)形状时单击鼠标，可以在路径上添加一个锚点，如图 3-38 所示。

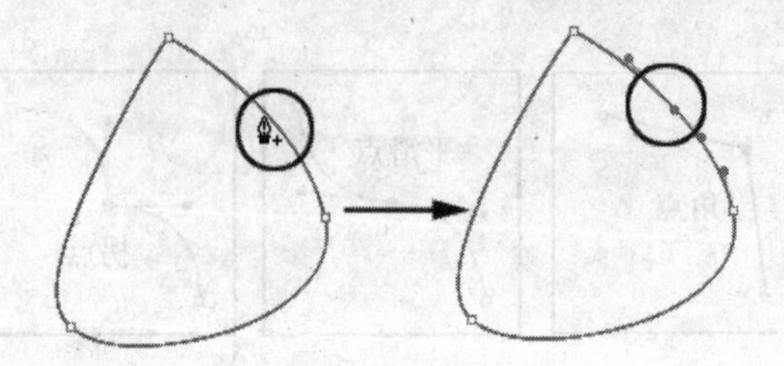

图 3-38 添加锚点

2. 删除锚点

删除锚点与添加锚点的操作基本相同，但是需要使用“删除锚点工具”。选择该工具以后，将光标指向要删除的锚点，当光标变为(右下角为 − 号)形状时单击鼠标，可以将路径上的锚点删除，如图 3-39 所示。

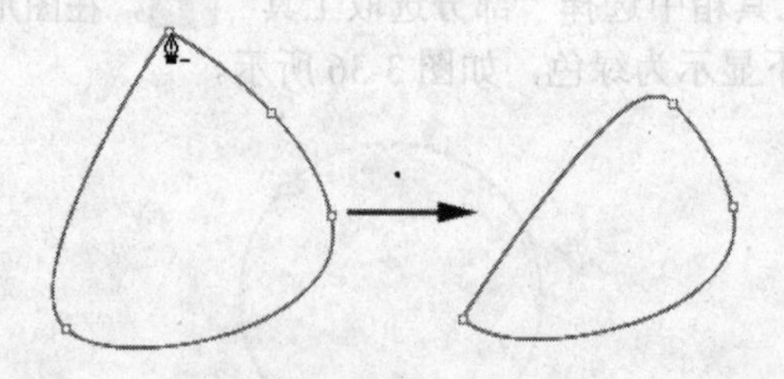

图 3-39 删除锚点

使用“钢笔工具”也可以添加与删除锚点，但是锚点的类型必须为角点时才可以删除，否则，单击锚点时只能转换锚点的类型，即从平滑点(或拐点)转换为角点。

3.2.4 转换锚点工具

路径上的锚点有三种类型，即平滑点、角点和拐点，它们直接影响着路径的形状。我们可以使用“转换锚点工具”将锚点在平滑点、角点和拐点三种类型之间进行转换，从而随心所欲地控制路径的形状。

选择工具箱中的“转换锚点工具”，将光标指向路径上的平滑点或拐点，单击鼠标，可以将平滑点或拐点转换为角点，如图 3-40 所示。

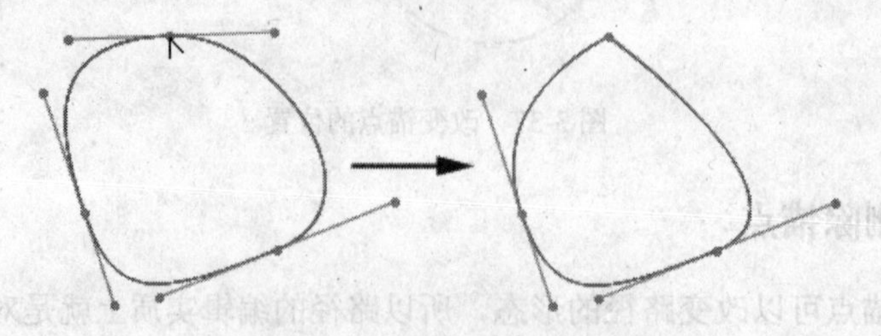

图 3-40 将平滑点转换为角点

将光标指向角点，按住鼠标左键拖拽鼠标，可以将角点转换为平滑点，如图 3-41 所示。

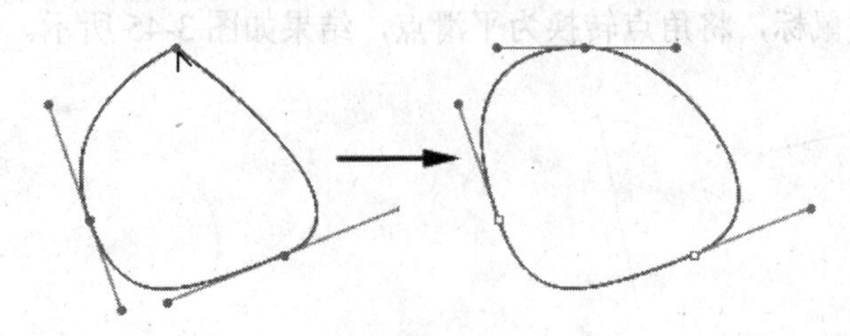

图 3-41　将角点转换为平滑点

将光标指向平滑点的一个方向线，拖拽鼠标，可以将平滑点转换为拐点，如图 3-42 所示。

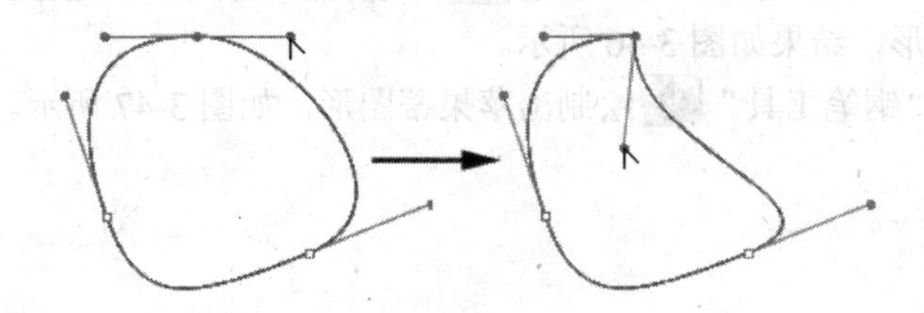

图 3-42　将平滑点转换为拐点

使用“钢笔工具”时，按下 Alt 键可以临时切换工具为“转换锚点工具”，而按下 Ctrl 键可以切换成“部分选取工具”。这样就可以在创建路径的同时对路径进行调整，从而提高工作效率。

3.2.5　课堂实践——绘制苹果

下面通过一个简单的实践练习，体会路径绘图的优势：第一，擅长绘制不规则图形；第二，可以任意修改图形，非常方便。本例最终效果如图 3-43 所示。

图 3-43　最终效果

(1) 创建一个新的 Flash 文档。

(2) 按下 Ctrl+J 键，在【文档属性】对话框中设置尺寸为 400×400 像素、背景颜色为白色、帧频为 12 fps。

(3) 选择工具箱中的“钢笔工具”，在舞台中依次单击鼠标，绘制一个类似苹果的图形，如图 3-44 所示。

(4) 选择工具箱中的“转换锚点工具”，将光标分别指向左侧和右侧的两个锚点，按住鼠标左键拖拽鼠标，将角点转换为平滑点，结果如图 3-45 所示。

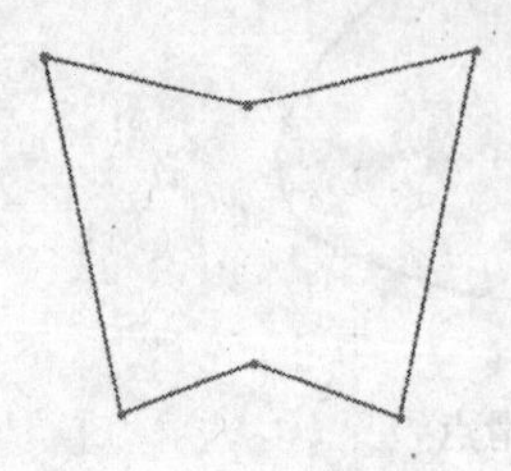
图 3-44　绘制的图形

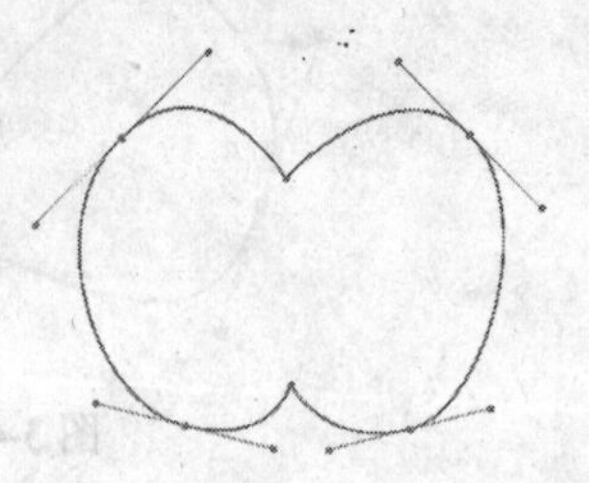
图 3-45　将角点转换为平滑点

(5) 选择工具箱中的“部分选取工具”，分别移动各锚点的位置，改变路径的形态，使其具有苹果的外形，结果如图 3-46 所示。

(6) 继续使用“钢笔工具”绘制出苹果蒂图形，如图 3-47 所示。

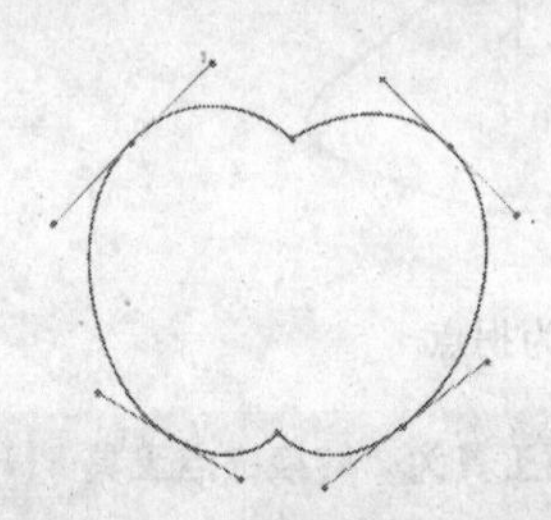
图 3-46　调整后的路径形态

图 3-47　绘制的苹果蒂图形

(7) 参照前面的方法，使用“转换锚点工具”和“部分选取工具”对其进行调整，结果如图 3-48 所示。

(8) 参照前面的方法，在苹果蒂的右侧绘制一个叶子，如图 3-49 所示。

图 3-48　调整后的图形

图 3-49　绘制的叶子图形

(9) 选择工具箱中的“颜料桶工具”，在【属性】面板中设置填充颜色为褐色(#663333)，在苹果蒂图形上单击鼠标填充颜色；然后再设置填充颜色为绿色(#009900)，在叶子图形上单击鼠标填充颜色，结果如图 3-50 所示。

(10) 在【颜色】面板中设置类型为“放射状”，然后设置左侧色标为橙色(#FF6600)、右侧色标为黄绿色(#CEF141)，如图 3-51 所示。

(11) 继续使用“颜料桶工具”在苹果图形的右上方单击鼠标，填充渐变色，其效果如图 3-52 所示。

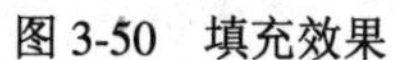

图 3-50　填充效果

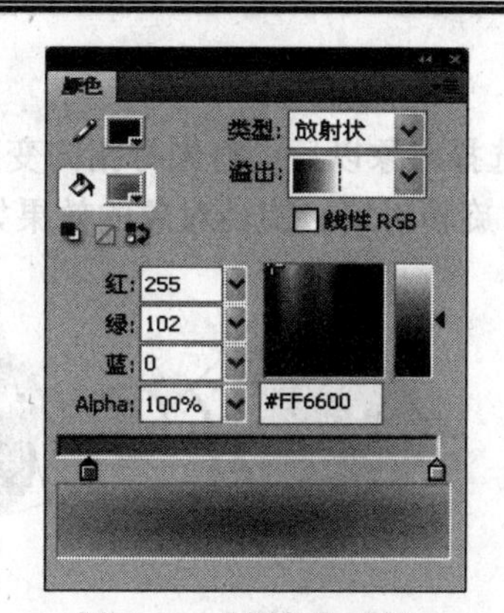

图 3-51　【颜色】面板

图 3-52　填充渐变色

(12) 至此完成了本例的制作，按下 Ctrl+S 键将文件保存为“苹果.fla”。

3.3　对象的变形

在 Flash CS4 中，我们可以通过两种方法实现对象的变形。第一种是使用“任意变形工具”，它的特点是自由度高，可以灵活控制对象的大小、旋转、倾斜等变形；第二种是使用【变形】面板，其特点是精确度高，除了可以实现精确变形外，还可以实现复制并应用变形操作。

3.3.1　任意变形工具

“任意变形工具”用于改变所选对象的大小、旋转角度和倾斜角度等。当使用“任意变形工具”选择对象以后，对象的周围会出现一个变形框，并且具有一个圆形的中心点，通过它们可以改变对象形状。

1. 缩放对象

“使用任意变形工具”选择对象以后，对象的四周将出现带有 8 个控制点的变形框。将光标指向垂直边框上的控制点，当光标变为双向箭头时拖拽鼠标，可以改变对象的宽度；将光标指向水平边框上的控制点，当光标变为双向箭头时拖拽鼠标，可以改变对象的高度；将光标指向变形框四角上的控制点，当光标变为双向箭头时拖拽鼠标，可以同时改变对象的宽度和高度，如果按住 Shift 键拖拽鼠标，则可以等比例地放大或缩小对象。缩放对象的效果如图 3-53 所示。

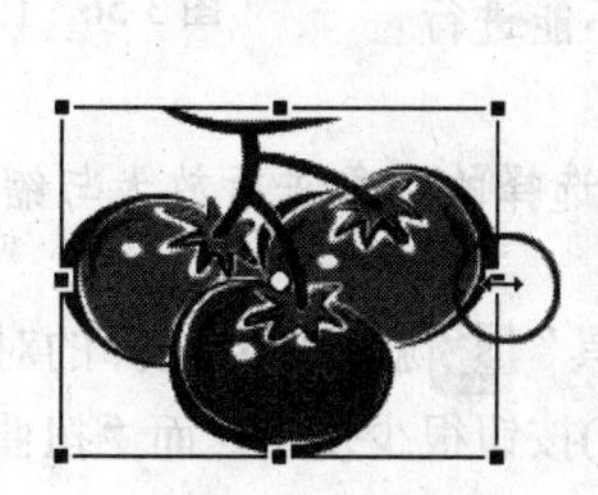

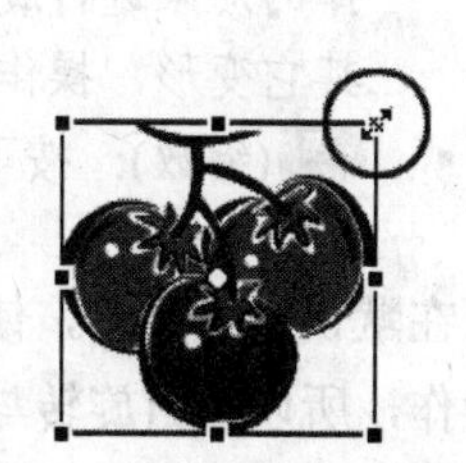

图 3-53　缩放对象

2. 旋转对象

使用“任意变形工具”选择对象以后，将光标指向变形框四角控制点的外侧，当光标变为↺形状时拖拽鼠标，可以旋转对象。旋转对象的效果如图 3-54 所示。

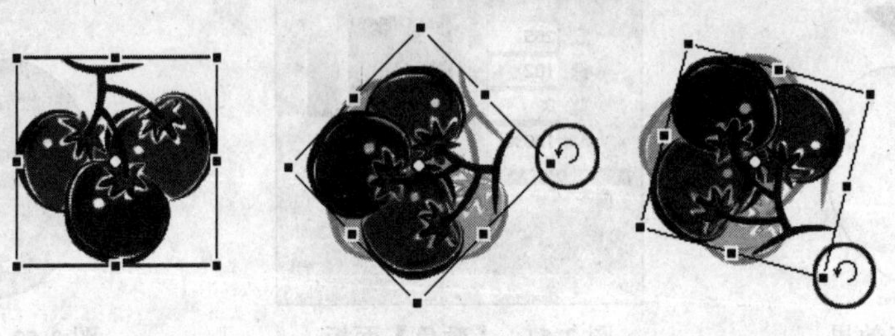

图 3-54　旋转对象

3. 倾斜对象

使用“任意变形工具”选择对象以后，将光标指向变形框的水平边框，当光标变为⇌形状时拖拽鼠标，可以在水平方向上倾斜对象；将光标指向变形框的垂直边框，当光标变为⥮形状时拖拽鼠标，可以在垂直方向上倾斜对象。倾斜对象的效果如图 3-55 所示。

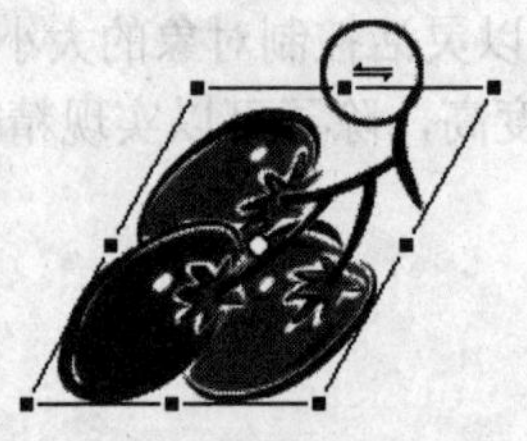
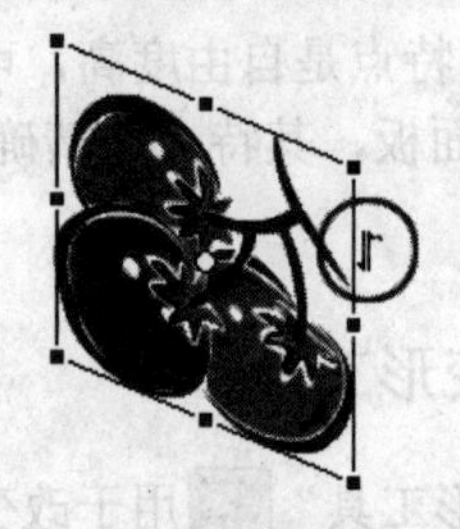

图 3-55　倾斜对象

4. 更多的变形操作

前面介绍的三种变形操作是“任意变形工具”的基本功能，除此之外，通过控制工具选项，还可以进行扭曲、封套变形。在工具箱中选择“任意变形工具”以后，工具箱的下方将出现相关选项，包括“贴紧至对象”、“旋转与倾斜”、“缩放”、“扭曲”和“封套”，如图 3-56 所示。

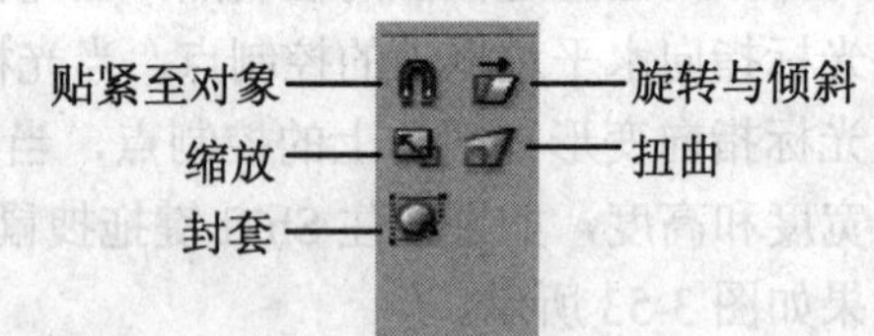

图 3-56　任意变形工具的选项

- (贴紧至对象)：按下该按钮，进行变形操作时，会自动吸附辅助线、对象边缘等。
- (旋转与倾斜)：按下该按钮，只能对选择的对象进行旋转与倾斜操作，不能进行其它变形，操作方法同前所述。
- (缩放)：按下该按钮，只能对选择的对象进行放大与缩小操作，不能进行其它变形。

在默认的状态下，使用“任意变形工具”就可以对选择的对象进行旋转、倾斜、缩放操作，所以(旋转与倾斜)与(缩放)按钮很少使用，而“扭曲”与“封套”按钮则不同，它们提供另外的变形效果。

- (扭曲)：按下该按钮，将光标指向变形框四角控制点，当光标变成▷形状时拖拽鼠标，可以使对象发生扭曲变形，如图 3-57 所示。

图 3-57　“扭曲”对象

- (封套)：“封套”的变形功能更强大，按下该按钮后，当选择了对象以后，对象的周围不但出现了 8 个控制点，而且每个控制点都有两个控制手柄，通过拖拽控制点或控制手柄，可以自由地变形对象，如图 3-58 所示。

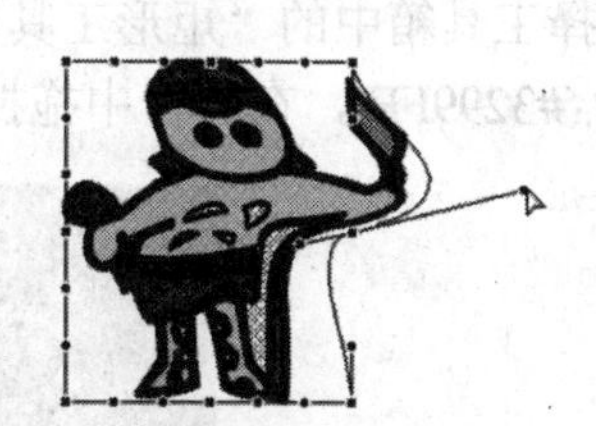

图 3-58　“封套”变形

使用(封套)改变图形形状时，如果按住 Alt 键的同时调整控制手柄，则只改变控制点一端的控制手柄的位置，另一端控制手柄的位置不会发生改变。

3.3.2　课堂练习——海底世界

使用“封套”变形可以非常自由地控制图形的外形变化，很多矢量设计软件都有这一功能，Flash 引入这一功能无疑增强了其图形的编辑能力，结合动画功能还可以制作出丰富的动画效果。下面结合“封套”变形绘制波浪效果，如图 3-59 所示。

图 3-59　最终效果

(1) 创建一个新的 Flash 文档。

(2) 在【属性】面板中单击 编辑... 按钮，在弹出的【文档属性】对话框中设置尺寸为 400 × 300 像素、背景颜色为蓝色(#65CCFF)、帧频为 12 fps。

(3) 按下 Ctrl+R 键，导入本书光盘“第 3 章”文件夹中的“鱼.swf”文件，如图 3-60 所示。

图 3-60　导入的文件“鱼.swf”

(4) 选择工具箱中的“矩形工具”，在【属性】面板中设置笔触颜色为无色、填充颜色为蓝色(#3299FF)，在舞台中拖拽鼠标绘制一个矩形，如图 3-61 所示。

图 3-61　绘制的矩形

(5) 用同样的方法再绘制 4 个矩形，使它们依次排列，并且颜色呈现为不同层次的蓝色，颜色值分别为#3265FF、#3333CC、#333399 和#3299FF，结果如图 3-62 所示。

图 3-62　不同颜色矩形的效果

(6) 选择工具箱中的“任意变形工具”，在舞台中拖拽鼠标，框选刚绘制的 4 个矩形，然后在工具箱的下方单击(封套)按钮，则对象的周围出现变形框，每个控制点都有一对控制手柄，如图 3-63 所示。

(7) 分别拖拽上边框各个控制点的控制手柄，改变图形的外形，使之具有波浪的形态，结果如图 3-64 所示。

图 3-63　变形框

图 3-64　图形效果

(8) 按下 Esc 键取消图形的变形状态，则完成本例的制作，按下 Ctrl+S 键将文件保存为“海底世界.fla”。

3.3.3　【变形】面板

使用【变形】面板可以对所选对象进行精确的缩放、旋转、倾斜等操作，从而使对象产生变形，并且可以在变形的同时进行复制对象的操作，如图 3-65 所示。

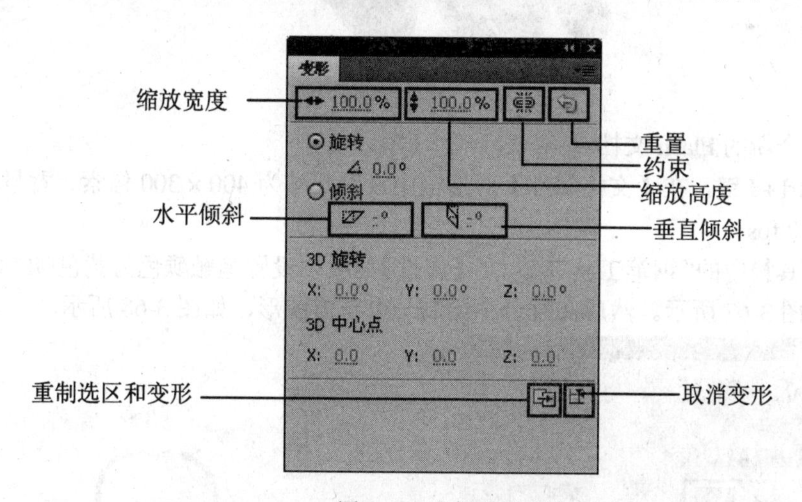

图 3-65　【变形】面板

- 缩放宽度：单击该选项，可以输入精确的数值，从而改变对象的宽度。
- 缩放高度：单击该选项，可以输入精确的数值，从而改变对象的高度。
- (约束)：该按钮起到锁定的作用，单击该按钮则图标变为形状，此时可以同时改变宽度与高度的比例。
- (重置)：单击该按钮，可以重置对象的缩放比例。

- 【旋转】: 该选项用于控制对象的旋转角度，单击该选项，可以输入精确的角度值。
- 水平倾斜: 单击该选项并输入精确数值，可以控制对象在水平方向上的倾斜角度。
- 垂直倾斜: 单击该选项并输入精确数值，可以控制对象在垂直方向上的倾斜角度。
- (重制选区和变形): 单击该按钮，可以将对象复制一份再变形，每一次变形都是在前一次的基础上进行。
- (取消变形): 单击该按钮，可以将应用变形的对象恢复到原来的状态。

3.3.4 课堂练习——绘制盛开的花朵

下面绘制一个盛开的花朵，进一步学习 Flash 变形功能的巧妙运用。使用【变形】面板中的“重制选区和变形”功能可以完成这项任务，它非常适合制作有规律的图案。本例的最终效果如图 3-66 所示。

图 3-66　最终效果

(1) 创建一个新的 Flash 文档。

(2) 按下 Ctrl+J 键，在【文档属性】对话框中设置尺寸为 400 × 300 像素、背景颜色为白色、帧频为 12 fps。

(3) 选择工具箱中的“钢笔工具”，在【属性】面板中设置笔触颜色为黄色(#FFCC00)、笔触为 3.0，如图 3-67 所示。然后在舞台中绘制一个花瓣图形，如图 3-68 所示。

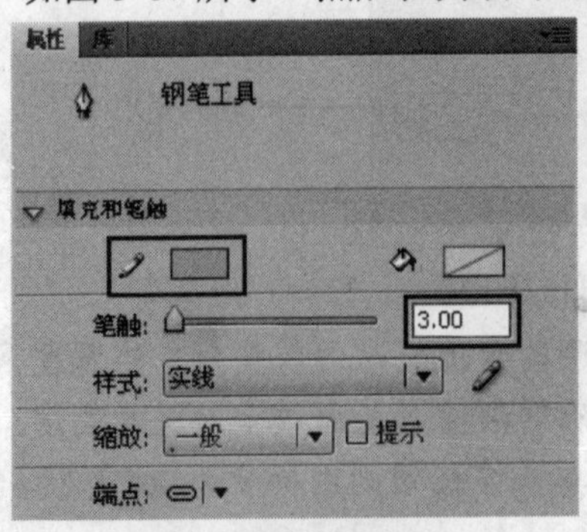

图 3-67　【属性】面板

图 3-68　绘制的花瓣图形

(4) 选择工具箱中的“颜料桶工具”，然后在【颜色】面板中设置类型为“线性”、左侧色标为粉红色(#ED1BD9)、右侧色标为白色，如图 3-69 所示。

(5) 在花瓣图形上从上向下垂直拖拽鼠标，填充渐变色，结果如图 3-70 所示。

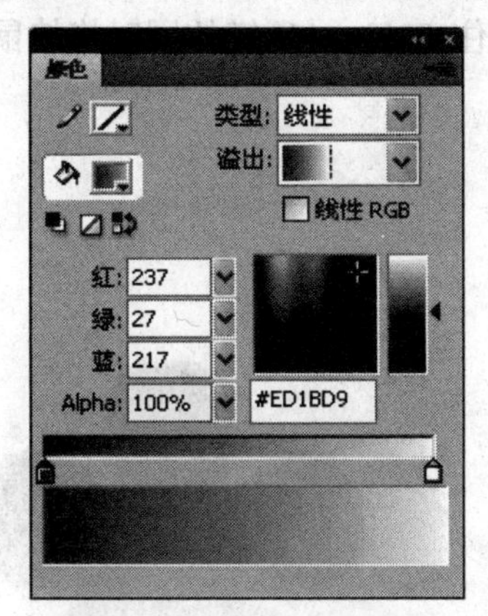

图 3-69 【颜色】面板

图 3-70 填充效果

(6) 选择工具箱中的“任意变形工具”，在舞台中框选整个图形，则图形周围出现变形框，将中心点拖拽到变形框的下方，如图 3-71 所示。

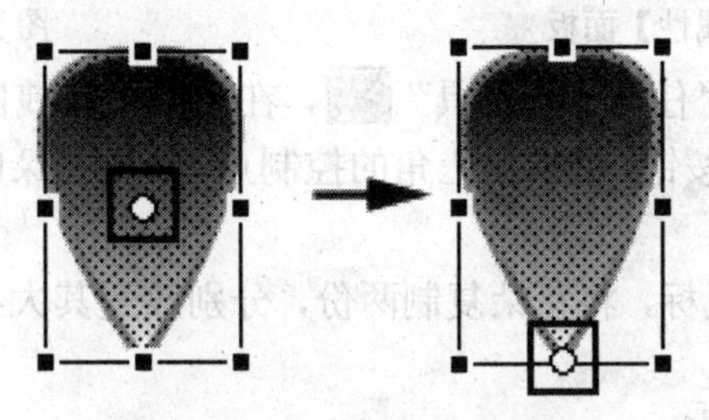

图 3-71 调整中心点的位置

在 Flash 中，旋转图形时是以图形的中心点为依据进行旋转的，改变图形的中心点位置后，其旋转的中心点也会随着改变。

(7) 单击菜单栏中的【窗口】\【变形】命令，打开【变形】面板。设置旋转角度为 72°，然后单击(重制选区和变形)按钮 4 次，旋转复制花瓣图形，如图 3-72 所示。

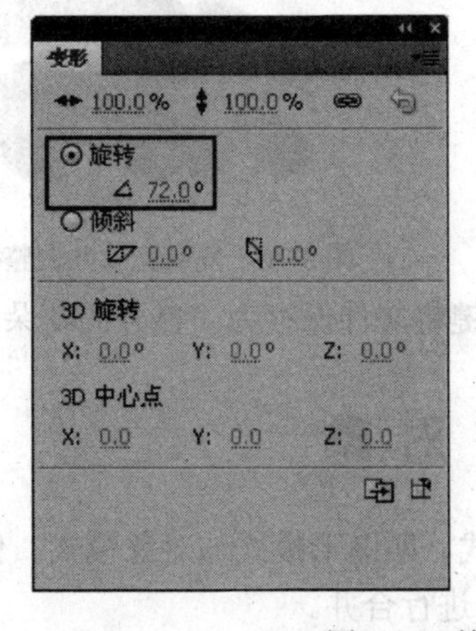

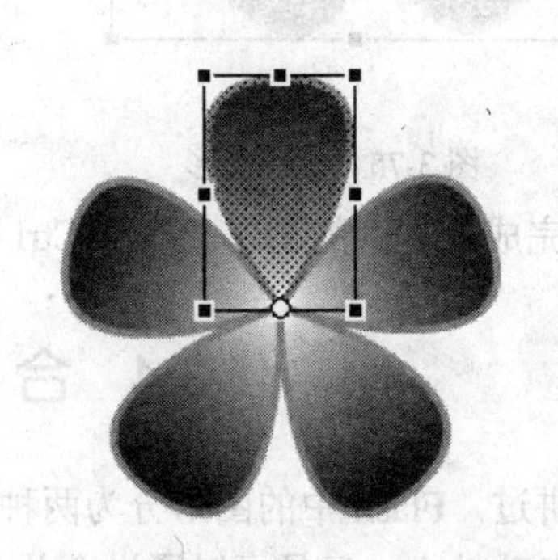

图 3-72 旋转复制花瓣图形

(8) 选择工具箱中的“椭圆工具”，在【属性】面板中设置笔触颜色为黄色(#FFCC00)、填充颜色为浅黄色(#FFFF00)、笔触为 3.0，如图 3-73 所示。

(9) 在舞台中将光标置于图形的中心位置，按住 Shift+Alt 键的同时拖拽鼠标，绘制一个圆形，则得到了一朵小花，如图 3-74 所示。

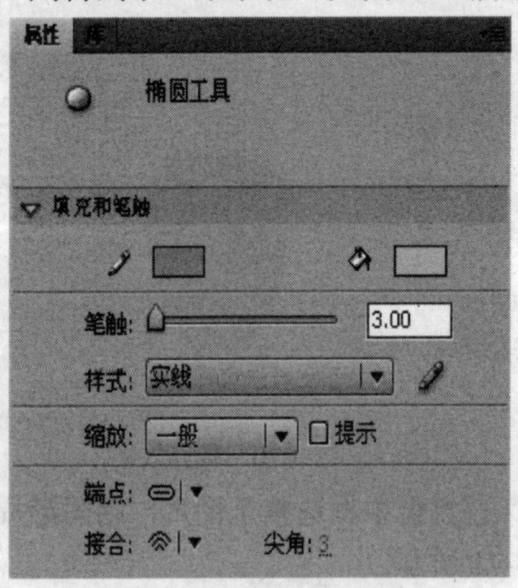

图 3-73　【属性】面板

图 3-74　绘制的圆形

(10) 选择工具箱中的“任意变形工具”，在舞台中拖拽鼠标框选整个花朵，然后在工具箱下方单击(扭曲)按钮，拖拽左上角的控制点，改变花朵的透视状态，结果如图 3-75 所示。

(11) 按住 Alt 键拖拽鼠标，将花朵复制两份，分别改变其大小，并调整到适当位置，其效果如图 3-76 所示。

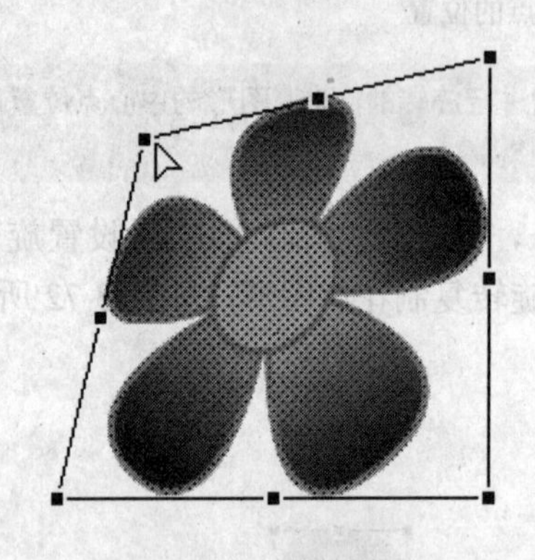
图 3-75　扭曲图形

图 3-76　复制花朵并调整位置

(12) 至此完成了本例的制作，按下 Ctrl+S 键将文件保存为“盛开的花朵.fla”。

3.4 合并对象

前面已经讲过，Flash 中的图形分为两种模式，即图形模式与对象模式。使用对象模式绘制的图形不自动粘合，但是可以通过合并命令进行合并。

3.4.1　合并命令的作用

Flash 提供了四种合并命令，分别是【联合】、【交集】、【打孔】和【裁切】。它们的作用是将两个或多个对象模式的图形进行合并，得到一个新的图形对象，如图 3-77 所示。

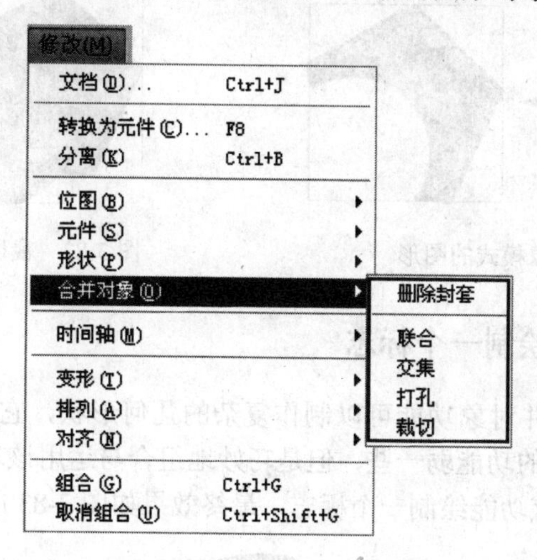

图 3-77　合并命令

- 【删除封套】：单击该命令，可以将使用“封套”变形的对象复原，如图 3-78 所示。

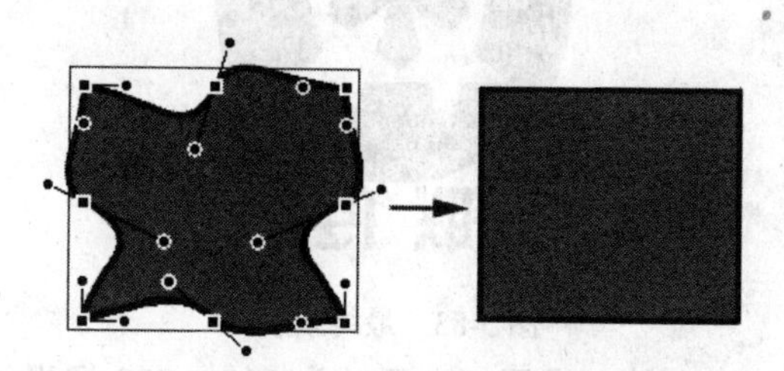

图 3-78　删除封套

- 【联合】：单击该命令，可以将两个或两个以上的图形合并为一个，外观保持不变，如图 3-79 所示。
- 【交集】：单击该命令，将获取两个图形的重合部分，结果保留上方图形的重合部分，并删除不重合的部分，如图 3-80 所示。

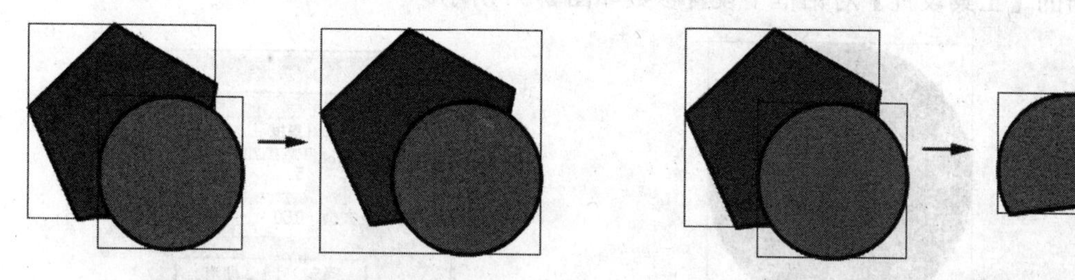

图 3-79　联合对象模式的图形　　　图 3-80　交集对象模式的图形

- 【打孔】：单击该命令，将用上方的图形对下方的图形进行打孔，结果保留下方图形的未重合部分，如图 3-81 所示。

- 【裁切】：单击该命令，将获取两个图形的重合部分，结果保留下方图形的重合部分，并删除不重合的部分，如图 3-82 所示。

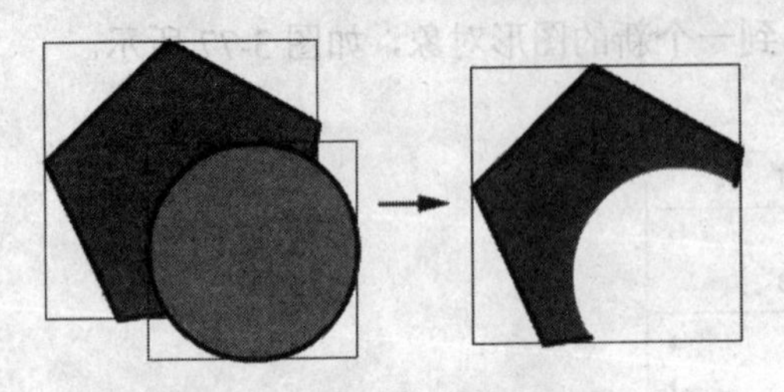

图 3-81　打孔对象模式的图形

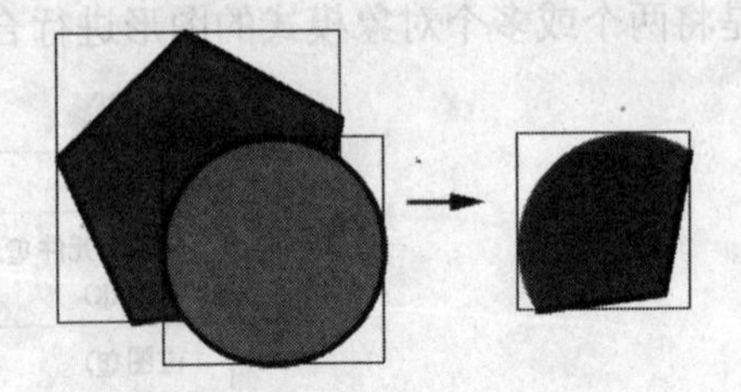

图 3-82　裁切对象模式的图形

3.4.2　课堂练习——绘制一个标志

使用 Flash 中的合并对象功能可以制作复杂的几何形状，它虽然比专业矢量软件(如 CorelDRAW、Illustrator)的功能弱一些，但是巧妙地组合与运用该功能，同样可以制作出漂亮的图形。本例将结合该功能绘制一个标志，最终效果如图 3-83 所示。

图 3-83　最终效果

(1) 创建一个新的 Flash 文档，设置舞台尺寸为 300 × 300 像素。

(2) 选择工具箱中的“椭圆工具”，并在工具箱下方按下(对象绘制)按钮，在【属性】面板中设置笔触颜色为无色、填充颜色为红色(#CC3300)，然后在舞台中绘制一个圆形，如图 3-84 所示。

(3) 选择工具箱中的“多角星形工具”，在【属性】面板中单击 选项... 按钮，在弹出的【工具设置】对话框中设置参数如图 3-85 所示。

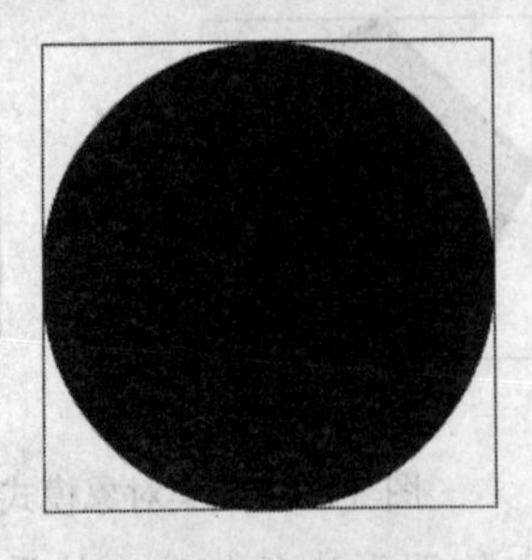

图 3-84　绘制的圆形

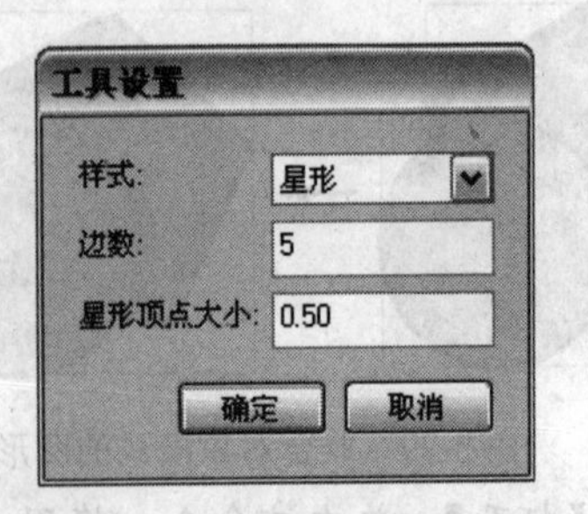

图 3-85　【工具设置】对话框

(4) 单击按钮，然后在【属性】面板中设置笔触颜色为无色、填充颜色为黄色(#FFCC32)，在舞台中绘制一个五角星，其大小与位置如图 3-86 所示。

(5) 选择工具箱中的“任意变形工具”，将五角星的中心点拖拽到下方，如图 3-87 所示。

图 3-86　绘制的五角星

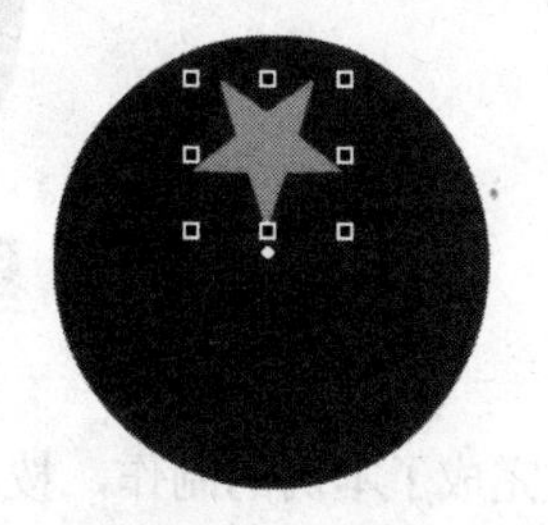

图 3-87　调整中心点的位置

(6) 单击菜单栏中的【窗口】\【变形】命令，打开【变形】面板。设置旋转角度为 72°，如图 3-88 所示，然后单击(重制选区和变形)按钮 4 次，旋转复制图形，结果如图 3-89 所示。

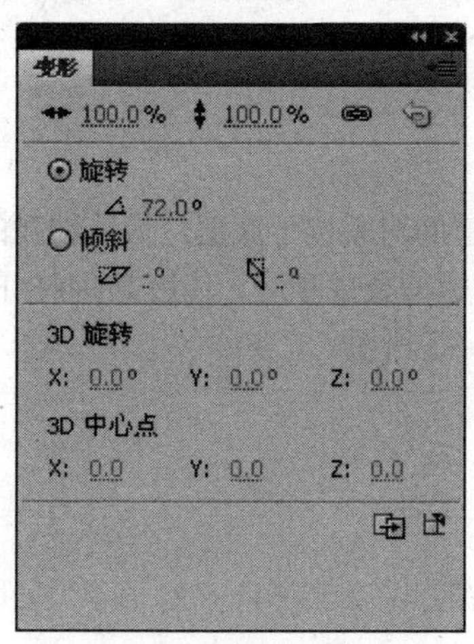

图 3-88 【变形】面板

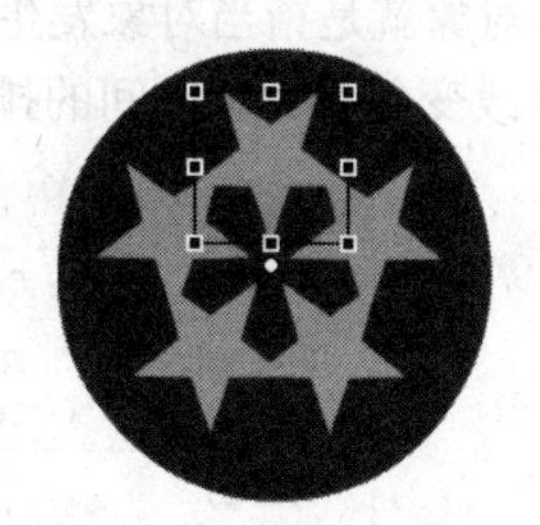

图 3-89　旋转并复制图形

(7) 选择工具箱中的“选择工具”，按住 Shift 键依次单击五角星，将它们同时选择，单击菜单栏中的【修改】\【合并对象】\【联合】命令，则它们合并为一个对象，如图 3-90 所示。

(8) 同时选择合并后的星形与圆形，单击菜单栏中的【修改】\【合并对象】\【打孔】命令，则生成镂空效果，结果如图 3-91 所示。

图 3-90　合并对象

图 3-91　镂空效果

(9) 选择工具箱中的“文本工具” T ，输入文字“星联传媒”，其结果如图 3-92 所示。

图 3-92　输入文字

(10) 至此完成了本例的制作，按下 Ctrl+S 键将文件保存为“公司标志.fla”。

3.5 对象的管理

当舞台中存在多个对象时，我们必须有效地管理它们，才能使舞台井然有序，这里的主要操作包括排列对象、对齐对象、组合对象、分离对象等。

3.5.1　排列对象

Flash 对象在舞台中是有叠加次序的，最先创建的对象位于底层，最后创建的对象位于顶层。排列对象就是指当对象发生叠加时，改变对象的叠放顺序。使用 Flash 中的相关排列命令，可以改变各个对象之间的排列次序，如图 3-93 所示。

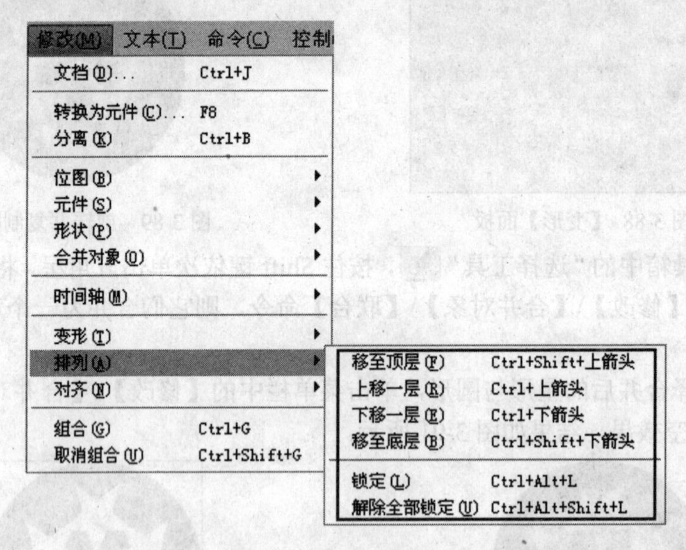

图 3-93　排列命令

- 【移至顶层】：执行该命令，可以将选中的对象移动到顶层。
- 【上移一层】：执行该命令，可以将选中的对象向上移动一层。
- 【下移一层】：执行该命令，可以将选中的对象向下移动一层。
- 【移至底层】：执行该命令，可以将选中的对象移动到底层。

- 【锁定】：执行该命令，可以锁定选中的对象，使其不能移动。
- 【解除全部锁定】：执行该命令，可以解除锁定的对象。

3.5.2　对齐与分布对象

对齐对象是指将选择的对象按照一定的方式进行对齐；而分布对象是指将选择的对象按照一定的方式进行等间距排列。选择多个对象以后，可以通过【修改】\【对齐】子菜单完成相应的操作，如图3-94所示；也可以通过【对齐】面板进行操作，如图3-95所示。

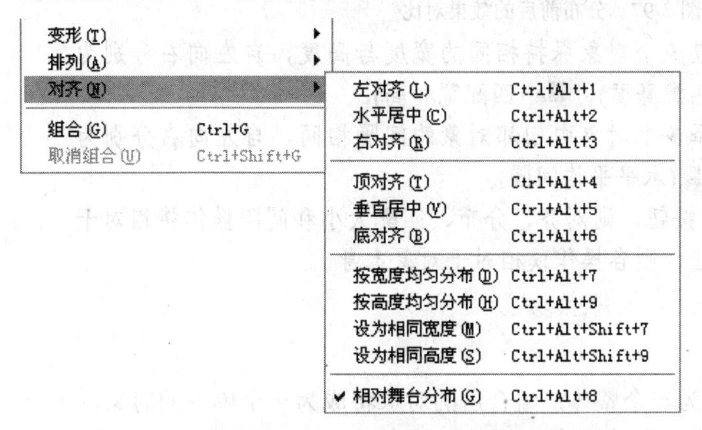

图3-94　【对齐】菜单中的命令

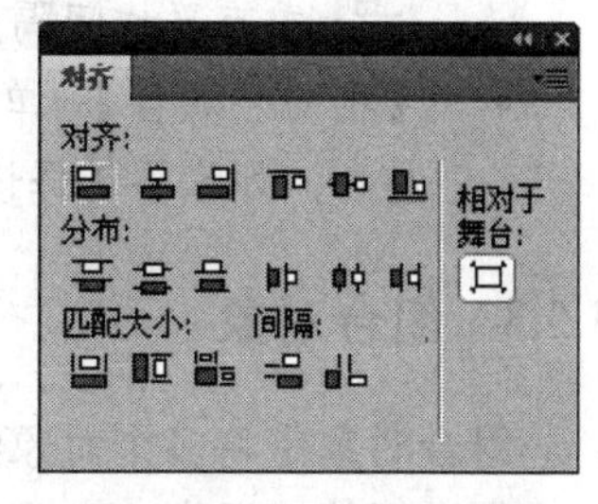

图3-95　【对齐】面板

菜单命令的使用非常直观，这里不做介绍。下面重点介绍【对齐】面板的具体使用方法。

单击菜单栏中的【窗口】\【对齐】命令(或者按下Ctrl+K键)，可以打开【对齐】面板，其中包括【对齐】、【分布】、【匹配大小】、【间隔】和【相对于舞台】五部分。

- 【对齐】：用于将选择的多个对象以一个基准线进行对齐，自左向右分别为 (左对齐)、 (水平中齐)、 (右对齐)、 (上对齐)、 (垂直中齐)、 (底对齐)。各种对齐效果如图3-96所示。

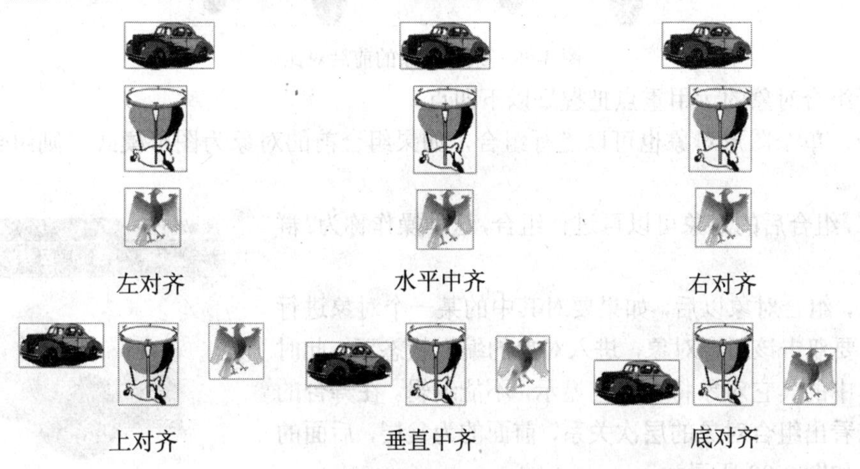

图3-96　各种对齐效果

- 【分布】：用于设置多个对象之间保持相同的间距，自左向右分别为 (顶部分布)、(垂直居中分布)、(底部分布)、(左侧分布)、(水平居中分布)、(右侧分布)。如图 3-97 所示为分布前后的效果对比。

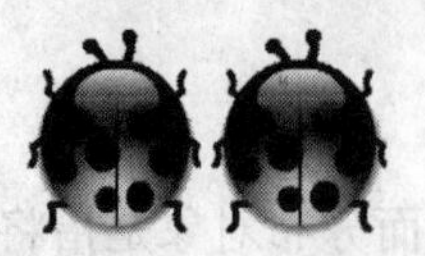

分布前　　　　分布后

图 3-97　分布前后的效果对比

- 【匹配大小】：用于设置多个对象保持相同的宽度与高度，自左向右分别为(匹配宽度)、(匹配高度)、(匹配宽和高)。
- 【间隔】：用于设置选择多个对象中相邻对象的间隔相同，自左向右分别为(垂直平均间隔)、(水平平均间隔)。
- 【相对于舞台】：单击该按钮，则对齐、分布、匹配大小和间隔操作将相对于舞台；如果不选择该按钮，则各操作仅相对于对象本身。

3.5.3　组合对象

组合对象是将多个对象组合为一个整体，组合后的对象将成为一个单一的对象，可以对它们进行统一操作，习惯上我们称组合对象为“群组”。组合对象以后，对象的性质并不发生改变，相当于将它们“捆绑”在一起，便于进行统一操作，如移动、缩放、旋转等。

组合对象的操作很简单，选择对象以后，单击菜单栏中的【修改】\【组合】命令，即可将选择的对象组合在一起。对象组合后，其周围会出现一个绿色的边框，如图 3-98 所示。

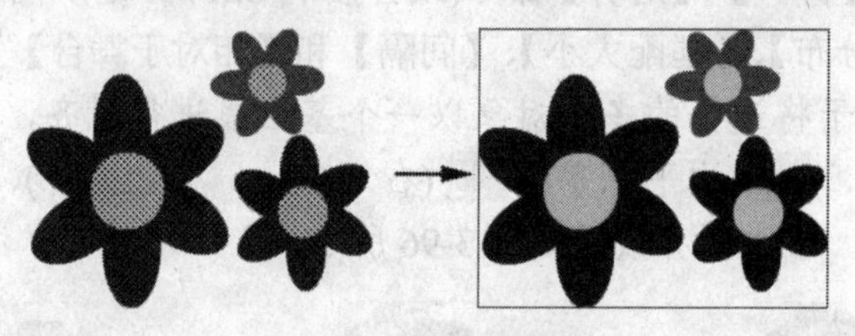

图 3-98　组合对象的前后对比

关于组合对象的运用重点把握好以下四点：

第一，单个图形对象也可以进行组合，如果组合前的对象为图形模式，则组合后为对象模式。

第二，组合后的对象可以再进行组合，这种操作称为“群组嵌套”。

第三，组合对象以后，如果要对其中的某一个对象进行编辑，需要双击该组合对象，进入对象的编辑状态下，此时组合对象中的其它对象将以灰色显示，不能编辑。在舞台的上方可以看出组合对象的层次关系，前面的为父层，后面的为子层，如图 3-99 所示。

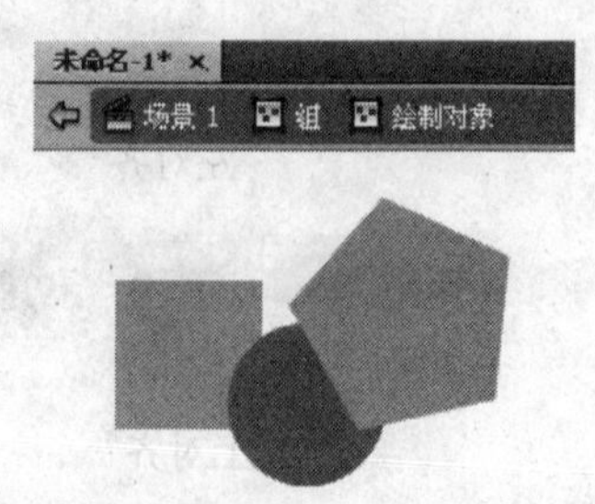

图 3-99　组合对象的层次关系

要返回场景编辑窗口，除了单击舞台上方的场景 1按钮外，还可以单击菜单栏中的【编辑】\【全部编辑】命令。

第四，单击菜单栏中的【修改】\【取消组合】命令，可以将组合对象取消，恢复到原来的状态。

3.5.4　分离对象

分离对象的操作可以将组合对象、文本、元件的实例、位图等彻底打散，形成一个可编辑的图形对象。分离对象操作会使对象的性质发生改变，最终形成图形。

分离对象的操作非常简单，先选择需要分离的对象，然后单击菜单栏中的【修改】\【分离】命令，或者按下 Ctrl+B 键，即可对选择的对象进行分离操作，如图 3-100 所示。

图 3-100　分离对象

3.5.5　课堂实践——落日

当场景由多个对象构成时，我们必须合理排列与分布对象，以便于管理与操作。下面绘制一个落日场景，学习多个对象的组织与管理，最终效果如图 3-101 所示。

图 3-101　最终效果

(1) 创建一个新的 Flash 文档。

(2) 按下 Ctrl+J 键，在【文档属性】对话框中设置尺寸为 550×400 像素、背景颜色为白色、帧频为 12 fps。

(3) 选择工具箱中的“矩形工具”，在舞台中绘制一个与舞台大小相同的矩形，矩形的笔触颜色和填充颜色任意。

(4) 按下 Shift+F9 键打开【颜色】面板，按下按钮并设置类型为“线性”，设置左侧色标为青灰色(#999966)、右侧色标为褐色(#996600)，如图 3-102 所示。

(5) 选择工具箱中的“颜料桶工具”，由矩形的下方向上方拖拽鼠标，填充渐变色，结果如图 3-103 所示。

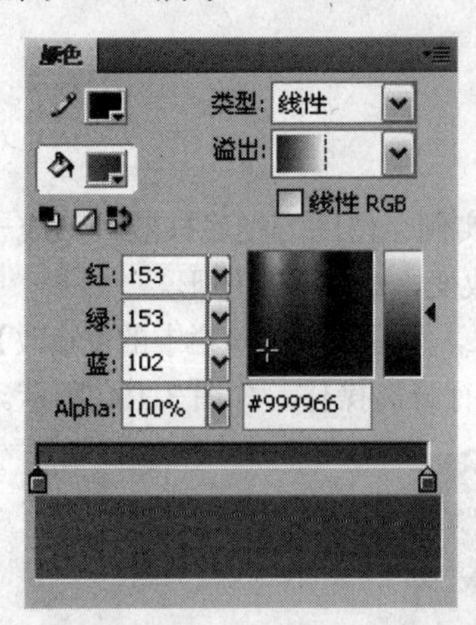

图 3-102　【颜色】面板

图 3-103　为矩形填充渐变色

(6) 选择工具箱中的“选择工具”，双击矩形的轮廓将其选中，然后按下 Delete 删除矩形的轮廓。

(7) 选择整个矩形，按下 Ctrl+G 键将其组合，使之成为组合对象。

(8) 选择工具箱中的“椭圆工具”，在【属性】面板中设置笔触颜色为黑色、填充颜色为无色，然后在舞台的左侧绘制一个椭圆，如图 3-104 所示。

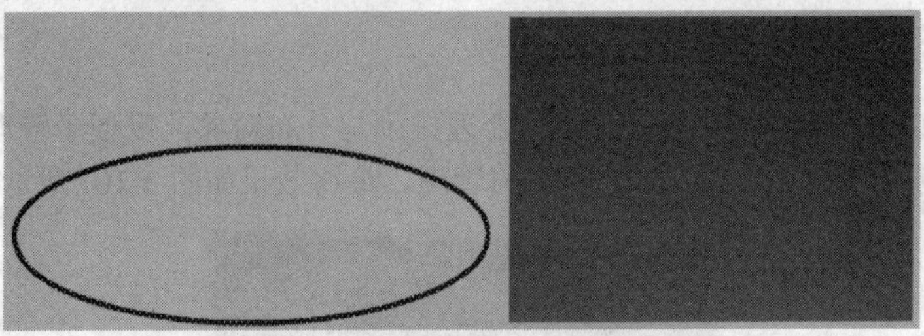

图 3-104　绘制的椭圆

(9) 选择工具箱中的“颜料桶工具”，由椭圆的右上角向左下角拖拽鼠标，填充渐变色，结果如图 3-105 所示。

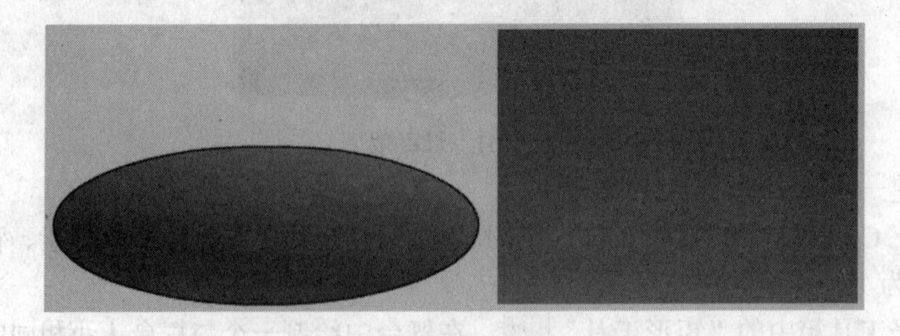

图 3-105　为椭圆填充渐变色

(10) 使用“选择工具”选中椭圆的轮廓，按下 Delete 键将其删除。然后再选择工具箱中的“渐变变形工具”，对渐变色进行调整，如图 3-106 所示。

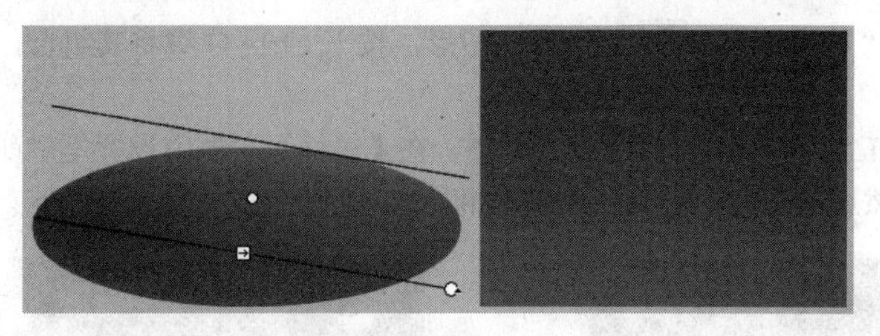

图 3-106　调整椭圆的渐变色

(11) 使用“选择工具”选择整个椭圆，按下 Ctrl+G 键将其组合，移动其位置如图 3-107 所示。

(12) 双击椭圆形组合对象，进入其编辑窗口中，然后使用“选择工具”拖拽鼠标，框选舞台外面的部分并删除，结果如图 3-108 所示。

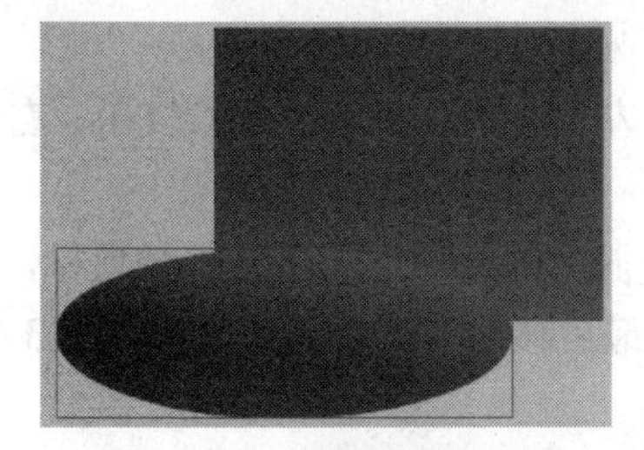

图 3-107　调整椭圆的位置

图 3-108　编辑组合对象

(13) 单击舞台上方的场景 1按钮，返回到场景中。然后选择工具箱中的“钢笔工具”，在舞台的右侧绘制一个图形，如图 3-109 所示。

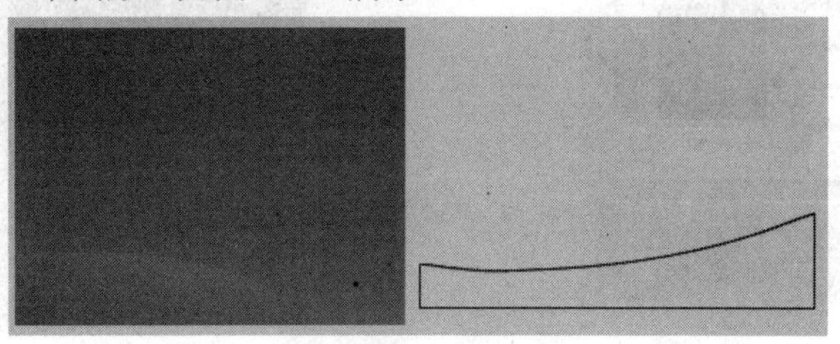

图 3-109　绘制的图形

(14) 选择工具箱中的“颜料桶工具”，由图形的上方向下拖拽鼠标，填充渐变色，然后删除图形的轮廓。

(15) 选择工具箱中的“渐变变形工具”，对渐变色进行适当的调整，如图 3-110 所示。

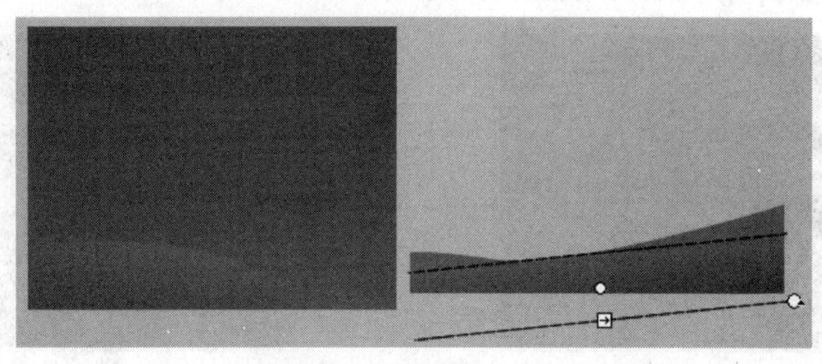

图 3-110　调整渐变色

(16) 使用“选择工具”选择整个图形，按下 Ctrl+G 键将其组合，移动其位置如图 3-111 所示。

(17) 选择工具箱中的“椭圆工具”，在【属性】面板中设置笔触颜色为黑色、填充颜色为无色，然后在舞台的右侧绘制一个椭圆，如图 3-112 所示。

图 3-111　调整对象的位置

图 3-112　绘制的椭圆

(18) 在【颜色】面板中重新设置渐变色，设置左侧色标为黄色(#FFCC00)、右侧色标为橘黄色(#FF6600)，如图 3-113 所示。

(19) 选择工具箱中的“颜料桶工具”，由椭圆的左下方向右上方拖拽鼠标，填充渐变色，然后删除其轮廓，并按下 Ctrl+G 键将其组合，最后移动到舞台中，位置如图 3-114 所示。

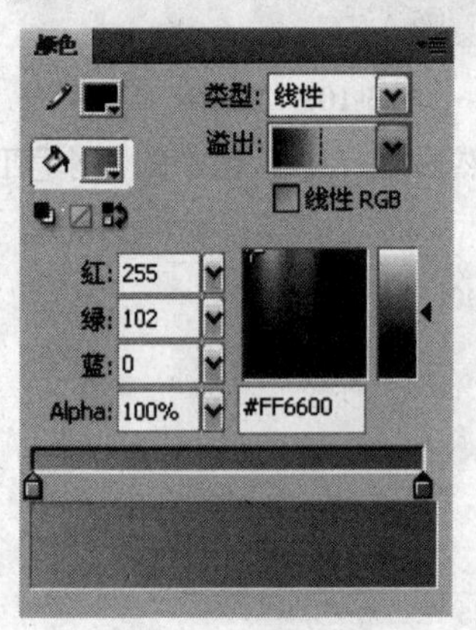

图 3-113　【颜色】面板

图 3-114　调整后的对象

(20) 按住 Ctrl 键，连续两次敲击向下的方向键↓，调整其排列顺序，结果如图 3-115 所示。

(21) 单击菜单栏中的【文件】\【导入】\【导入到舞台】命令，导入本书光盘“第 3 章”文件夹中的“炊烟.png”文件，调整其位置如图 3-116 所示。

图 3-115　调整对象的位置

图 3-116　导入的图片“炊烟.png”

(22) 至此完成了本例的制作，按下 Ctrl+S 键将文件保存为“落日.fla”。

3.6 新增的 3D 工具

Flash CS4 最令人惊喜的新功能是增加了 3D 动画功能，允许用户使用 3D 旋转和 3D 平移工具操作二维对象，实现三维透视效果。

3.6.1 3D 旋转工具

使用“3D 旋转工具”可以对场景中的影片剪辑元件的实例进行三维旋转操作，使之沿 X、Y、Z 轴进行自由旋转，使用这一功能可以实现三维动画的制作。

当使用“3D 旋转工具”选择对象以后，对象上将出现 3D 旋转控制框，其中红线表示 X 轴旋转，绿线表示 Y 轴旋转，蓝线表示 Z 轴旋转，橙色线表示同时绕 X、Y 轴旋转，如图 3-117 所示。

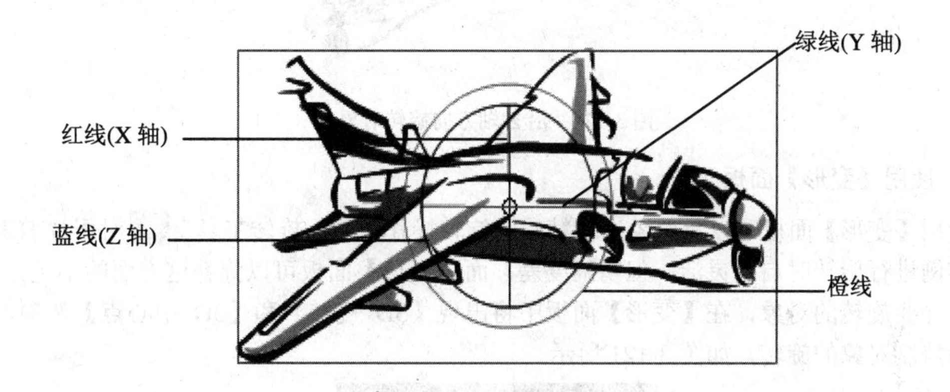

图 3-117　3D 旋转控制框

如需要旋转影片剪辑元件的实例，只需将光标放置到需要旋转的轴线上拖拽鼠标，则随着鼠标的移动，对象的角度也随之改变。

> **在 Flash CS4 中，3D 工具只能对影片剪辑元件的实例进行操作，如果要对其它对象(如图形、文本等)进行 3D 旋转，必须将其转换成影片剪辑元件。**

1. 使用旋转工具

选择“3D 旋转工具”以后，工具箱的下方将出现(全局转换)按钮，按下按钮，表示当前为全局状态，在全局状态下旋转对象是相对于舞台进行旋转；不按下按钮，表示当前为非全局状态，此时旋转对象是相对于影片剪辑元件实例进行旋转。

使用“3D 旋转工具”旋转对象的操作非常简单。将光标放置到 X 轴线上时，光标变为▸ₓ，此时拖拽鼠标对象将沿着 X 轴方向进行旋转，如图 3-118 所示；将光标放置到 Y 轴线上时，光标变为$▸_Y$，此时拖拽鼠标则对象沿着 Y 轴方向进行旋转，如图 3-119 所示；将光标放置到 Z 轴线上时，光标变为$▸_Z$，此时拖拽鼠标则对象沿着 Z 轴方向进行旋转，如图 3-120 所示。

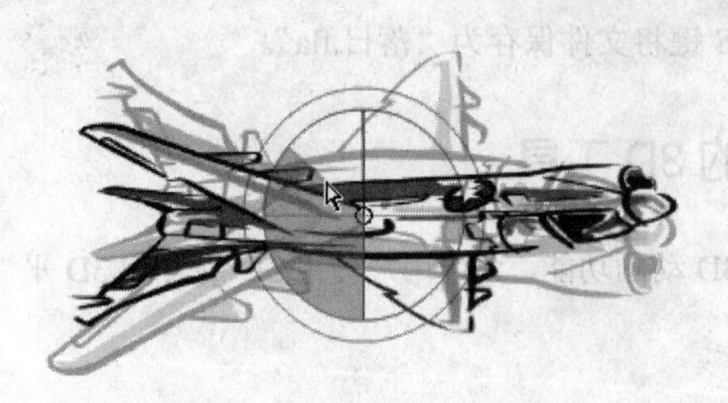

图 3-118　沿 X 轴方向旋转对象

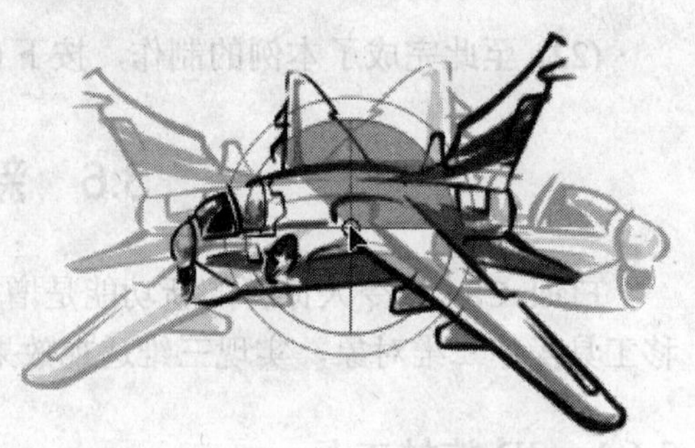

图 3-119　沿 Y 轴方向旋转对象

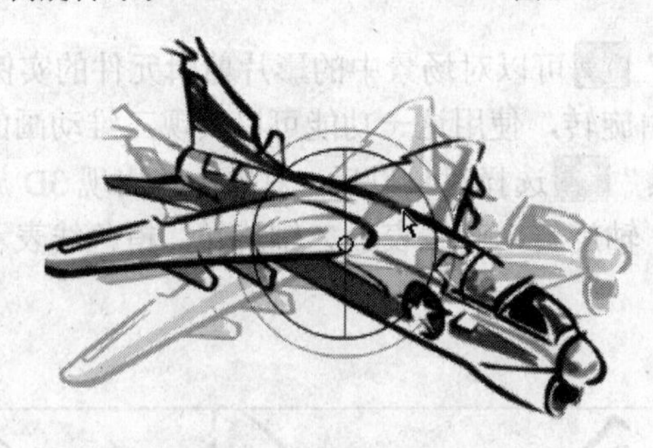

图 3-120　沿 Z 轴方向旋转对象

2. 使用【变形】面板

使用【变形】面板可以将对象进行精确的旋转操作。“3D 旋转工具”对影片剪辑元件的实例进行旋转时自由灵活，但精确度差，而【变形】面板可以弥补这方面的不足。

选择要旋转的对象，在【变形】面板中将出现【3D 旋转】和【3D 中心点】选项，用于精确控制对象的旋转，如图 3-121 所示。

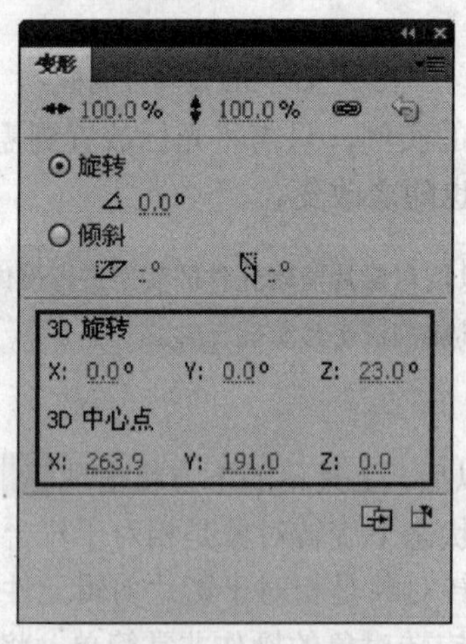

图 3-121　【变形】面板

- 【3D 旋转】：通过设置 X、Y、Z 的值，可以改变影片剪辑元件实例的旋转轴方向，从而改变对象的角度。
- 【3D 中心点】：用于设置影片剪辑元件实例旋转时的中心点，通过设置 X、Y、Z 的值，可以确定中心点的位置。

3. 属性设置

除了使用“3D 旋转工具”、【变形】面板以外，在【属性】面板中也可以设置影片剪辑元件实例的 3D 属性，如 3D 位置、透视角度、消失点等，如图 3-122 所示。

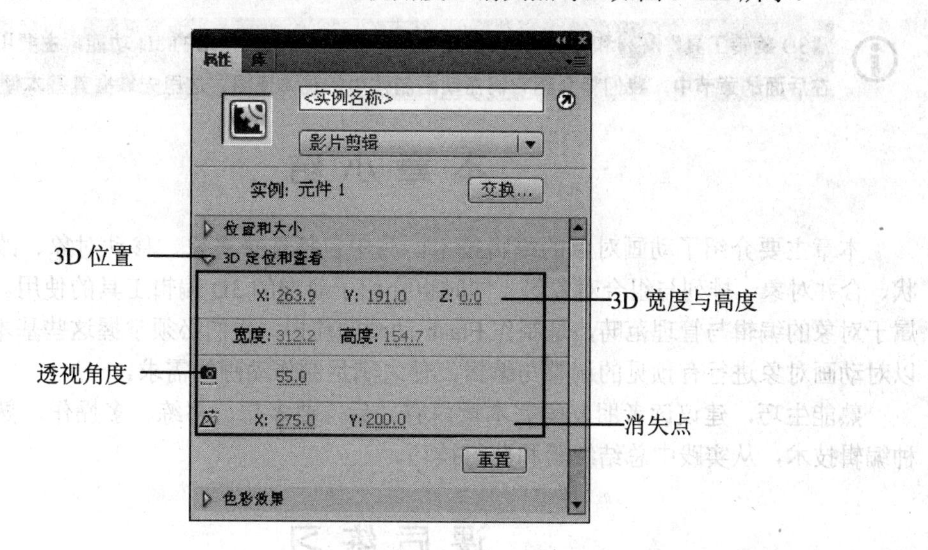

图 3-122　【属性】面板

- 3D 位置：用于设置影片剪辑元件实例相对于舞台的三维坐标位置。
- 透视角度：用于设置影片剪辑元件实例在舞台上的外观视角，参数范围为 1～180。增大参数值可使对象看起来更接近观察者；减小参数值可使对象看起来更远一些。
- 3D 宽度与高度：用于显示影片剪辑元件实例在 3D 轴上的宽度与高度。
- 消失点：用于控制舞台上影片剪辑元件实例在 Z 轴上的灭点。通过设置 X 和 Y 值，可以改变影片剪辑元件实例在 Z 轴上消失的位置。
- 重置 按钮：单击该按钮，可以将消失点的参数恢复为默认的参数。

3.6.2　3D 平移工具

“3D 平移工具”可以将影片剪辑元件实例在 X、Y、Z 轴方向上进行平移，选择工具箱中的“3D 平移工具”以后，在舞台中的影片剪辑元件实例上单击鼠标，此时对象上将出现 3D 平移轴线，如图 3-123 所示。

图 3-123　3D 平移轴线

图中，红色箭头代表 X 轴方向，绿色箭头代表 Y 轴方向，中间的黑点代表 Z 轴方向。

将光标放置到 X 轴线(红色箭头)上，拖拽鼠标则对象沿着 X 轴方向进行平移；将光标放置到 Y 轴线(绿色箭头)上，拖拽鼠标则对象沿着 Y 轴方向进行平移；将光标放置到 Z 轴线(中间的黑点)上，拖拽鼠标则对象沿着 Z 轴方向进行平移。

“3D 旋转工具”和“3D 平移工具”是 Flash CS4 新增的 3D 功能，主要用于动画制作，在后面的章节中，我们将介绍它们在动画制作中的具体使用，这里先掌握其基本使用方法即可。

本章小结

本章主要介绍了动画对象的编辑技术，其中包括选择对象、移动对象、改变对象的形状、合并对象、排列与组合对象等，同时也介绍了新增的 3D 编辑工具的使用。这些内容都属于对象的编辑与管理范畴，是制作 Flash 动画的前提，我们必须掌握这些基本技术，才可以对动画对象进行有预见的调整与编辑，使之满足制作动画的需求。

熟能生巧，建议读者朋友学完本章内容之后，要多想、多练、多操作，熟练掌握每一种编辑技术，从实践中总结经验和获得技巧。

课后练习

一、填空题

1. Flash 中的选择工具主要有两大作用：一是选择并移动对象，二是__________。

2. Flash 中的锚点有三种形态，即角点、__________和__________。

3. 使用__________面板可以对所选对象进行精确的缩放、旋转、倾斜等操作，从而使对象产生变形，并且可以在变形的同时进行__________的操作。

4. Flash 提供了四种合并命令，分别是【联合】、__________、【打孔】和__________。它们的作用是将两个或多个对象模式的图形进行合并，得到一个新的图形对象。

5. 分离对象可以将组合对象、文本、元件的实例、位图等彻底__________，形成一个__________的图形对象，分离对象操作会使对象的性质发生改变，最终形成图形。

二、简答题

1. 如何使用“任意变形工具”倾斜与旋转对象？
2. 怎样排列舞台中对象的叠加次序？
3. 如何使用“转换锚点工具”转换锚点的类型？

第 4 章　元件、实例与库

本章内容

- 初步认识元件
- 创建新元件
- 认识【库】面板
- 元件的管理
- 实例的编辑
- 本章小结
- 课后练习

在制作动画的过程中我们需要搜集素材或者创建素材，这些素材在 Flash 动画中称为动画对象，主要有图形、元件、位图、声音等类型。其中元件是最主要的动画对象，它是构成 Flash 动画的基础。元件通常分为三种类型，即影片剪辑元件、按钮元件和图形元件。元件、实例与库之间是相辅相承的，它们之间有着千丝万缕的关系。本章将重点阐述元件、实例与库的相关知识，为后面章节中的动画制作提供基础。

4.1　初步认识元件

Flash 动画的最大优点就是文件体积非常小，特别适合网络传输。Flash 动画的文件体积之所以很小，除了它是一个矢量文件以外，还与元件的使用密不可分。

4.1.1　元件、实例与【库】面板的关系

在介绍元件的概念之前，我们必须先了解 Flash 中库的概念。单击菜单栏中的【窗口】\【库】命令，可以打开【库】面板，如图 4-1 所示。

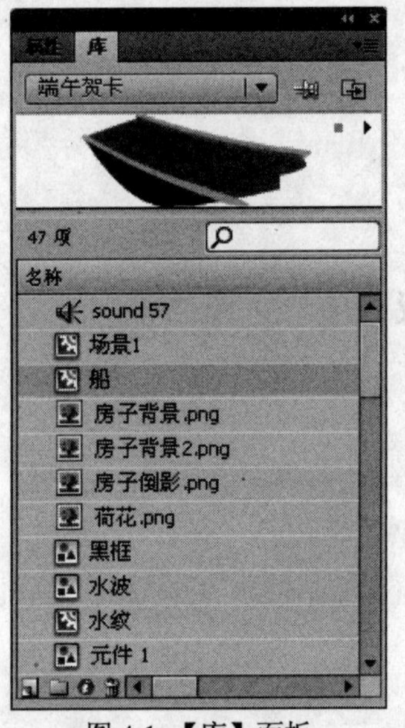

图 4-1　【库】面板

什么是库？我们可以这样理解：库就是存储动画对象的仓库，Flash 中的动画对象都存放在库中，我们可以通过【库】面板浏览与操作这些动画对象。概括地说，库就是存放动画对象的空间；【库】面板就是观察与操作动画对象的窗口。

元件是 Flash 动画中特有的一种动画对象，是指在 Flash 中创建的图形、按钮或一段动画(也称为影片剪辑)。元件可以在动画中重复利用，但不会增加文件的体积。元件可以是由 Flash 创建的矢量图形，也可以是从外部导入的 JPG、GIF、BMP 等多种 Flash 支持的图形格式。

创建了元件之后，它就会出现在【库】面板中。当需要使用某个元件时，直接将其从【库】面板中拖拽到舞台中即可。但是将元件从【库】面板中拖拽到舞台之后，它将被称为该元件的“实例”，如图 4-2 所示。

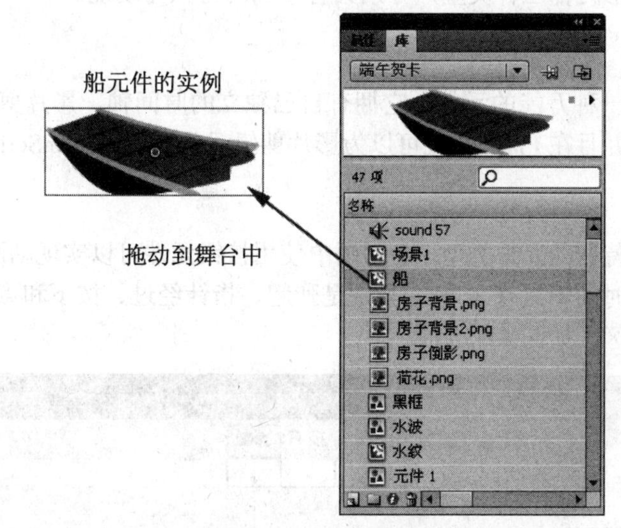

图 4-2　将元件拖拽到舞台中

元件的重要特点就是可以重复利用，我们可以将一个元件从【库】面板中多次拖拽到舞台中，从而在舞台中创建出多个实例，如图 4-3 所示。但是在最终生成的动画中只记录一个元件的体积，并不会因为舞台中有多个元件的实例而增加文件的体积。

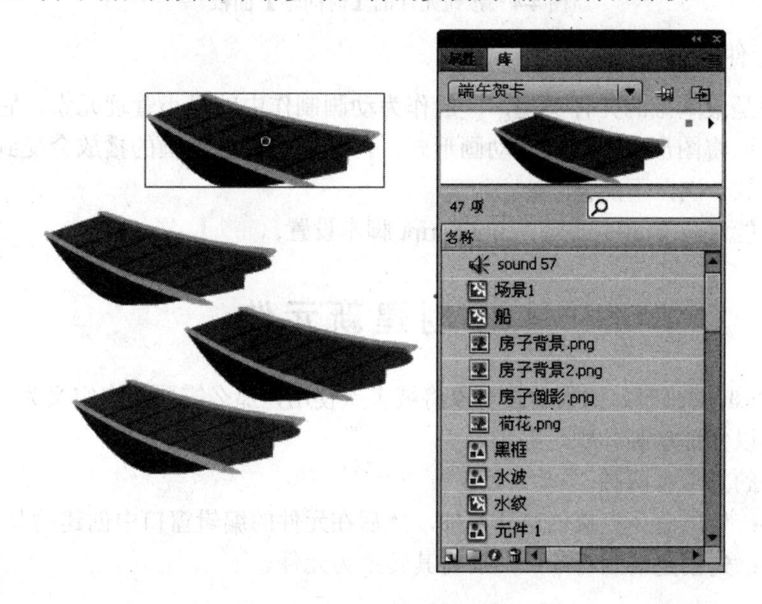

图 4-3　创建多个元件的实例

对于元件、实例与库的理解，这里有一个比较恰当的比喻：假设 Flash 动画是一部电影，那么【库】就相当于一个剧组，元件就是演员，元件的实例就是角色。一个演员在一部电影中可以演多个角色，但并不增加剧组的支出(动画体积并不增加)。

4.1.2　元件的类型

在创建动画时，用户可以根据需要创建不同类型的元件。Flash 中的元件分为影片剪辑元件、按钮元件和图形元件三种类型，分别具有不同的特点与功能。

1. 影片剪辑元件

影片剪辑元件是一种万能的元件，它拥有自己独立的时间轴，影片剪辑的播放不受主场景时间轴的影响，并且在 Flash 中还可以为影片剪辑元件设置 ActionScript 脚本。

2. 按钮元件

按钮元件是一种特殊的元件类型，在动画中使用按钮元件可以实现动画与用户的交互。当创建按钮元件时，时间轴只有 4 帧，分别是弹起、指针经过、按下和点击，用于设置按钮的不同状态与触发区，如图 4-4 所示。

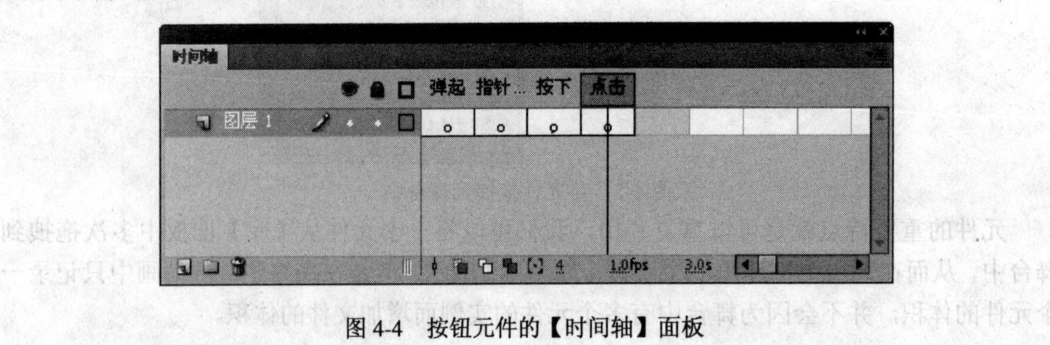

图 4-4　按钮元件的【时间轴】面板

3. 图形元件

图形元件是最基础的元件类型，一般作为动画制作中的最小管理元素，它也具有时间轴，所以也可以将图形元件设置为动画形式，但是图形元件动画的播放会受到主场景的影响，它只能播放一次，不能循环。

另外，不能对图形元件进行 ActionScript 脚本设置。

4.2 创建新元件

在制作 Flash 动画时，如果动画对象将被多次使用，那么需要将它定义为元件，然后再使用，这样可以保证动画体积足够小。

创建元件的方法有两种：

➪方法一：使用命令直接创建新元件，然后在元件的编辑窗口中创建动画对象。

➪方法二：先创建动画对象，然后将其转换为元件。

4.2.1　直接创建新元件

创建元件的方法非常简单，单击菜单栏中的【插入】\【新建元件】命令(或者按下 Ctrl+F8 键)，即可创建新元件。具体操作步骤如下：

(1) 新建一个 Flash 文档。

(2) 单击菜单栏中的【插入】\【新建元件】命令(或者按下 Ctrl+F8 键)，则弹出【创建新元件】对话框，如图 4-5 所示。

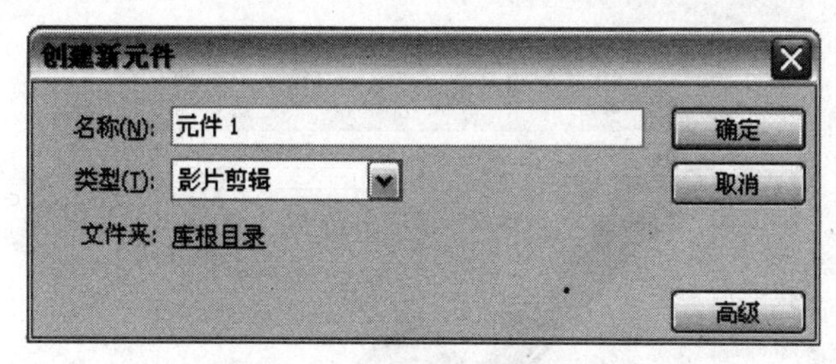

图 4-5　【创建新元件】对话框

(3) 在对话框中设置适当的选项。

- 【名称】：用于输入新元件的名称。
- 【类型】：用于选择元件的类型，可以选择“影片剪辑”、“图形”和“按钮”。
- 【文件夹】：用于指定元件的存放位置。单击“库根目录”，在弹出的【移至】对话框中可以创建新的文件夹，也可以选定现有的文件夹。如果不指定文件夹，则新元件直接存放在【库】面板中。

(4) 单击 确定 按钮，则创建了一个新元件，并进入其编辑窗口中，在该窗口中可以绘制动画对象，也可以导入外部图形，如图 4-6 所示。

图 4-6　元件编辑窗口

(5) 完成动画对象的绘制后，单击 场景 1 按钮或者最左侧的 按钮可返回到舞台中，这时舞台中没有任何对象，只是在【库】面板中出现了一个元件。

4.2.2　转换为元件

除了创建新元件外，还可以将动画对象转换为元件。将动画对象转换为元件的操作步骤如下：

(1) 新建一个 Flash 文档。

(2) 在舞台中创建一个动画对象，然后将其选择，如图 4-7 所示。

图 4-7　选择动画对象

(3) 单击菜单栏中的【修改】\【转换为元件】命令(或者按下 F8 键)，则弹出【转换为元件】对话框，如图 4-8 所示。

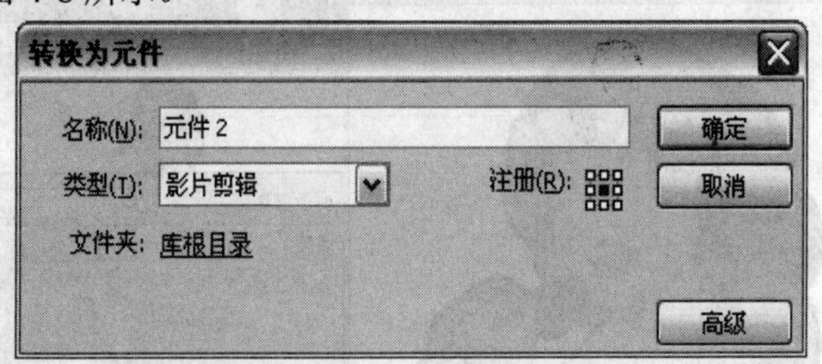

图 4-8　【转换为元件】对话框

(4) 在【转换为元件】对话框中设置适当的选项。该对话框与【创建新元件】对话框相比仅多了一个【注册】选项，其作用是标记元件原点的位置。

【注册】的右侧有一个由 8 个空心矩形与一个实心矩形组成的图标，在空心矩形点上单击鼠标，则空心矩形点变为实心，同时该矩形点变为元件的原点。例如，单击左上角的矩形点，则左上角的矩形点变为实心，将动画对象转换为元件后，元件的原点为动画对象的左上角。

(5) 单击 确定 按钮，则将所选对象转换为元件，此时【库】面板中出现了新元件；舞台中的对象也转换成了该元件的实例。

4.2.3　课堂实践——夜空中的星星

如果在制作动画的过程中要表现夜空中点点繁星，使用元件非常方便，既可以节约大量的制作时间，同时也不会增加文件的体积。最终效果如图 4-9 所示。

(1) 创建一个新的 Flash 文档。

(2) 按下 Ctrl+J 键，在【文档属性】对话框中设置尺寸为 550×400 像素、背景颜色为蓝黑色(#333333)、帧频为 12 fps。

(3) 单击菜单栏中的【文件】\【导入】\【导入到舞台】命令，将本书光盘“第 4 章”文件夹中的“girl.png”文件导入到舞台的右下角，如图 4-10 所示。

图 4-9 最终效果

图 4-10 导入的图片“girl.png”

(4) 单击菜单栏中的【插入】\【新建元件】命令，在弹出的【创建新元件】对话框中设置参数如图 4-11 所示。

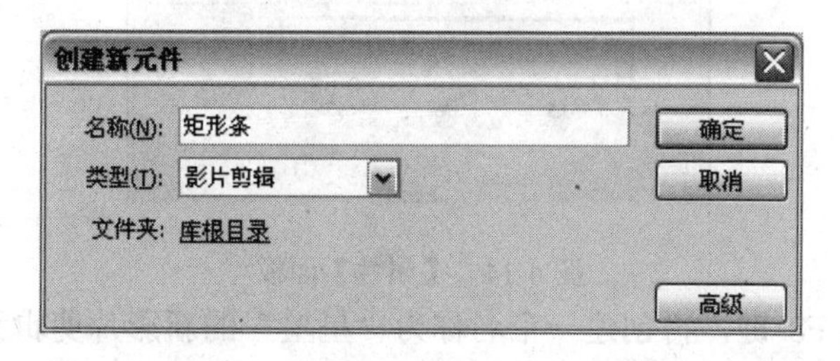

图 4-11 【创建新元件】对话框

(5) 单击 确定 按钮，则创建一个名称为“矩形条”的影片剪辑元件，并进入其编辑窗口中。

(6) 选择工具箱中的“矩形工具”，在【属性】面板中设置笔触颜色为白色、填充颜色任意，然后在窗口中绘制一个狭长的矩形。

(7) 按下 Shift+F9 键，在打开的【颜色】面板中按下按钮，设置类型为“线性”，左右两个色标均为白色，Alpha 值为 0%；中间色标为黄色(#FFFF00)，Alpha 值为 100%，如图 4-12 所示。

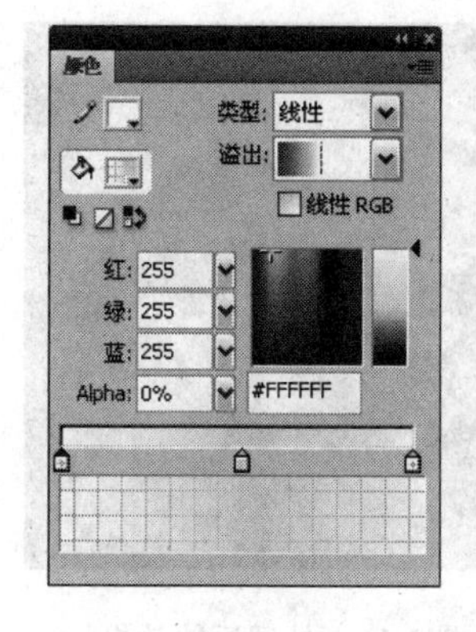

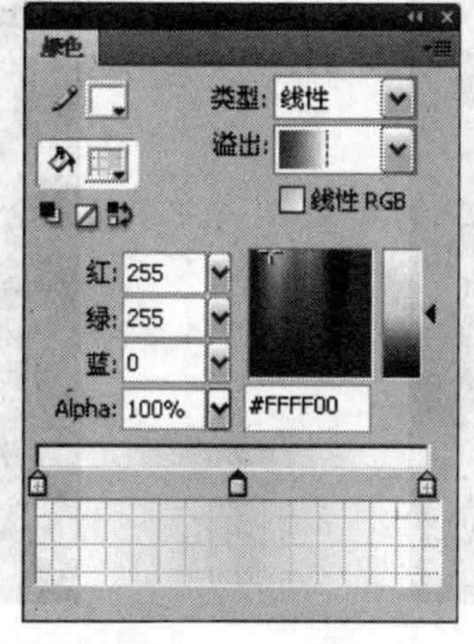

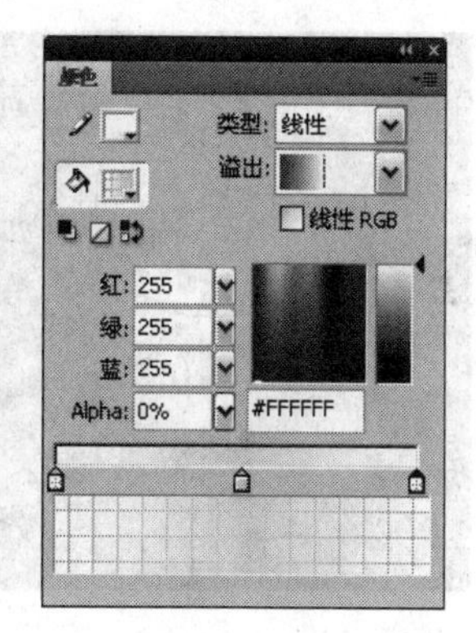

图 4-12 【颜色】面板

(8) 选择工具箱中的“颜料桶工具”，由矩形的左侧向右侧拖拽鼠标，填充渐变色，效果如图 4-13 所示。

图 4-13　填充渐变色

(9) 选择矩形的轮廓，按下 Delete 键将其删除，然后框选整个矩形，在【属性】面板中设置宽度为 100，高度为 2，如图 4-14 所示。

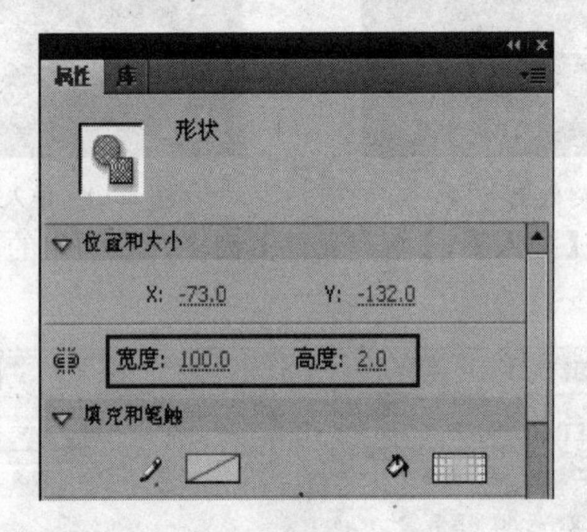

图 4-14　【属性】面板

(10) 按下 Ctrl+F8 键，再创建一个名称为“星星”的新影片剪辑元件，并进入其编辑窗口中。

(11) 按下 Ctrl+L 键打开【库】面板，将其中的“矩形条”元件拖拽到窗口中，则窗口中的矩形条称为“矩形条”元件的实例。

(12) 选择编辑窗口中的“矩形条”实例，按下 Ctrl+T 键，在打开的【变形】面板中设置旋转角度为 45°，然后单击(重制选区和变形)按钮 3 次，旋转复制出 3 个矩形条，结果如图 4-15 所示。

(13) 同时选择两个倾斜的“矩形条”实例，在【变形】面板中设置缩放宽度和缩放高度为 75%，则图形效果如图 4-16 所示。

图 4-15　旋转复制的矩形条

图 4-16　处理后的效果

(14) 单击 场景 1 返回到舞台中。将“星星”元件从【库】面板中拖拽到舞台中，然后使用“任意变形工具” 将其等比例缩小，并旋转一定的角度。

(15) 选择调整后的“星星”实例，按住 Alt 键拖拽鼠标，再复制几个星星，并随机调整大小，放置到不同的位置，其效果如图 4-17 所示。

图 4-17　复制“星星”实例

(16) 至此完成了本例的制作，按下 Ctrl+S 键将文件保存为“夜空中的星星.fla”。

4.3 认识【库】面板

在 Flash 中，【库】面板是集合与管理动画元素的空间，所有的动画元素都将出现在【库】面板中。单击菜单栏中的【窗口】\【库】命令或按下 Ctrl+L 键(或 F11 键)，可以打开【库】面板。在【库】面板中可以查看、排列、重命名元件，也可以调用元件。

4.3.1 【库】面板

在本章的开头，我们从概念上对【库】进行了解释，这里主要介绍【库】面板的一些功能按钮与相关操作，如图 4-18 所示。

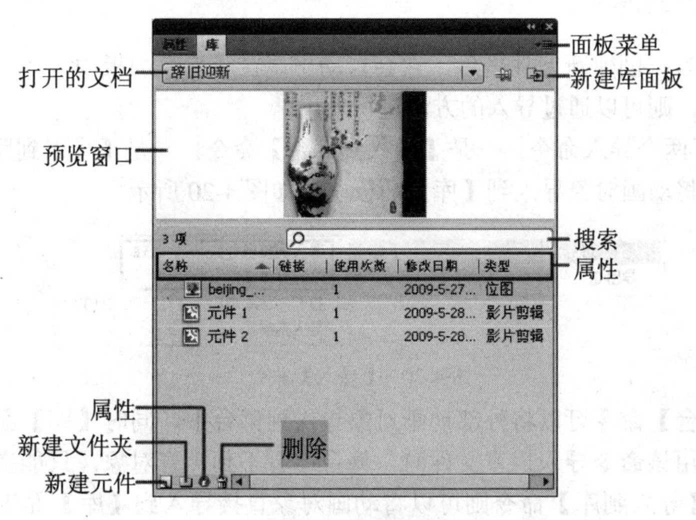

图 4-18　【库】面板

- 打开的文档：用于显示打开的 Flash 文档名称，通过该下拉列表可以选择不同的文档，从而实现在多个文档之间调用元件。
- 预览窗口：用于显示当前【库】面板中选择的元件，如果元件的类型是影片剪辑或动态按钮，还可以在预览窗口中播放显示。
- (面板菜单)：单击该按钮，可以打开面板菜单，从而执行相关的菜单命令。
- (新建库面板)：单击该按钮，可以再打开一个【库】面板，以方便操作。
- 搜索：当 Flash 文档比较复杂、使用的元件比较多时，可以通过输入关键字对元件进行搜索，快速找到所需要的元件。
- 属性：相当于一个表格的标题栏，标出了每一列所对应的元件属性，如【名称】、【链接】、【使用次数】、【类型】等。
- (新建元件)：单击该按钮，可以弹出【创建新元件】对话框，如图 4-19 所示，从而创建一个新元件。其作用与菜单栏中的【插入】\【新建元件】命令一样。

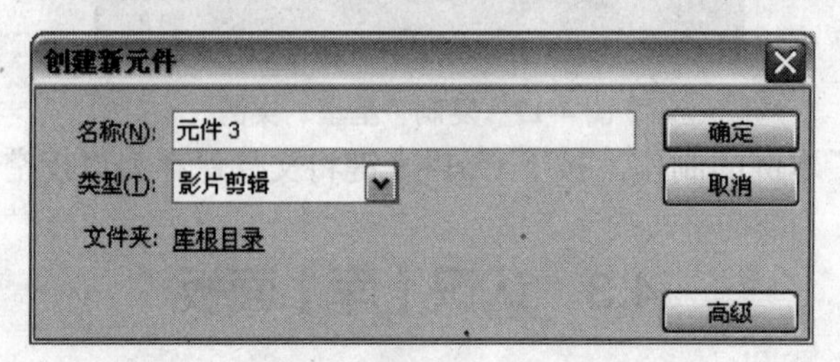

图 4-19 【创建新元件】对话框

- (新建文件夹)：单击该按钮，可以创建一个元件文件夹。当 Flash 文档中存在大量的元件时，使用它可以有效地组织与管理元件。
- (属性)：在【库】面板中选择一个对象以后，单击该按钮，可以弹出相关的属性对话框。对象的类型不同，属性对话框也不同。
- (删除)：单击该按钮，可以将【库】面板中选择的对象删除。

4.3.2 导入对象到库

对于元件而言，创建新元件之后，它会自动出现在【库】面板中。而对于其它对象，如位图、声音等，则可以通过导入的方法进行使用。

Flash 提供了两个导入命令，一是【导入到舞台】命令，二是【导入到库】命令。通过这两个命令可以将动画对象导入到【库】面板中，如图 4-20 所示。

图 4-20 【导入】命令

【导入到舞台】命令可以将外部动画对象导入到舞台中，同时【库】面板中也会出现导入的对象。使用该命令导入声音文件时，舞台中看不到声音对象，只能在【库】面板中或帧中观察到。【导入到库】命令则可以将动画对象直接导入到【库】面板，不出现在舞台上。

4.3.3　打开外部库

在制作 Flash 动画的过程中，如果需要调用其它 Flash 文档中的元件，可以通过【打开外部库】命令打开该文档的【库】面板。通过这种方式可以提高工作效率。

单击菜单栏中的【文件】\【导入】\【打开外部库】命令，则弹出【作为库打开】对话框，如图 4-21 所示。

图 4-21　【作为库打开】对话框

在【作为库打开】对话框中双击所需要的文件，即可弹出一个【库】面板，例如这里双击“健身女性”文档，则出现该文档的【库】面板，如图 4-22 所示。

图 4-22　【库】面板

这样，通过这个【库】面板就可以选择其中的元件，将其拖拽到当前文档的舞台中，从而实现了不同文档之间元件的调用。

4.3.4　公用库

公用库是 Flash 软件自身预置的，用户可以直接调用其中的元件，从而提高工作效率。公用库共包括了三种类型，分别是声音、按钮和类。

单击菜单栏中的【窗口】\【公用库】命令，在打开的子菜单中选择【声音】、【按钮】或【类】命令，可以打开相应的公用库，如图 4-23 所示。

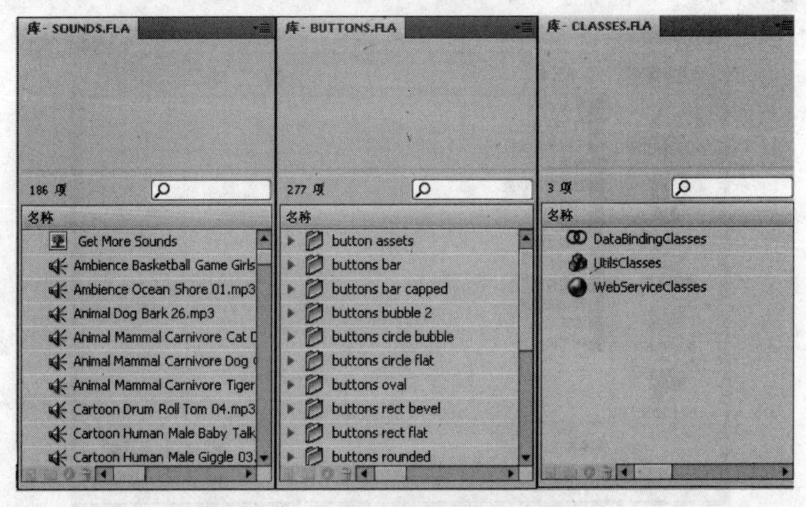

图 4-23　声音、按钮和类公用库

在公用库中选择所需要的元件，将其拖拽到舞台中，则该元件也会出现在当前文档的【库】面板中。

除了系统自身提供的公用库外，用户也可以自己创建公用库。首先创建一个空白的新文档，然后将平时经常使用的元件集中在【库】面板中，可以创建，也可以导入。如图 4-24 所示，假设我们创建了 5 个不同类型的元件。

图 4-24　自己创建的公用库

单击菜单栏中的【文件】\【保存】命令，将文件命名保存，保存路径为“C:\Program Files\Adobe\Adobe Flash CS4\zh_CN\configuration\Libraries”。假设文件名称为“自用库.fla”，那么在【窗口】\【公用库】子菜单中就会出现【自用库】命令，如图 4-25 所示。

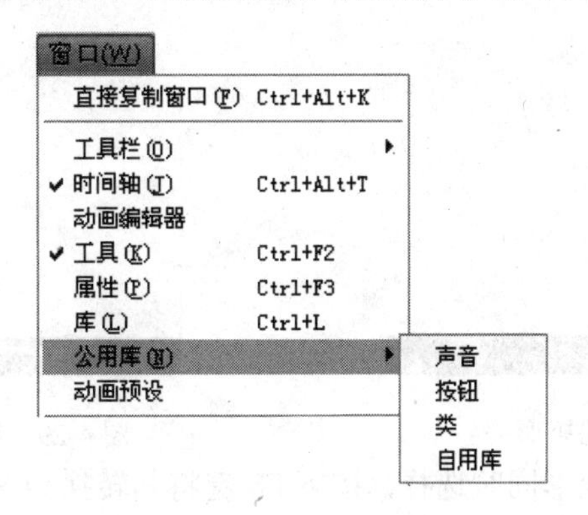

图 4-25　【公用库】子菜单

4.3.5　课堂实践——舞台效果

【库】面板仅仅是管理动画元素的空间与桥梁，它本身不具有任何实质意义，但是在制作动画的过程中，我们离不开【库】面板的运用。下面绘制一个舞台效果，最终效果如图 4-26 所示，通过本例仔细体会【库】面板在制作动画过程中的桥梁作用。

图 4-26　最终效果

(1) 创建一个新的 Flash 文档。

(2) 按下 Ctrl+J 键，在【文档属性】对话框中设置尺寸为 750 × 600 像素、背景颜色为白色、帧频为 12 fps。

(3) 选择工具箱中的“矩形工具”，在【属性】面板中设置笔触颜色为黑色、填充颜色为红色(#DA151D)，设置笔触的样式为“极细线”，如图 4-27 所示。

(4) 在舞台的底部绘制一个矩形，大小与位置如图 4-28 所示。

图 4-27　【属性】面板

(5) 在【属性】面板中更改填充颜色为黄色(#FFF500)，然后在舞台中再绘制一个矩形，大小与位置如图 4-29 所示。

图 4-28　绘制的矩形

图 4-29　绘制的矩形(黄色)

(6) 将刚绘制的两个矩形同时选择，按下 F8 键将其转换为图形元件“底座”，则该元件将出现在【库】面板中。

(7) 单击菜单栏中的【插入】\【新建元件】命令，在弹出的【创建新元件】对话框中设置名称为“帷幕”，类型为“图形”，如图 4-30 所示。

(8) 单击 确定 按钮，进入该元件的编辑窗口中。

(9) 选择工具箱中的“线条工具”，在【属性】面板中设置笔触颜色为黑色，其它参数设置如图 4-31 所示。

图 4-30　【创建新元件】对话框

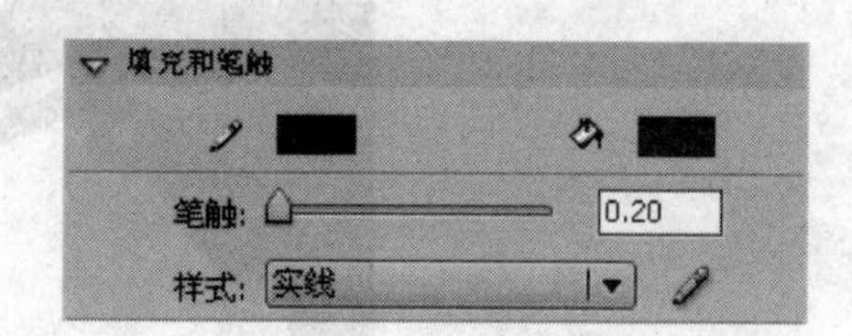

图 4-31　【属性】面板

(10) 在窗口中绘制一个图形，如图 4-32 所示，然后运用“选择工具”对绘制的直线进行调整，并删除下方的一段轮廓线，如图 4-33 所示。

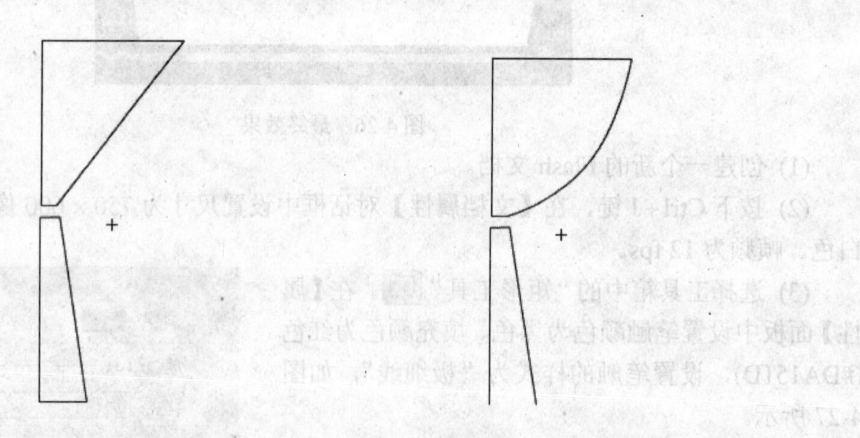

图 4-32　绘制的图形　　图 4-33　调整后的图形

(11) 选择工具箱中的“钢笔工具”，在图形下方的缺口位置绘制一条曲线，将其封闭，然后在上方绘制三条曲线，结果如图 4-34 所示。

(12) 选择工具箱中的“颜料桶工具”，在图形中单击鼠标填充颜色，效果如图 4-35 所示。

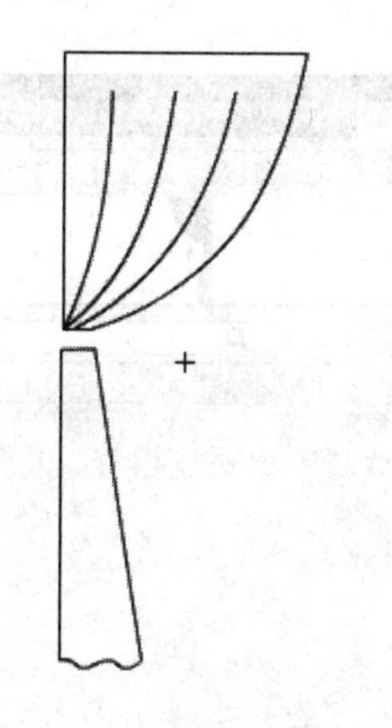

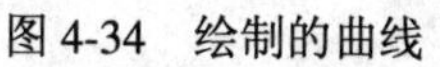

图 4-34　绘制的曲线

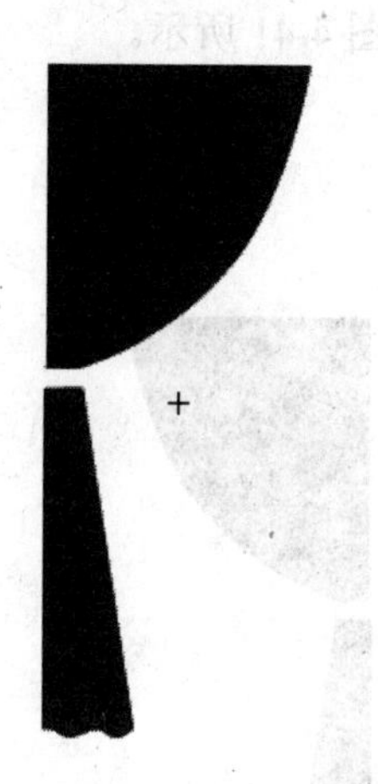

图 4-35　填充效果

(13) 选择工具箱中的“选择工具”，选择下端的一段曲线轮廓线，按住 Alt 键拖拽鼠标，将其复制一条，如图 4-36 所示。

(14) 选择复制的曲线，按住 Alt 键将其向下拖拽，再复制一条，如图 4-37 所示。

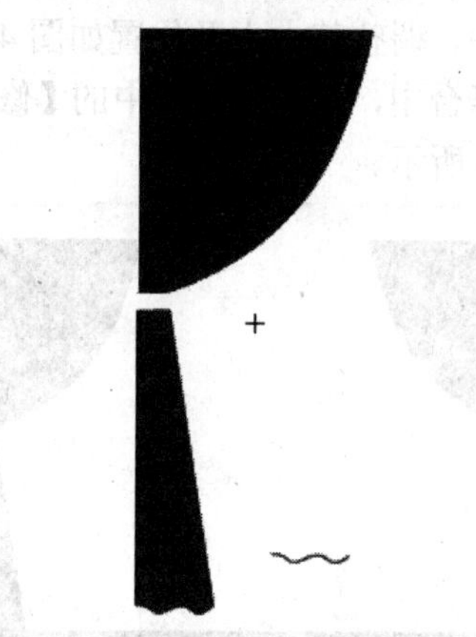

图 4-36　复制的曲线轮廓线(1)

图 4-37　复制的曲线轮廓线(2)

(15) 使用“线条工具”在曲线的两侧绘制两个线条，将上、下两条曲线连接起来形成一个闭合的图形，如图 4-38 所示。

(16) 选择工具箱中的“颜料桶工具”，在【属性】面板中设置填充颜色为黄色(#FFF500)，在封闭的图形中单击鼠标填充颜色，如图 4-39 所示。

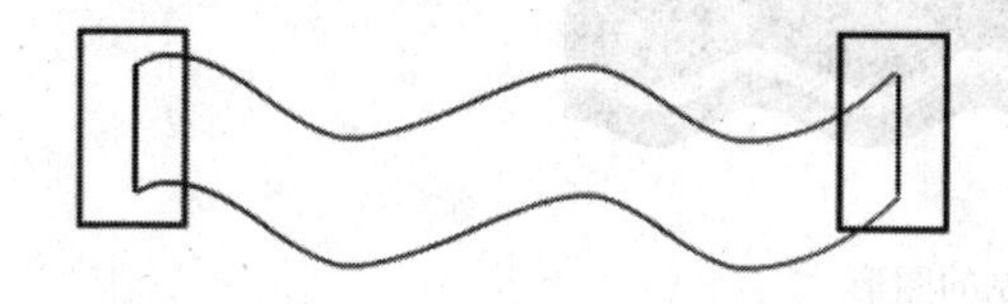

图 4-38　绘制的闭合图形

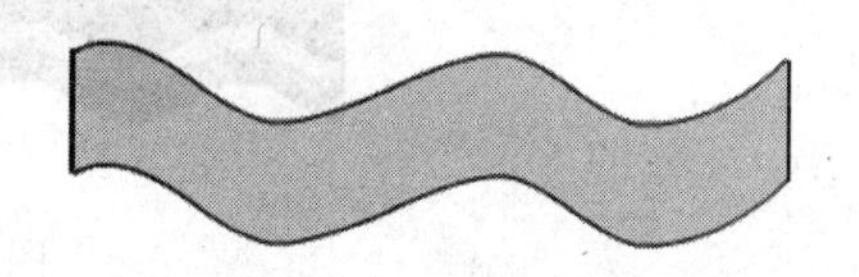

图 4-39　填充颜色

(17) 将填充后的图形全部选择，按下 Ctrl+G 键将其群组，然后移动到帷幕的下方，位置如图 4-40 所示。

(18) 单击舞台上方的场景 1按钮，返回到舞台中，这时在【库】面板中可以看到“帷幕”元件，如图 4-41 所示。

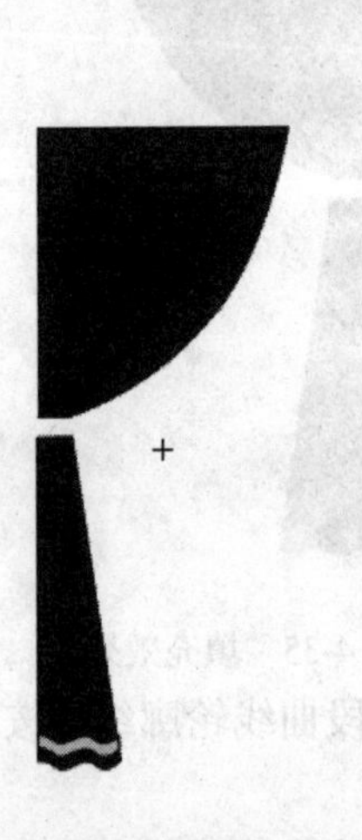

图 4-40　调整图形的位置

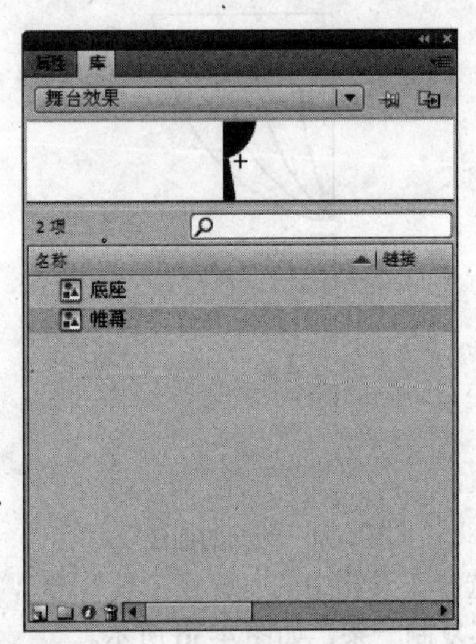

图 4-41　【库】面板

(19) 将“帷幕”元件从【库】面板中拖拽到舞台中，调整其大小及位置如图 4-42 所示。

(20) 再次从【库】面板中将“帷幕”元件拖拽到舞台中，单击菜单栏中的【修改】\【变形】\【水平翻转】命令，调整其大小及位置如图 4-43 所示。

图 4-42　调整实例(左帷幕)的大小和位置

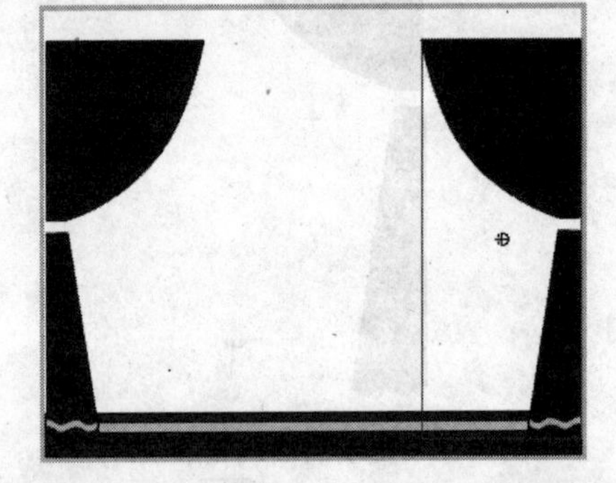

图 4-43　调整实例(右帷幕)的大小和位置

(21) 按下 Ctrl+F8 键，创建一个名称为“帘子”的图形元件，并进入其编辑窗口中，参照前面的方法，在窗口中绘制一个图形，如图 4-44 所示。

图 4-44　绘制的图形

(22) 单击舞台上方的场景 1按钮，返回到舞台中。

(23) 将“帘子”元件从【库】面板中拖拽到舞台中，并调整其大小与位置如图4-45所示。

(24) 选择工具箱中的“椭圆工具”，在【属性】面板中设置笔触颜色为黑色、填充颜色为无色，在舞台中绘制一个圆，并运用“选择工具”对圆进行调整，使其变得不规则，如图4-46所示。

图4-45　调整“帘子”实例的大小和位置

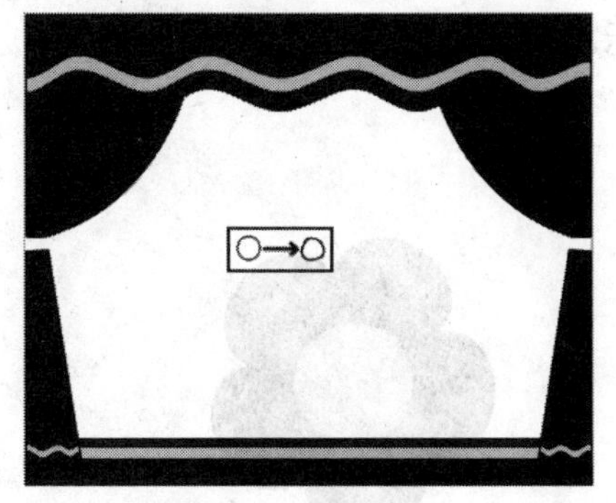

图4-46　调整后的圆

(25) 选择工具箱中的“颜料桶工具”，为图形填充红色(#DA151D)，然后选择填充颜色后的图形，按下Ctrl+G键将其组合。

(26) 选择工具箱中的“任意变形工具”，在组合后的图形上单击鼠标，此时图形周围出现变形框，如图4-47所示，调整其中心点的位置如图4-48所示。

图4-47　出现的变形框

图4-48　调整中心点的位置

(27) 按下Ctrl+T键打开【变形】面板，设置参数如图4-49所示。然后单击【变形】面板右下角的(重制选区和变形)按钮4次，此时的图形如图4-50所示。

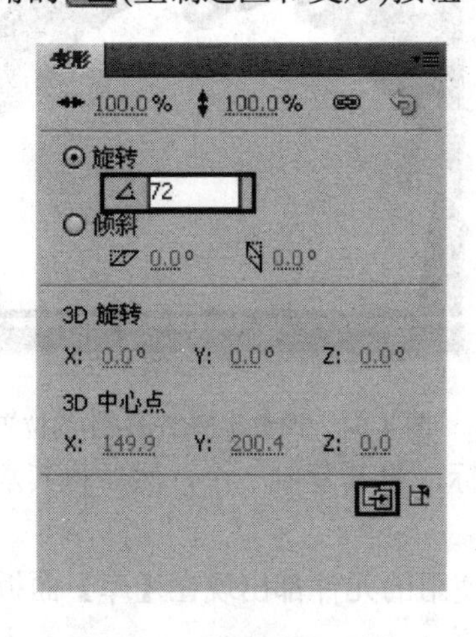

图4-49　【变形】面板

图4-50　复制并变形后的图形

(28) 选择工具箱中的“椭圆工具”，在【属性】面板中设置笔触颜色为黑色、填充颜色为黄色(#FFF500)，在舞台中绘制一个圆形作为花蕊，如图 4-51 所示。

(29) 使用“选择工具”框选花朵图形，按下 F8 键将其转换为图形元件，名称为“花朵”，则【库】面板中出现了“花朵”元件。

(30) 将“花朵”元件从【库】面板中拖拽到舞台中 4 次，并调整实例的位置如图 4-52 所示。

图 4-51　绘制的圆(花蕊)

图 4-52　添加的“花朵”实例

(31) 单击菜单栏中的【文件】\【导入】\【打开外部库】，在弹出的【作为库打开】对话框中选择本书光盘“第 4 章”文件夹中的“铃铛.fla”文件，打开此文件的【库】面板，如图 4-53 所示。

(32) 将“铃铛”元件从【库】面板中拖拽到舞台中，其位置如图 4-54 所示。

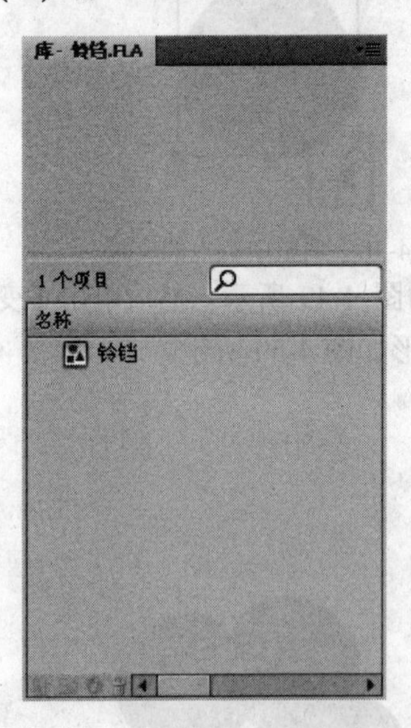

图 4-53　打开的【库】面板

图 4-54　调整实例(左铃铛)的位置

(33) 选择“铃铛”实例，按住 Alt 键拖拽鼠标，将其复制一个，然后将其水平翻转，调整位置如图 4-55 所示。

(34) 此时观察【库】面板，可以发现该文档使用的元件都出现在【库】面板中，通过它可以了解 Flash 文档使用的对象。

图 4-55　调整实例(右铃铛)的位置

(35) 至此完成了本例的制作，按下 Ctrl+S 键将文件保存为“舞台效果.fla”。

4.4　元件的管理

通过【库】面板可以有效地管理元件，对元件做一些基本的管理操作。下面我们重点介绍一些经常使用的操作，以提高制作 Flash 动画的工作效率。

4.4.1　重命名元件

当 Flash 文档中存在的元件比较多时，元件的命名显得非常重要。为元件命名既可以在创建(或转换)元件时进行，也可以完成后在【库】面板中重新命名。

如果要重新命名一个元件，可以按如下步骤操作：

(1) 按下 Ctrl+L 键打开【库】面板，在【库】面板中选择要重新命名的元件。

(2) 双击该元件的名称，或者执行面板菜单中的【重命名】命令，则激活了该元件的名称，如图 4-56 所示。

(3) 输入新的名称，按下 Enter 键即可完成元件的重命名，如图 4-57 所示。

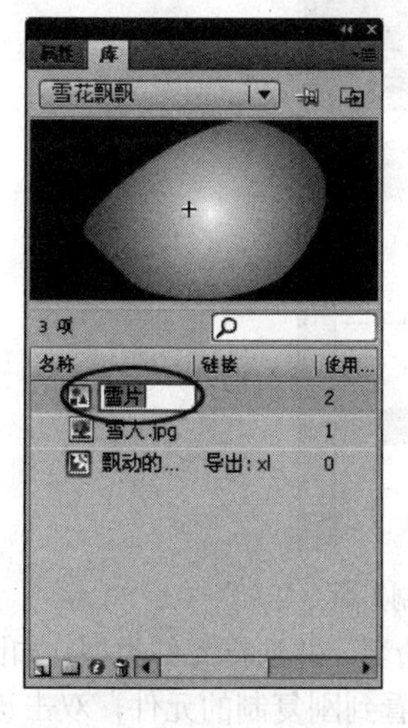

图 4-56　激活元件的名称

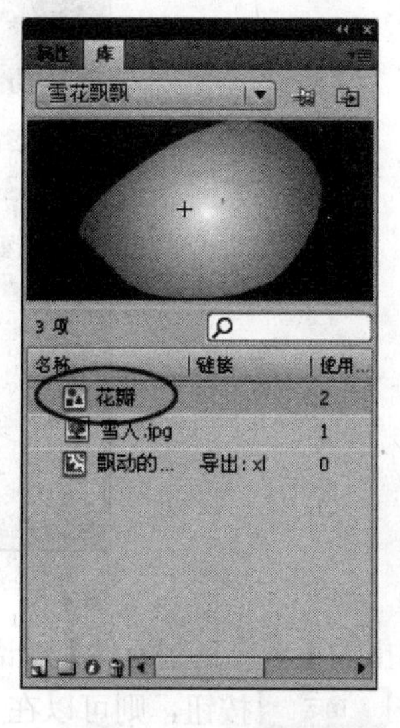

图 4-57　元件重命名

4.4.2　删除元件

在制作动画的过程中，对于多余的元件，或者效果不理想需要重新制作的元件，可以将其删除。

删除元件的操作步骤如下：

(1) 打开【库】面板，选择需要删除的元件(如果要删除多个元件，可以按住 Ctrl 键的同时依次单击要删除的元件，将它们同时选择)。

(2) 单击【库】面板下方的 按钮，即可将选择的元件删除。

另外，在选择的元件上单击鼠标右键，在弹出的快捷菜单中选择【删除】命令，也可以删除元件。

删除元件以后，如果舞台中存在该元件的实例，那么舞台中的实例也会同时删除，不管有多少个实例，都将一并删除。

4.4.3　复制元件

复制元件的意义在于提高工作效率，例如，两个元件非常类似，当制作完成一个元件以后，另一个元件可以在此元件的基础上进行制作，这样可以节约大量的时间。

复制元件的操作步骤如下：

(1) 在【库】面板中选择要复制的元件，单击鼠标右键，在弹出的快捷菜单中选择【直接复制】命令，如图 4-58 所示。

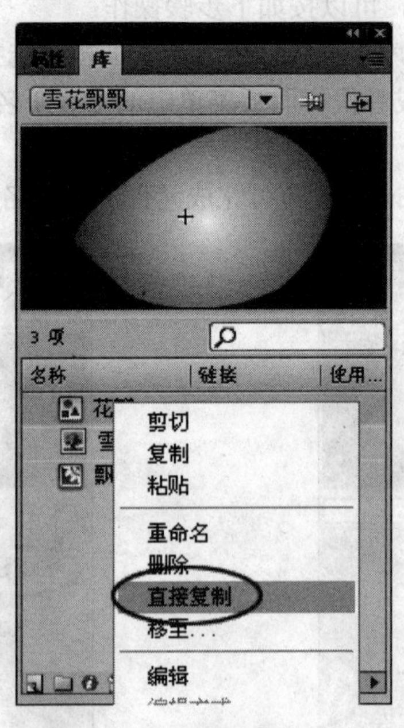

图 4-58　选择【直接复制】命令

(2) 在弹出的【直接复制元件】对话框中为元件命名，并选择元件类型，如图 4-59 所示。

(3) 单击 确定 按钮，则可以在【库】面板中看到刚复制的元件，双击该元件就可以对其进行编辑，从而得到一个新的元件。

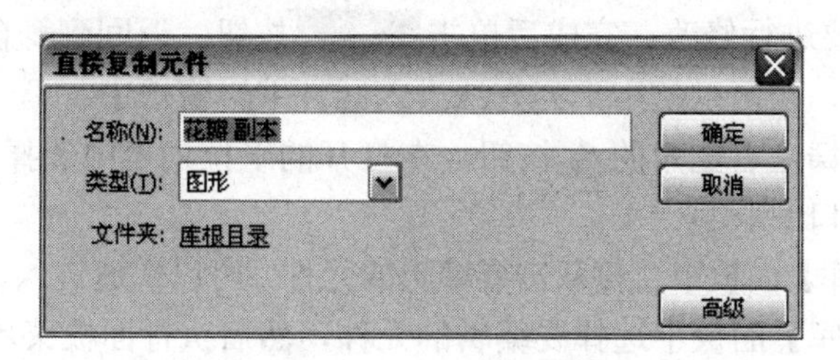

图 4-59　【直接复制元件】对话框

4.4.4　编辑元件

创建了元件以后，如果对所创建的元件不满意，可以对它重新进行编辑或修改。编辑完元件以后，场景中与该元件相关的实例都将发生变化。下面介绍两种不同的编辑元件的方法。

1. 在元件窗口中编辑

每一个元件都有自己的编辑窗口，在元件窗口中编辑元件，可以不受其它对象的干扰，因为在该窗口下只能看到元件本身使用的对象。

在元件窗口中编辑元件的基本操作步骤如下：

(1) 在场景中选择要编辑的元件的实例，单击鼠标右键，在弹出的快捷菜单中选择【编辑】命令，如图 4-60 所示。

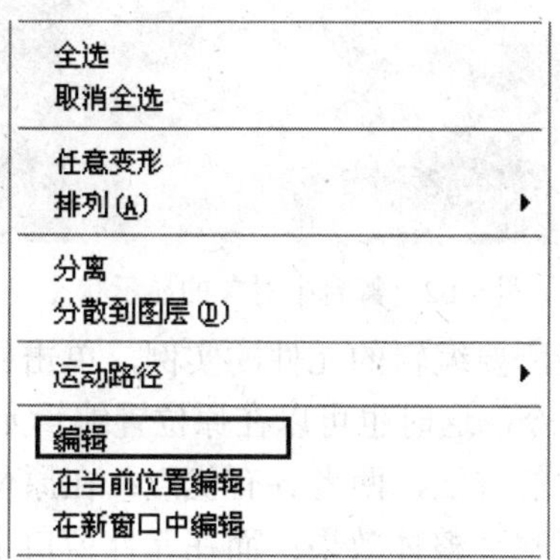

图 4-60　快捷菜单

(2) 执行【编辑】命令后，则进入了该元件的编辑窗口，这时舞台上方会出现元件的名称，如图 4-61 所示。

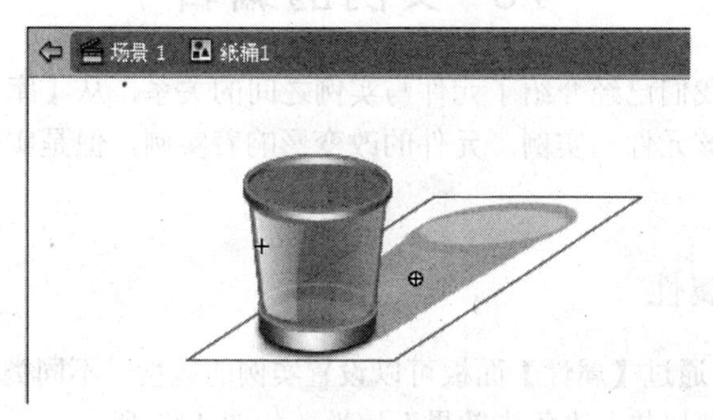

图 4-61　元件的编辑窗口

(3) 根据设计需要进行修改，完成后单击场景 1按钮，返回到舞台中。

除了上述方法外，还可以使用下列方法进入元件编辑窗口中。

⇨方法一：单击舞台右上角的按钮，在打开的下拉列表中选择要编辑的元件，即可进入该元件的编辑窗口中。

⇨方法二：在【库】面板中直接双击要编辑的元件，可以快速进入该元件的编辑窗口中。

⇨方法三：在【库】面板中选择要编辑的元件，然后执行面板菜单中的【编辑】命令，也可以进入该元件的编辑窗口中。

2. 在原位置编辑

如果要在原位置编辑或修改元件，可以采用两种操作方法。

⇨方法一：在舞台中双击所要编辑的元件的实例，这时可以在舞台的原位置编辑元件，同时舞台中的其它对象将以淡色显示，显示一种灰蒙蒙的效果，表示它们处于不可编辑状态，如图 4-62 所示。

图 4-62　舞台中对象的显示状态

⇨方法二：在舞台中选择所要编辑的元件的实例，单击鼠标右键，从弹出的快捷菜单中选择【在当前位置编辑】命令，这时也可以在原位置编辑元件。

以上介绍了两种编辑元件的方法，两者各有优点：在原位置编辑元件，可以观察到舞台中的其它对象，能够随时观察到整体效果；而在元件窗口中编辑元件，可以排除其它对象的干扰。

4.5　实例的编辑

在本章的前面，我们已经介绍了元件与实例之间的关系，从【库】面板中将元件拖拽到舞台中，即创建了该元件的实例。元件的改变影响着实例，但是实例对象也具有自己的一些属性。

4.5.1　实例的颜色属性

在 Flash CS4 中，通过【属性】面板可以设置实例的属性。不同类型元件的实例，其属性也不一样，但是它们都共有“色彩效果”属性，如图 4-63 所示。

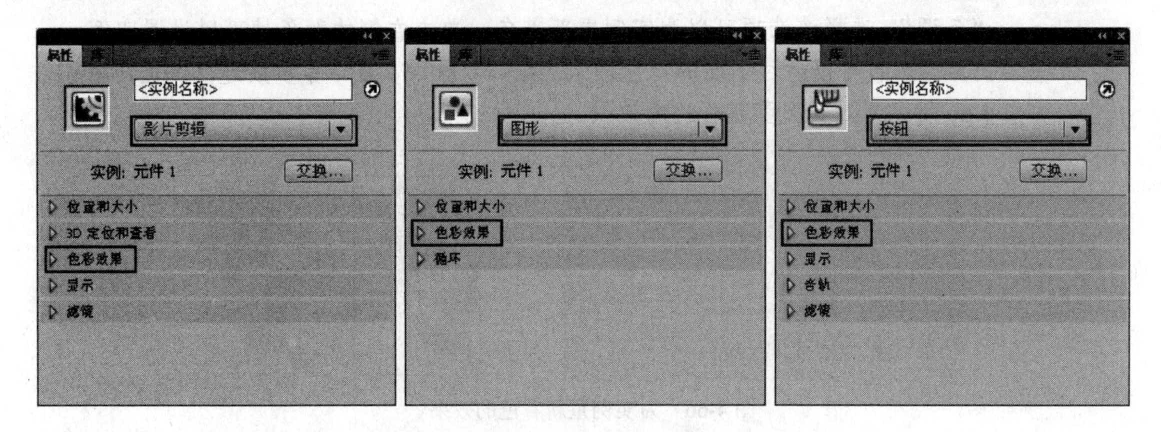

图 4-63 【属性】面板

在【属性】面板中，实例的属性是分类出现的，而且可以折叠与展开。展开“色彩效果”分类之后，可以看到它提供了几种不同的样式，分别用于控制实例的色彩属性，如图 4-64 所示。

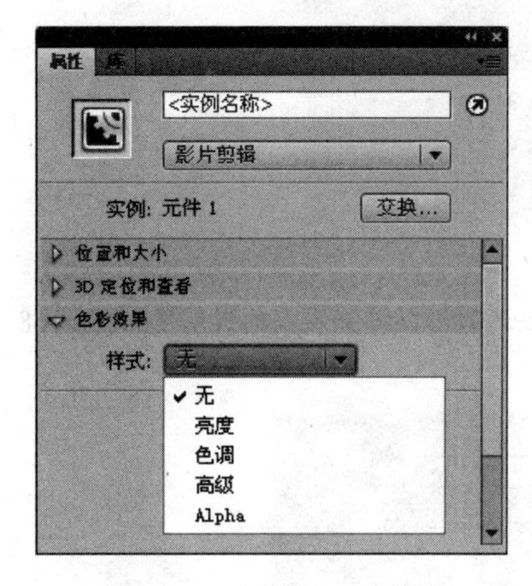

图 4-64　实例的色彩属性

- “无”：选择该选项不使用任何颜色效果。
- “亮度”：选择该选项可以调整实例的明暗度，取值范围为 -100～100。数值越大，亮度就越高；反之亮度越暗。图 4-65 所示为调整亮度的效果。

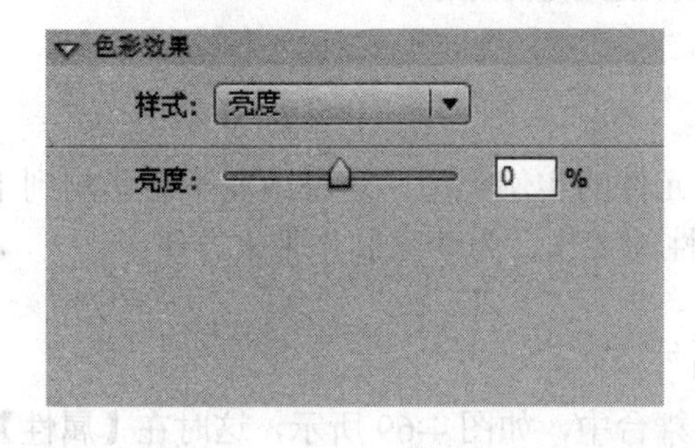

图 4-65　调整亮度后的效果

- “色调”：选择该选项可以为实例重新着色，单击右侧的颜色块可以设置实例的颜色，也可以通过下面的“色调”、“红”、“绿”、“蓝”等参数进行设置。图 4-66 所示为对实例重新着色的效果。

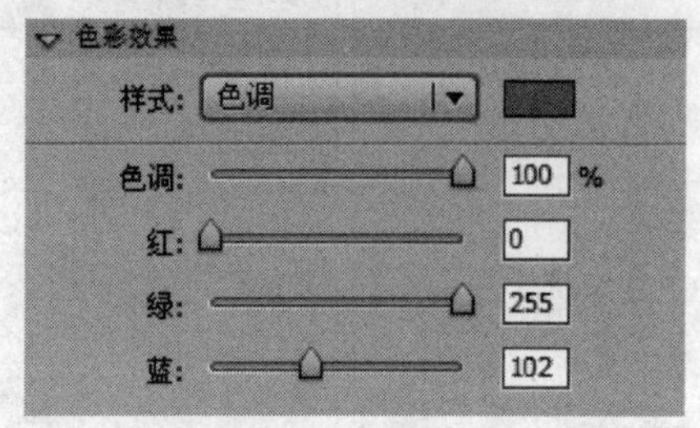

图 4-66　为实例重新着色的效果

- “高级”：选择该选项可以对实例的亮度、透明度、颜色进行综合调整。图 4-67 所示为对实例进行高级设置的效果。

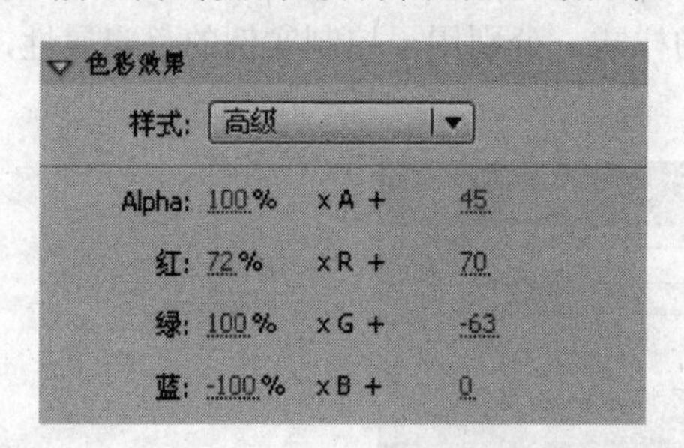

图 4-67　对实例进行高级设置的效果

- “Alpha”：选择该选项可以调整实例的透明度。图 4-68 所示为调整实例透明度的效果。

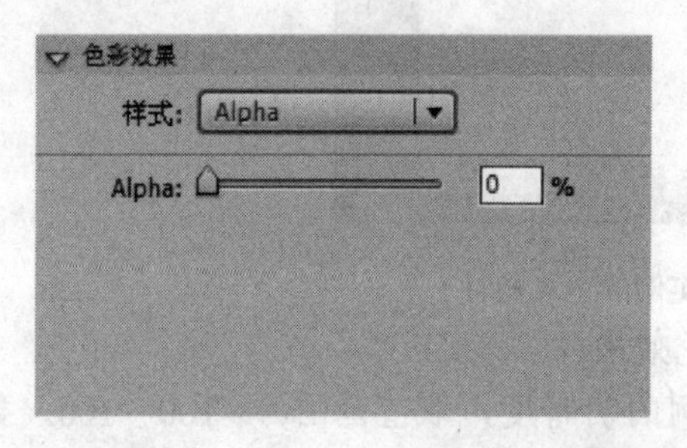

图 4-68　调整实例透明度的效果

4.5.2　改变实例类型

在动画的制作过程中，经常会改变当前元件的实例类型，这种改变不会影响到【库】面板中元件的类型。这种操作可以避免重复性的工作，为动画制作带来方便。

下面我们介绍如何转换实例的类型。

(1) 首先创建一个影片剪辑元件“元件 1”。

(2) 将“元件 1”从【库】面板中拖拽到舞台中，如图 4-69 所示，这时在【属性】面板中可以观察到“元件 1”实例的类型，如图 4-70 所示。

图 4-69　“元件 1”实例

图 4-70　【属性】面板

(3) 单击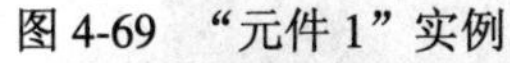按钮，在打开的下拉列表中可以选择其它类型，如“按钮”，从而改变实例的类型，如图 4-71 所示。

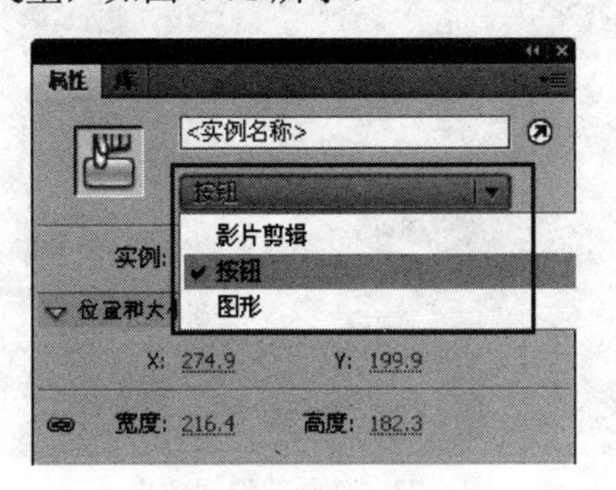

图 4-71　实例类型

通过这种方法转换实例的类型，不影响【库】面板中元件的类型。例如上面的操作中，【库】面板中的“元件 1”仍然是“影片剪辑”元件，而舞台中的“元件 1”实例则为“按钮”类型。

4.5.3　实例的交换

当舞台中存在元件的实例时，如果要将其更改为其它元件的实例，可以使用【交换元件】命令来实现，这一功能可以保证实例的位置不变。

在舞台中选择要交换的实例，单击【属性】面板中的 交换... 按钮，在弹出的【交换元件】对话框中选择相关的元件，如图 4-72 所示。

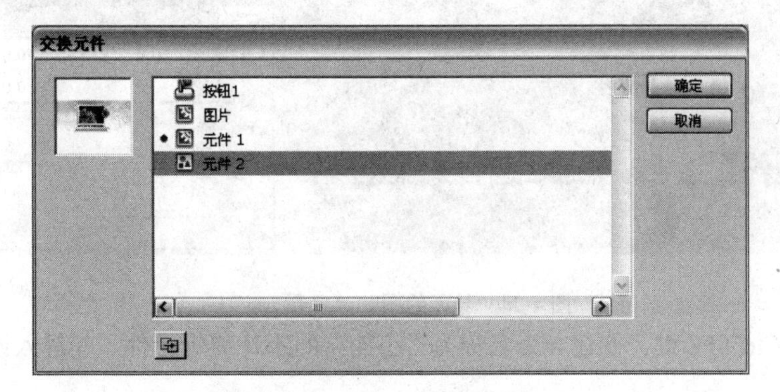

图 4-72　【交换元件】对话框

单击 确定 按钮，则舞台中的实例变为所选择元件的实例，实例在舞台中发生了替换。除此之外，也可以在要交换的实例上单击鼠标右键，在弹出的快捷菜单中选择【交换元件】命令。

4.5.4　课堂实践——小熊的影子

下面制作一个简单的动画，深入认识元件与实例的应用，希望通过对本例的学习，读者能够对元件与实例有更深一步的认识。本例动画的瞬间效果如图 4-73 所示。

图 4-73　动画的瞬间效果

(1) 创建一个新的 Flash 文档。

(2) 单击菜单栏中的【修改】\【文档】命令，在弹出的【文档属性】对话框中设置尺寸为 350 × 240 像素、背景颜色为白色、帧频为 12 fps。

(3) 单击菜单栏中的【文件】\【导入】\【导入到舞台】命令，将本书光盘“第 4 章”文件夹中的“风景.jpg”文件导入到舞台中。

(4) 选择导入的图片，在【信息】面板中设置其位置如图 4-74 所示。

图 4-74　导入的图片“风景.jpg”

(5) 按下 Ctrl+F8 键，创建一个名称为“小熊”的影片剪辑元件，并进入该元件的编辑窗口中。

(6) 单击菜单栏中的【文件】\【导入】\【导入到舞台】命令，将本书光盘“第 4 章”文件夹中的“232.gif”文件导入到窗口中，这是一个逐帧动画，如图 4-75 所示。

> **在 Flash 中导入的 GIF 动画会自动转换成逐帧动画的形式，其中 GIF 动画中的每一个关键画面会转换为 Flash 中的每一个关键帧。关于逐帧动画的内容将在后面介绍。**

(7) 单击舞台左上方的 场景 1 按钮，返回到舞台中，然后将“小熊”元件从【库】面板中拖拽到舞台上。

(8) 单击菜单栏中的【修改】\【变形】\【水平翻转】命令，将“小熊”实例水平翻转，并放置在舞台的右下角，如图 4-76 所示。

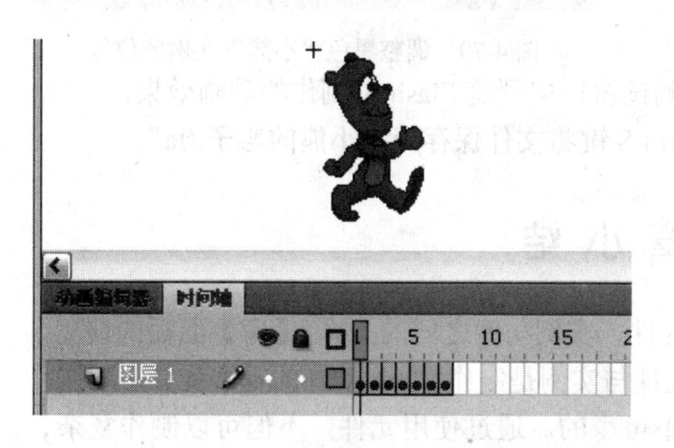

图 4-75　导入的动画“232.gif”

图 4-76　调整“小熊”实例的位置

(9) 选择工具箱中的“选择工具”，按住 Alt 键的同时拖拽舞台中的“小熊”实例，复制一个实例。

(10) 在【属性】面板的【样式】下拉列表中选择“亮度”选项，设置亮度值为 –100%，则复制的实例变为黑色，如图 4-77 所示。

图 4-77　调整“小熊”实例的颜色

(11) 选择工具箱中的“任意变形工具”，对黑色的“小熊”实例进行水平倾斜与缩放操作，将其变形后作为小熊的影子，如图 4-78 所示。

(12) 单击菜单栏中的【修改】\【排列】\【下移一层】命令，将作为小熊影子的实例调整到“小熊”实例的下一层，并调整其位置，如图 4-79 所示。

图 4-78　变形后的黑色“小熊”实例

图 4-79　调整黑色“小熊”实例的位置

(13) 按下 Ctrl+Enter 键，可以在影片测试窗口中预览 Flash 中制作的动画效果。

(14) 至此完成了本例的制作，按下 Ctrl+S 键将文件保存为“小熊的影子.fla”。

本章小结

本章主要讲解了元件与实例的概念，元件、实例与库之间的关系，【库】面板的使用，元件的创建与管理，实例的编辑等内容。元件与实例是制作 Flash 动画的基本元素，要制作一个复杂的动画，元件与实例的应用是必不可少的。通过使用元件，不但可以制作复杂、眩目的动画，而且可以确保动画文件的体积足够小。所以，本章内容对于以后的动画学习十分重要，读者一定要彻底掌握元件与实例的相关内容。

课后练习

一、填空题

1. Flash 中的元件分为__________、__________和__________三种类型。

2. Flash 提供了两个导入命令，一是__________命令，二是__________命令。通过这两个命令可以将动画对象导入到【库】面板中。

3. 公用库是 Flash 软件自身预置的，用户可以直接调用其中的元件。公用库共包括了三种类型，分别是__________、__________和__________。

4. 在舞台中双击所要编辑的元件的实例，这时可以在__________编辑元件，同时舞台中的其它对象将以淡色显示，显示一种灰蒙蒙的效果，表示它们处于不可编辑状态。

5. 当舞台中存在元件的实例时，如果要将其更改为其它元件的实例，使用__________命令来实现，这一功能可以保证实例的位置不变。

二、简答题

1. 简述创建新元件的两种方法。

2. 如何复制元件？

3. 简述将对象导入到库的方法。

4. 如何改变实例的类型？

第 5 章　文本、滤镜与声音

本 章 内 容

- 文本的输入与设置
- 使用滤镜
- 声音的应用
- 本章小结
- 课后练习

本章我们重点学习 Flash CS4 的文本、滤镜和声音的相关操作。在 Flash 中，文本是一种重要的动画对象，它具有自身的独特属性，几乎每一个 Flash 动画都离不开文本的运用。滤镜是 Flash 为用户提供的一项特效功能，与 Photoshop 中的滤镜有类似的作用，但是功能稍弱，它可以方便地实现一些特殊的视觉效果。而声音是听觉要素，在制作综合性动画或按钮时，经常运用声音要素，从而增强动画的感染力。

5.1　文本的输入与设置

在 Flash CS4 中，文本的操作需要由“文本工具” 来实现。使用“文本工具”可以为动画加上文字效果，并可以将文字当做一般的对象，对它进行缩放、旋转、变形、扭曲和翻转等操作。

5.1.1　输入文本

在输入文本时，文本框有两种状态：无宽度限制和有宽度限制。下面我们来学习这两者的区别。

- 选择工具箱中的“文本工具” ，在舞台中单击鼠标，此时文本框的右上角有一个小圆圈，输入文本时，文本框随文字的输入而扩展，如图 5-1 所示，这种文本框就是无宽度限制文本框。

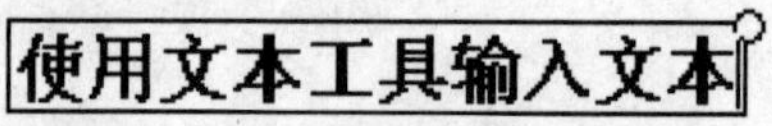

使用文本工具输入文本

图 5-1　无宽度限制的文本框

- 选择工具箱中的“文本工具” ，在舞台中拖拽鼠标，舞台中同样会出现一个文本框，但其右上角有一个小正方形，而不是小圆圈，在输入文本时，文本框大小不变，当输入的文字到达右边界时，文字会自动换行，如图 5-2 所示，这种文本框是有宽度限制文本框。

使用文本工具输
入文本

图 5-2　有宽度限制的文本框

当完成了文本的输入以后，如果存在输入错误，可以重新输入或修改文字。重新输入或修改文字的方法是：选择“文本工具” ，在要输入或修改的文字处单击鼠标，这时文本框变为输入状态，此时即可输入或修改文字。

5.1.2　文本类型

Flash 中的文本分为三大类型：静态文本、动态文本和输入文本。不同的文本类型可以满足不同的动画要求，但是它们的基本属性设置是一样的。

1. 静态文本

静态文本是指制作动画时为动画加入的注释性文字，或者是作为动画对象出现的文字，也就是一般意义上的文字。使用静态文本类型，可以对文字进行各种格式的设置。静态文本的【属性】面板如图 5-3 所示。

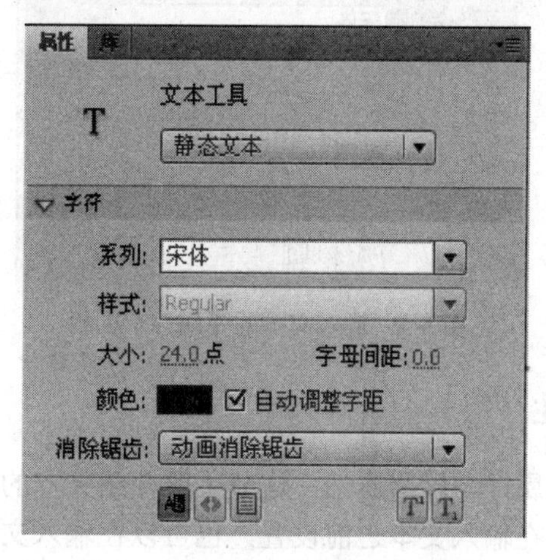

图 5-3　静态文本的【属性】面板

2. 动态文本

动态文本是指能够实时反映动作或程序对文字变量值的改变，具有鲜明的动态效果的文字。在制作动画时，使用动态文本可以建立简单的交互，如搜索表单、用户登录表单、天气预报、股票信息等。使用动态文本类型输入的文字相当于变量，其内容从服务器支持的数据库中读出，或者从其它的影片中载入。动态文本的【属性】面板如图 5-4 所示。

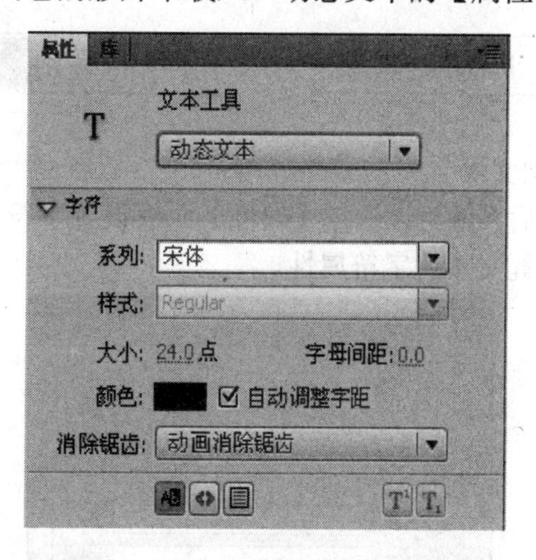

图 5-4　动态文本的【属性】面板

3. 输入文本

输入文本主要是为创作交互动画而设置的，它为用户提供了一个可以对应用程序进行修改的入口，用户观看动画时，可以在动画的文本框中输入文字，然后利用动画中定义的动作来完成特定的行为。输入文本的【属性】面板如图 5-5 所示。

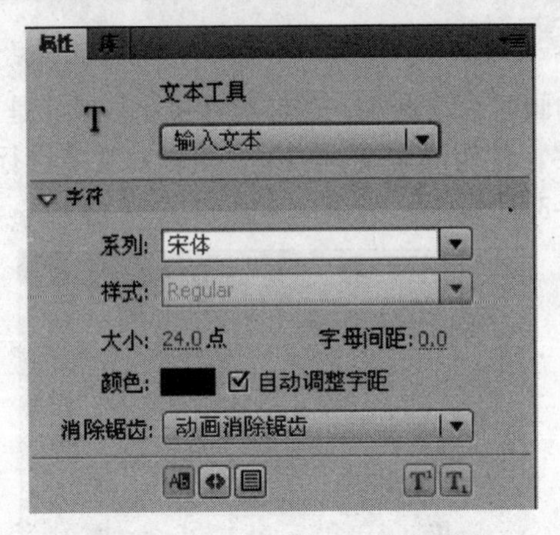

图 5-5　输入文本的【属性】面板

5.1.3　文本的字符属性

文本的属性分为字符属性与段落属性，这节主要介绍文本的字符属性，即字体、大小、颜色等。文本的属性可以在输入文本之前设置，也可以在输入文本之后设置。

在舞台中输入一段文本之后，既可以对整段文本进行属性设置，也可以对其中的个别文字进行属性设置。

使用“选择工具”单击文本，则文本的周围出现一个蓝色的边框，如图 5-6 所示，这代表选中了整段文本，可以设置本段所有文本的属性。如果使用“选择工具”双击文本，则激活文本框，呈输入文本的状态，此时拖拽鼠标可以选中特定的文字，设置属性时只影响选中的文本，如图 5-7 所示。

窗外的远山凝固成一幅精美画卷

图 5-6　选中整段文本

窗外的远山凝固成一幅精美画卷

图 5-7　选中特定的文本

选中所需要的文本以后，就可以通过【属性】面板设置字符属性了，如图 5-8 所示，其中的【字符】选项用于设置文本的字符属性。

图 5-8　【属性】面板

- 【系列】：用于设置字体。单击右侧的小按钮可以打开下拉列表，其中显示了本地计算机中安装的字体，选择所需要的字体即可，如图5-9所示。

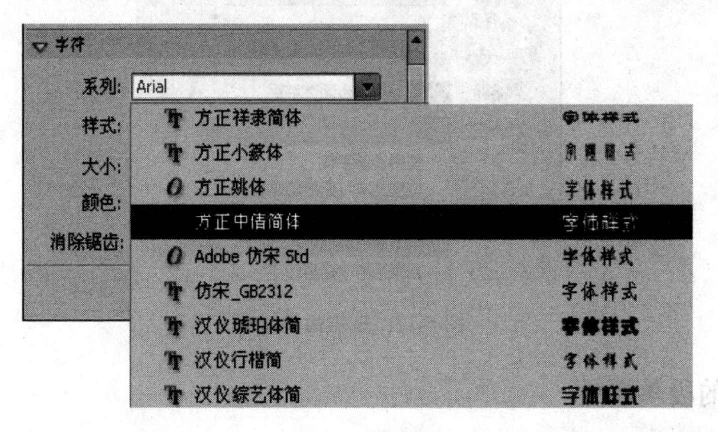

图5-9 选择字体

- 【样式】：用于设置文字的样式，如加粗、倾斜等。并不是所有的字体都可以设置样式，通常情况下，中文字体不能设置样式，而部分英文字体(如Arial、Myriad Pro等)才可以设置样式。
- 【大小】：用于设置文字字体的大小(即字号)。具体设置时，可以在字体大小的数值上双击鼠标，输入所需要的字体大小；也可以将光标置于字体大小的数值上，拖拽鼠标更改数值的大小，如图5-10所示。

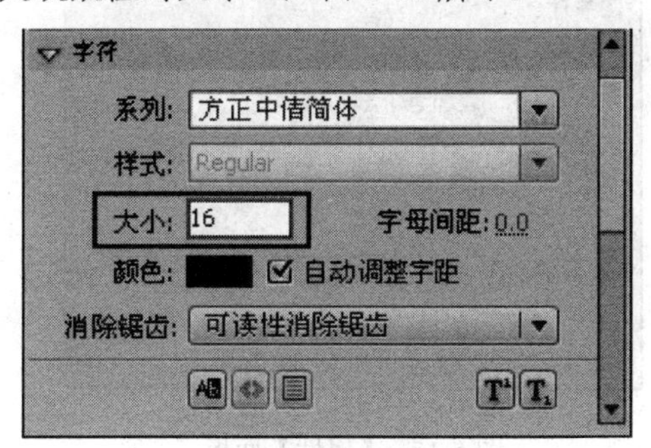

图5-10 设置字体大小

- 【字母间距】：用于设置文字之间的距离。数值越大，文字之间的距离越大，如图5-11所示是“字母间距”为25时的效果。

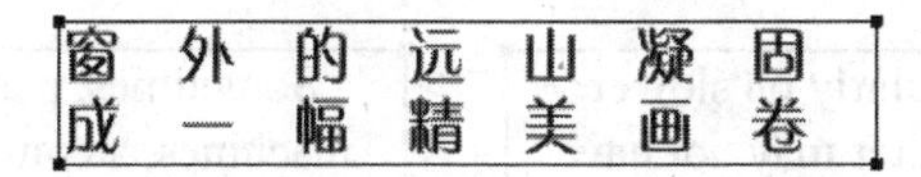

图5-11 更改文字之间的距离

- 【颜色】：用于设置字体的颜色。
- 【消除锯齿】：用于设置文字的显示方式，即抗锯齿的方式。系统提供了“使用设备字体”、“位图文本”、“动画消除锯齿”、“可读性消除锯齿”和“自定义消除锯齿”五种方式，如图5-12所示。

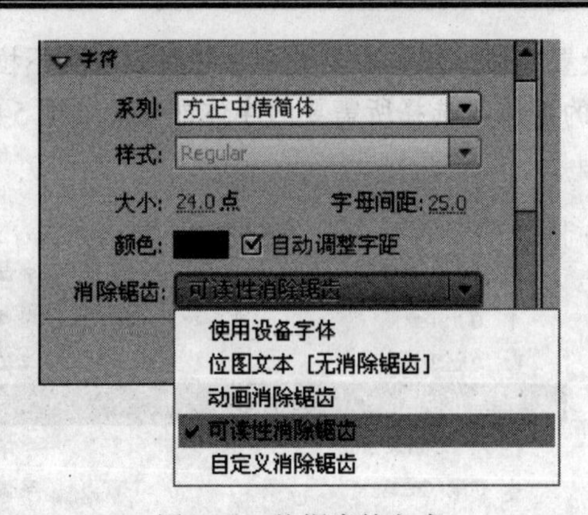

图 5-12　抗锯齿的方式

5.1.4　文本的段落属性

文本的段落属性主要是针对有宽度限制的文本而言的，包括文本的对齐方式、行距、页边距、排列等。这些属性的设置也是通过【属性】面板完成的，如图 5-13 所示。

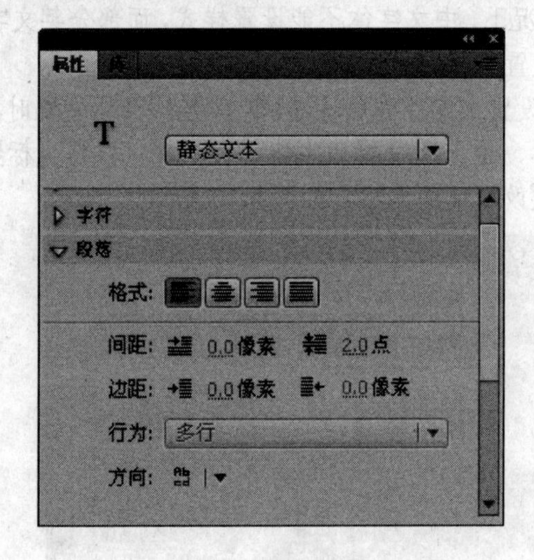

图 5-13　【属性】面板

- 【格式】: 用于控制文本的对齐方式。它的右侧有 4 个按钮，分别是(左对齐)、(居中对齐)、(右对齐)和(两端对齐)。如图 5-14 所示分别为左对齐和右对齐效果。

Sometimes, particularly on slower machines, a computer may not have enough time to refresh all the windows when you start the capture, and the HyperSnap-DX window disappears.	Sometimes, particularly on slower machines, a computer may not have enough time to refresh all the windows when you start the capture, and the HyperSnap-DX window disappears.

图 5-14　左对齐和右对齐效果

- 【间距】: 该选项包含了两种参数，即缩进与行距。其中(缩进)用于设置段落中首行文本的缩进，如图 5-15 所示为缩进 60 像素的效果；(行距)用于设置文本的行间距离，如图 5-16 所示为行距为 8 点的效果。

Sometimes, particularly on slower machines, a computer may not have enough time to refresh all the windows when you start the capture, and the HyperSnap-DX window disappears.

图 5-15　缩进效果

Sometimes, particularly on slower machines, a computer may not have enough time to refresh all the windows when you start the capture, and the HyperSnap-DX window disappears.

图 5-16　行距效果

- 【边距】：用于设置文本距文本框边缘的距离。该选项包含两个参数，即左边距和右边距。如图 5-17 所示为左、右边距均为 30 像素的效果。
- 【行为】：用于控制文本的输入方式。该选项仅对动态文本与输入文本有效，对静态文本无效。
- 【方向】：用于设置文本的方向。单击其右侧的按钮，在打开的列表中可以选择文字方向，分别是“水平”、“垂直，从左向右”和“垂直，从右向左”。如图 5-18 所示为“垂直，从左向右”排列的效果。

Sometimes, particularly on slower machines, a computer may not have enough time to refresh all the windows when you start the capture, and the HyperSnap-DX window disappears.

图 5-17　设置了边距的效果

Sometimes, particularly on slower machines, a computer may not have enough time to refresh all the windows when you start the capture, and the HyperSnap-DX window disappears.

图 5-18　“垂直，从左向右”排列的效果

5.1.5　创建文本链接

通过【属性】面板，还可以为文本创建超链接。其方法非常简单，只需要选择文本，然后在【属性】面板的【选项】中输入 URL 地址即可，并且可以设置目标网页的打开方式，如图 5-19 所示。

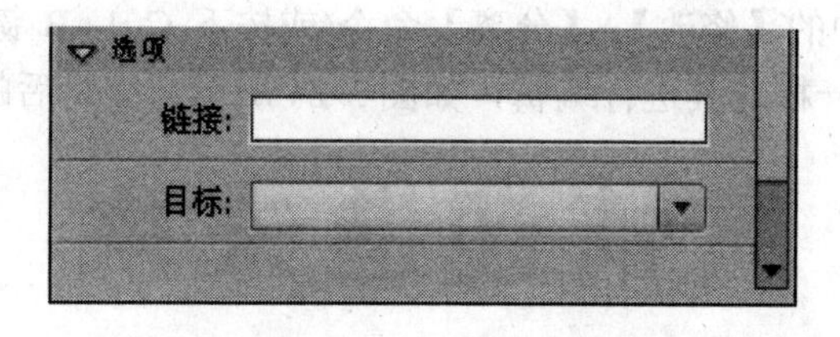

图 5-19　【属性】面板的【选项】框

- 【链接】：用于输入目标网页的 URL 地址。例如“http://www.xinyu.com”，这时【目标】选项变为可用状态。
- 【目标】：用于选择目标网页的打开方式。共有四种方式：“_blank”、“_parent”、“_self”和“_top”。

_blank：在一个新浏览器窗口中打开网页。

_parent：在该链接所在框架的父框架或父窗口中打开网页。

_self：在链接所在的同一个框架或窗口中打开链接的网页。此目标为默认值，因此通常不需要指定它。

_top：在整个浏览器窗口中打开链接的网页，因而会删除所有的框架。

为文本添加超链接以后，文本的下方会出现一条横线，说明对文字添加了超链接，如图 5-20 所示。当光标指向文本时，光标将变成手形，如图 5-21 所示，单击鼠标，则打开链接的页面。

图 5-20　添加了超链接的文字 　　　图 5-21　光标的形状

5.1.6　分离文本

文本是一种特殊的动画对象，可以将其进行分离操作。分离文本的操作非常实用，文本被分离后可以转换为图形，用户可以像编辑图形一样编辑它。例如，要制作一个渐变色文字，就必须先分离文本，然后再为其填充渐变色。

分离文本的具体操作步骤如下：

(1) 选择要分离的文本，如图 5-22 所示。

图 5-22　选择的文本

(2) 单击菜单栏中的【修改】\【分离】命令(或按下 Ctrl+B 键)，则文本被转换为自由的单个字，如图 5-23 所示。

图 5-23　分离后的文字

(3) 再单击菜单栏中的【修改】\【分离】命令(或按下 Ctrl+B 键)，则文字被转换为图形。这时就可以像图形一样对其进行编辑，如图 5-24 所示为编辑后的效果。

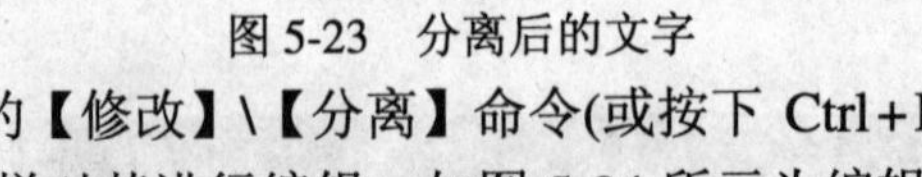

图 5-24　编辑后的效果

5.1.7　课堂练习——特效文字(一)

文字是 Flash 动画中的重要元素，用于传递信息，表达思想，它可对动画起到画龙点睛的作用。有时为了突出效果，经常制作特效文字，增强视觉效果。下面结合文字的相关操作制作一款特效文字，最终效果如图 5-25 所示。

图 5-25　最终效果

(1) 创建一个新的 Flash 文档。

(2) 按下 Ctrl+J 键，在【文档属性】对话框中设置尺寸为 360 × 300 像素、背景颜色为白色、帧频为 12 fps。

(3) 按下 Ctrl+R 键，将本书光盘“第 5 章”文件夹中的“beijing_001.png”文件导入到舞台中，位置如图 5-26 所示。

(4) 在“图层 1”的上方创建一个新图层“图层 2”，选择工具箱中的“文本工具” T，在【属性】面板中设置合适的字体、大小和颜色，然后在舞台中输入文字“新春献礼”，如图 5-27 所示。

> **关于图层的更多内容将在第 6 章中详细介绍，本例中按照步骤操作即可。这里创建图层的目的是防止文字被分离为图形以后自动置于位图的下方，不方便编辑操作。**

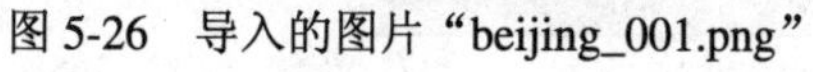
图 5-26　导入的图片“beijing_001.png”

图 5-27　输入的文字

(5) 选择输入的文字，连续两次按下 Ctrl+B 键，将文字分离为图形，如图 5-28 所示。

(6) 选择工具箱中的“任意变形工具”，单击工具箱下方的(封套)按钮，则图形上出现了调整节点，如图 5-29 所示。

图 5-28　将文字分离为图形

图 5-29　出现的调整节点

(7) 在舞台中调整文字图形的形状如图 5-30 所示，然后在变形框外单击鼠标，完成变形操作。

图 5-30　调整文字图形的形状

(8) 打开【颜色】面板，按下按钮，设置类型为“线性”，然后设置左侧色标为红色(#FF6600)、右侧色标为橘黄色(#FF9900)，如图 5-31 所示。

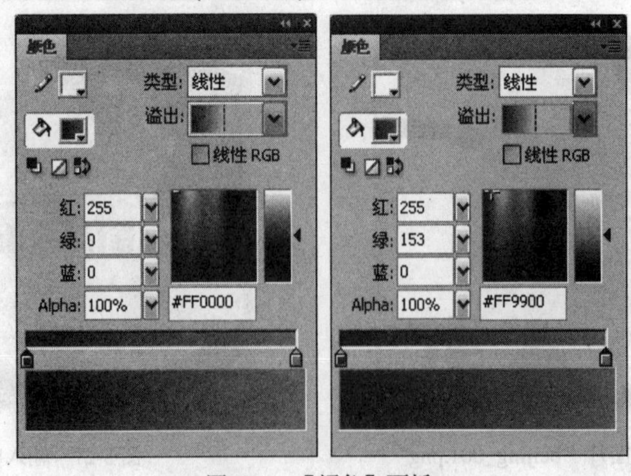

图 5-31　【颜色】面板

(9) 选择工具箱中的“颜料桶工具”，在文字图形中由下向上拖拽鼠标，填充渐变色，如图 5-32 所示。

(10) 选择文字图形，按下 Ctrl+C 键复制图形。然后在“图层 2”的上方创建一个新图层“图层 3”，按下 Ctrl+Shift+V 键，将复制的图形粘贴到原位置处。

(11) 选择工具箱中的“墨水瓶工具”，在【属性】面板中设置笔触高度为 2、笔触颜色为白色，然后选择“图层 3”中的文字图形，在其边缘单击鼠标，填充白色轮廓，结果如图 5-33 所示。

图 5-32　填充渐变色　　　　图 5-33　填充白色轮廓

(12) 确保“图层 3”中的文字图形处于选择，按下← 和↑ 方向键数次，则图形产生了阴影效果，如图 5-34 所示。

图 5-34　阴影效果

(13) 至此完成了本例的制作，按下 Ctrl+S 键将文件保存为“特效文字(一).fla”。

5.1.8　课堂练习——特效文字(二)

在上一个实例中我们制作了一款特效文字，主要是将文本分离为图形以后对其填充渐变色，然后再描绘轮廓，形成颜色上的视觉特效。本例将继续使用“文本工具”制作反白效果的特效文字，最终效果如图 5-35 所示。

图 5-35　最终效果

(1) 创建一个新的 Flash 文档。

(2) 按下 Ctrl+J 键，在【文档属性】对话框中设置尺寸为 340×300 像素、背景颜色为白色、帧频为 12 fps。

(3) 选择工具箱中的“矩形工具”，在【属性】面板中设置笔触颜色为无色、填充颜色为粉红色(#FF3399)，按住 Shift 键在舞台的中央绘制一个正方形，如图 5-36 所示。

(4) 选择工具箱中的“文本工具”，在舞台中输入字母“K”。然后选择输入的文字，在【属性】面板中设置字体为“Cretino”、大小为 200、颜色为灰色(#999999)，结果如图 5-37 所示。

图 5-36　绘制的正方形

图 5-37　输入的字母“K”

(5) 选择工具箱中的“任意变形工具”，将“K”逆时针旋转一定的角度，结果如图 5-38 所示。

(6) 确保文字处于选中状态，按下 Ctrl+B 键将文字分离为图形，如图 5-39 所示。

图 5-38　旋转的文字

图 5-39　分离后的文字

(7) 重新选择工具箱中的“矩形工具”，在【属性】面板中设置笔触颜色为黑色、填充颜色为无色，然后沿粉红色的正方形边缘绘制一个轮廓，结果如图5-40所示。

(8) 运用“选择工具”在黑色边框内的“K”上单击鼠标将其选中，然后按下Delete键将其删除，结果如图5-41所示。

图5-40 绘制的轮廓

图5-41 删除后的效果

(9) 选择工具箱中的“文本工具”，在舞台中单击鼠标并输入字母“iss”，在【属性】面板中设置字体为“Cretino”、大小为40、颜色为白色，如图5-42所示。

(10) 选中输入的字母“iss”，按下Ctrl+B键2次将文字分离为图形。

(11) 继续使用“文本工具”在舞台中单击鼠标并输入文字“一吻胜万语”，并设置适当的字体与大小，效果如图5-43所示。

图5-42 输入的字母“iss”

图5-43 输入的文字

(12) 选中输入的文字“一吻胜万语”，按下Ctrl+B键2次将文字分离为图形。

(13) 至此完成了本例的制作，按下Ctrl+S键将文件保存为“特效文字(二).fla”。

5.2 使用滤镜

Flash归于Adobe旗下以后增加了很多Adobe特色的功能，如滤镜、混合效果、基于对象的动画等。滤镜类似于Photoshop中的图层样式，熟悉Photoshop的读者很容易掌握它。

5.2.1 添加滤镜

在Flash中，我们只能为文本、按钮和影片剪辑元件添加滤镜效果，也就是说，如果需要使用滤镜，必须先将不是文本、按钮或影片剪辑的对象转换为影片剪辑或按钮(文本除外)才可以使用滤镜。

选择了文本、按钮或影片剪辑对象以后，在【属性】面板中将出现【滤镜】选项，如图 5-44 所示。单击下方的 (添加滤镜)按钮，在弹出的菜单中选择相应的命令，就可以添加滤镜，如图 5-45 所示。

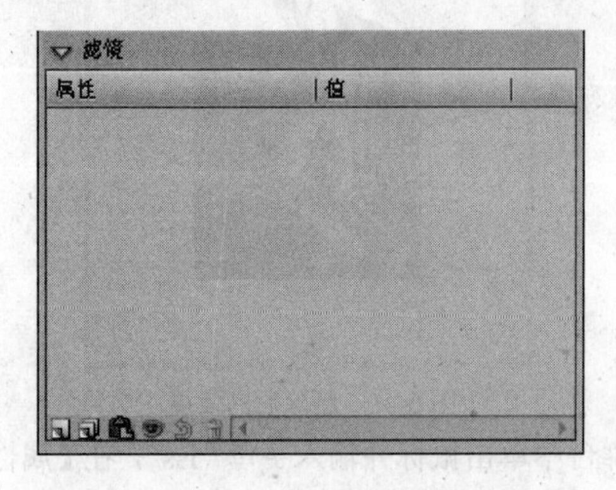

图 5-44 【滤镜】选项

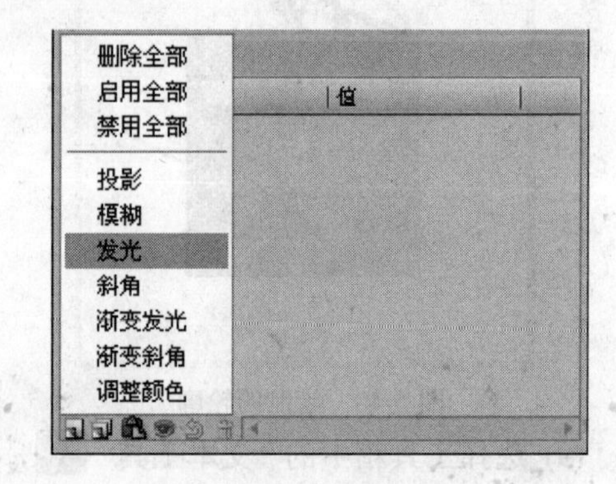

图 5-45 【滤镜】菜单

例如选择了【发光】滤镜，则【属性】面板中将出现该滤镜的参数，如图 5-46 所示。如果此时再添加滤镜，如添加【模糊】滤镜，则新滤镜将罗列在上一个滤镜的下方，如图 5-47 所示。

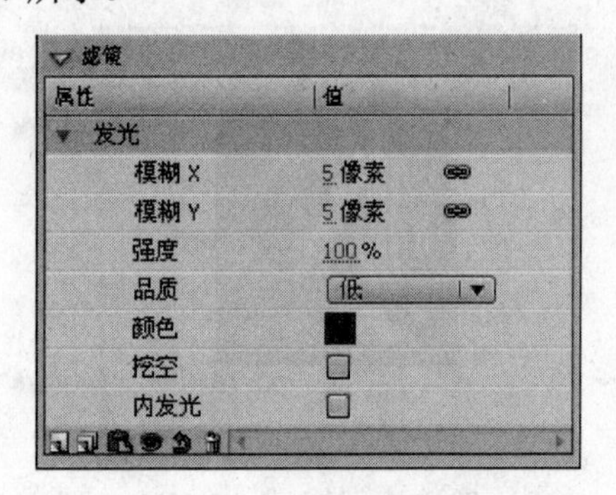

图 5-46 【发光】滤镜的参数

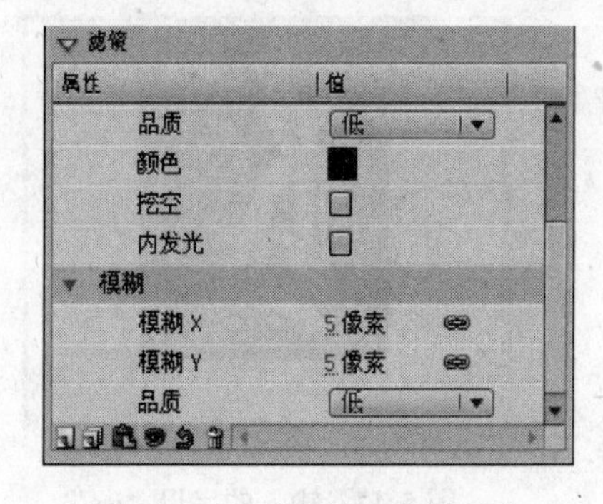

图 5-47 两种滤镜的菜单形式

5.2.2 删除操作

如果某一个滤镜运用错误或者不再需要此滤镜，可以将其删除。删除滤镜的方法非常简单，在列表中选择要删除的滤镜，单击下方的 (删除滤镜)按钮，即可以将滤镜删除。使用 按钮一次只能删除一个滤镜。如果要删除列表中的全部滤镜，可以单击下方的 (添加滤镜)按钮，在弹出的菜单中选择【删除全部】命令。

5.2.3 滤镜的效果

在 Flash CS4 中共有七种滤镜效果，分别是【投影】、【模糊】、【发光】、【斜角】、【渐变发光】、【渐变斜角】和【调整颜色】，通过添加滤镜，可以使对象快速实现某种特殊的艺术效果。

1. 投影效果

【投影】滤镜可以使对象产生阴影效果，添加该滤镜后，通过调整参数可以得到不同的阴影效果，如图 5-48 所示。

图 5-48　【投影】滤镜的参数

- 【模糊 X】与【模糊 Y】：用于设置阴影在水平与垂直方向上的模糊程度，即边缘柔化程度。【模糊 X】表示水平方向，【模糊 Y】表示垂直方向。其右侧的 按钮用于锁定 X 与 Y 方向，锁定后改变其中的一个值，另一个值也发生相同变化；不锁定时则可以单独设置 X、Y 值，如图 5-49 所示。

图 5-49　锁定与不锁定 X 与 Y 方向的效果

- 【强度】：用于设置阴影的阴暗度。数值越大，阴影就越暗。强度的取值范围为 0%～25500%，值为 0%时投影消失。如图 5-50 所示分别是强度为 30%与 200%时的效果。

图 5-50　不同强度的投影效果

- 【品质】：用于设置投影的质量。质量越高，阴影效果越逼真，但播放时会慢一些。选择“高”时近似于高斯模糊；选择“低”时可以实现最佳的播放性能。
- 【角度】：用于阴影的投影方向，可以输入 0～360° 的值进行控制。
- 【距离】：用于设置阴影偏离对象的距离，如图 5-51 所示为不同距离的投影效果。

图 5-51　不同距离的投影效果

- 【挖空】: 选择该选项，可以删除对象自身，只保留阴影部分，类似于挖空效果，如图 5-52 所示。
- 【内阴影】: 选择该选项，阴影产生在对象边缘内侧。
- 【隐藏对象】: 选择该选项，可以隐藏对象，只显示阴影，如图 5-53 所示。

图 5-52　挖空效果

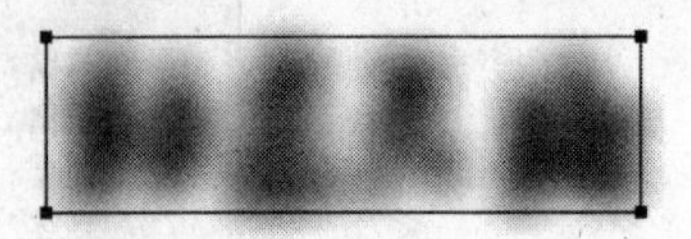

图 5-53　隐藏对象时的效果

- 【颜色】: 单击该色块，可以设置阴影颜色，从而创建出阴影效果，如图 5-54 所示为不同颜色的阴影效果。

图 5-54　不同颜色的阴影效果

2. 模糊效果

【模糊】滤镜可以使对象产生模糊效果，添加该滤镜后，在【属性】面板中可以对模糊的大小、品质进行调整，如图 5-55 所示。

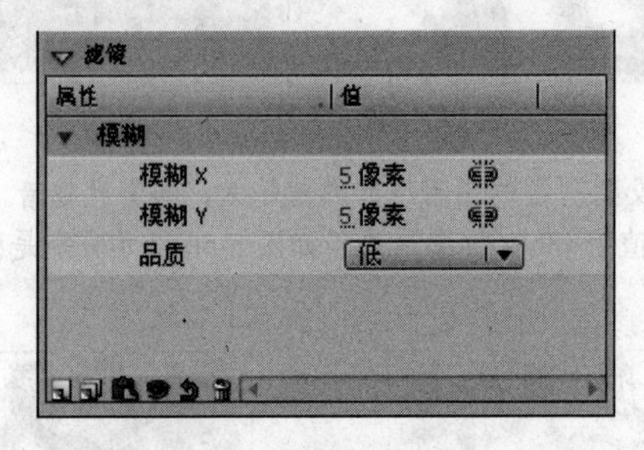

图 5-55　【模糊】滤镜的参数

- 【模糊 X】与【模糊 Y】: 分别用于设置水平方向与垂直方向上的模糊程度。如果锁定了 X 与 Y 方向，则产生均等的模糊；否则，可以分别控制水平方向与垂直方向的模糊程度，如图 5-56 所示。

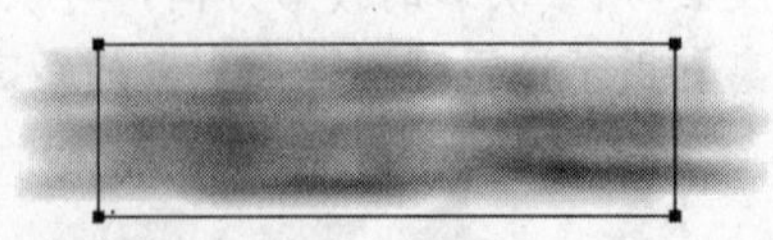

图 5-56　锁定与不锁定 X 与 Y 方向的效果

- 【品质】: 用于选择模糊的质量级别。共有三个级别，分别为“高”、“中”、“低”，选择“高”时质量最好。

3. 发光效果

【发光】滤镜可以使对象产生外发光或内发光效果。添加该滤镜后，在【属性】面板中可以设置发光的参数，如大小、颜色等，如图 5-57 所示。

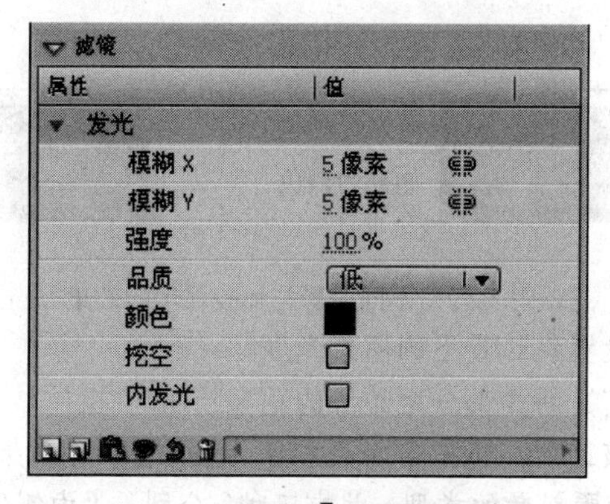

图 5-57　【发光】滤镜的参数

- 【模糊 X】与【模糊 Y】: 用于设置发光的宽度和高度。
- 【强度】: 用于设置发光的清晰度。
- 【品质】: 用于选择发光的质量级别。共有三个级别，分别为“高”、“中”、“低”。
- 【颜色】: 单击该色块，可以设置发光的颜色。
- 【挖空】: 选择该选项，则对象本身被删除，只显示发光效果，好像被挖空一样。
- 【内发光】: 选择该选项，将沿对象边缘向内侧发光。

4. 斜角效果

【斜角】滤镜可以使对象产生立体浮雕效果。添加该滤镜后，在【属性】面板中可以对斜角的大小、品质、角度等参数进行设置，如图 5-58 所示。

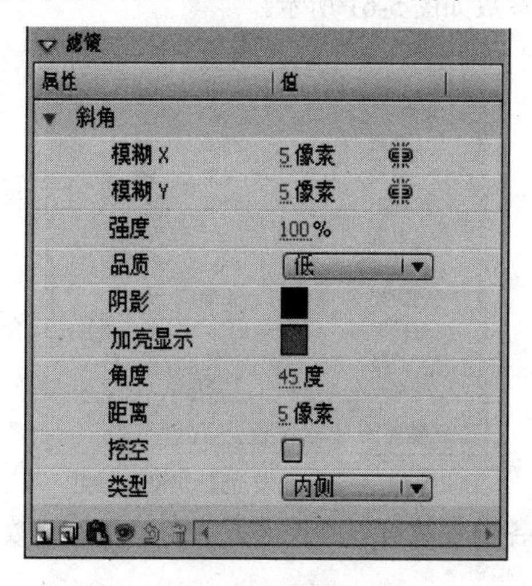

图 5-58　【斜角】滤镜的参数

- 【模糊 X】与【模糊 Y】: 用于设置斜角的宽度和高度。
- 【强度】: 用于设置斜角的分明程度。值越大，视觉效果越强。

- 【品质】: 用于选择斜角的质量级别。共有三个级别，分别为“高”、“中”、“低”。
- 【阴影】: 用于设置暗区的颜色。一般为黑色，但是可以更改为其它颜色。
- 【加亮显示】: 用于设置高光的颜色。一般为白色，但是可以更改为其它颜色，如图 5-59 所示。

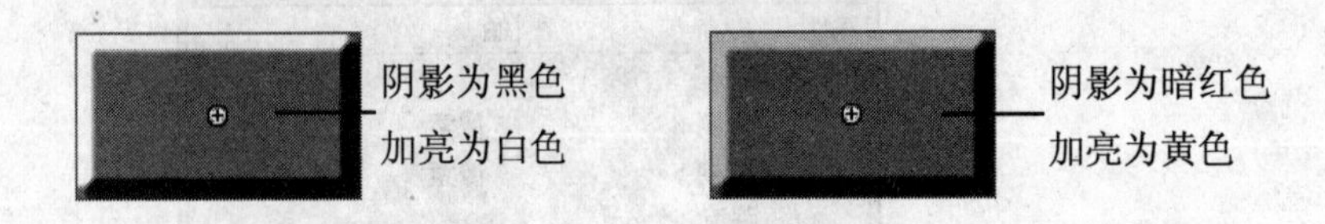

图 5-59　不同阴影与加亮显示的效果

- 【角度】: 用于设置斜边投下的阴影角度。
- 【距离】: 用于定义斜角部分距边缘的距离。
- 【挖空】: 选择该选项，将挖空对象本身，只保留斜角效果。
- 【类型】: 用于设置斜角的类型。共有三种，分别是“内侧”、“外侧”和“全部”，如图 5-60 所示为不同类型的斜角。

图 5-60　不同类型的斜角效果

5. 渐变发光效果

【渐变发光】滤镜不仅能够使对象产生发光效果，而且还能够以渐变色的方式设置发光颜色。添加该滤镜后的参数如图 5-61 所示。

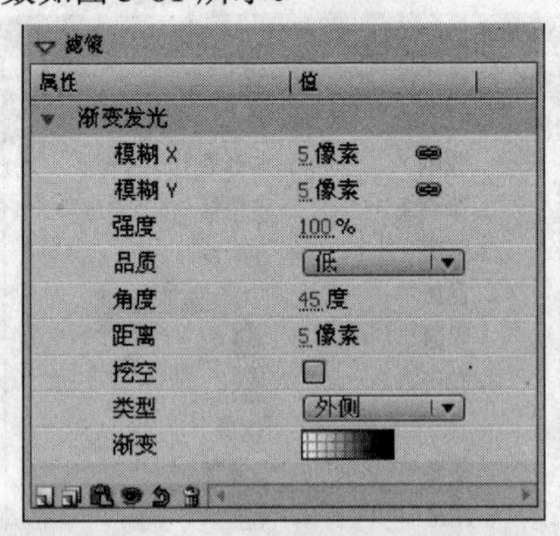

图 5-61　【渐变发光】滤镜的参数

【渐变发光】滤镜的各项参数可以参照【发光】滤镜的参数进行设置，它只多了一个【渐变】选项。

- 【渐变】: 用于设置发光的渐变色。单击该选项右侧的渐变色块，可以弹出渐变编辑条，在该渐变编辑条的下方单击鼠标，可以添加色标并指定颜色。总共可以添加 12 个色标，从而控制五颜六色的发光效果，如图 5-62 所示。

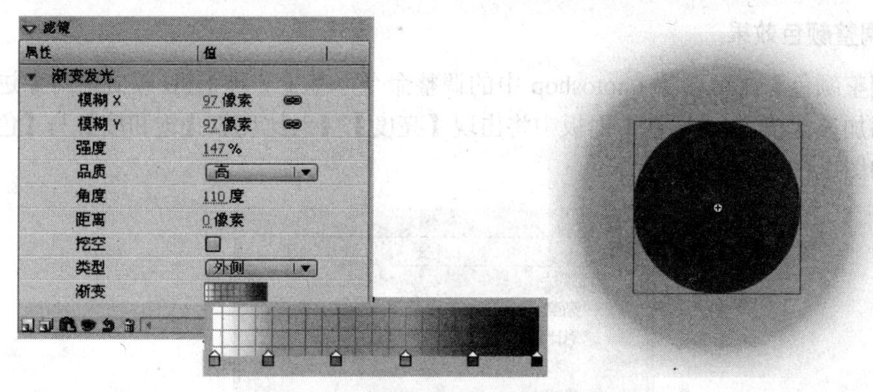

图 5-62　【渐变发光】的设置及效果

6. 渐变斜角效果

【渐变斜角】滤镜可以产生一种凸起效果，从而使对象看起来好像从背景上凸起一样，与【斜角】滤镜相似，只是斜角表面有渐变色。添加该滤镜以后，在【属性】面板中可以设置斜角的大小、品质、渐变色等，如图 5-63 所示。【渐变斜角】滤镜的参数大部分与【斜角】滤镜参数相同，所以这里不再详细介绍。不同是的该滤镜有【渐变】选项。

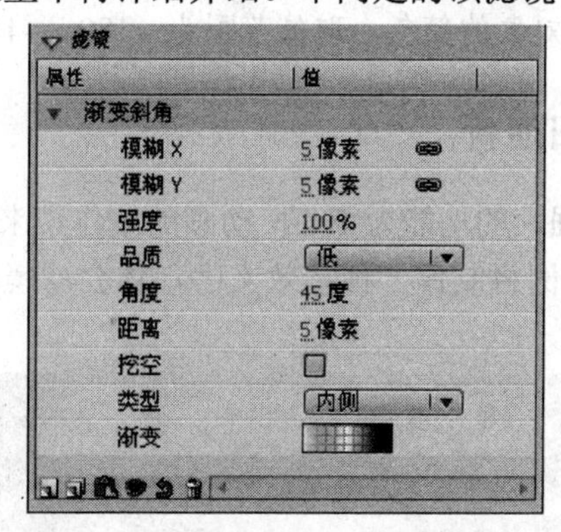

图 5-63　【渐变斜角】滤镜的参数

- 【渐变】：单击该选项右侧的渐变色块，可以弹出渐变编辑条，中间的色标用于控制透明度，不可调节但可以设置颜色，从而影响两侧的颜色。用户可以根据需要再添加色标，得到更丰富的色彩，如图 5-64 所示。

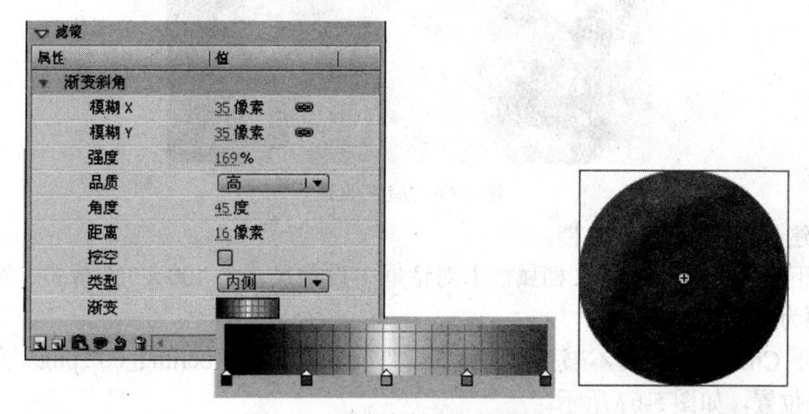

图 5-64　【渐变斜角】的设置及效果

7. 调整颜色效果

【调整颜色】滤镜更像 Photoshop 中的调整命令，基于一种 HSB 模式对对象进行颜色调整。添加该滤镜后，【属性】面板中将出现【亮度】、【对比度】、【饱和度】与【色相】等参数，如图 5-65 所示。

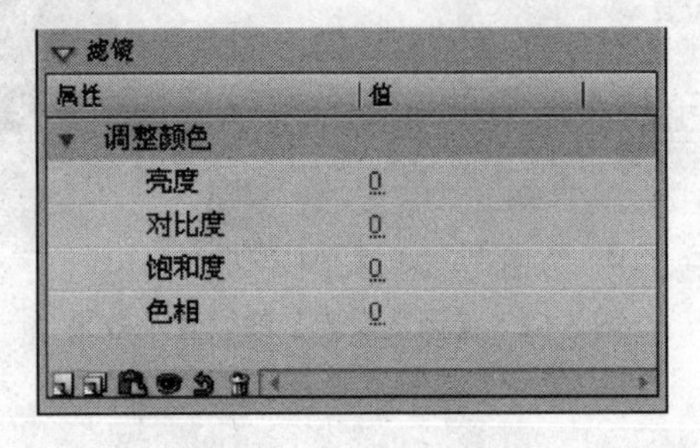

图 5-65　【属性】面板

- 【亮度】：用于调整对象的明亮程度，取值范围为 −100～+100。
- 【对比度】：用于调整对象的鲜明程度，取值范围为 −100～+100。
- 【饱和度】：用于调整对象颜色的鲜艳程度，取值范围为 −100～+100。
- 【色相】：用于改变对象的颜色，取值范围为 −180～+180。

5.2.4　课堂实践——辞旧迎新

Flash 的滤镜所具有的强大的功能为 Flash 动画的制作带来了便捷性，很多特殊的效果都可以轻而易举地获得。本例将制作一种特效文字，体会滤镜的运用技术，最终效果如图 5-66 所示。

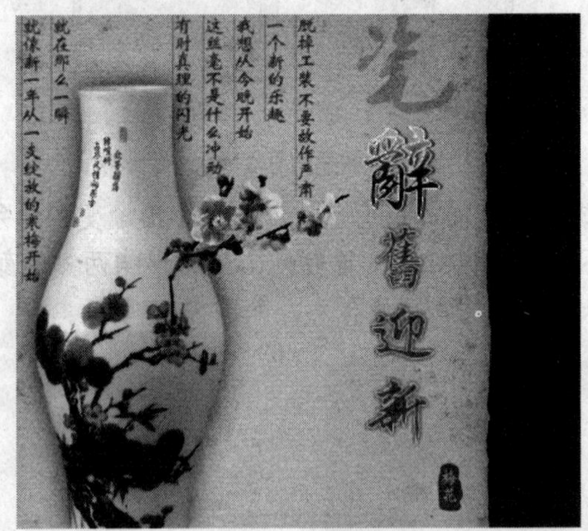

图 5-66　最终效果

(1) 创建一个新的 Flash 文档。

(2) 按下 Ctrl+J 键，在【文档属性】对话框中设置尺寸为 400 × 350 像素、背景颜色为白色、帧频为 12 fps。

(3) 按下 Ctrl+R 键，将本书光盘“第 5 章”文件夹中的“beijing_002.png”文件导入到舞台的中央位置，如图 5-67 所示。

图 5-67　导入的图片“beijing_002.png”

(4) 选择工具箱中的“文本工具”[T]，在【属性】面板中设置字体、大小和颜色，并设置文字的方向“垂直，从左向右”，如图 5-68 所示。

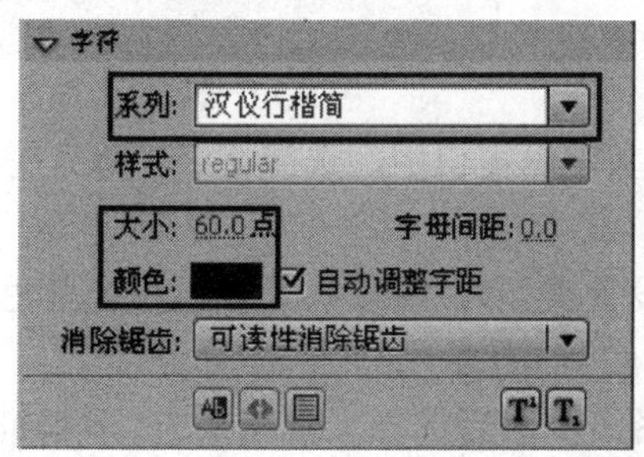

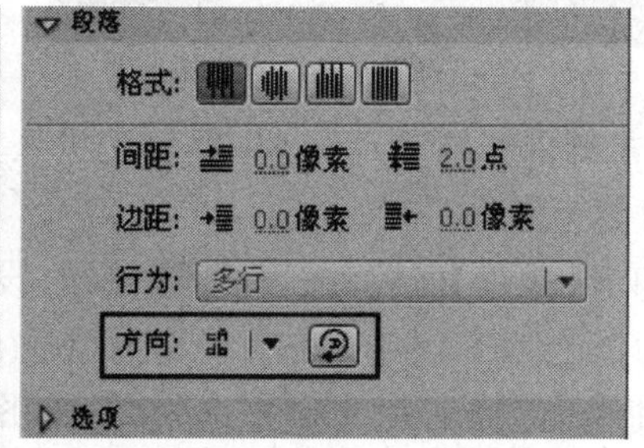

图 5-68 【属性】面板

(5) 在舞台中单击鼠标，输入文字“辞旧迎新”，位置如图 5-69 所示。

(6) 选择输入的文字，按下 Ctrl+B 键将其分离为单独的文字，然后选择文字“旧迎新”，使用“任意变形工具”调整其大小，结果如图 5-70 所示。

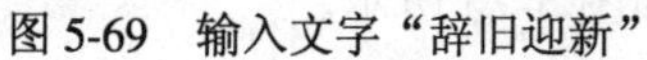

图 5-69　输入文字“辞旧迎新”　　图 5-70　调整文字“旧迎新”的大小

(7) 选择文字“辞”，按下 F8 键，将其转换为影片剪辑元件“元件 1”。在【属性】面板中单击【滤镜】选项下方的按钮，在弹出的菜单中选择【投影】命令，为其添加投影效果，如图 5-71 所示。

(8) 在【属性】面板中更改滤镜的参数如图 5-72 所示，使强烈的投影效果变得柔和一些。

图 5-71　给“辞”字添加投影效果

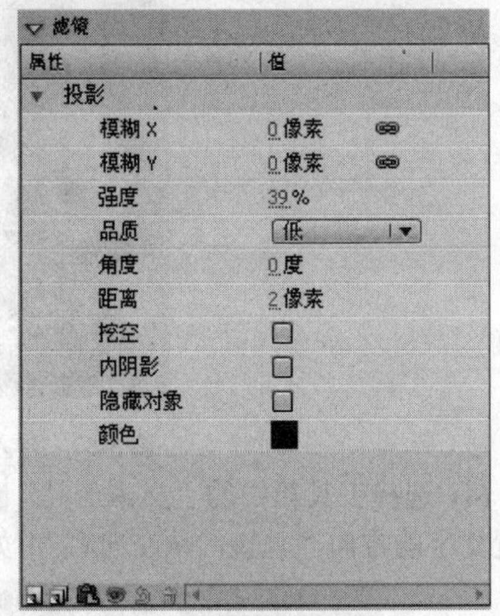

图 5-72 【属性】面板

(9) 双击舞台中的“元件 1”实例，进入其编辑窗口中，选择文字“辞”，按下 Ctrl+B 键将文字分离为图形。

(10) 打开【颜色】面板，按下 按钮，设置类型为“线性”、左侧色标为黄色(#FFF100)、中间色标为红色(#FF0600)、右侧色标为蓝色(#2513B1)，如图 5-73 所示。

(11) 使用“选择工具” 框选分离后的图形，然后选择工具箱中的“颜料桶工具”，由图形的上方向下拖拽鼠标，填充渐变色，结果如图 5-74 所示。

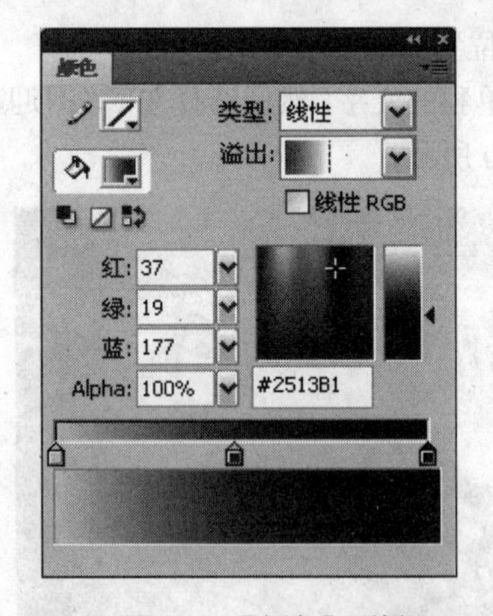

图 5-73 【颜色】面板

图 5-74　给“辞”字填充渐变色

(12) 选择工具箱中的“墨水瓶工具”，在【属性】面板中设置笔触颜色为白色、笔触为 2，在文字图形的周围单击鼠标为其描边，结果如图 5-75 所示。

(13) 单击舞台上方的 场景 1 按钮，返回到舞台中。

(14) 同时选择文字“旧迎新”，按下 F8 键将其转换为影片剪辑元件“元件 2”。

(15) 在【属性】面板中单击【滤镜】选项下方的 按钮，在弹出的菜单中选择【发光】命令，为其添加发光效果，如图 5-76 所示。

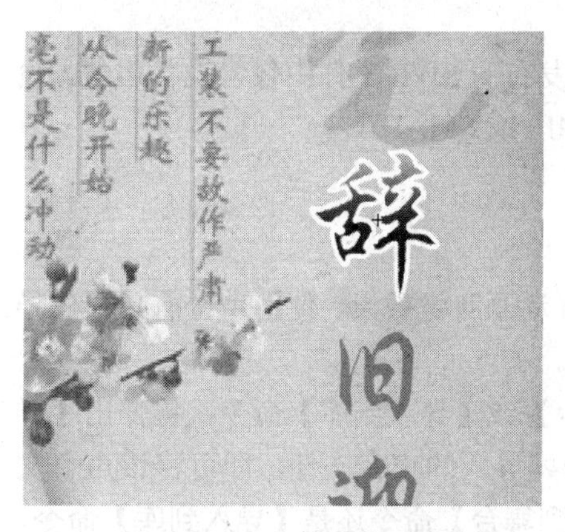

图 5-75　给“辞”图形描边

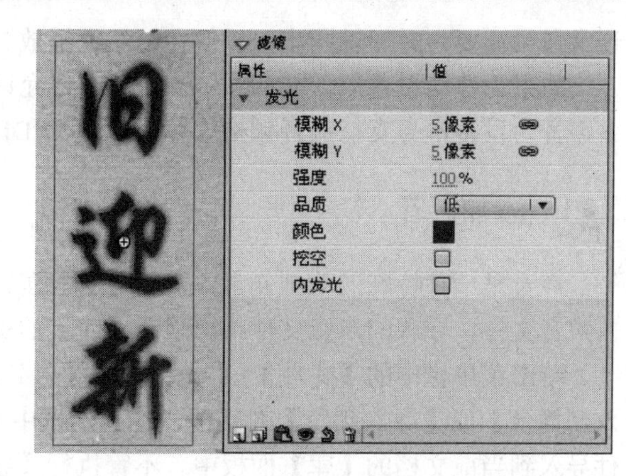

图 5-76　给“旧迎新”添加发光效果

(16) 双击舞台中的“元件 2”实例，进入其编辑窗口中，然后选择文字“旧迎新”，按下 Ctrl+B 键将文字分离为图形。

(17) 确保分离后的文字图形处于选择状态，在【属性】面板中设置填充颜色为红色(#EF4122)，则文字图形自动更新了颜色。

(18) 选择工具箱中的“墨水瓶工具”，在【属性】面板中设置笔触颜色为黄色(#EEE4B4)、笔触为 1，在文字图形的周围单击鼠标为其描边，结果如图 5-77 所示。

(19) 单击舞台上方的 场景 1 按钮，返回到舞台中，效果如图 5-78 所示。

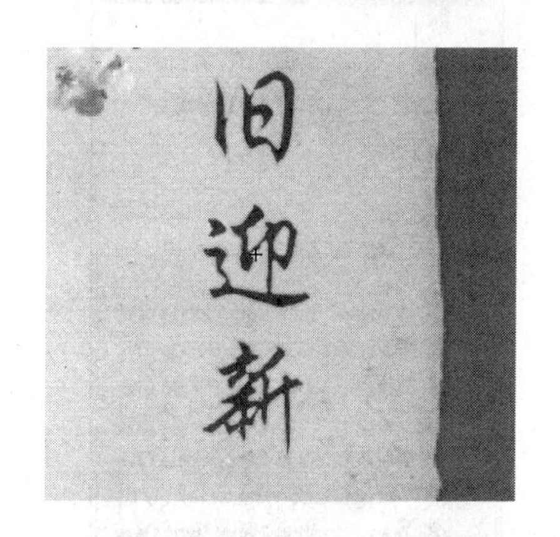

图 5-77　为“旧迎新”图形描边

图 5-78　舞台中的效果

(20) 至此完成了本例的制作，按下 Ctrl+S 键将文件保存为“辞旧迎新.fla”。

5.3　声音的应用

Flash CS4 提供了多种使用声音的方式。用户既可以使声音独立于时间轴连续播放，也可以将时间轴动画与音轨保持同步，还可以向按钮中添加声音，使按钮具有更强的互动性。另外，通过淡入淡出设置还可以使声音更加优美。

Flash 中有两种声音类型：事件声音和音频流。事件声音必须完全下载后才能开始播放，除非明确停止，否则它将一直连续播放。音频流在前几帧下载了足够的数据后就开始播放；

通常音频流要与时间轴同步，以便在网站上播放。

如果为移动设备创作 Flash 内容，Flash 还允许在发布的 SWF 文件中包含设备声音。设备声音为设备本身支持的音频格式编码，如 MIDI、MFi 或 SMAF。

5.3.1　添加声音

声音是一种特殊的动画元素，主要用于增强 Flash 动画听觉效果。使用声音前必须先导入声音文件，导入的声音文件将出现在【库】面板中。

单击菜单栏中的【文件】\【导入】\【导入到舞台】或【导入到库】命令，将弹出【导入到舞台】或【导入到库】对话框，在对话框中双击要导入的声音文件，即可将该声音文件导入到当前文档的【库】面板中。不管执行【导入到舞台】命令还是【导入到库】命令，都是将声音文件导入到【库】面板中，而不会直接导入到舞台中。如图 5-79 所示为导入声音文件后的【库】面板。

在 Flash CS4 中，除了可以导入声音文件以外，还提供了一个“声音”公用库，库中提供了各种效果的声音文件，可以直接使用。单击菜单栏中的【窗口】\【公用库】\【声音】命令，可以打开声音的公用【库】面板，如图 5-80 所示，将所需文件直接拖拽到舞台中即可。

图 5-79　【库】面板

图 5-80　声音的公用【库】面板

使用声音文件时要注意以下几点：

第一，建议在一个独立的图层上放置声音，将声音与动画内容分开，这样便于对动画进行管理。

第二，声音必须添加到关键帧或空白关键帧上。

第三，如果一个动画中要添加多个声音，建议每一个声音都放置在独立的图层上，以便于管理。

5.3.2　删除或切换声音

不管向文档中导入多少声音文件，声音文件都会出现在当前文档的【库】面板中。在【时间轴】面板中插入关键帧或空白关键帧后，将声音从【库】面板中拖拽到舞台中，即可在当前关键帧中插入声音。除此以外，还可以通过【属性】面板的【声音】选项添加、删除或切换声音。如果【库】面板中存在多个声音，在【属性】面板的【声音】选项中单击【名称】右侧的小按钮，在打开的列表中可以看到所有的声音文件，它与【库】面板中的声音是一致的，如图 5-81 所示。

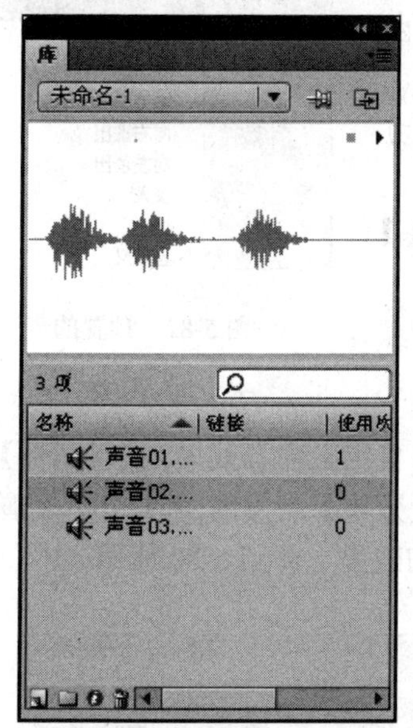

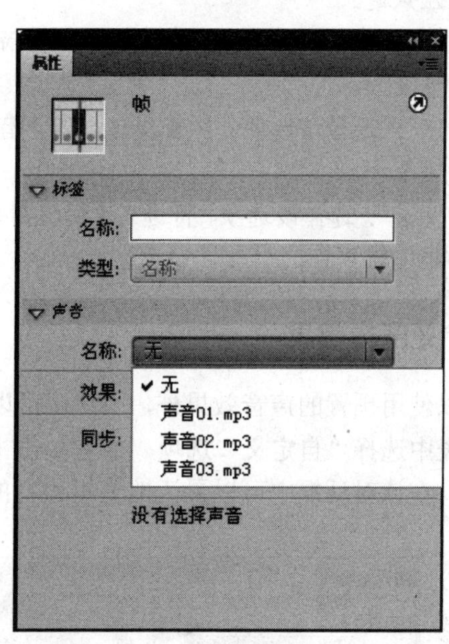

图 5-81　【库】面板与【属性】面板中的声音一致

添加声音：在【时间轴】面板中选择一个关键帧或空白关键帧，在【声音】选项的【名称】下拉列表中选择所需要的声音文件，即可将该声音添加到关键帧中。

删除声音：在【时间轴】面板中选择声音所在的关键帧，在【声音】选项的【名称】下拉列表中选择“无”，即可删除该帧中的声音。

切换声音：在【时间轴】面板中选择声音所在的关键帧，在【声音】选项的【名称】下拉列表中选择另一个声音文件，即可切换声音。

5.3.3　套用声音效果

为 Flash 文档添加声音以后，可以在【属性】面板中为声音套用不同的声音效果，这些效果是系统预置的，不需要设置就可以使用，包括“淡入”、“淡出”、“左声道”、“右声道”等。要使用这些效果，首先要选择声音所在的关键帧，这时【属性】面板中的【效果】选项变为可用状态，单击其右侧的小按钮，在打开的列表中选择预置的声音特效，如图 5-82 所示。

- “无”：选择该选项，不对声音应用效果。如果以前的声音添加了效果，选择该项时，将删除原来的声音效果。

- “左声道”：选择该选项，只在左声道中播放声音。
- “右声道”：选择该选项，只在右声道中播放声音。
- “向右淡出”：选择该选项，声音从左声道过渡到右声道。
- “向左淡出”：选择该选项，声音从右声道过渡到左声道。
- “淡入”：选择该选项，声音淡入，即声音由小慢慢变大。
- “淡出”：选择该选项，声音淡出，即声音由大慢慢变小。
- “自定义”：选择该选项，将进入【编辑封套】对话框编辑声音。

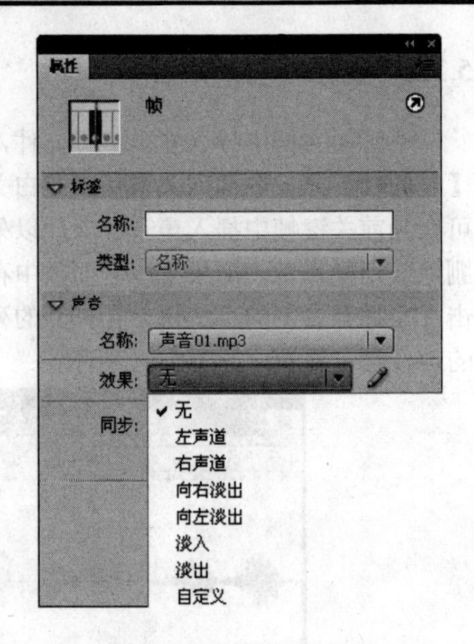

图 5-82　预置的声音效果

5.3.4　自定义声音效果

除了可以使用预置的声音效果外，用户还可以自定义声音效果。在【属性】面板的【效果】下拉列表中选择“自定义”选项，或者单击【效果】右侧的按钮，将弹出【编辑封套】对话框，在该对话框中可以灵活地编辑声音的效果，如图 5-83 所示。

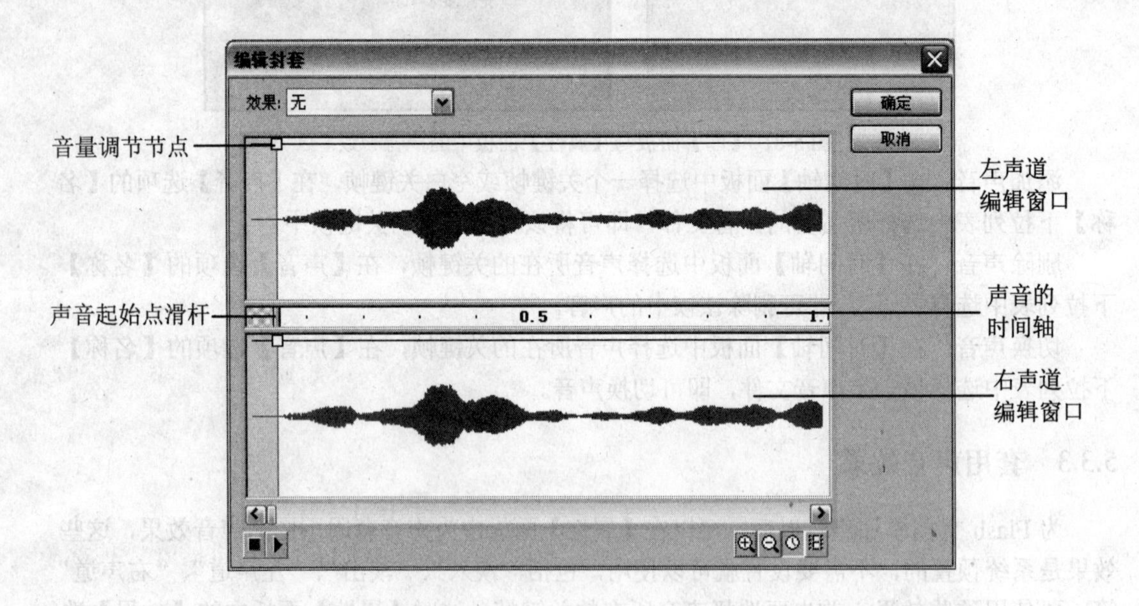

图 5-83　【编辑封套】面板

1. 音量调节节点

音量调节节点位于音量指示线上。默认情况下，在左、右声道的编辑窗口上方均有一条直线，即音量指示线，在音量指示线上单击鼠标，可以添加音量调节节点。

音量调节节点的作用是控制当前位置音量的大小，将其向下拖拽时音量减小，向上拖拽时音量提高。音量调节节点总是成对出现，编辑其中一个声道的音量时，不会影响另一个声道的音量，如图 5-84 所示。

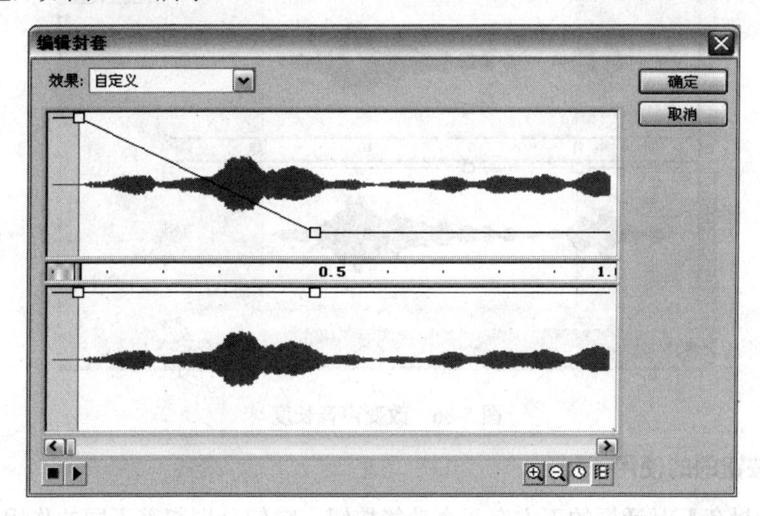

图 5-84　改变一个声道的音量

2. 声音的时间轴

声音的时间轴有两种表现形态，一种是以“秒”为单位，一种是以“帧”为单位。以“秒”为单位时，便于观察播放声音所需要的时间；以“帧”为单位时，便于观察声音在时间轴上的分布。两种形态之间可以自由切换，单击【编辑封套】对话框右下角的(秒)按钮或(帧)按钮即可切换。如图 5-85 所示为以“帧”为单位的时间轴。

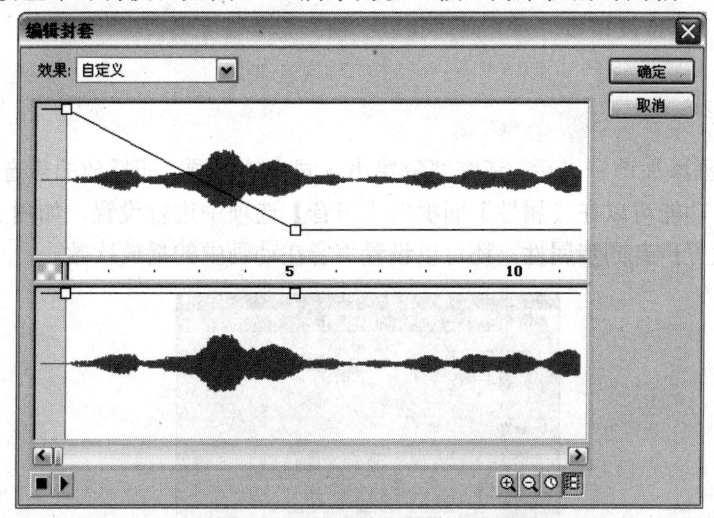

图 5-85　以“帧”为单位的时间轴

在【编辑封套】对话框中，可以对声音的长度进行截取。在声音时间轴的两侧各有一个滑杆，用于控制声音的起始点与结束点。拖动声音起始点滑杆与结束点滑杆，就可以截取声音，如图 5-86 所示即改变了声音的长度。在任意一个滑杆上双击鼠标，又可以使声音恢复到原来的长度。

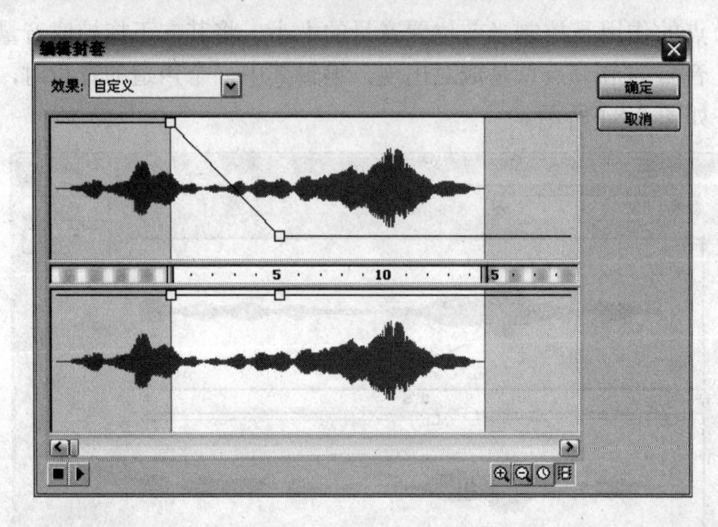

图 5-86　改变声音长度

3. 功能按钮的的使用

在【编辑封套】对话框的下方有几个功能按钮，它们分别起着不同的作用。

- (停止声音): 单击该按钮，可以停止声音的播放。
- (播放声音): 单击该按钮，可以在不关闭对话框的前提下播放声音，试听声音效果。
- (放大): 单击该按钮，可以放大编辑窗口的显示比例。
- (缩小): 单击该按钮，可以缩小编辑窗口的显示比例。
- (秒): 单击该按钮，声音时间轴以“秒”为单位显示。
- (帧): 单击该按钮，声音时间轴以“帧”为单位显示。

5.3.5　声音同步

为 Flash 动画添加声音以后，还需要解决声音同步的问题，即播放的声音要与播放的动画相匹配。这一功能可以在【属性】面板的【声音】选项中进行设置，如图 5-87 所示。在这里不仅可以设置声音同步属性，还可以设置声音在动画中的播放次数。

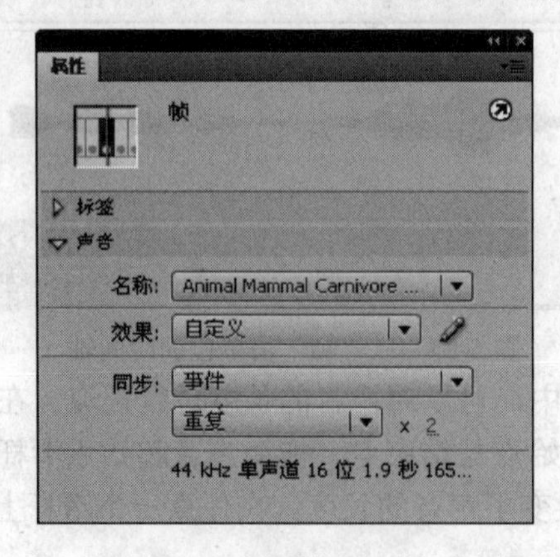

图 5-87　【属性】面板

在【同步】选项的下拉列表中共有四种声音同步类型，分别是“事件”、“开始”、“停止”和“数据流”。不同的类型影响着声音的播放方式。

- “事件”：该选项可以将声音和事件关联起来。当事件发生时声音开始播放，并独立于时间轴播放完整的声音，即使影片停止也继续播放。
- “开始”：该选项与“事件”选项相似，不同之处是，如果当前正在播放一个声音，当遇到一个新的声音时，两种声音会混在一起播放。
- “停止”：该选项将使指定的声音静音。需要指出的是，“停止”选项只能指定停止一个声音文件，如果要停止动画中所有的声音文件，则需使用ActionScript中的StopAllSounds命令。
- “数据流”：该选项用于在互联网上强制Flash动画和音频流同步。与事件声音不同，音频流会随着影片的停止而停止。该类型的声音通常用于动画的背景音乐。

5.3.6 课堂实践——音乐之声

声音在Flash动画中的应用主要表现为两种形式，一种是背景音乐，另一种是事件声音。设置背景音乐时，可以将声音文件设置为“数据流”。下面通过一个简单的实例学习如何添加背景音乐，最终效果如图5-88所示。

图5-88 最终效果

(1) 创建一个新的Flash文档。

(2) 按下Ctrl+J键，在【文档属性】对话框中设置尺寸为400×400像素、背景颜色为蓝色(#000066)、帧频为30 fps。

(3) 在【时间轴】面板中双击“图层1”的名称，将其重新命名为“圆形”。

(4) 选择工具箱中的“椭圆工具”，在舞台中绘制一个圆形，其大小为180像素左右，并将其放置到舞台正中偏上方的位置，如图5-89所示。

(5) 打开【颜色】面板，按下按钮，设置类型为“线性”，然后设置左侧色标为蓝色(#01028F)、右侧色标为浅蓝色(#4150AF)，如图5-90所示。

图5-89 绘制的圆形

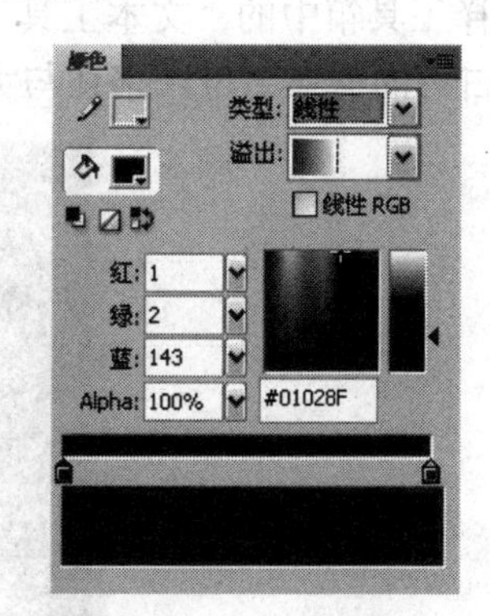

图5-90 【颜色】面板

(6) 选择工具箱中的“颜料桶工具”，在圆形中由上向下垂直拖拽鼠标，填充渐变色，结果如图5-91所示。

(7) 在“圆形”层上方创建一个新图层，重新命名为“高光”，参照前面的方法，绘制一个比上个圆形略小的圆形，位置如图 5-92 所示。

图 5-91　为圆形填充渐变色

图 5-92　绘制的略小圆形

(8) 在【颜色】面板中按下 按钮，设置类型为“线性”，然后设置左侧色标为白色，Alpha 值为 80%；右侧色标为白色，Alpha 值为 0%，如图 5-93 所示。

(9) 使用“颜料桶工具” 在圆形中由上向下垂直拖拽鼠标，填充渐变色，结果如图 5-94 所示。

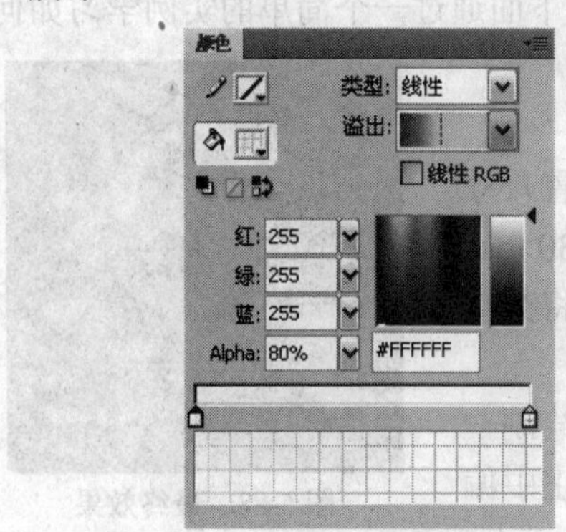

图 5-93 【颜色】面板

图 5-94　为略小圆形填充渐变色

(10) 在“高光”层的上方创建一个新图层，重新命名为“文字”。

(11) 选择工具箱中的“文本工具” ，在舞台中输入白色的“音乐之声”文字，并在其下方输入白色的英文字母，字体与大小任意，结果如图 5-95 所示。

图 5-95　输入的文字

(12) 按下 Ctrl+F8 键，创建一个名称为“闪电”的新影片剪辑元件，并进入其编辑窗口中。

(13) 按下 Ctrl+R 键，导入本书光盘“第 5 章”文件夹中的“闪电.swf”文件，这是一个逐帧动画，如图 5-96 所示。

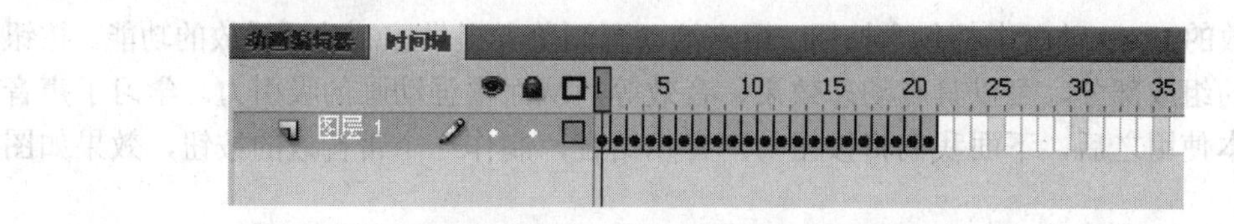

图 5-96　导入的文件“闪电.swf”

(14) 单击舞台上方的 场景 1 按钮，返回到舞台中。

(15) 在【时间轴】面板中创建一个新图层“闪电”，将其调整到“圆形”层与“高光”层之间。

(16) 按下 Ctrl+L 键打开【库】面板，将“闪电”元件从【库】面板中拖拽到舞台中，并将其缩放到合适的大小，然后在【属性】面板设置其 Alpha 值为 20%，结果如图 5-97 所示。

(17) 在“文字”层的上方创建一个新图层“声音”。

(18) 单击菜单栏中的【文件】\【导入】\【导入到舞台】命令，导入本书光盘“第 5 章”文件夹中的“sound2.mp3”文件。

(19) 将“sound2.mp3”从【库】面板中拖拽到舞台中，则在“声音”层中可以看到声音的波形。

(20) 选择“声音”层的第 1 帧，在【属性】面板的【效果】下拉列表中选择“淡入”选项；在【同步】下拉列表中选择“开始”选项，如图 5-98 所示。

图 5-97　添加的实例

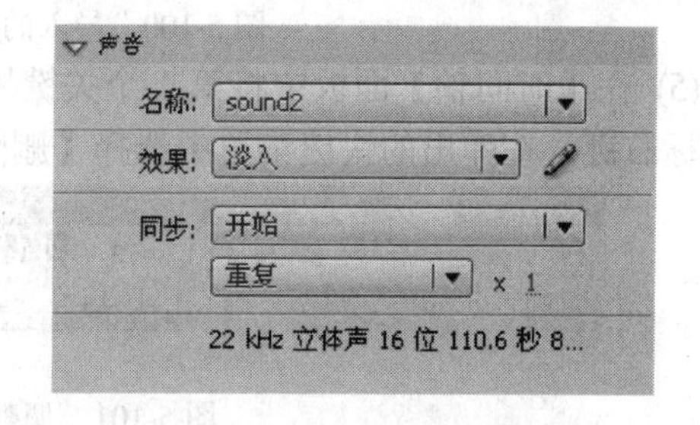

图 5-98　【属性】面板

(21) 选择所有图层的第 400 帧，按下 F5 键插入普通帧，确定动画的播放长度。

在【同步】下拉列表中，如果选择“事件”选项，则动画播放完 400 帧后，不管动画中的声音是否播放完，都重新播放声音；如果选择“数据流”选项，则动画播放完 400 帧后，声音随着动画播放完毕而停止；如果选择“开始”选项，则动画播放完 400 帧后，声音还会继续播放，直到声音播放完毕，再循环播放声音。

(22) 按下 Ctrl+Enter 键测试影片，可以看到闪电在圆形图中放光，同时又可以听到声音在播放。

(23) 关闭测试窗口，按下 Ctrl+S 键将文件保存为“音乐之声.fla”。

5.3.7　课堂实践——音乐按钮

大多数的 Flash 动画中都包含按钮，用来给动画浏览者提供控制动画播放的功能。按钮作为动画的组成部分，可以具有动态效果、音效等，从而增强动画的吸引力。学习了声音文件的基本使用之后，下面我们将按钮与声音相结合，制作一个带音效的按钮，效果如图 5-99 所示。

图 5-99　最终效果

(1) 创建一个新的 Flash 文档。

(2) 按下 Ctrl+J 键，在【文档属性】对话框中设置尺寸为 120 × 120 像素、帧频为 12 fps。

(3) 按下 Ctrl+F8 键，创建一个名称为“音乐盒”的新影片剪辑元件，并进入其编辑窗口中。

(4) 按下 Ctrl+R 键，导入本书光盘“第 5 章”文件夹中的“TEDDY.gif”文件，其【时间轴】面板如图 5-100 所示。

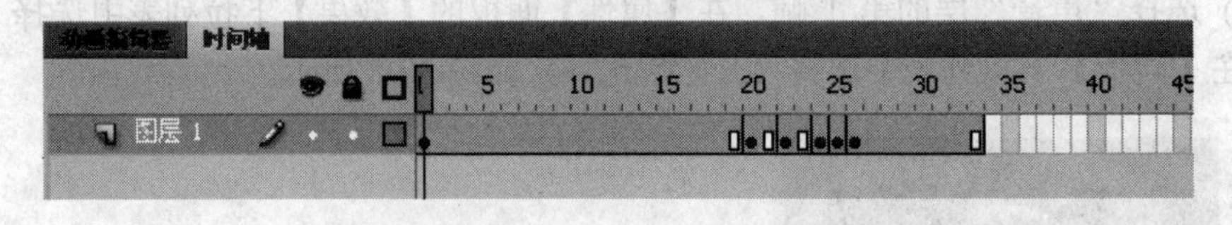

图 5-100　导入的文件“TEDDY.gif”

(5) 在【时间轴】面板中将第 1 个关键帧拖拽到第 19 帧处，然后选择第 1～18 帧，单击鼠标右键，在弹出的快捷菜单中选择【删除帧】命令，结果如图 5-101 所示。

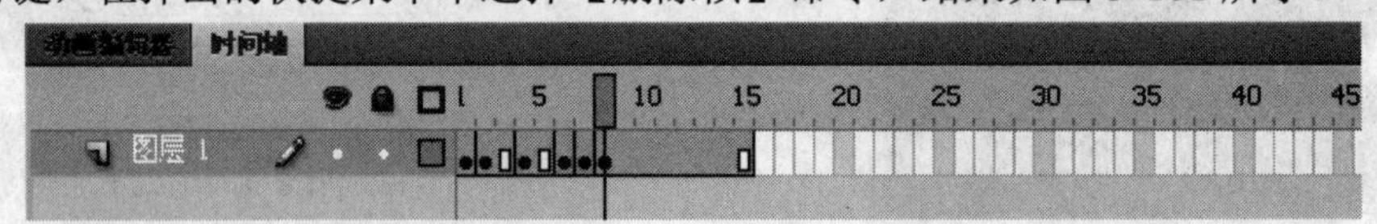

图 5-101　调整关键帧后的效果

(6) 在【时间轴】面板中选择第 60 帧，按下 F5 键将动画延长，结果如图 5-102 所示。

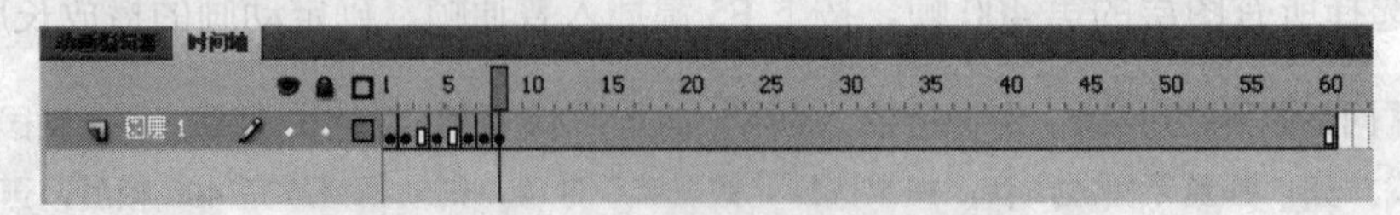

图 5-102 【时间轴】面板

(7) 单击舞台上方的 场景 1 按钮，返回到舞台中。

(8) 按下 Ctrl+L 键，打开【库】面板，将“音乐盒”元件从【库】面板中拖拽到舞台的中心位置。

(9) 选择舞台中的“音乐盒”实例，按下 F8 键将其转换为按钮元件“音乐盒按钮”。

(10) 双击舞台中的“音乐盒按钮”实例，进入其编辑窗口中。

(11) 在“图层1”的“指针经过”、“按下”帧处分别按下F6键，插入关键帧，如图5-103所示。

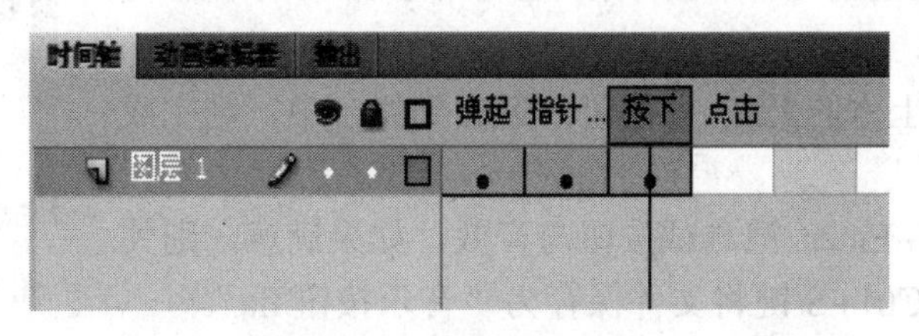

图5-103　插入关键帧

(12) 选择“弹起”帧中的“音乐盒”实例，在【属性】面板中选择实例类型为“图形”，在【循环】选项中设置选项为“单帧”、第一帧为1，如图5-104所示。

(13) 选择“按下”帧中的“音乐盒”实例，参照“弹起”帧中“音乐盒”实例的设置，在【属性】面板中做相同的设置。

(14) 在“图层1”的上方创建一个新图层“图层2”，在“指针经过”帧处按下F6键，插入关键帧。

(15) 导入本书光盘“第5章”文件夹中的“Clutter.wav”文件，然后从【库】面板中将“Clutter.wav”声音文件拖拽到舞台中。

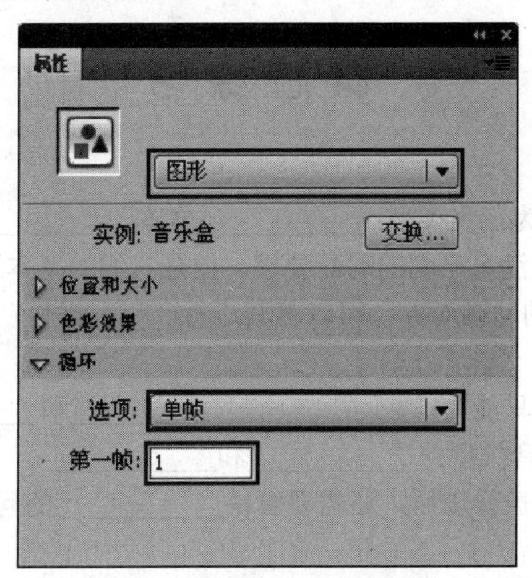

图5-104　转换实例的类型

(16) 在“图层2”的“按下”帧处按下F7键，插入空白关键帧，如图5-105所示。

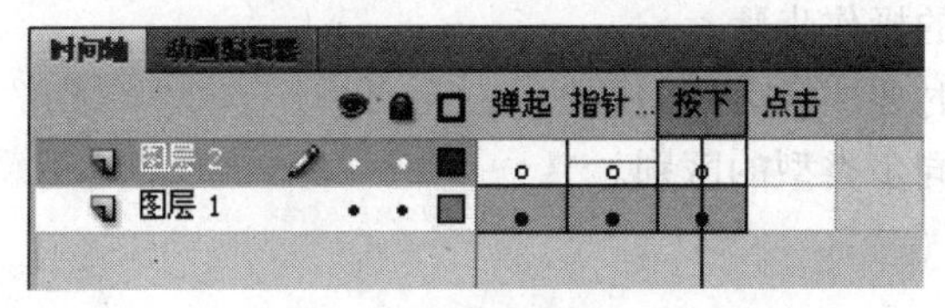

图5-105　插入空白关键帧

在“图层2”的“按下”帧处插入空白关键帧的目的是，当鼠标按下按钮时声音消失，如果不对“按下”帧进行设置，则“指针经过”帧中的声音会延续到这一帧中。

(17) 在“图层 2”的“点击”帧处按下 F7 键，插入空白关键帧。然后使用“矩形工具”在舞台中绘制一个与音乐盒大小一致的矩形，使其覆盖住音乐盒，作为按钮触发区，如图 5-106 所示。

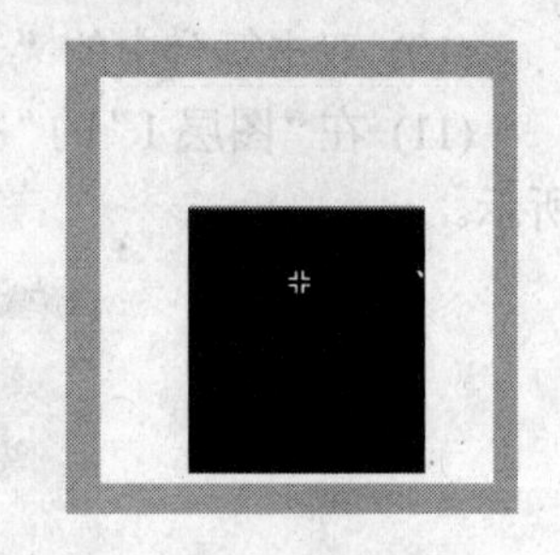

图 5-106 绘制的矩形

(18) 单击舞台上方的 场景 1 按钮，返回到舞台中，则完成了本例的制作。

(19) 按下 Ctrl+Enter 键测试按钮与音效，如果满意，则关闭测试窗口，按下 Ctrl+S 键将文件保存为“音乐按钮.fla”。

本章小结

本章我们主要讲解了文本的输入、属性设置及操作，同时还有滤镜的使用以及声音的使用技术。所有这些内容都是制作 Flash 动画之前必须掌握的。文本与声音是重要的动画元素，其独立性比较强，所以单独放在一章中进行介绍；而滤镜则是 Flash 的新功能，借鉴了 Photoshop 的某些功能，但是它只能用于文本、影片剪辑与按钮。

在本章的课堂练习中，涉及到一些动画的内容，按照步骤进行操作即可，关于更详细的动画知识，请阅读第 6 章与第 7 章中的内容。

课后练习

一、填空题

1. Flash 中的文本分为三大类型：__________文本、__________文本和__________文本。不同的文本类型可以满足不同的动画要求，但是它们的基本属性设置是一样的。

2. 文本是一种特殊的动画对象，可以将其进行______操作，将其转换为图形，然后像编辑图形一样编辑它。

3. 在 Flash 中，我们只能为__________、__________和__________添加滤镜效果。

4. Flash 中有两种声音类型：__________和__________。

5. 为 Flash 动画添加声音以后，还需要解决__________的问题，即播放的声音要与播放的动画相匹配。

二、简答题

1. 简述分离文本的操作步骤。

2. 使用声音文件时要注意哪些问题？

3. 简述四种声音同步类型的区别。

第 6 章　图层与帧的应用

本 章 内 容

- 认识【时间轴】面板
- 图层的使用
- 帧的应用
- 本章小结
- 课后练习

前面章节中主要学习了动画元素的创建、搜集、管理等操作，而所有这些操作都是为了制作 Flash 动画做准备。有了动画素材以后，我们还必须认识【时间轴】面板并掌握相关的操作，这样才能驾轻就熟地制作 Flash 动画。【时间轴】面板是进行 Flash 作品创作的核心部分，它主要分为左、右两部分：左侧为图层操作区，右侧为帧操作区。本章的重点内容是图层与帧的操作，只有掌握了这些知识，才能为后面的动画制作打下良好的基础。

6.1　认识【时间轴】面板

在 Flash 界面中，【时间轴】面板位于窗口的最下方，是制作 Flash 动画的核心区域。单击菜单栏中的【窗口】\【时间轴】命令(或者按下 Ctrl+Alt+T 键)，可以显示或隐藏【时间轴】面板。【时间轴】面板由图层、帧和播放头组成，如图 6-1 所示。在时间轴的上端标有帧号，播放头标示当前帧的位置。

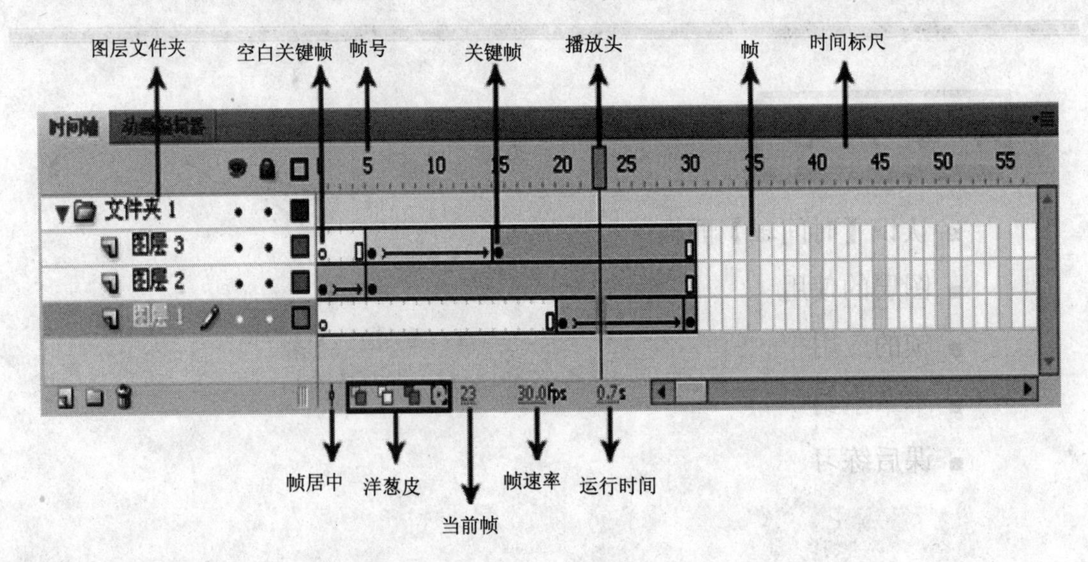

图 6-1 【时间轴】面板

- 图层文件夹：相当于 Windows 系统中的文件夹，用来管理图层，使图层更加有序。
- 时间标尺：在【时间轴】面板上方有一个刻度尺，称为时间标尺，用于标识动画的帧数。
- 帧号：指帧的序号，显示在时间标尺上，每隔 5 帧显示一个序号。
- 播放头：用于指示当前帧的位置，播放动画时，播放头由左向右移动。
- 帧：可以理解为构成动画的影格，一个影格就是一帧。在 Flash 动画中，帧分为普通帧、关键帧、空白关键帧。
- 关键帧：用于放置动画对象的帧，后面将详细介绍。
- 空白关键帧：是一种特殊的关键帧，指没有放置任何动画对象的关键帧。
- (帧居中)：单击该按钮，可以使播放头位于【时间轴】可视区域的中间位置。
- (洋葱皮)：用于控制与操作动画的多个帧。

- 当前帧：该选项显示播放头所在的位置。
- 帧速率：每秒钟播放的帧数。该值影响动画的流畅程度，一般可以设置为 24 帧/秒。
- 运行时间：显示动画从开始运行到播放头的位置所需要的时间。

6.2 图层的使用

学习过 Photoshop 的读者一定熟悉“图层”的概念，它好比一些透明的纸，把图像的不同部分画在不同的透明纸上，然后把它们叠放在一起便形成一幅完整的图画。在 Flash 中，图层也是这个概念，我们可以将舞台中的动画对象放在不同的层上，使动画对象互不干扰。

在 Flash 中使用图层并不会增加文件的大小，相反它可以更好地安排和组织图形、文字等动画对象。在【时间轴】面板中，行代表图层，列代表帧。使用图层可以让不同的动画对象同时发生不同的运动，这样可以使动画复杂化。

6.2.1 新建与删除图层

新建的 Flash 文档只包含一个图层，默认图层名称为“图层 1”。用户可以根据需要自由创建图层。新建的图层自动排列在当前图层的上方，并且以“图层 1”、“图层 2”、“图层 3”……依次命名。

新建图层的方法有三种，具体操作如下：

➪*方法一*：在【时间轴】面板的下方单击(新建图层)按钮，可以创建新图层，每单击一次，创建一个新图层，如图 6-2 所示。

➪*方法二*：单击菜单栏中的【插入】\【时间轴】\【图层】命令，也可以创建新图层，如图 6-3 所示。

➪*方法三*：在【时间轴】面板左侧的图层上单击鼠标右键，在弹出的快捷菜单中选择【插入图层】命令，也可以创建新图层。

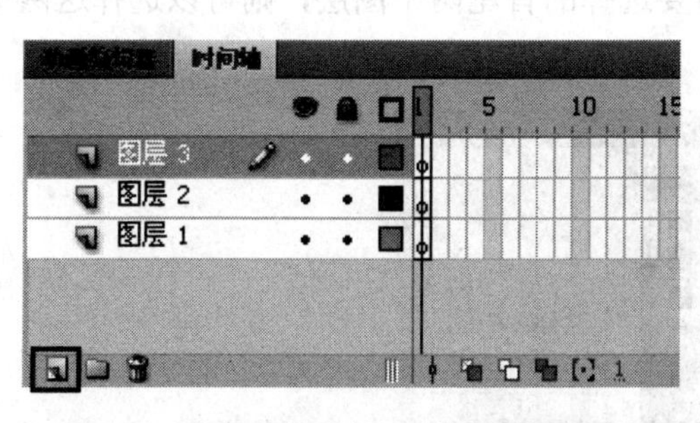

图 6-2 通过【时间轴】面板创建新图层

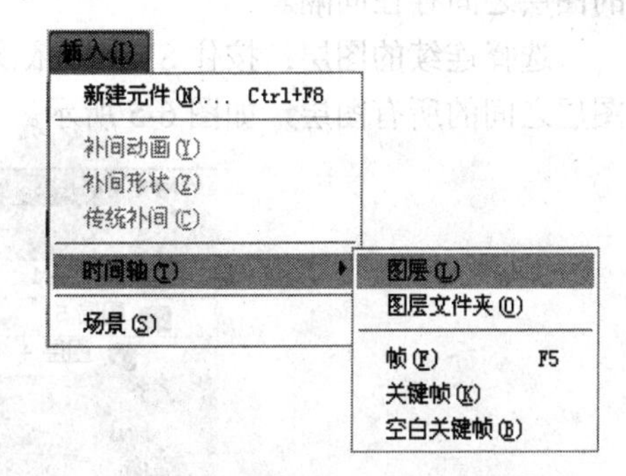

图 6-3 通过菜单命令创建新图层

在制作动画的过程中，用户可以随时删除不需要的图层。删除图层的方法非常简单，选择要删除的图层，然后在【时间轴】面板中单击(删除图层)按钮，即可删除所选的图层。在 Flash 中删除图层时并不出现删除提示框，因此执行该操作前必须确认是否正确选择了要删除的图层。

6.2.2　选择图层

选择图层是编辑图层的基础。在舞台中选择对象后，相应地也选择了对象所在的图层；同样，选择图层后可以将图层中所有的对象全部选择。

对图层进行操作时，必须先将其确认为当前图层，即选择该图层。虽然同一时刻只能对一个图层的内容进行编辑，但是 Flash 允许选择多个图层。

1. 选择单个图层

选择单个图层就是一次只选择一个图层，可以通过三种方法进行选择。

➪方法一：在【时间轴】面板左侧的图层列表中单击要选择的图层，这时图层以反白显示，表示选择了该图层，如图 6-4 所示。

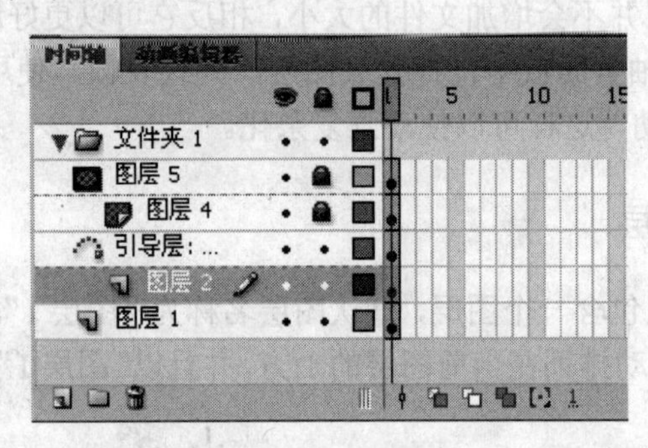

图 6-4　选择图层

➪方法二：在【时间轴】面板中，横向代表图层，纵向代表帧，所以单击某一帧时，也会选择该帧所对应的图层。

➪方法三：在舞台中单击某个对象，选择对象的同时也会选择该对象所在的图层。

2. 选择多个图层

选择多个图层时分为两种情况：一种是连续的图层；一种是不连续的图层，即被选择的图层之间存在间隔。

选择连续的图层：按住 Shift 键依次单击需要选择的首尾两个图层，则可以选择这两个图层之间的所有图层，如图 6-5 所示。

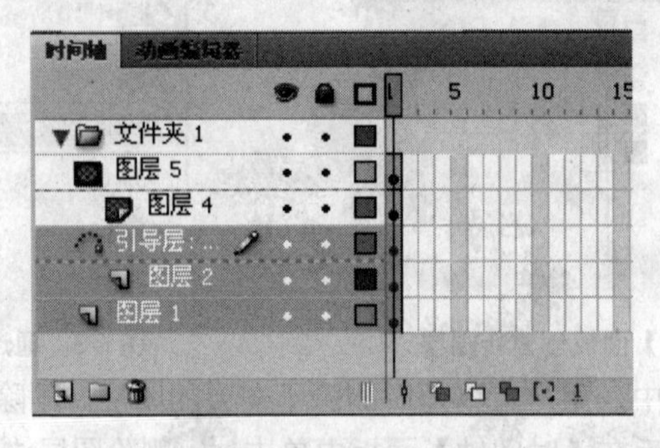

图 6-5　选择连续的图层

选择不连续的图层：按住 Ctrl 键依次单击需要选择的图层，则单击哪个图层，哪个图层即被选中，如图 6-6 所示。

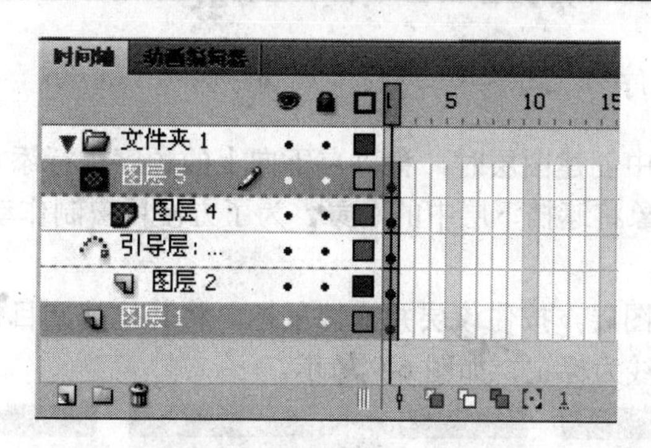

图 6-6　选择不连续的图层

6.2.3　重命名图层

创建新图层时，系统会自动命名图层为“图层 1”、“图层 2”、……、“图层 N”。对于简单的动画而言，可以不理会图层的名称，但是如果动画比较复杂，存在数十、数百个图层时，就容易造成管理混乱，不知道哪一个图层放着什么内容。为了便于管理，提高工作效率，可以根据图层的内容为图层命名。

➪*方法一*：在【时间轴】面板中双击要改变的图层名称(注意，一定要双击图层名称位置)，则图层名称处于一种激活状态，此时输入新的图层名称，然后按下 Enter 键即可，如图 6-7 所示。

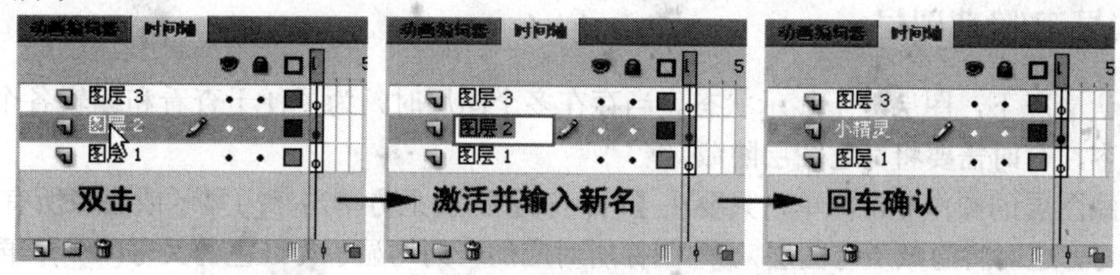

图 6-7　重命名图层

➪*方法二*：在【时间轴】面板中双击图层名称前面的小标志，或者在图层名称上单击鼠标右键，选择快捷菜单中的【属性】命令，则弹出【图层属性】对话框。在该对话框中的【名称】文本框中输入新的图层名称，如图 6-8 所示。

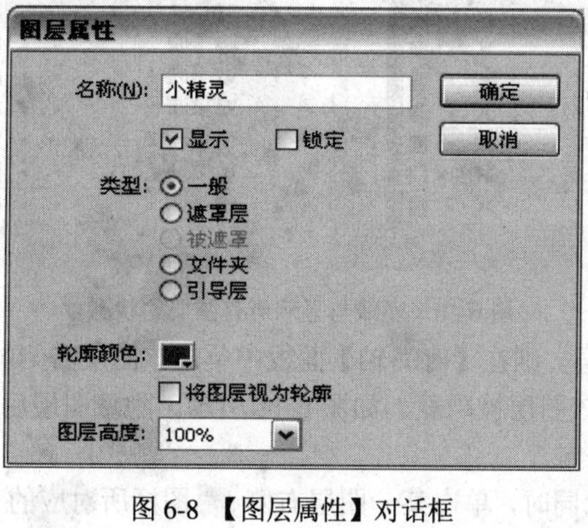

图 6-8　【图层属性】对话框

6.2.4　调整图层的顺序

在【时间轴】面板中创建图层时，将以自下向上的顺序进行添加，如果对象之间存在重叠现象，则上层中对象将遮挡下层中的对象。为了方便用户制作动画，Flash 允许用户根据需要调整图层的顺序。

选择要更改顺序的图层，按住该层并拖拽鼠标，将其拖拽到目标位置释放鼠标即可。在拖拽鼠标时以一条黑线为标记，如图 6-9 所示。

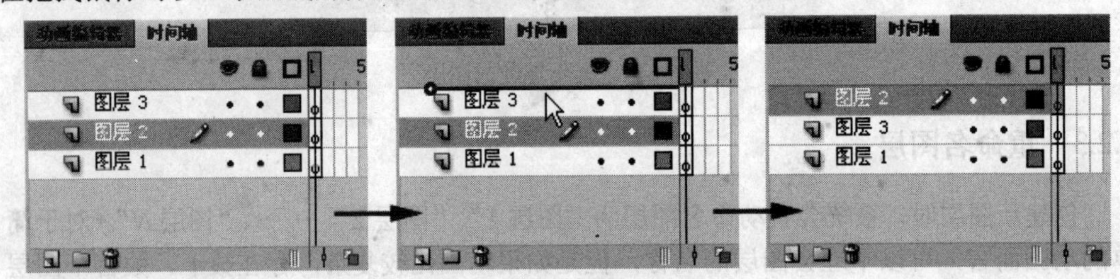

图 6-9　更改图层的顺序

更改图层顺序时，可以只更改一个图层的顺序，也可以同时更改多个图层的顺序，二者操作方法相同，只是后者在拖拽鼠标之前要先选择多个图层(可以是相邻的或不相邻的多个图层)。

6.2.5　显示/隐藏图层

默认情况下，图层处于显示状态。当存在多个图层时，为了便于查看和编辑各个图层中的内容，有时需要将其它图层隐藏。

隐藏图层的操作非常简单，只要在【时间轴】面板上方单击(显示或隐藏所有图层)图标即可，这时将隐藏所有图层，图标所对应的一列均显示为红色的叉号(×)。再次单击图标，则显示所有图层，图标所对应的一列均显示为黑色的圆点·，如图 6-10 所示。

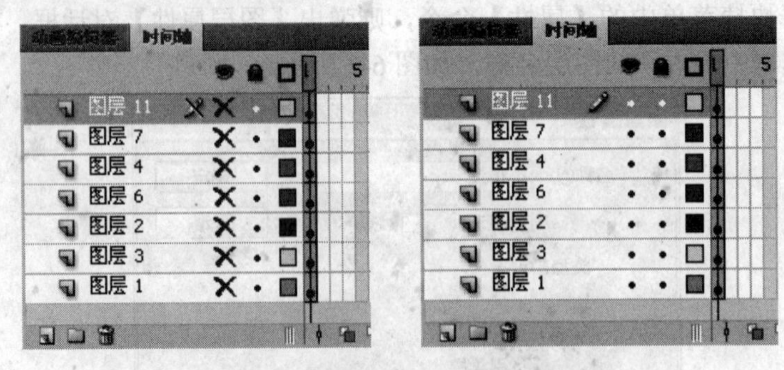

图 6-10　隐藏与显示所有图层的状态

如果要隐藏单个图层，则在【时间轴】面板中单击该图层右侧的图标所对应的·，则·显示为×，表示该图层被隐藏，如图 6-11 所示。隐藏图层后，该图层中的所有对象也被隐藏。

另外，按住 Alt 键的同时，单击某一图层右侧图标所对应的·，可以隐藏除该图层以外的所有图层，如图 6-12 所示。

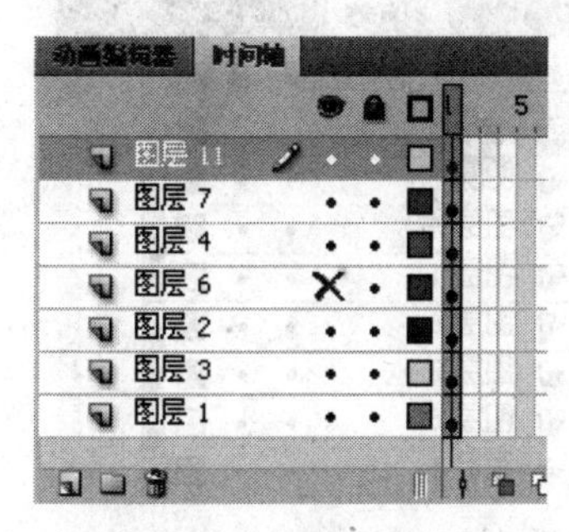

图 6-11　隐藏单个图层

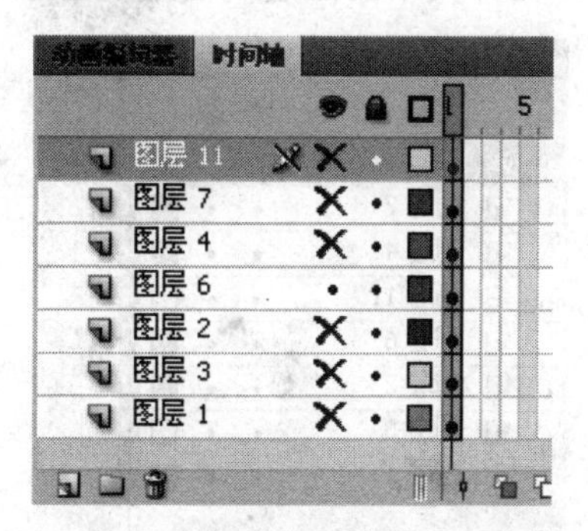

图 6-12　按住 Alt 键隐藏其它图层

6.2.6　锁定/解锁图层

在编辑某个图层的对象时，常会对其它图层中的对象产生误操作。为了避免影响到其它图层的内容，可以将其它图层锁定。

锁定/解锁图层的操作可以参照显示/隐藏图层的操作进行。如果单击【时间轴】面板上方的(锁定或解除锁定所有图层)图标，则所有图层被锁定，如图 6-13 所示。再次单击该图标，则解除锁定所有图层。

单击某图层右侧的图标所对应的·，可以锁定该图层。另外，如果按住 Alt 键的同时，单击某图层右侧的图标所对应的·，可以锁定该图层以外的所有图层，如图 6-14 所示。

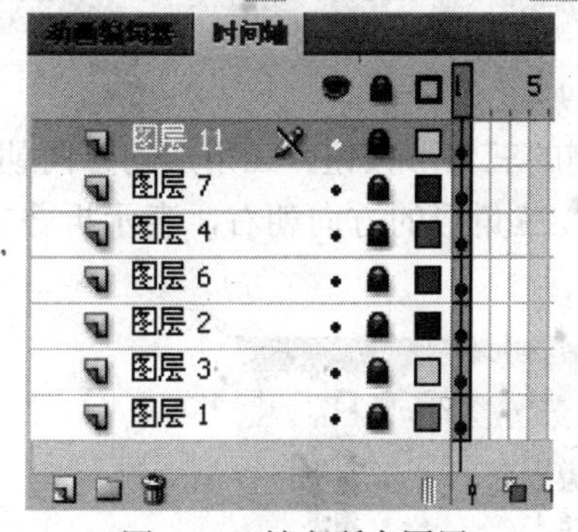

图 6-13　锁定所有图层

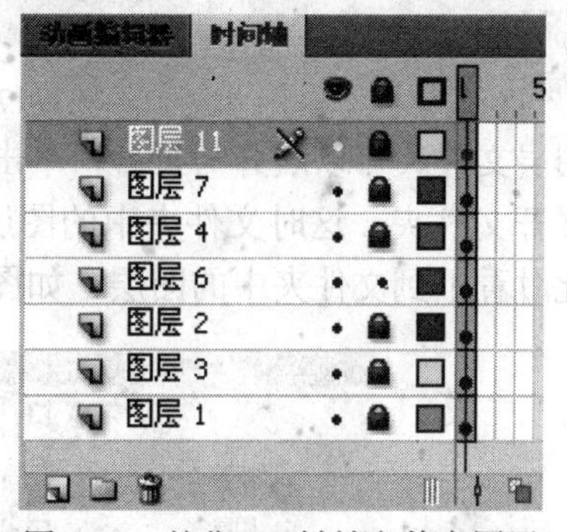

图 6-14　按住 Alt 键锁定其它图层

6.2.7　图层文件夹

图层文件夹如同 Windows 中的文件夹一样，可以对图层进行分门别类的整理，使工作更加有效，其操作方法可以参照图层的操作。

在【时间轴】面板中单击(新建文件夹)按钮，可以创建一个图层文件夹，默认名称为“文件夹 1”，如图 6-15 所示。

为了方便地识别图层文件夹中的内容，可以根据文件夹中的内容给图层文件夹重新命名。双击图层文件夹的名称，然后输入新的名字即可，如图 6-16 所示。

新建的图层文件夹中没有任何图层，如果要将图层移入图层文件夹中，首先需要选择图层，然后将其拖拽至图层文件夹的下方，当出现一条黑线时释放鼠标，则图层被移至文件夹中，文件夹中的图层向右缩进显示，如图 6-17 所示。

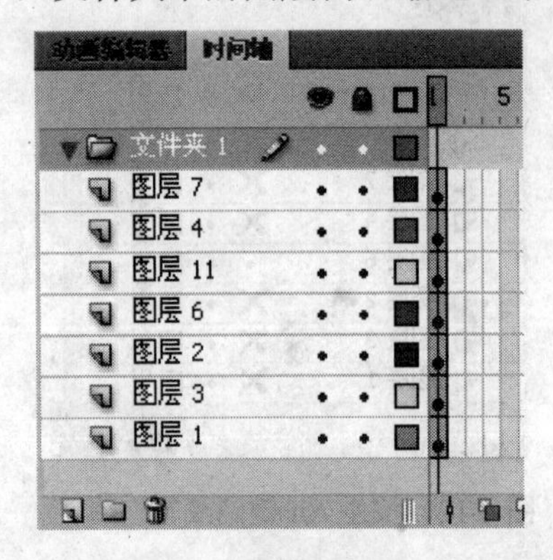

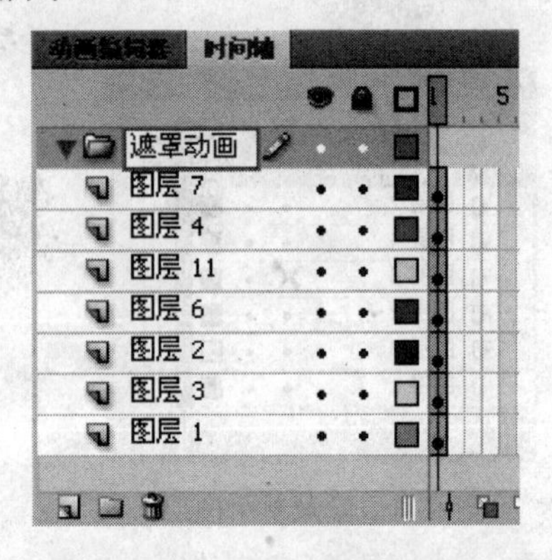

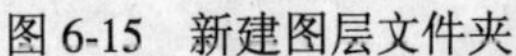

图 6-15　新建图层文件夹　　图 6-16　修改文件夹名称

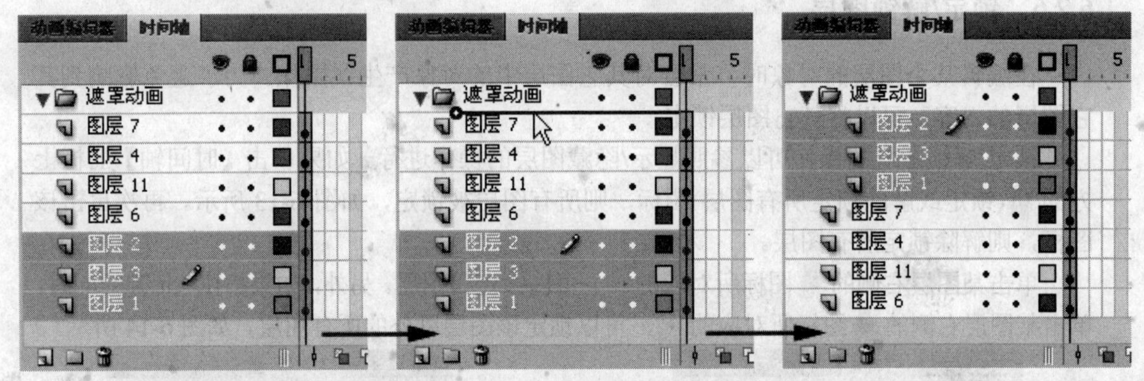

图 6-17　将图层移至文件夹中

图层文件夹可以展开与折叠，单击图层文件夹左侧的三角形按钮，三角形的方向朝下，表示展开文件夹，这时文件夹中的图层向右缩进显示；三角形的方向朝右，表示折叠文件夹，此时看不到文件夹中的图层，如图 6-18 所示。

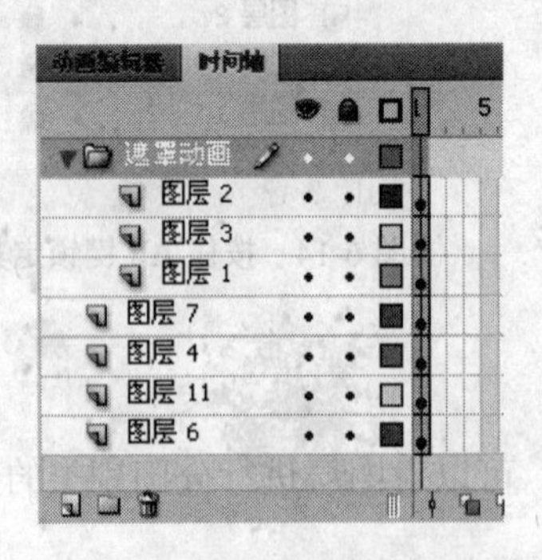

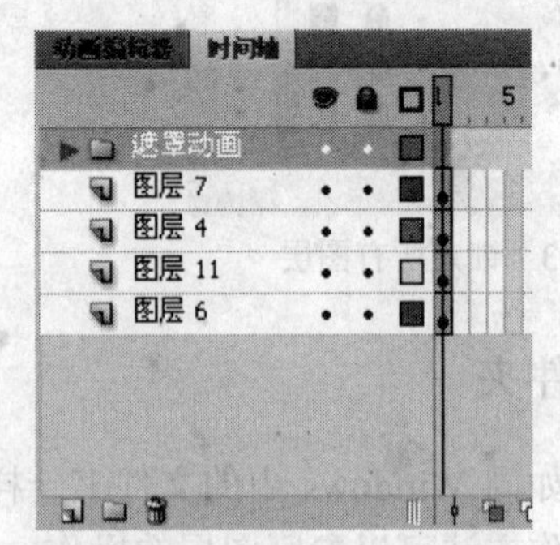

图 6-18　图层文件夹的展开与折叠状态

6.2.8　设置图层的属性

Flash 中的图层有普通层、引导层、遮罩层、被遮罩层等多种类型。不同类型的图层其属性设置也不同，另外，图层列表的高度也是可以设置的，而这些内容往往需要通过【图层属性】对话框来完成。

选择需要设置属性的图层，单击菜单栏中的【修改】\【时间轴】\【图层属性】命令，或者在图层上单击鼠标右键，选择快捷菜单中的【属性】命令，将弹出【图层属性】对话框，如图6-19所示。

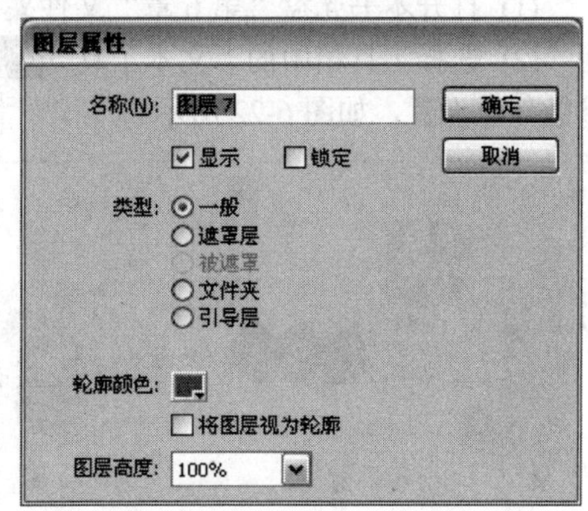

图6-19 【图层属性】对话框

- 【名称】：用于显示和修改图层的名称。
- 【显示】：选择该选项，该图层为显示状态，反之则隐藏。
- 【锁定】：选择该选项，该图层将被锁定，反之则不锁定。
- 【类型】：选择“一般”选项，则该图层为普通图层，这是默认的图层类型。在普通图层中可以绘制图形或创建元件的实例。选择“遮罩层”选项，则该图层为遮罩层。使用遮罩层可以实现多种特殊的效果，如水中倒影、波浪文字等。选择“被遮罩”选项，则该图层为被遮罩层。被遮罩层与遮罩层结合使用，可以制作遮罩动画。选择“文件夹”选项，则该图层为文件夹。如果将已经完成的图层改为文件夹后，图层中的帧将被删除。选择“引导层”选项，则该图层为引导层。在引导层中可以创建栅格、辅助线、背景和其它图形，用于辅助设计动画；也可以创建引导层动画。
- 【轮廓颜色】：单击该项右侧的颜色块，可以设置图层的轮廓颜色。如果选择了“将图层视为轮廓”选项，则该图层上所有的图形都将以轮廓模式来显示。
- 【图层高度】：用于设置图层列表中图层的高度。可以选择100%、200%和300%，如图6-20所示分别为不同的高度效果。

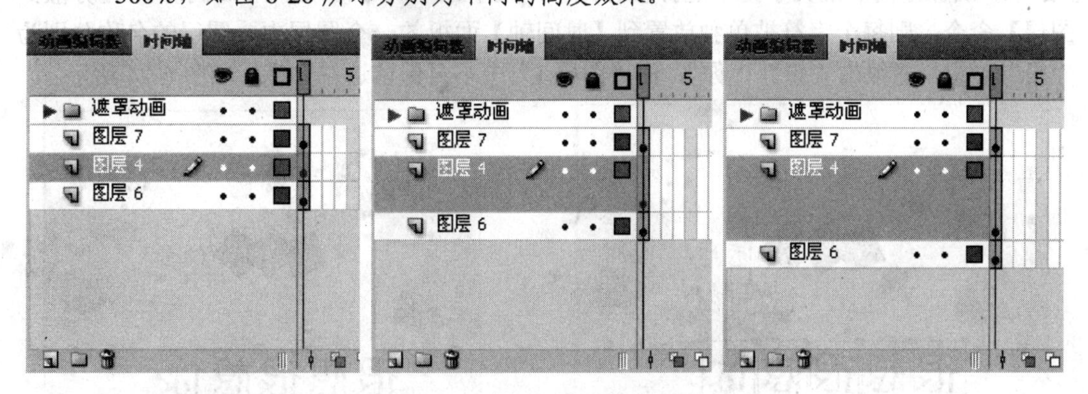

图6-20　图层不同的高度效果

6.2.9　分散到图层

【分散到图层】命令可以快速地将同一帧中的对象分散到各个独立的图层中，从而为创建动画提供快速的操作途径。

执行该命令之前，必须先选择要操作的对象，这些对象可以位于一个图层上，也可以位于多个图层中；类型可以为图形、实例、位图、视频剪辑，还可以是分离后的单个文本。下面通过实例学习该命令的使用。

(1) 打开本书光盘“第 6 章”文件夹中的“分配文字.fla”文件，如图 6-21 所示。

(2) 选择工具箱中的“文本工具”T，在舞台中输入文字“很想很想你”，文字的属性参数任意设置，如图 6-22 所示。

图 6-21　打开的文件“分配文字.fla”

图 6-22　输入的文字

(3) 选择输入的文字，单击鼠标右键，在弹出的快捷菜单中选择【分离】命令，则文字被分离成单独的文字字符，如图 6-23 所示。

(4) 确保分离后的文字处于选择状态，单击菜单栏中的【修改】\【时间轴】\【分散到图层】命令，则每个字符被单独放置到【时间轴】面板的一个图层中，图层的名称分别为“很”、“想”、“很”、“想”、“你”，而“图层 1”中不再保留这些文字，如图 6-24 所示。

图 6-23　分离的文字字符

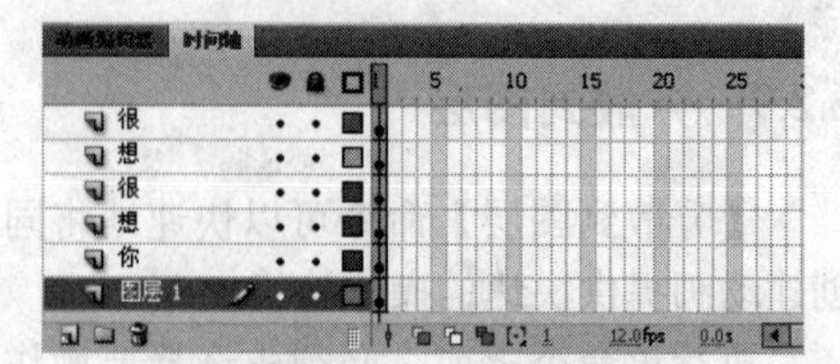

图 6-24　分散到图层

6.2.10　课堂练习——图案背景

在 Flash 中使用图层可以让动画更加复杂，通过前面的学习，我们已经对图层的相关知识有所了解，接下来，通过制作一个简单的实例，进一步认识图层的运用。本例的最终效果如图 6-25 所示。

图 6-25　最终效果

(1) 创建一个新的 Flash 文档。

(2) 按下 Ctrl+J 键，在【文档属性】对话框中设置尺寸为 400×400 像素、背景颜色为黑色、帧频为 12 fps。

(3) 选择工具箱中的“矩形工具”，在【属性】面板中设置笔触颜色为无色、填充颜色随意，在舞台中绘制一个矩形，宽度为 400 像素，高度为 393 像素。

(4) 按下 Shift+F9 键打开【颜色】面板，设置类型为“线性”，设置左侧色标为淡黄色(#FFF5CE)、右侧色标为橘黄色(#FF9900)，如图 6-26 所示。

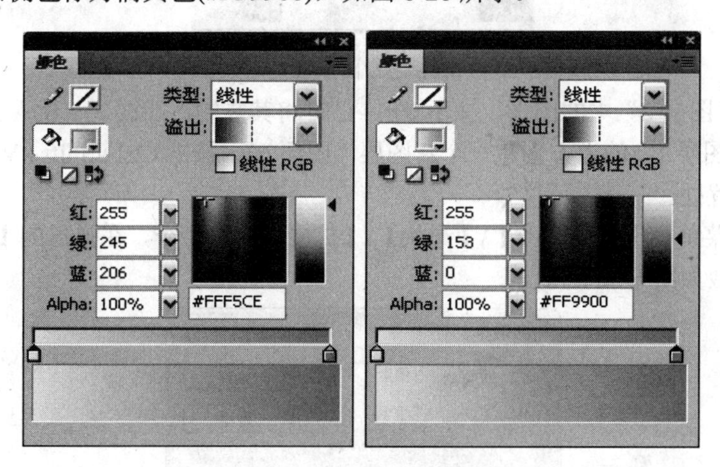

图 6-26 【颜色】面板

(5) 选择工具箱中的“颜料桶工具”，在矩形中由下向上拖拽鼠标，填充渐变色，结果如图 6-27 所示。

(6) 在“图层 1”的上方创建一个新图层“图层 2”。

(7) 选择工具箱中的“椭圆工具”，在【属性】面板中设置笔触颜色为无色、填充颜色为白色。在舞台中拖拽鼠标绘制多个椭圆，然后将其组合在一起，如图 6-28 所示。

图 6-27　填充渐变色

图 6-28　组合后的图形

(8) 在“图层 1”的上方创建一个新图层“图层 3”，在【颜色】面板中设置多种渐变色，运用“矩形工具”和“颜料桶工具”绘制多个彩色矩形，并将其组合到一起，效果如图 6-29 所示。

图 6-29　图形效果

(9) 选择“图层 2”中的图形，按下 Ctrl+C 键将其复制。

(10) 在“图层 1”的上方创建一个新图层“图层 4”，按下 Ctrl+Shift+V 键将复制的图形粘贴到原位置处。

(11) 单击菜单栏中的【修改】\【形状】\【扩展填充】命令，在弹出的【扩展填充】对话框中设置参数如图 6-30 所示。

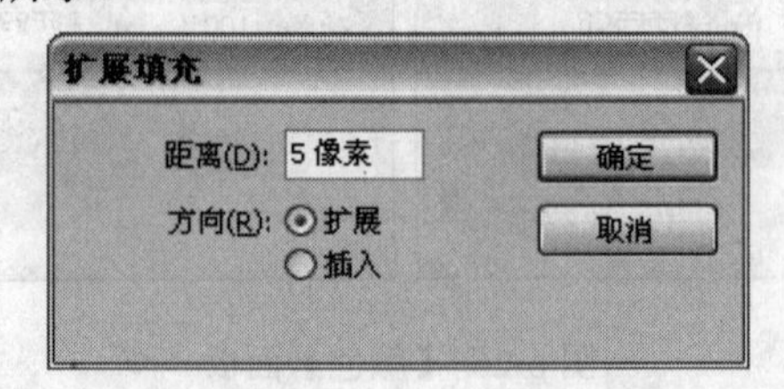

图 6-30　【扩展填充】对话框

(12) 单击按钮，扩展填充形状。

(13) 在【时间轴】面板中选择“图层 2”，单击鼠标右键，在弹出的快捷菜单中选择【遮罩层】命令，将该层转换为遮罩层，结果如图 6-31 所示。

(14) 在“图层 2”的上方创建一个新图层“图层 5”，选择工具箱中的“文本工具”，设置合适的字体和颜色，在舞台中输入文字“健康宝宝”，其效果如图 6-32 所示。

图 6-31　制作遮罩效果

图 6-32　输入的文字

(15) 至此完成了本例的制作，按下 Ctrl+S 键将文件保存为“图案背景.fla”。

6.3　帧 的 应 用

帧是动画制作中的一个重要概念，它是组成动画的基本单位，一个动画中可以包含多个帧。在 Flash 中，一个动画可以由多个图层构成，每一个图层都具有一个独立时间轴，并由多个帧构成，图层与帧共同决定了动画的播放形式与时间。

6.3.1　帧的类型

制作 Flash 动画时主要是对帧进行操作。Flash 中存在四种类型的帧：关键帧、空白关键帧、普通帧与过渡帧，如图 6-33 所示。

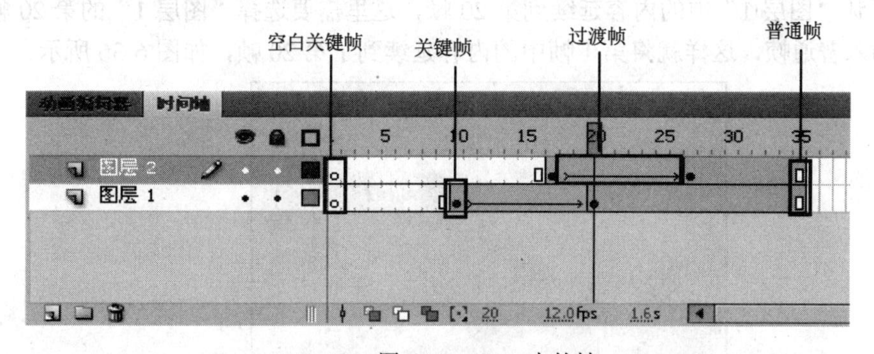

图 6-33　Flash 中的帧

1. 关键帧

关键帧是一种特殊的帧，它对定义与控制动画的变化起到关键性的作用。制作 Flash 动画时只有关键帧是可编辑的。在关键帧中可以放置所有的动画对象，如图形、文字、组合、实例和位图等，也可以放置声音、动作以及注释等。当关键帧中放置了动画对象后，它的表现状态为一个黑色的实心圆点。

2. 空白关键帧

空白关键帧是一种特殊的关键帧，是指没有放置任何动画对象的关键帧。插入空白关键帧的作用主要是清除前面帧中的动画对象，这对于转换动画的场景与角色具有十分重要的作用。在【时间轴】面板中插入了空白关键帧之后，它的表现状态为一个空心圆点。

3. 普通帧

普通帧是延续上一个关键帧或者空白关键帧中内容的帧。它的作用是延续上一个关键帧或空白关键帧中的内容，一直到该帧为止。下面通过实例讲解普通帧的意义。

(1) 打开本书光盘“第 6 章”文件夹中的“普通帧.fla”文件，可以看到在“图层 1”中只有 1 帧的内容，而“图层 2”中包含 20 帧的内容，如图 6-34 所示。

很明显，当影片播放到第 2 帧时，“图层 1”中的内容就不存在了，如图 6-35 所示。

图 6-34　播放头放置在第 1 帧的位置

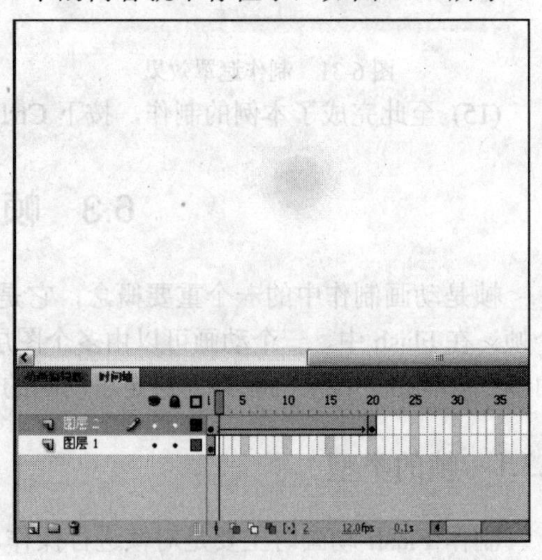

图 6-35　播放头放置在第 2 帧的位置

(2) 为了让“图层 1”中的内容延续到第 20 帧，这里需要选择“图层 1”的第 20 帧，按下 F5 键插入普通帧，这样就将第 1 帧中的内容延续到了第 20 帧，如图 6-36 所示。

图 6-36　添加了普通帧

4. 过渡帧

过渡帧是在创建动画的过程中由 Flash 自己创建出来的帧，在过渡帧中的动画对象也是由 Flash 自动生成的，是不可编辑的。

6.3.2　插入普通帧与关键帧

在制作 Flash 动画的过程中，主要是控制帧与关键帧，因为它影响着动画的播放时间、转换效果等。

下面分别介绍如何插入普通帧与关键帧。

1. 插入普通帧

普通帧的作用是延续上一个关键帧或空白关键帧的内容，在 Flash 软件中创建普通帧的方法有两种：

➪*方法一*：单击菜单栏中的【插入】\【时间轴】\【帧】命令，或按下 F5 键，便可插入普通帧。

➪*方法二*：在【时间轴】面板中需要插入帧的位置单击鼠标右键，在弹出的快捷菜单中选择【插入帧】命令，同样可以插入普通帧。

2. 插入关键帧

插入关键帧时，新插入的关键帧将复制前一个关键帧中的内容，并且表现为一个黑色的实心圆点。在 Flash 中插入关键帧的方法有两种：

➪*方法一*：单击菜单栏中的【插入】\【时间轴】\【关键帧】命令，或者按下 F6 键，可以插入关键帧。

➪*方法二*：在【时间轴】面板中需要插入关键帧处单击鼠标右键，在弹出的快捷菜单中选择【插入关键帧】命令，也可以插入关键帧。

3. 插入空白关键帧

空白关键帧是没有动画对象的关键帧，它对于动画场景的转换有着重要的意义。插入空白关键帧的方法与插入关键帧的方法类似，也有两种方法：

➪*方法一*：单击菜单栏中的【插入】\【时间轴】\【空白关键帧】命令，或者按下 F7 键，可以插入空白关键帧。

➪*方法二*：在【时间轴】面板中需要插入空白关键帧处单击鼠标右键，从弹出的快捷菜单中选择【插入空白关键帧】命令，也可以插入空白关键帧。

在 Flash 中，每个图层的第 1 帧默认为一个空白关键帧，如图 6-37 所示。在空白关键帧中添加了内容以后，空白关键帧将变成关键帧，如图 6-38 所示。

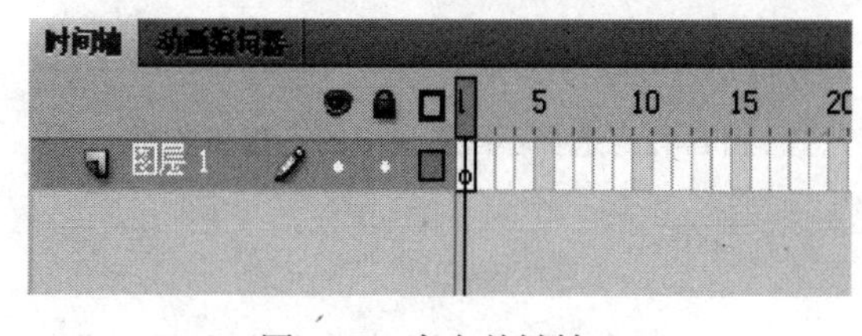

图 6-37　空白关键帧

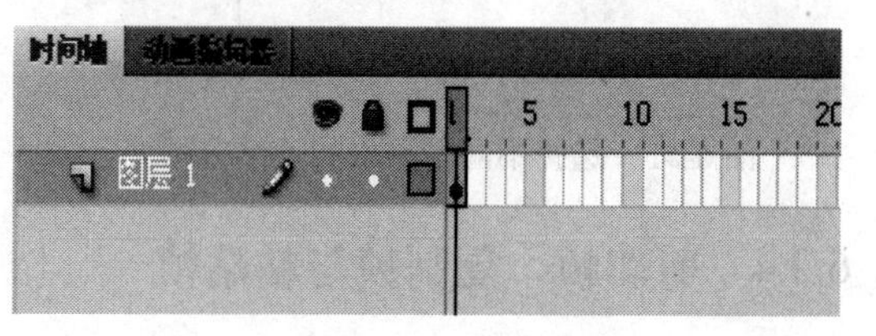

图 6-38　关键帧

6.3.3 选择帧

在【时间轴】面板中，选择帧是对帧进行各项操作的基础，我们可以选择同一图层中的单个帧或多个帧(包括相邻以及不相邻的)，也可以选择不同图层中的单个帧或多个帧，选择的帧在【时间轴】面板中以深色显示。选择帧后，位于该帧中的对象也同时被选择。

1. 选择同一图层的单帧或多帧

单击【时间轴】面板右侧的某个帧，即可选择该帧；选择单帧以后，如果按住 Shift 键再单击同层其前或其后的某帧，即可选择两帧之间的所有帧，如图 6-39 所示；而按住 Ctrl 键单击同层其它帧，则选择不连续的多个帧，如图 6-40 所示。

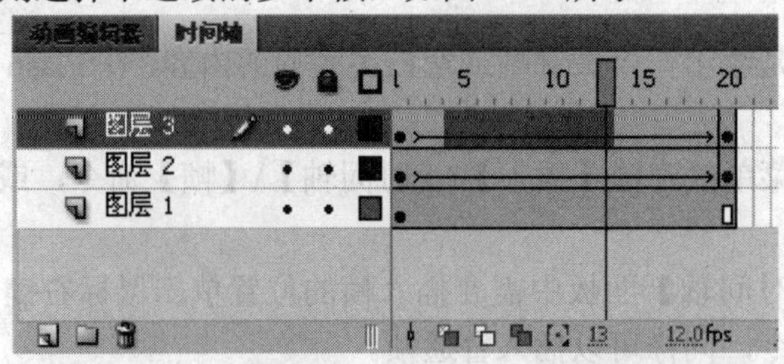

图 6-39 选择同一图层中的连续多帧

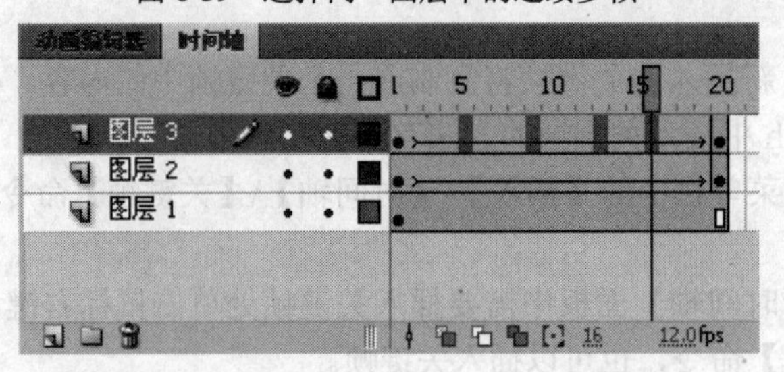

图 6-40 选择同一图层中的不相邻多帧

2. 选择不同图层的单帧或多帧

选择单帧后，如果按住 Shift 键单击不同图层中的其它帧，则可以选择这两帧之间的相邻多个帧，不管它们位于哪一层，如图 6-41 所示；如果按住 Ctrl 键单击不同图层中的其它帧，则可以选择不同图层中的多个帧，如图 6-42 所示。

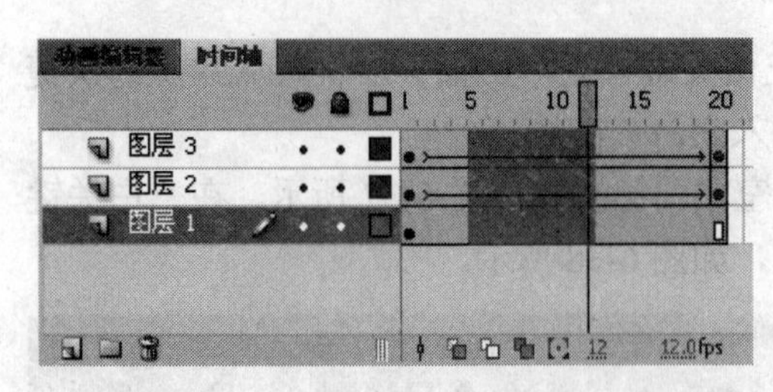

图 6-41 选择不同图层中的连续多帧

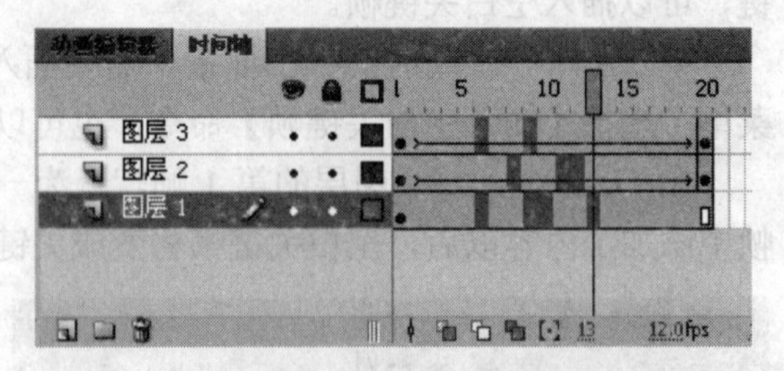

图 6-42 选择不同图层中的不相邻多帧

6.3.4 剪切帧、复制帧与粘贴帧

在 Flash 中不仅可以剪切、复制和粘贴舞台中的动画对象，还可以剪切、复制和粘贴【时

间轴】面板中的动画帧，这样可以将一个动画复制到多个图层中，或复制到不同的文档中，从而提高工作效率。

1. 剪切帧

剪切帧就是将选择的帧剪切到Windows剪贴板中，将来可以通过【粘贴帧】命令调用，其目的是移动帧的位置。

剪切帧的方法主要有三种：

➪方法一：选择要剪切的帧，单击菜单栏中的【编辑】\【时间轴】\【剪切帧】命令，或者按下Ctrl+Alt+X键，可以将选择的帧剪切到Windows剪贴板中。

➪方法二：选择要剪切的帧，然后在选择的帧上单击鼠标右键，在弹出的快捷菜单中选择【剪切帧】命令，也可以剪切帧。

➪方法三：剪切帧的目的是为了移动帧，移动帧的快速方法是：先选择各帧，然后将它们拖拽到合适的位置后释放鼠标。该操作相当于剪切帧后再粘贴帧。

2. 复制帧

复制帧是将选择的帧复制到Windows剪贴板中，以备粘贴到其它位置。复制帧的目的是将选择的动画帧再制一份，放置到其它位置。复制帧的方法主要有三种：

➪方法一：选择要复制的帧，单击菜单栏中的【编辑】\【时间轴】\【复制帧】命令，或者按下Ctrl+Alt+C键，可以复制帧。

➪方法二：选择要复制的帧，然后在选择的帧上单击鼠标右键，在弹出的快捷菜单中选择【复制帧】命令，也可以复制帧。

➪方法三：选择要复制的帧，然后按住Alt键拖拽选择的帧到合适的位置，释放鼠标，可以快速地复制帧，这是最快速的操作方法。

3. 粘贴帧

粘贴帧的目的就是将前面剪切的帧或复制的帧粘贴到目标位置，从而实现帧的移动或复制。

粘贴帧的方法如下：

➪方法一：在【时间轴】面板中单击某一帧，然后单击菜单栏中的【编辑】\【时间轴】\【粘贴帧】命令，或者按下Ctrl+Alt+V键，可以将剪切或复制的帧粘贴到该处。

➪方法二：在【时间轴】面板中的某一帧上单击鼠标右键，在弹出的快捷菜单中选择【粘贴帧】命令，也可以将剪切或复制的帧粘贴到该处。

6.3.5　删除帧

如果要对帧进行删除操作，同样需要将其选择。普通帧、关键帧与过渡帧等都可以删除。删除帧的方法有以下几种：

➪方法一：选择要删除的帧，单击菜单栏中的【编辑】\【时间轴】\【删除帧】命令，或者按下Shift+F5键，可以删除选择的帧。

➪方法二：选择要删除的帧，然后在选择的帧上单击鼠标右键，在弹出的快捷菜单中选择【删除帧】命令，也可以删除选择的帧，如图6-43所示。

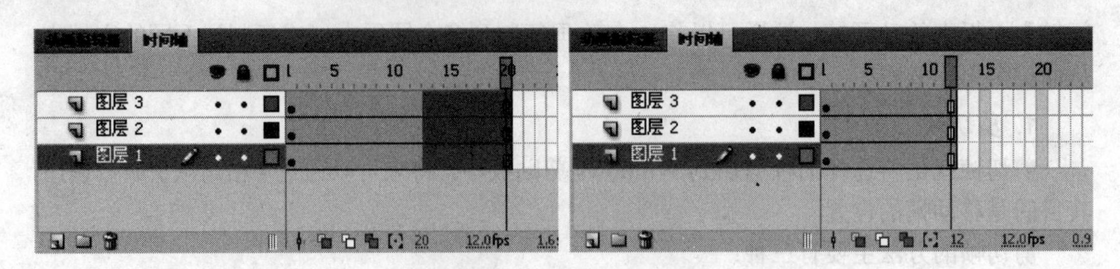

图 6-43　选择并删除帧

另外，初学者要注意一个问题，菜单栏中的【编辑】\【时间轴】\【清除帧】命令用于清除关键帧中的内容。该命令只能删除帧中的内容，而不能删除帧。

6.3.6　翻转帧

制作动画时，如果将所选的帧进行翻转，则播放动画时可以产生一种类似录像机倒带的效果。翻转帧就是将【时间轴】面板中选择的帧进行头尾倒置，即将第 1 帧转换为最后一帧，第 2 帧转换为倒数第二帧…… 依此类推，直至全部翻转完毕。

翻转帧的操作非常简单，只需选择要翻转的多个连续的帧(首尾必须包含关键帧)，然后执行【翻转帧】命令即可。翻转帧的具体操作方法有两种：

➪*方法一*：选择要翻转的多个连续的帧(首尾必须包含关键帧)，单击菜单栏中的【修改】\【时间轴】\【翻转帧】命令，可以将选择的帧进行头尾翻转。

➪*方法二*：选择要翻转的多个连续的帧(首尾必须包含关键帧)，然后单击鼠标右键，在弹出的快捷菜单中选择【翻转帧】命令，也可以将选择的帧进行头尾翻转。

6.3.7　课堂实践——打字效果

通过前面的学习，我们了解了帧的重要作用以及它的相关操作。帧是制作 Flash 动画的核心，灵活运用它可以大大提高工作效率。下面我们运用“打字效果”实例进一步理解与体验帧的相关知识，动画的瞬间效果如图 6-44 所示。

图 6-44　动画的瞬间效果

(1) 创建一个新的 Flash 文档。

(2) 按下 Ctrl+J 键，在【文档属性】对话框中设置尺寸为 400×300 像素、背景颜色为灰色(#999999)、帧频为 12 fps。

(3) 按下 Ctrl+R 键，将本书光盘“第 6 章”文件夹中的“beijing_001.png”文件导入到舞台的中央位置，如图 6-45 所示。

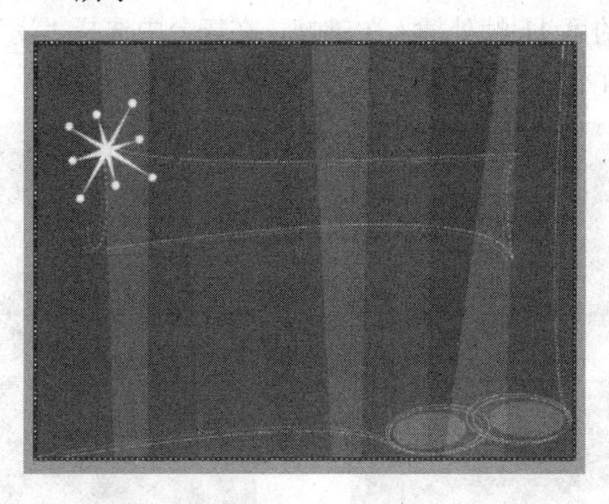

图 6-45　导入的图片“beijing_001.png”

(4) 在【时间轴】面板中选择“图层 1”的第 30 帧，按下 F5 键插入普通帧，然后在“图层 1”的上方创建一个新图层“图层 2”，如图 6-46 所示。

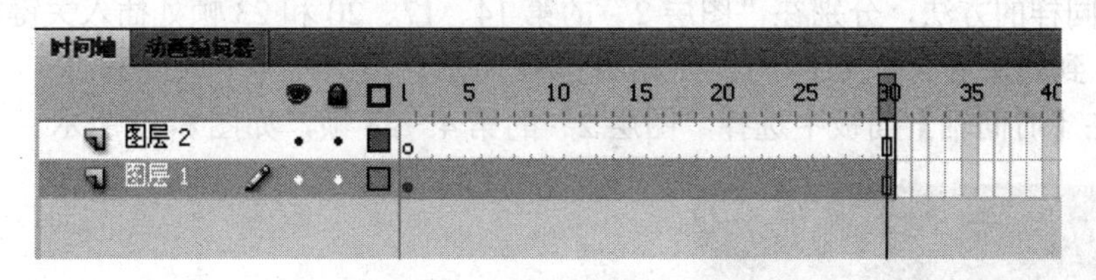

图 6-46 【时间轴】面板

在“图层 1”的第 30 帧处插入普通帧后，在第 1 帧后面的所有帧都保持着第 1 帧的状态，并且“图层 1”中对象的显示时间为 30 帧。

(5) 选择“图层 2”的第 4 帧，按下 F6 键插入关键帧，然后在舞台中输入文字“让这世界充满爱”，如图 6-47 所示。

(6) 选择输入的文字，单击菜单栏中的【修改】\【分离】命令，将文字分离为单独的文字字符，如图 6-48 所示。

图 6-47　输入的文字

图 6-48　分离文字

(7) 在“图层 2”的第 7 帧处插入关键帧，在舞台中选择“爱”字符，按下 Delete 键将其删除，如图 6-49 所示。

(8) 在“图层 2”的第 11 帧处插入关键帧，在舞台中选择“满”字符，按下 Delete 键将其删除，如图 6-50 所示。

图 6-49　删除“爱”字

图 6-50　删除“满”字

(9) 用同样的方法，分别在“图层 2”的第 14、17、20 和 23 帧处插入关键帧，并依次删除文字，到只保留一个文字“让”，如图 6-51 所示。

(10) 在【时间轴】面板中选择“图层 2”的第 4～23 帧，如图 6-52 所示。

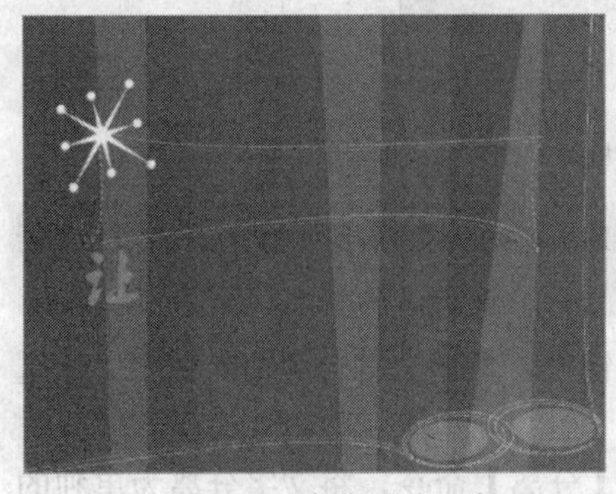

图 6-51　保留“让”字

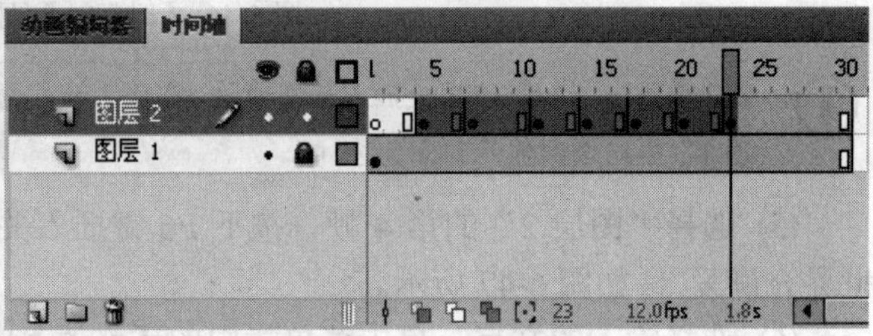

图 6-52　选择的帧

(11) 单击菜单栏中的【修改】\【时间轴】\【翻转帧】命令，结果如图 6-53 所示。

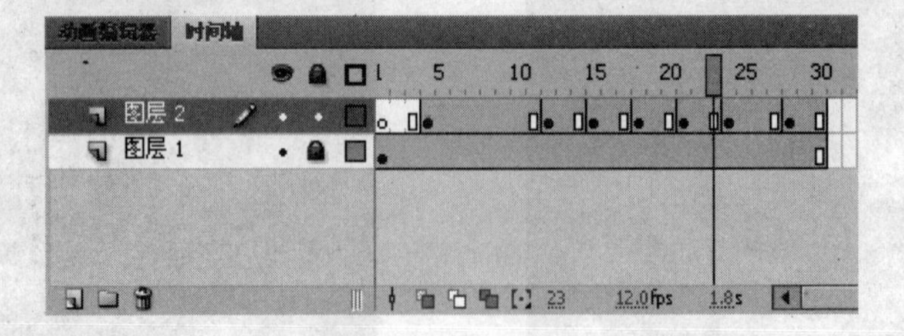

图 6-53　翻转后的帧

(12) 在【时间轴】面板中选择“图层 2”的第 10～28 帧，然后将其向左拖拽，移动选择的帧，结果如图 6-54 所示。

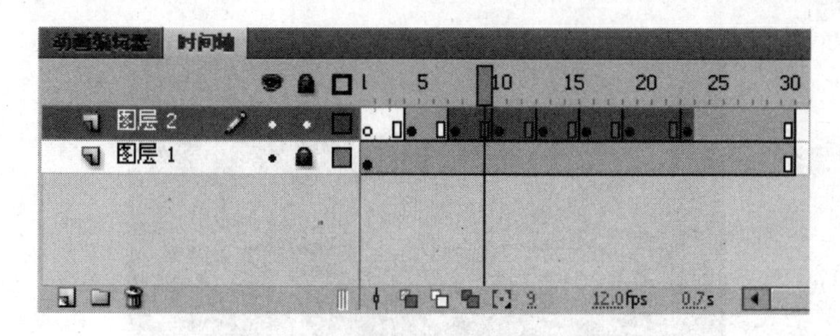

图 6-54　移动帧

(13) 在“图层 1”的上方创建一个新图层“图层 3”，如图 6-55 所示。

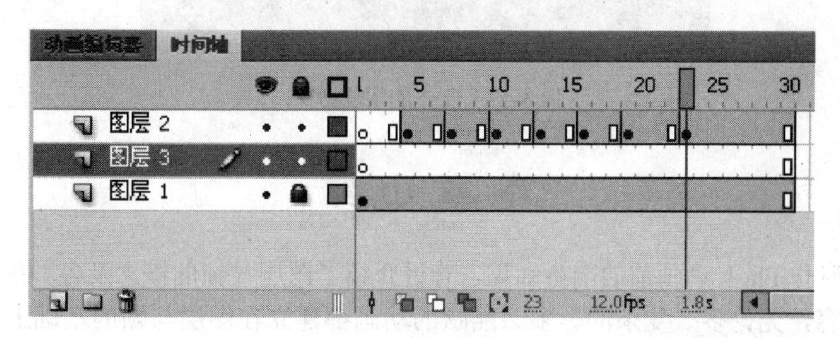

图 6-55　创建新图层

(14) 在【时间轴】面板中选择“图层 2”的第 1～30 帧，单击菜单栏中的【编辑】\【时间轴】\【复制帧】命令，复制选择的帧。

(15) 选择“图层 3”的第 1～30 帧，单击菜单栏中的【编辑】\【时间轴】\【粘贴帧】命令，粘贴复制的帧，结果如图 6-56 所示。

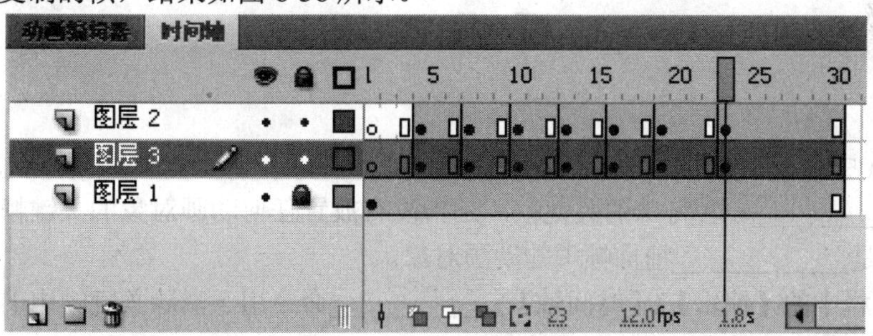

图 6-56　粘贴复制的帧

(16) 在【时间轴】面板中按下 (编辑多个帧)按钮，然后单击其右侧的 (修改绘图纸标记)按钮，在弹出的菜单中选择【所有绘图纸】命令。

(17) 在【时间轴】面板中单击“图层 3”，则选择了该层中的所有对象，然后在舞台中单击被选中的文字对象，在【属性】面板中设置文字颜色为黑色。

(18) 连续按下两次↓与→方向键，将“图层 3”中的文字向下向右偏移，制作出阴影效果，如图 6-57 所示。

(19) 按下 Ctrl+Enter 键测试动画效果，可以看到打字效果。按下 Ctrl+S 键将文件保存为“打字效果.fla”。

图 6-57　制作的阴影效果

本章小结

本章是制作 Flash 动画前的准备知识，着重介绍了图层与帧的概念及各种操作，这是非常重要的内容，无论多么复杂的、多么酷眩的动画都建立在图层与帧的基础上，下一章中我们将学习的 Flash 动画都是图层与帧的运用。

为了提高读者对图层与帧的理解，我们还精心设计了两个实例，要求大家在制作的过程中重点理解图层与帧的概念以及操作，对于其中涉及到的动画知识，可以在下一章中去理解与学习。

课后练习

一、填空题

1. Flash 中存在四种类型的帧：__________、__________、__________与__________。

2. __________一种特殊的关键帧，是指没有放置任何动画对象的关键帧。插入该帧的作用主要是__________前面帧中的动画对象。

3. 菜单栏中的【编辑】\【时间轴】__________命令用于清除关键帧中的内容，该命令只能删除帧中的内容，而不能删除帧。

4. __________命令可以快速地将同一帧中的对象分散到各个独立的图层中，从而为创建动画提供快速的操作途径。

二、简答题

1. 简述选择多个图层的方法。

2. 如何翻转帧？操作时要注意什么问题？

3. 怎样显示/隐藏图层？

第 7 章　动画制作技术

本章内容

- 逐帧动画
- 补间形状动画
- 传统补间动画
- 图层特效动画制作
- 基于对象的补间动画
- 骨骼动画
- 本章小结
- 课后练习

所谓动画，是指一些静止的、表现连续动作的画面(通常称为“帧”)通过放映设备以较快的速度播放出来，由于人的眼睛具有“视觉暂留”效应，就形成了动画。制作动画是 Flash 的核心功能。

Flash CS4 提供了两种制作动画的思想：一种是传统的动画制作思想，即基于关键帧的动画；另一种是新增加的动画制作思想，即基于对象的动画。本章中我们将系统学习各种不同类型动画的制作。

7.1 逐帧动画

逐帧动画是一种比较传统的动画形式，这种动画中只有关键帧而没有过渡帧，因此制作起来较为繁琐，需要将每一帧中出现的画面都绘制出来，由若干个连续关键帧组成动画序列。使用这种方法可以表现出比较细腻、复杂的动画效果。

7.1.1 常见的制作方法

在实际工作中，导入图像序列、GIF 图像是创建逐帧动画的一种常用方法。在导入图像序列时，图像序列必须具有相同的名称，并且具有编号，例如，图像 01，图像 02，图像 03，……这时导入其中的一幅图像，将弹出如图 7-1 所示的信息提示框，询问用户是否导入序列中的所有图像。

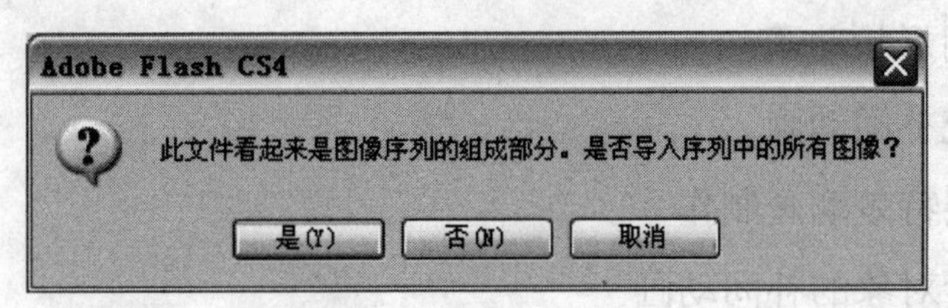

图 7-1　信息提示框

图 7-1 中各按钮的功能如下：

- 是(Y)：单击该按钮将导入序列中的所有图像，导入的图像以逐帧动画的方式排列，并且每张图像在舞台中的位置相同。
- 否(N)：单击该按钮只导入选择的图像，并不导入序列中的所有图像。
- 取消：单击该按钮取消信息提示框，不导入任何图像。

如果当前导入的图像为动画格式，例如 GIF 动画、SWF 动画等，由于文件本身包含多个图像或图形，因此，导入这类动画图像时，Flash 同样会以逐帧动画的方式将动画格式本身的图像或图形逐帧排列，并且在舞台的位置相同。

7.1.2 课堂实践——书写文字

逐帧动画是一种比较容易理解的动画形式，但是绘制每一帧中的内容相当繁琐。本例将使用“橡皮擦工具”并结合“翻转帧”操作制作一个简单的写字动画，帮助读者理解逐帧动画的概念，动画的瞬间效果如图 7-2 所示。

图 7-2　动画的瞬间效果

(1) 创建一个新的 Flash 文档。

(2) 按下 Ctrl+J 键，在【文档属性】对话框中设置尺寸为 280×400 像素、背景颜色为白色、帧频为 12 fps。

(3) 按下 Ctrl+R 键，导入本书光盘“第 7 章”文件夹中的“hh.jpg”文件，调整图片的位置如图 7-3 所示。

(4) 在【时间轴】面板中创建一个新图层“图层 2”，然后选择工具箱中的“文本工具”，在舞台中输入“荷”字，并设置适当的字体与大小。

(5) 在【时间轴】面板中再创建一个新图层“图层 3”，用同样的方法，在舞台中输入“花”字，并调整好位置，如图 7-4 所示。

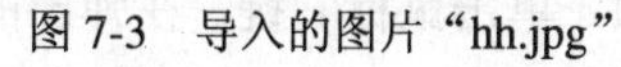
图 7-3　导入的图片“hh.jpg”　　图 7-4　输入的文字

(6) 在舞台中选择文字“荷”，按下 Ctrl+B 键将文字分离为图形。

(7) 在【时间轴】面板中选择所有图层的第 60 帧，按下 F5 键插入普通帧，如图 7-5 所示。

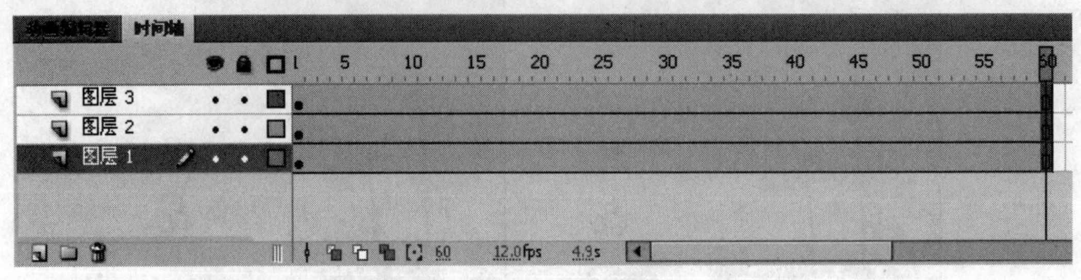

图 7-5 【时间轴】面板

(8) 选择“图层 2”的第 3 帧，按下 F6 键插入关键帧，然后将整个舞台放大到 200%，如图 7-6 所示。

(9) 选择工具箱中的“橡皮擦工具”，将第 3 帧上的“荷”字的末笔擦除一部分，结果如图 7-7 所示。

(10) 再选择“图层 2”的第 5 帧，按下 F6 键插入关键帧，继续运用“橡皮擦工具”将“荷”字的末笔擦除一部分，如图 7-8 所示。

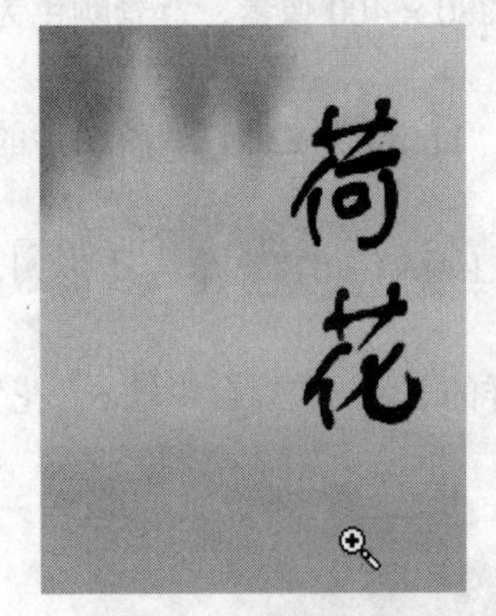

图 7-6　将舞台放大

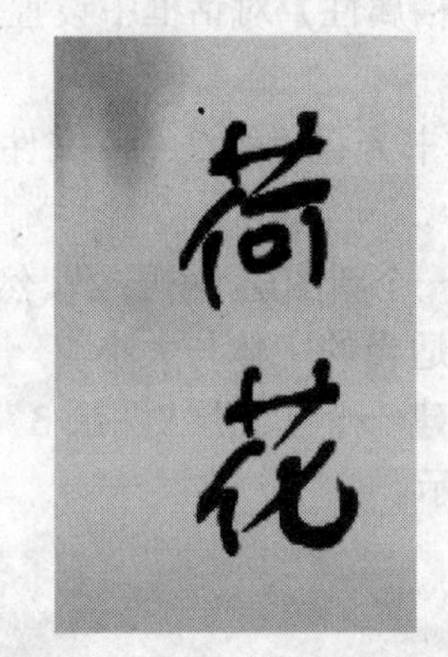

图 7-7　擦除“荷”字的一部分(1)

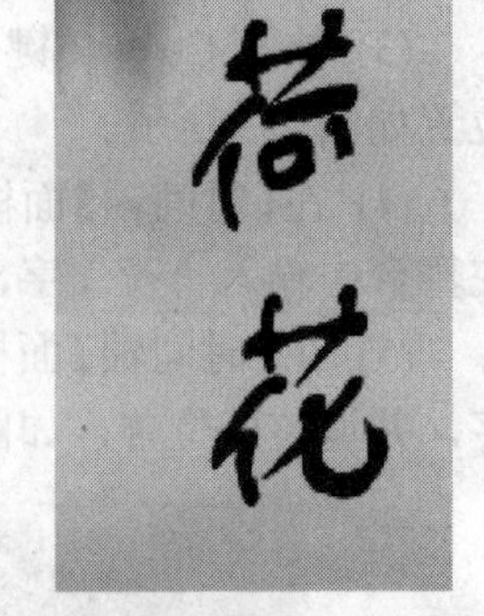

图 7-8　擦除“荷”字的一部分(2)

(11) 同样的道理，每隔一帧插入一个关键帧，并沿着文字书写顺序的逆顺序逐步擦除文字的笔画，直到第 59 帧处将文字擦除干净，此时的【时间轴】面板如图 7-9 所示。

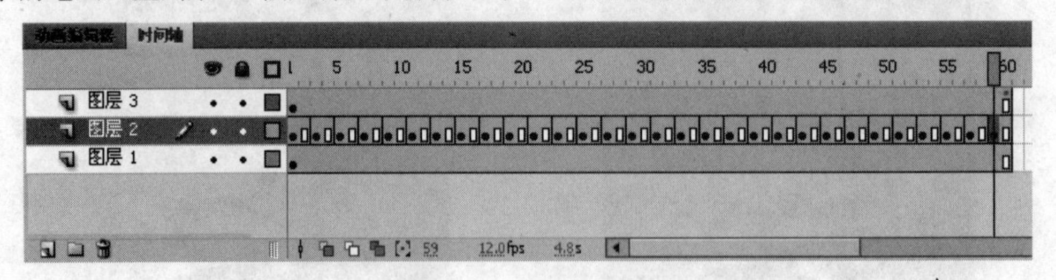

图 7-9 【时间轴】面板

(12) 在【时间轴】面板中选择“图层 2”的所有帧，单击鼠标右键，在弹出的快捷菜单中选择【翻转帧】命令，将帧的前后顺序颠倒。

(13) 按下 Ctrl+Enter 键对影片进行测试，可以观察到“荷”字的书写动画。

(14) 关闭测试窗口后，按下 Ctrl+S 键将文件保存为“书写文字.fla”。

7.2　补间形状动画

补间形状动画用于创建类似于形变的动画效果，可以使一个形状随着时间转变为另一个形状。补间形状动画是一种 Flash 动画类型，不仅可以制作图形外形变化的动画效果，也可以制作移动、缩放、色彩变化、变速运动、遮罩等动画效果。补间形状动画的动画对象是图形，也就是说，只有图形才能用来制作补间形状动画，如果要对文字、实例、群组等制作补间形状动画，必须先执行【分离】命令将其分离为图形。

7.2.1　创建补间形状动画的条件与方法

创建补间形状动画要比逐帧动画简单得多，只要制作出前后两个关键帧中的对象即可，两个关键帧之间的过渡帧由 Flash 自动创建。但是补间形状动画有一个很大的缺点，就是创建的动画文件体积较大，因为在 Flash 中它会记录每一个关键帧上的图形。因此，同样一种动画效果，能够使用传统补间动画完成就不要使用补间形状动画。除此之外，创建补间形状动画还需要具备以下三个条件：

① 在一个补间形状动画中至少要有两个关键帧。

② 两个关键帧中的对象必须是可编辑的图形，如果不是图形，需要执行【分离】命令将其转换为图形。

③ 两个关键帧中的图形必须有一些变化，否则制作的动画没有动画效果，看不到变化。

创建补间形状动画的方法比较简单：在【时间轴】面板中选择两个关键帧间的任意一帧，单击鼠标右键，在弹出的快捷菜单中选择【创建补间形状】命令，即可创建补间形状动画。这时，在两个关键帧之间会形成一个绿色背景的实线黑色箭头，如果显示一条虚线，则表示补间形状动画没有创建成功，如图 7-10 所示。

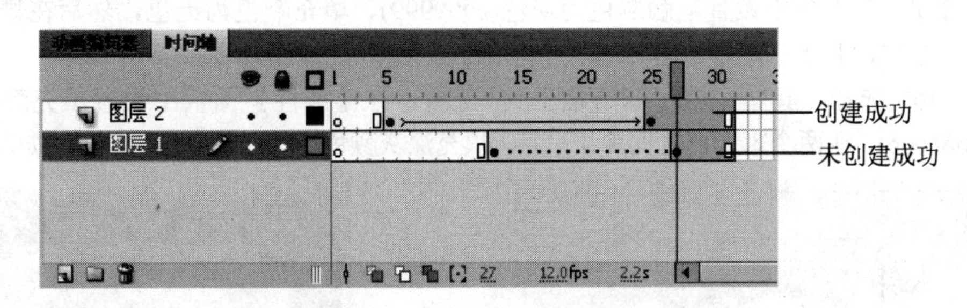

图 7-10　创建补间形状动画后的显示

7.2.2　课堂实践——流泪动画

补间形状动画是 Flash 中比较常见的动画类型，它需要使用图形对象来创建动画。下面我们制作一个“流泪动画”实例，体会补间形状动画的制作过程与要点，本例的动画的瞬间效果如图 7-11 所示。

图 7-11　动画的瞬间效果

(1) 创建一个新的 Flash 文档。

(2) 按下 Ctrl+J 键，在【文档属性】对话框中设置尺寸为 550×345 像素、背景颜色为灰色(#CCCCCC)、帧频为 12 fps。

(3) 按下 Ctrl+R 键，导入本书光盘“第 7 章”文件夹中的“bg.swf”文件，调整图形的位置如图 7-12 所示。

(4) 在“图层 1”的上方创建一个新图层“图层 2”，导入本书光盘“第 7 章”文件夹中的“girl.swf”文件，并调整女孩的位置如图 7-13 所示。

图 7-12　导入的图形“bg.swf”　　图 7-13　调整图形的位置

(5) 在“图层 2”的上方创建一个新图层“图层 3”，选择工具箱中的“矩形工具”，在【属性】面板中设置笔触颜色为灰色(#999999)、填充颜色为无色，然后在舞台中绘制两个矩形框，其中小矩形框与舞台大小相同，位置如图 7-14 所示。

(6) 选择工具箱中的“颜料桶工具”，在【属性】面板中设置填充颜色为深灰色(#666666)，在两个矩形框之间单击鼠标，填充深灰颜色，使场景更利落一些，如图 7-15 所示。

图 7-14　绘制的两个矩形框　　图 7-15　填充颜色

(7) 在“图层 3”的上方创建一个新图层“图层 4”。然后选择工具箱中的“刷子工具”，在【属性】面板中设置填充颜色为白色，并设置合适的笔头大小和笔头形状，在女孩右眼的下方绘制一条白色线条作为眼泪，如图 7-16 所示。

(8) 在“图层 4”的上方创建一个新图层“图层 5”，用同样的方法，在女孩的左眼下方也绘制一个白色线条作为眼泪，如图 7-17 所示。

图 7-16　为右眼绘制眼泪

图 7-17　为左眼绘制眼泪

(9) 在【时间轴】面板中分别选择“图层 4”和“图层 5”的第 20 和 40 帧，按下 F6 键插入关键帧。

(10) 在【时间轴】面板中同时选择所有图层的第 60 帧，按下 F5 键插入普通帧。

(11) 在【时间轴】面板中调整播放头到第 20 帧处，然后选择工具箱中的“橡皮擦工具”，分别擦除“图层 4”与“图层 5”中的眼泪图形，结果如图 7-18 所示。

(12) 用同样的方法，调整播放头到第 1 帧处，继续擦除“图层 4”与“图层 5”中的眼泪图形，仅保留非常小的一点儿，结果如图 7-19 所示。

图 7-18　删除部分眼泪图形(第 20 帧处)

图 7-19　删除部分眼泪图形(第 1 帧处)

(13) 分别在“图层 4”的第 1～20 帧、第 20～40 帧之间单击鼠标右键，在弹出的快捷菜单中选择【创建补间形状】命令，创建补间形状动画，如图 7-20 所示。

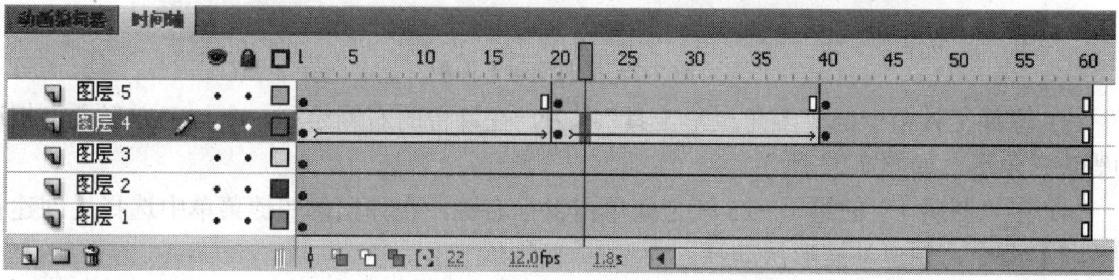

图 7-20　【时间轴】面板

(14) 用同样的方法，在“图层 5”中创建补间形状动画。

(15) 按下 Ctrl+Enter 键测试影片动画效果。

(16) 关闭测试窗口，按下 Ctrl+S 键将文件保存为“流泪动画.fla”。

7.2.3 使用形状提示点

制作补间形状动画时，我们只创建了两个关键帧，动画过程是 Flash 自行创建的，如果两个关键帧中的图形比较复杂，容易发生混乱的情况，这时需要添加形状提示点，通过调整提示点的位置，控制动画的变化效果，以达到预期的目的。

另外，还有一种情况也需要使用形状提示点，即前后两个关键帧中的图形完全一样，如果不使用形状提示点，则看不到动画效果；而使用形状提示点可以控制动画的变形方法。下面通过实例介绍形状提示点的使用。

(1) 首先创建一个新的 Flash 文件，然后使用“矩形工具”在舞台中绘制一个正方形，并将其放置到舞台的左侧，如图 7-21 所示。

图 7-21　绘制的矩形

(2) 在【时间轴】面板中选择“图层 1”的第 25 帧，按下 F7 键插入空白关键帧，如图 7-22 所示。

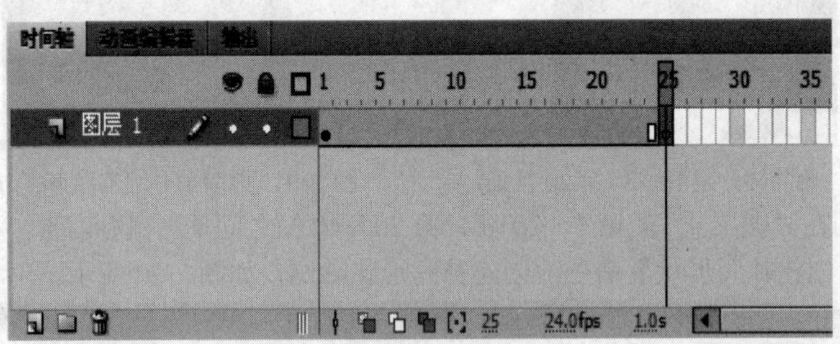

图 7-22 【时间轴】面板

(3) 选择工具箱中的“多角星形工具”，在舞台的右侧绘制一个与正方形大小相近的等边三角形，如图 7-23 所示。

(4) 在“图层 1”的第 1～25 帧之间单击鼠标右键，在弹出的快捷菜单中选择【创建补间形状】命令，创建补间形状动画。

(5) 将播放头调整到第 1 帧处，单击菜单栏中的【修改】\【形状】\【添加形状提示】

命令，则在舞台中添加了一个形状提示点“a”，如图 7-24 所示。

图 7-23　绘制的三角形

图 7-24　添加形状提示点

(6) 用同样的方法，再执行 3 次【修改】\【形状】\【添加形状提示】命令，则又添加了 3 个形状提示点“b”、“c”、“d”。

如果添加了多余的形状提示点，可以将其删除：先选中要删除的形状提示点，然后将其拖拽到工作区以外即可。如果要删除所有的形状提示点，则可以单击菜单栏中的【修改】\【形状】\【删除所有提示】命令。

(7) 将各个形状提示点分别调整到舞台中矩形的各个顶点上，如图 7-25 所示。

(8) 在【时间轴】面板中将播放头调整到第 25 帧处，可以看到三角形上也有 4 个形状提示点，将提示点分别调整到合适的位置，此时第 25 帧处的形状提示点变为绿色，如图 7-26 所示。

(9) 将播放头调整到第 1 帧处，此时矩形上的形状提示点变为黄色，说明形状提示点创建成功，如图 7-27 所示。

图 7-25　第 1 帧的提示点

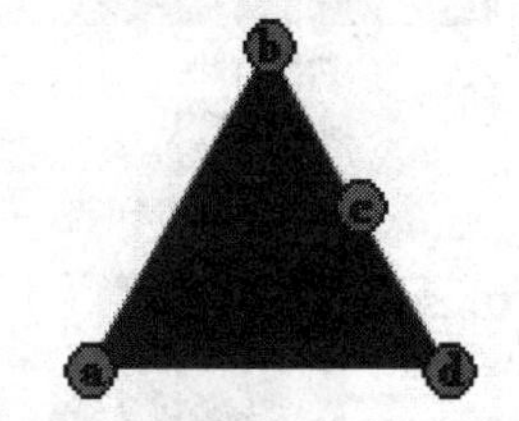

图 7-26　第 25 帧的提示点

图 7-27　第 1 帧提示点的颜色

(10) 按下 Ctrl+Enter 键测试影片，可以看到矩形变为三角形的动画，而且在变形的过程中，受到形状提示点的控制。

添加形状提示点以后，在实现变形动画时，一个关键帧中的形状提示点与另一个关键帧中的形状提示点是一一对应的，控制着变形动画的变形状态。在添加形状提示点的过程中，如果操作成功，则后面关键帧的形状提示点为绿色，前面的关键帧的形状提示点为黄色。否则说明操作不成功，此时两个关键帧中的形状提示点全部为红色。

7.2.4　课堂实践——水蒸气

前面介绍了形状提示点的作用与添加方法，下面制作一个实例，深入体会实际工作中如何运用形状提示点控制动画形态。本例将制作一个水蒸气向上飘浮的动画，用形状提示点控制水蒸气的飘浮状态，动画的瞬间效果如图 7-28 所示。

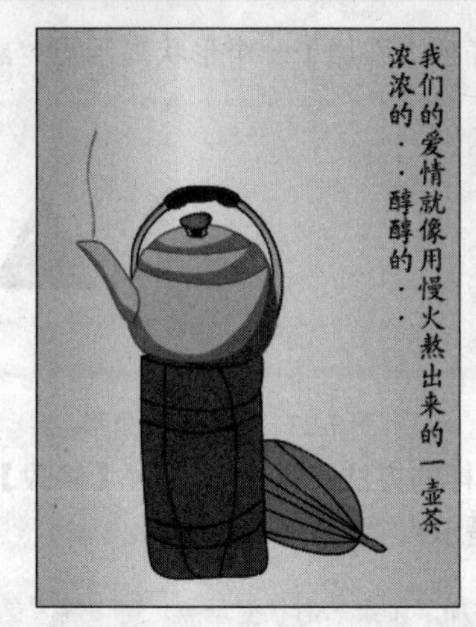

图 7-28　动画的瞬间效果

(1) 创建一个新的 Flash 文件。

(2) 按下 Ctrl+J 键，在弹出的【文档属性】对话框中设置尺寸为 300 × 400 像素、背景颜色为白色、帧频为 12 fps。

(3) 选择工具箱中的“矩形工具”，绘制一个与舞台大小相同的矩形。

(4) 打开【颜色】面板，按下按钮，设置类型为“线性”，从左向右各色标分别为橘黄色(#FFCC99)、黄色(#FFFFCC)、橘黄色(#FFCC99)，设置各色标的 Alpha 值均为 100%，如图 7-29 所示。

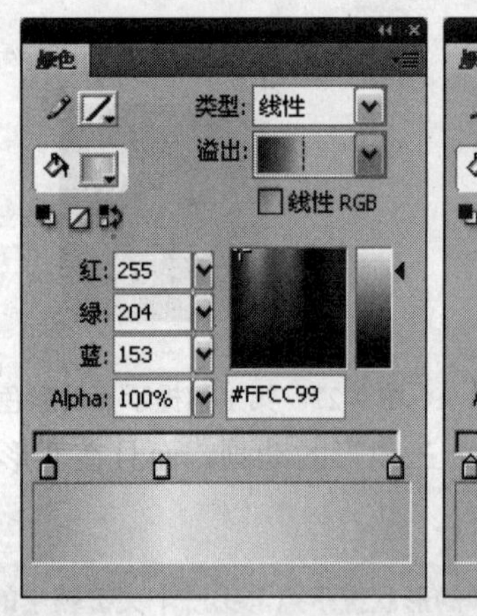

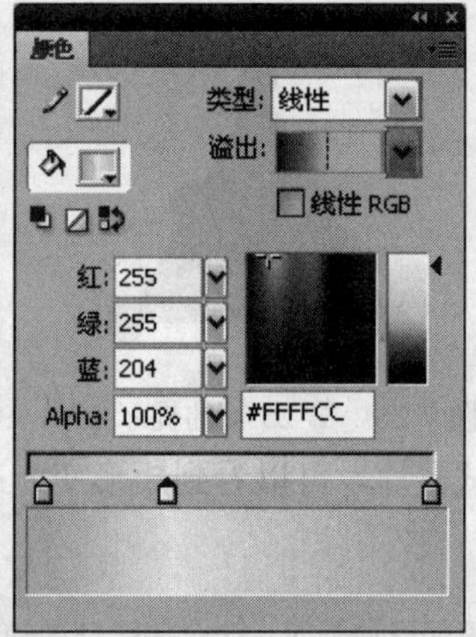

图 7-29 【颜色】面板

(5) 选择工具箱中的“颜料桶工具”，在矩形中由左向右水平拖拽鼠标，填充渐变色，结果如图 7-30 所示。

(6) 使用“选择工具”选择矩形的轮廓线，按下 Delete 键将其删除，只保留渐变色。

(7) 在【时间轴】面板中“图层 1”的上方创建一个新图层“图层 2”，导入本书光盘“第 7 章”文件夹中的“壶.swf”文件，调整其位置如图 7-31 所示。

(8) 在【时间轴】面板中同时选择“图层 1”与“图层 2”的第 30 帧，按下 F5 键插入普通帧。

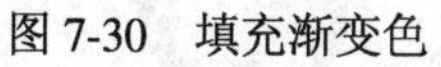

图 7-30　填充渐变色

图 7-31　导入的图片“壶.swf”

(9) 在“图层 2”的上方创建一个新图层“图层 3”，在第 1 帧中绘制一个水汽图形，如图 7-32 所示。

(10) 选择“图层 3”的第 10 帧，按下 F7 键插入空白关键帧，然后重新绘制一个水汽图形，如图 7-33 所示。

图 7-32　在“图层 2”第 1 帧处绘制的水汽图形

图 7-33　在“图层 3”第 10 帧处绘制的水汽图形

(11) 用同样的方法，选择“图层 3”的第 30 帧，按下 F7 键插入空白关键帧，再绘制一个水汽图形，如图 7-34 所示。

(12) 分别在“图层 3”的第 1～10 帧、第 10～30 帧之间任选一帧，单击鼠标右键，在弹出的快捷菜单中选择【创建补间形状】命令，创建补间形状动画，如图 7-35 所示。

图 7-34　在“图层 3”第 30 帧处绘制的水汽图形

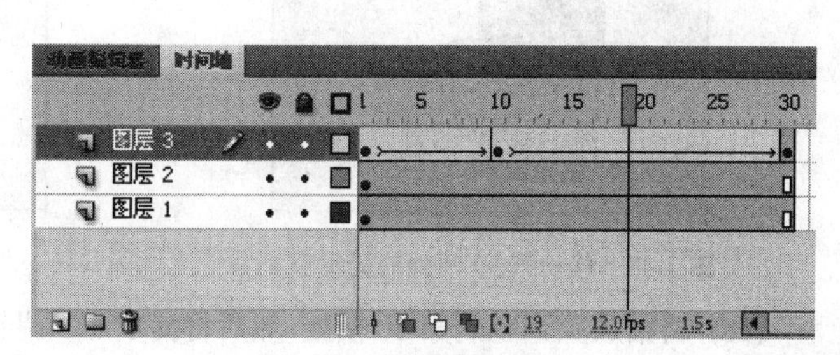

图 7-35 【时间轴】面板

(13) 按下 Enter 键播放动画，可以观察到在第 10～30 帧之间的动画中，对象纠结在了一起，并不是我们所要的效果，下面使用形状提示点控制它。

(14) 在【时间轴】面板中选择“图层 3”的第 10 帧，单击菜单栏中的【修改】\【形状】\【添加形状提示】命令，则在对象上添加了一个红色的提示点 a，如图 7-36 所示。

(15) 单击菜单栏中的【视图】\【贴紧】\【贴紧至对象】命令，启用贴紧至对象功能，然后将提示点 a 移动到水汽的下方，使其贴在图形下方的端点处，如图 7-37 所示。

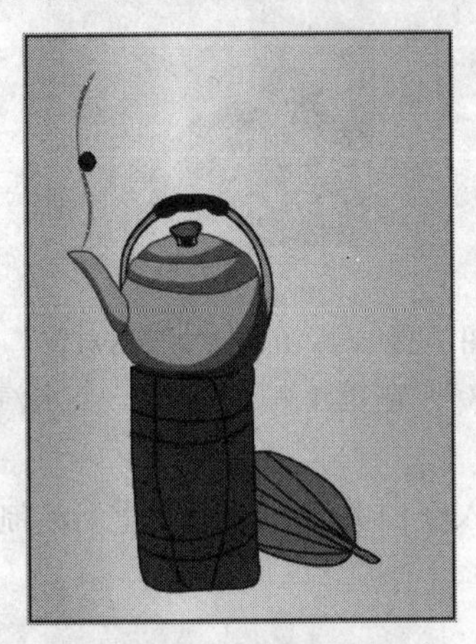

图 7-36　添加的形状提示点

图 7-37　移动提示点 a 的位置

(16) 将播放头调整到第 30 帧的位置，移动提示点 a 的位置，使其与上图中提示点 a 的位置一致，这时该点会自动贴在图形下方端点处，颜色变成绿色，如图 7-38 所示。

(17) 将播放头调整到第 10 帧处并选择提示点 a，单击鼠标右键，在弹出的快捷菜单中选择【添加提示】命令，则在舞台中新增了一个提示点 b，将 b 点拖动到水汽图形的上端点处，如图 7-39 所示。

图 7-38　移动第 30 帧处的提示点 a

图 7-39　增加提示点 b

(18) 将播放头调整到第 30 帧处，然后将提示点 b 调整到水汽图形的上端点处，如图 7-40 所示。

(19) 在“图层 3”的上方创建一个新图层“图层 4”，然后在舞台右侧输入相关的文字，如图 7-41 所示。

图 7-40　移动提示点 b 到上端点处

图 7-41　输入的文字

(20) 至此，完成了动画的制作，按下 Ctrl+Enter 键测试动画，可以看到水蒸气的飘浮效果。

(21) 关闭测试窗口，单击菜单栏中的【文件】\【保存】命令，将文件保存为“水蒸气.fla”。

7.3　传统补间动画

传统补间动画是 Flash 中最常使用的一种动画形式，使用它可以制作出对象位移、放大缩小、变形、色彩、透明度、颜色亮度、旋转等变化的动画效果。制作传统补间动画时需要具备以下条件：

① 在一个传统补间动画中至少要有两个关键帧。

② 在一个传统补间动画中，两个关键帧中的对象必须是同一个对象。

③ 两个关键帧中的对象必须有一些变化，否则制作的动画将没有效果。

④ 制作传统补间动画时，只有图形对象不能制作传统补间动画，其它的动画对象都可以，如元件的实例、文字、群组对象等。

创建传统补间动画时，需要在【时间轴】面板的同一图层中选择两个关键帧之间的任意一帧，单击鼠标右键，在弹出的快捷菜单中选择【创建传统补间】命令，即可在两个关键帧间创建传统补间动画，创建的传统补间动画以一个蓝色背景的实心黑色箭头显示，如图 7-42 所示。

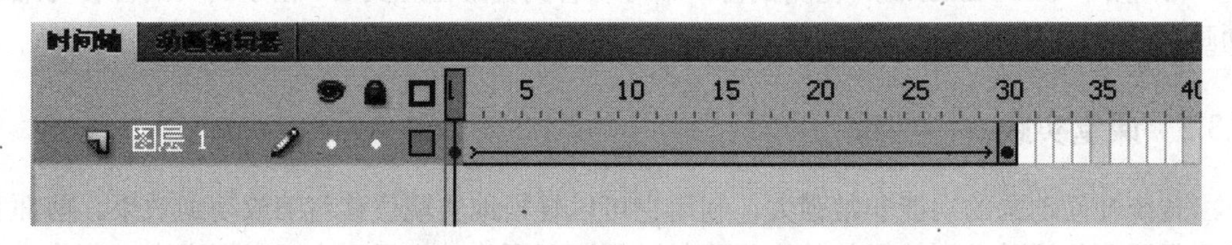

图 7-42　创建的传统补间动画

7.3.1 制作位移与缩放动画效果

在动画的表现形式中，位移动画产生运动效果，缩放动画产生大小变形效果。制作这种动画时要确保两个关键帧中对象的位置和大小都是不同的，两者之间存在一定的差异性。

另外，动画对象不能为图形，多数情况下使用元件的实例来制作，也可以使用群组、文字等。制作过程中只需要制作出两个关键帧中的内容即可，动画的过程由 Flash 自动完成。下面结合实例介绍位移与缩放动画的创建过程。

(1) 首先创建一个新的 Flash 文档，使用“椭圆工具”在舞台的上方绘制一个圆形，并将其转换为图形元件“ball”。

(2) 在【时间轴】面板中选择“图层 1”的第 30 帧，按下 F6 键插入关键帧。

(3) 选择第 1 帧中的“ball”实例，将其调整到舞台的左侧，如图 7-43 所示。

图 7-43 调整“ball”实例的位置

(4) 选择第 30 帧处“ball”实例，将其调整到舞台的中间，并使用“任意变形工具”将其等比例放大，如图 7-44 所示。

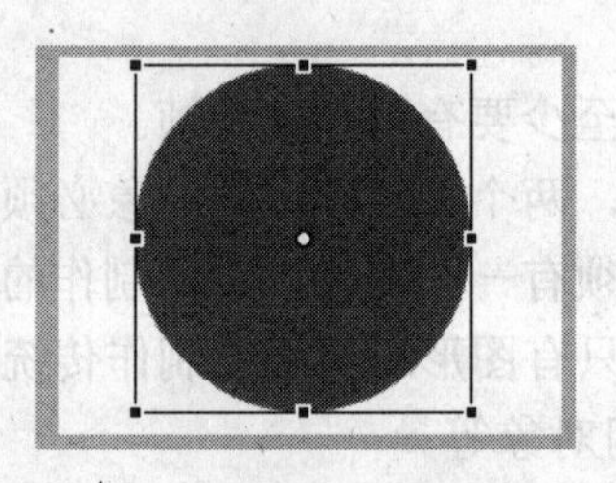

图 7-44 放大实例

(5) 在“图层 1”的第 1～30 帧之间任选一帧，单击鼠标右键，在弹出的快捷菜单中选择【创建传统补间】命令，创建传统补间动画。

(6) 按下 Ctrl+Enter 键，在测试窗口中可以看到圆形由左到右、由小到大的位移与缩放动画。

7.3.2 课堂实践——剪纸

传统补间动画的功能非常强大，利用它可以轻松地实现位移与缩放动画效果。前面我们介绍了制作这种动画效果的基本思路与过程，下面将其应用到实际案例当中，制作一个比较美观的“剪纸”动画，其瞬间效果如图 7-45 所示。

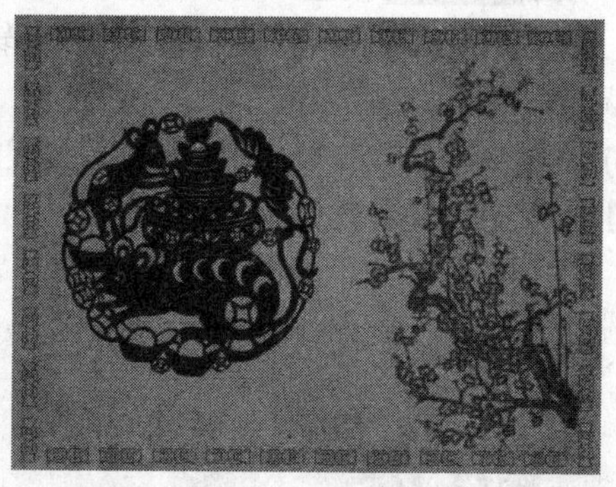

图 7-45　动画的瞬间效果

(1) 创建一个新的 Flash 文件。

(2) 按下 Ctrl+J 键，在弹出的【文档属性】对话框中设置尺寸为 480×360 像素、背景颜色为白色、帧频为 36 fps。

(3) 按下 Ctrl+R 键，将本书光盘“第 7 章”文件夹中的“beijing_003.jpg”文件导入到舞台中，作为动画的背景，如图 7-46 所示。

(4) 在【时间轴】面板中“图层 1”的上方创建一个新图层“图层 2”，将本书光盘“第 7 章”文件夹中的“梅花.png”文件导入到舞台中，调整其位置如图 7-47 所示。

图 7-46　导入的图片“beijing_003.jpg”

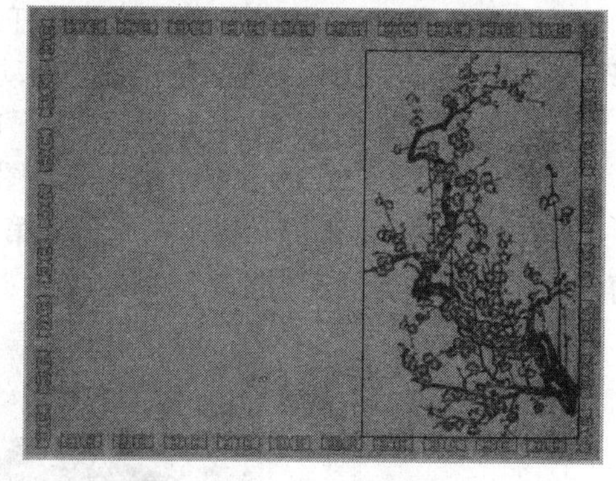

图 7-47　导入的图片“梅花.png”

(5) 在“图层 2”的上方创建一个新图层，重新命名为“剪纸”。

(6) 按下 Ctrl+R 键，将本书光盘“第 7 章”文件夹中的“剪纸_001.png”文件导入到舞台中。

(7) 选择刚导入的图片，按下 F8 键，在弹出的【转换为元件】对话框中设置选项如图 7-48 所示。

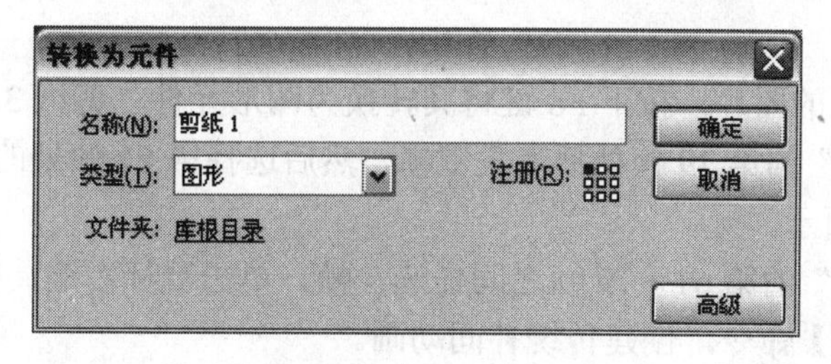

图 7-48 【转换为元件】对话框

(8) 单击 确定 按钮，将其转换为图形元件“剪纸 1”。

(9) 继续按下 F8 键，将其转换为影片剪辑元件“剪纸 2”，双击该实例，进入其编辑窗口中，调整其位置如图 7-49 所示。

(10) 在“图层 1”的第 18 帧处插入关键帧，然后选择第 1 帧处的“剪纸 2”实例，在【变形】面板中设置参数如图 7-50 所示。

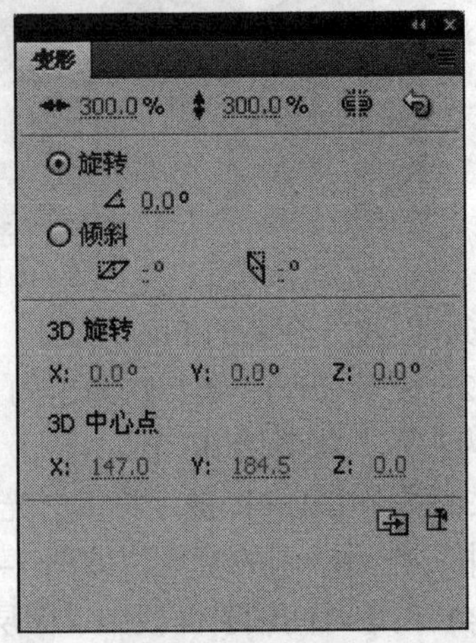

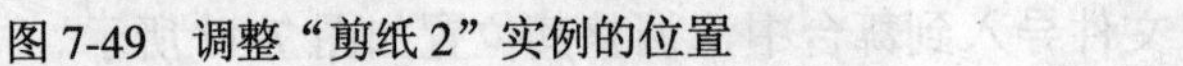

图 7-49　调整“剪纸 2”实例的位置　　图 7-50 【变形】面板

(11) 在“图层 1”的第 1～18 帧之间任选一帧，单击鼠标右键，在弹出的快捷菜单中选择【创建传统补间】命令，创建传统补间动画。

(12) 选择“图层 1”的第 60 帧，按下 F5 键插入普通帧。

(13) 在“图层 1”的上方创建一个新图层“图层 2”，并在第 61 帧处插入关键帧。

(14) 按下 Ctrl+R 键，将本书光盘“第 7 章”文件夹中的“剪纸_002.png”文件导入到窗口中，并调整其位置如图 7-51 所示。

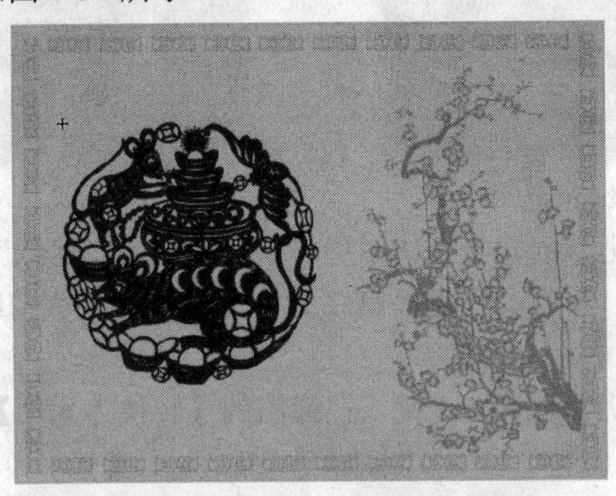

图 7-51　导入的图片“剪纸_002.png”

(15) 选择刚导入的图片，按下 F8 键将其转换为图形元件“剪纸 3”。

(16) 在“图层 2”的第 79 帧处插入关键帧，然后选择第 61 帧处的“剪纸 3”实例，调整其位置如图 7-52 所示。

(17) 在“图层 2”的第 61～79 帧之间任选一帧，单击鼠标右键，在弹出的快捷菜单中选择【创建传统补间】命令，创建传统补间动画。

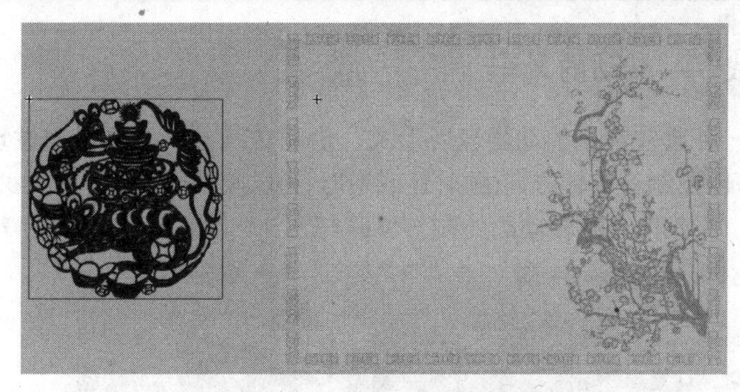

图 7-52　调整“剪纸 3”实例的位置

(18) 在“图层 2”的第 120 帧处插入普通帧，则“剪纸 2”实例的【时间轴】面板如图 7-53 所示。

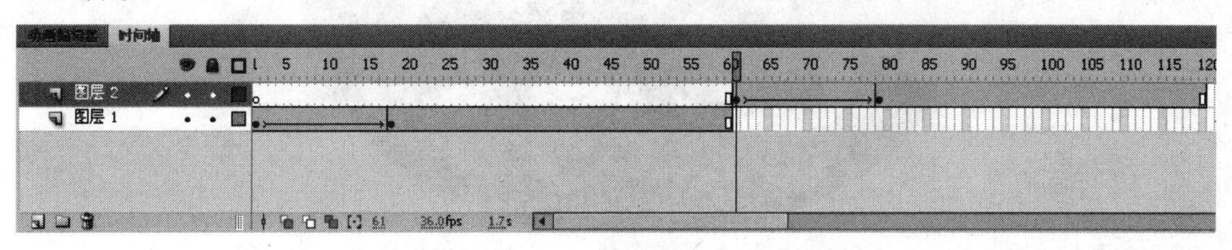

图 7-53　“剪纸 2”实例的【时间轴】面板

(19) 单击舞台上方的 场景 1 按钮，返回到舞台中，则完成了“剪纸”动画的制作。

(20) 按下 Ctrl+Enter 键可以测试动画效果，最后将文件保存为“剪纸.fla”。

7.3.3　制作旋转动画效果

在现实生活中，有很多物体做旋转运动，例如风车、螺旋桨、钟表的指针等。在 Flash 中借助传统补间动画的相关属性，可以轻松地模拟出这种动画效果。

在动画制作过程中仍然要确定两个关键帧中的对象，但是不需要形态上的变化，只需要在【属性】面板中设置【旋转】参数就可以了。下面通过一个简单的动画来讲解如何制作旋转动画效果。

(1) 首先创建一个新的 Flash 文档，运用“矩形工具” 在舞台中心位置绘制一个矩形，并将其转换为图形元件。

(2) 在【时间轴】面板中选择第 40 帧，按下 F6 键插入关键帧，此时该帧中的动画对象与第 1 帧相同。

(3) 在第 1～40 帧之间任选一帧，单击鼠标右键，在弹出的快捷菜单中选择【创建传统补间】命令，创建传统补间动画。

(4) 在【属性】面板中展开【补间】选项，单击【旋转】右侧的小按钮，在打开的下拉列表中选择“顺时针”选项，右侧的数值设置为 1，如图 7-54 所示。

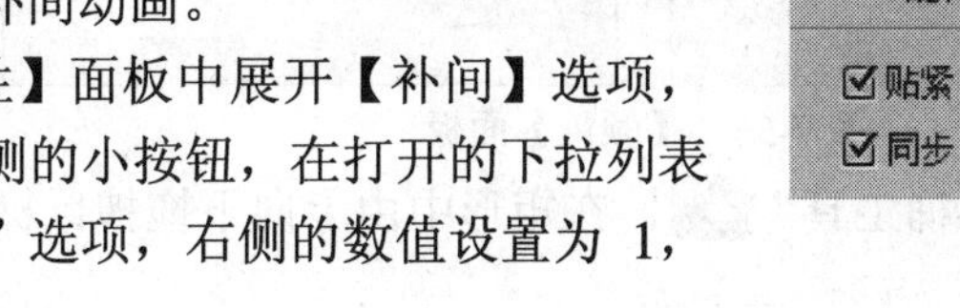

图 7-54 【属性】面板

(5) 按下 Ctrl+Enter 键就可以观察到矩形不停地旋转。

7.3.4 课堂实践——转动的风车

旋转动画是一种比较常见的动画表现形式，借助传统补间动画的属性设置可以制作出旋转动画，并且可以控制其旋转方向(顺时针或逆时针)以及旋转次数。下面我们制作一个“转动的风车”动画，深入体会旋转动画的制作思路与方法，其瞬间效果如图 7-55 所示。

图 7-55　动画的瞬间效果

(1) 创建一个新的 Flash 文件。

(2) 按下 Ctrl+J 键，在弹出的【文档属性】对话框中设置尺寸为 784 × 590 像素、背景颜色为白色、帧频为 20 fps。

(3) 选择工具箱中的“矩形工具”，绘制一个与舞台大小相同的矩形。

(4) 在【颜色】面板中按下 (填充颜色)按钮，设置类型为“线性”、左侧色标为蓝色(#75CCDF)、右侧色标为灰色(#E2EEE4)，如图 7-56 所示。

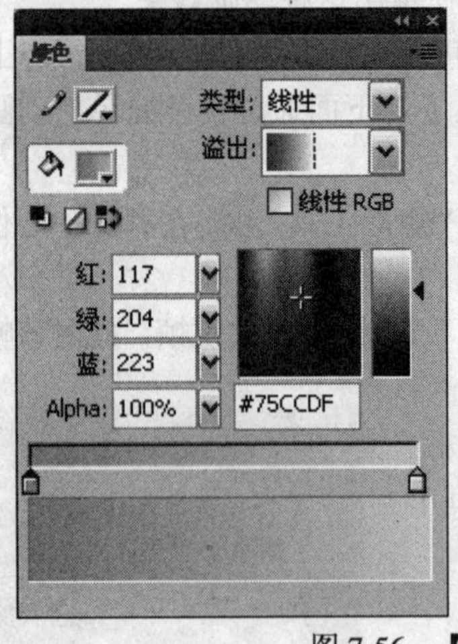

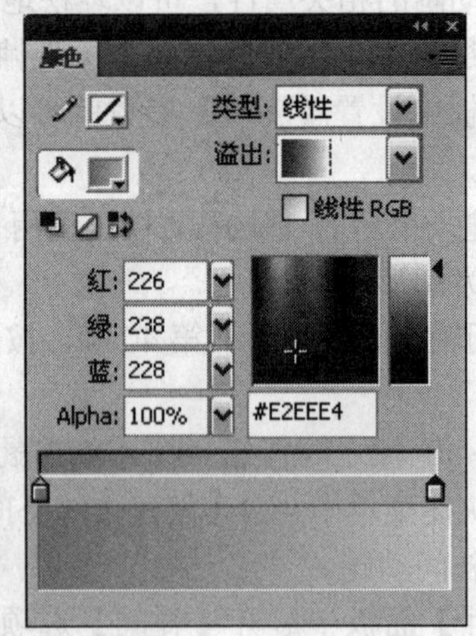

图 7-56　【颜色】面板

(5) 选择工具箱中的“颜料桶工具”，在矩形中由上向下拖拽鼠标，填充渐变色，结果如图 7-57 所示。

(6) 使用“选择工具”选中矩形的轮廓线，按下 Delete 键将其删除。

(7) 在“图层 1”的上方创建一个新图层“图层 2”，按下 Ctrl+R 键，导入本书光盘“第 7 章”文件夹中的“村庄.png”文件，调整其位置如图 7-58 所示。

图 7-57　填充渐变色

图 7-58　导入的图片“村庄.png”

(8) 在“图层 2”的上方创建一个新图层“图层 3”，再导入本书光盘“第 7 章”文件夹中的“风车.png”文件，调整其位置如图 7-59 所示。

(9) 选择风车图片，按下 F8 键将其转换为图形元件“风车 1”，再按下 F8 键将其转换为影片剪辑元件“风车 2”，双击该实例，进入其编辑窗口中。

(10) 选择“风车 1”实例，使用“任意变形工具”将该实例的中心点调整到风车的中心位置，如图 7-60 所示。

图 7-59　导入的图片“风车.png”

图 7-60　调整“风车 1”实例中心点的位置

(11) 在“图层 1”的第 60 帧处插入关键帧，然后在第 1～60 帧之间任选一帧，单击鼠标右键，在弹出的快捷菜单中选择【创建传统补间】命令，创建传统补间动画。

(12) 选择第 1～60 帧之间的任意一帧，在【属性】面板中设置旋转为“顺时针”、数值为 1，如图 7-61 所示。

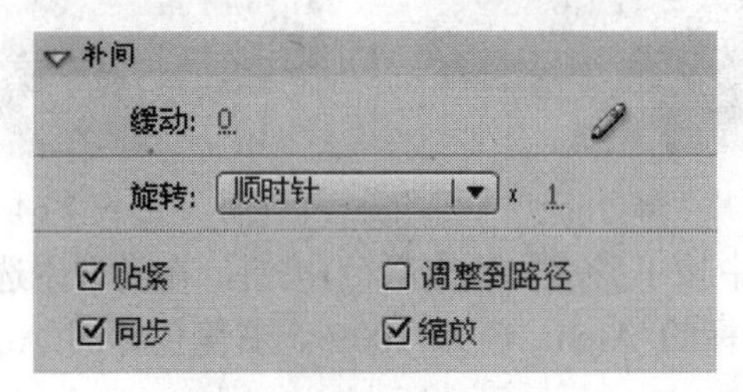

图 7-61　【属性】面板

(13) 单击舞台上方的 场景 1 按钮返回到舞台中，则完成了“转动的风车”动画的制作。

(14) 按下 Ctrl+Enter 键观看风车旋转的动画效果，最后关闭测试窗口，单击菜单栏中的【文件】\【保存】命令，将文件保存为“转动的风车.fla”。

7.3.5 课堂实践——星光大道

对象作旋转运动时，中心点的位置影响着运动状态，它的位置并不是固定不变的，可以任意调整。使用“任意变形工具”选择动画对象以后，动画对象的中心有一个空心的圆点，这个空心的圆点就是动画对象的旋转中心点。拖拽中心点可以改变其位置，从而影响对象的旋转运动。本例我们制作一个“星光大道”实例，学习旋转中心点的调整及作用，动画的瞬间效果如图 7-62 所示。

图 7-62 动画的瞬间效果

(1) 创建一个新的 Flash 文件。

(2) 按下 Ctrl+J 键，在弹出的【文档属性】对话框中设置尺寸为 637 × 364 像素、背景颜色为白色、帧频为 24 fps。

(3) 按下 Ctrl+R 键，将本书光盘“第 7 章”文件夹中的“舞台.jpg”文件导入到舞台的中央作为动画的背景，如图 7-63 所示。

(4) 在【时间轴】面板中“图层 1”的上方创建一个新图层“图层 2”，运用“钢笔工具”绘制一个封闭的图形，如图 7-64 所示。

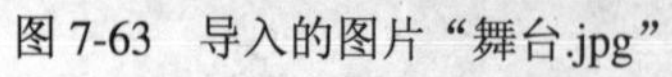

图 7-63 导入的图片“舞台.jpg”

图 7-64 绘制的图形

(5) 在【颜色】面板中按下 (填充颜色)按钮，在类型中选择“线性”，设置左右两个色标均为白色、左侧色标的 Alpha 值为 100%、右侧色标的 Alpha 值为 0%，如图 7-65 所示。

(6) 选择工具箱中的“颜料桶工具”[icon]，从图形的下方向上方拖拽鼠标，填充渐变色，如图 7-66 所示。

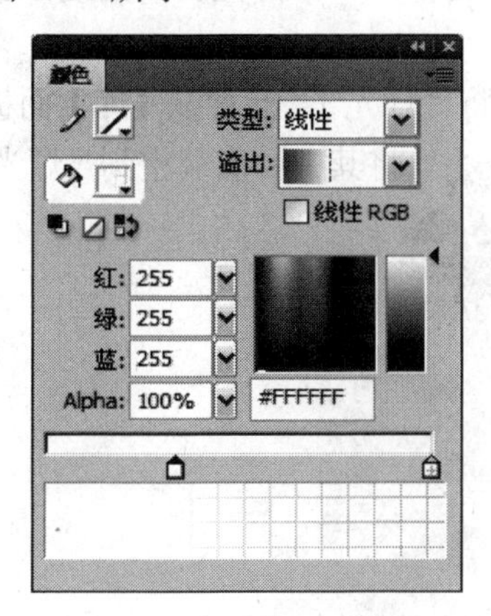

图 7-65　【颜色】面板　　　　　　　　　　　　　　图 7-66　填充渐变色

(7) 使用“选择工具”[icon]选择图形的轮廓线，按下 Delete 键将其删除，只保留渐变色。

(8) 选择处理后的图形，按下 F8 键将其转换为图形元件“灯光 1”。再按一次 F8 键，将其转换为影片剪辑元件“转动的灯光 1”，双击该实例进入其编辑窗口中。

(9) 选择“灯光 1”实例，运用“任意变形工具”[icon]将其中心点移动到下方，如图 7-67 所示。

(10) 按下键盘中的[↓]方向键，将“灯光 1”实例向下移动少许，然后将其逆时针旋转一定的角度，结果如图 7-68 所示。

图 7-67　调整“灯光 1”实例的中心点　　　　　　图 7-68　调整“灯光 1”实例的角度

(11) 分别在“图层 1”的第 50 和 100 帧处插入关键帧。选择第 50 帧处的“灯光 1”实例，运用“任意变形工具”[icon]将其继续逆时针转动一定的角度，如图 7-69 所示。

图 7-69　调整“图层 1”第 50 帧处“灯光 1”实例的角度

(12) 分别在第 1～50 帧、第 50～100 帧之间任选一帧，单击鼠标右键，在弹出的快捷菜单中选择【创建传统补间】命令，创建传统补间动画。这样，一个灯光转动的动画就制作完成了。

(13) 在“图层 1”的上方创建一个新图层“图层 2”，将“灯光 1”元件从【库】面板中拖动到窗口中，运用“任意变形工具”将实例的宽度变小，将其中心点调整到“灯光 1”实例的下面，然后调整其角度和位置如图 7-70 所示。

图 7-70　调整“图层 2”中“灯光 1”实例的中心点和位置

(14) 在“图层 2”的第 50 和 100 帧处插入关键帧。选择第 50 帧处的实例，运用“任意变形工具”将实例顺时针转动一定的角度，如图 7-71 所示。

图 7-71　调整“图层 2”第 50 帧处“灯光 1”实例的角度

(15) 单击舞台上方的 场景 1 按钮，返回到舞台中，运用“任意变形工具”将“转动的灯光 1”实例对象适当放大，如图 7-72 所示。

图 7-72　放大“转动的灯光 1”实例

舞台中只有一盏灯光显得过于单调，也不够真实。为了真正表现出旋转的射灯效果，我们需要再添加一个灯光，并将灯光作水平翻转处理。

(16) 选择“转动的灯光 1”实例，按下 Ctrl+C 键复制该实例，再按下 Ctrl+V 键粘贴该实例。

(17) 单击菜单栏中的【修改】\【变形】\【水平翻转】命令，将“转动的灯光 1”实例水平翻转，并调整其位置如图 7-73 所示。

图 7-73　调整“转动的灯光 1”实例的位置

(18) 按下 Ctrl+Enter 键可以观看到舞台的光效动画。

(19) 关闭测试窗口，单击菜单栏中的【文件】\【保存】命令，将文件保存为“星光大道.fla”。

7.3.6　制作色彩变化效果

传统补间动画的动画对象主要是元件，而在第 4 章中我们详细介绍过元件的实例属性，其中“色彩效果”属性运用到动画设计中，就可以创建出丰富多彩的动画效果，如色彩的变化、淡入淡出、快闪等效果。

制作色彩变化动画时，只需要改变关键帧中动画对象的颜色参数值即可。下面通过一个简单实例介绍如何创建色彩变化的动画效果。

(1) 首先创建一个新的 Flash 文件，并导入一幅图片，如图 7-74 所示。

图 7-74　导入的图片

(2) 选择导入的图片，按下 F8 键将其转换为图形元件“图形”。

(3) 在【时间轴】面板中选择第 80 帧，按下 F6 键插入关键帧。

(4) 在舞台中选择第 80 帧处的“图形”实例，在【属性】面板的【色彩效果】选项中打开【样式】下拉列表，从中选择一个选项，如图 7-75 所示，可以对实例的色调、Alpha 等颜色属性进行设置。

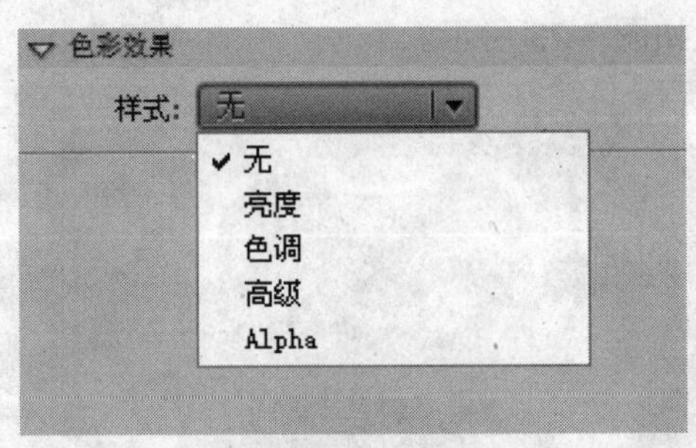

图 7-75　【属性】面板

(5) 设置了实例的属性后，在第 1～80 帧之间任选一帧，单击鼠标右键，在弹出的快捷菜单中选择【创建传统补间】命令，创建传统补间动画。

(6) 按下 Ctrl+Enter 键可以看到图像色彩变化的动画。

7.3.7　课堂实践——学院风采

利用元件的实例属性和特点可以制作出丰富多彩的动画效果，前面介绍了制作这种动画的基本思路，即改变关键帧中实例的色彩属性，使两个关键帧中的对象具备不同的属性，这样就可以形成动画效果。下面我们通过颜色效果和透明度的变化制作一个“学院风采”实例，动画的瞬间效果如图 7-76 所示。

图 7-76　动画的瞬间效果

(1) 创建一个新的 Flash 文件。

(2) 按下 Ctrl+J 键，在弹出的【文档属性】对话框中设置尺寸为 1006×672 像素、背景颜色为白色、帧频为 20 fps。

(3) 按下 Ctrl+R 键，将本书光盘“第 7 章”文件夹中的“index.jpg”文件导入到舞台的中央，作为动画的背景，如图 7-77 所示。

(4) 在“图层1”的上方创建一个新图层“图层2”，导入本书光盘“第7章”文件夹中的“山石.png”文件，放置在舞台的左侧，如图7-78所示。

图7-77　导入的图片“index.jpg”

图7-78　导入的图片“山石.png”

(5) 在“图层1”的上方创建一个新图层“图层3”，使其位于“图层1”与“图层2”的中间，如图7-79所示。

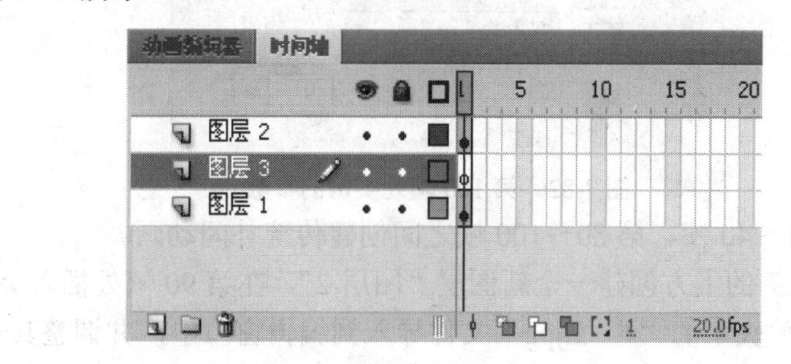

图7-79　创建“图层3”

(6) 按下Ctrl+R键，将本书光盘“第7章”文件夹中的“楼1.jpg”文件导入到舞台中，调整其位置如图7-80所示。

图7-80　导入的图片“楼1.jpg”

(7) 选择刚导入的图片，按下F8键将其转换为图形元件“楼1”。再按一次F8键，将其转换为影片剪辑元件“展示”，双击该实例，进入其编辑窗口中。

(8) 分别在第 40、80 和 100 帧处插入关键帧。选择第 1 帧处的实例，在【属性】面板中设置参数，如图 7-81 所示。

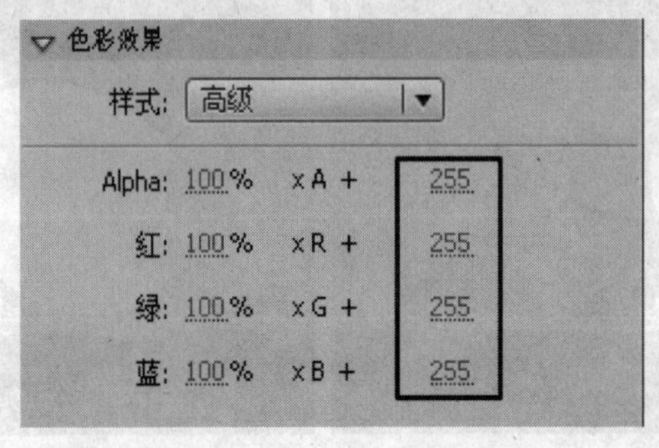

图 7-81　第 1 帧处实例的参数

(9) 选择第 100 帧处的实例，在【属性】面板中设置参数，如图 7-82 所示。

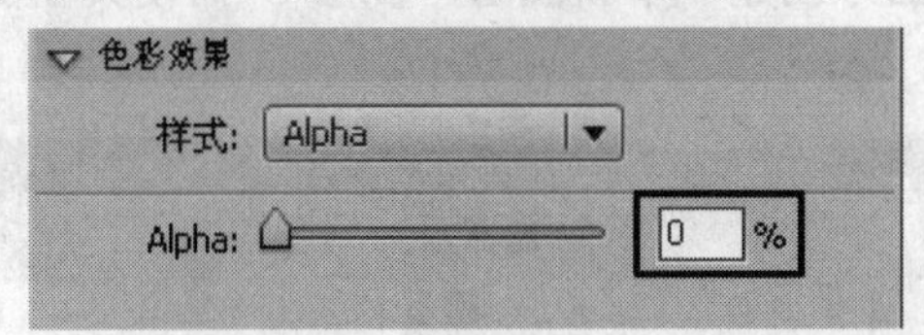

图 7-82　第 100 帧处实例的参数

(10) 分别在第 1～40 帧、第 80～100 帧之间创建传统补间动画。

(11) 在“图层 1”的上方创建一个新图层“图层 2”，在第 90 帧处插入关键帧，将本书光盘“第 7 章”文件夹中的“楼 2.jpg”文件导入到编辑窗口中，并调整其位置如图 7-83 所示。

图 7-83　导入的图片“楼 2.jpg”

(12) 选择刚导入的图片，按下 F8 键将其转换为图形元件“楼 2”。

(13) 分别在“图层 2”的第 130、170 和 190 帧处插入关键帧。选择第 90 帧处的实例，在【属性】面板中设置颜色为绿色(#336600)，并设置其它参数如图 7-84 所示。

(14) 选择第 190 帧处的实例，在【属性】面板中设置参数，如图 7-85 所示。

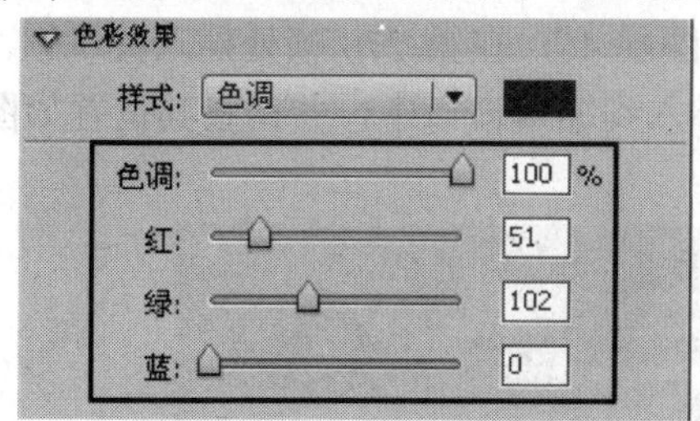

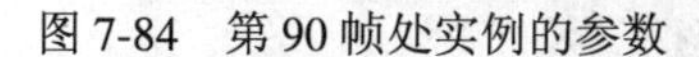
图 7-84　第 90 帧处实例的参数

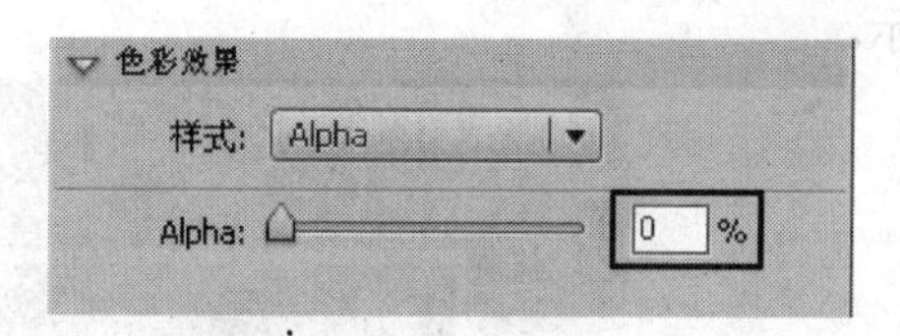

图 7-85　第 190 帧处实例的参数

(15) 分别在“图层 2”的第 90～130 帧、第 170～190 帧之间创建传统补间动画。

(16) 在“图层 2”的上方创建一个新图层“图层 3”，在第 180 帧处插入关键帧，将本书光盘“第 7 章”文件夹中的“楼 3.jpg”文件导入到编辑窗口中，并调整其位置如图 7-86 所示。

图 7-86　导入的图片“楼 3.jpg”

(17) 选择刚导入的图片，按下 F8 键将其转换为图形元件“楼 3”。

(18) 分别在“图层 3”的第 220、260 和 280 帧处插入关键帧。选择第 180 帧处的实例，在【属性】面板中设置参数如图 7-87 所示。

(19) 选择第 280 帧处的实例，在【属性】面板中设置参数，如图 7-88 所示。

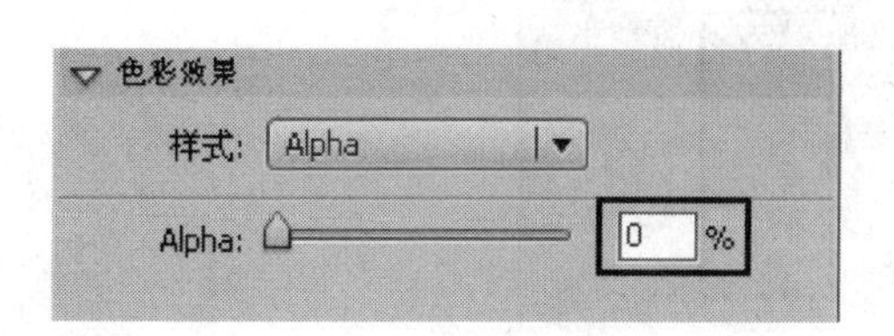

图 7-87　第 180 帧处实例的参数

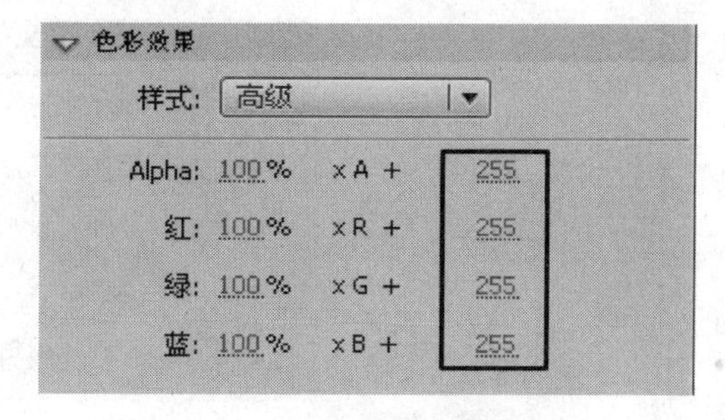

图 7-88　第 280 帧处实例的参数

(20) 分别在“图层 3”的第 180～220 帧、第 260～280 帧之间创建传统补间动画。

(21) 在“图层 3”的上方创建一个新图层“图层 4”，在第 270 帧处插入关键帧。将本书光盘“第 7 章”文件夹中的“楼 4.jpg”文件导入到编辑窗口中，并调整其位置如图 7-89 所示。

图 7-89　导入的图片“楼 4.jpg”

(22) 选择刚导入的图片，按下 F8 键将其转换为图形元件“楼 4”。

(23) 分别在“图层 4”的第 310、370 和 390 帧处插入关键帧。选择第 270 帧处的实例，在【属性】面板中设置参数如图 7-90 所示。

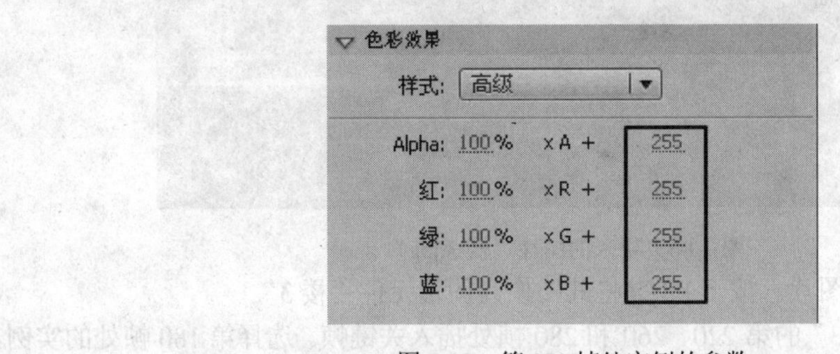

图 7-90　第 270 帧处实例的参数

(24) 选择第 390 帧处的实例，在【属性】面板中设置参数如图 7-91 所示。

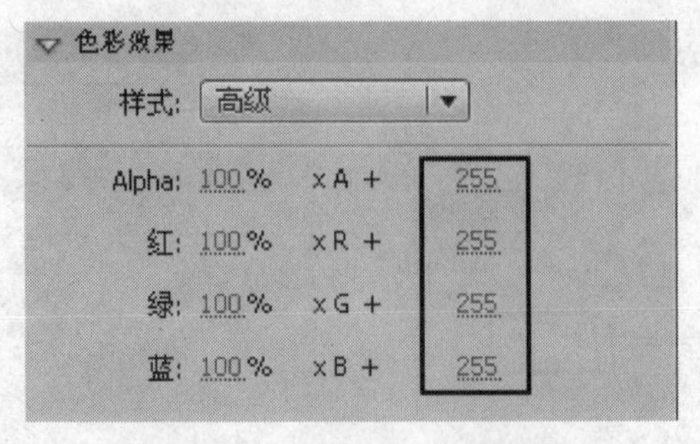

图 7-91　第 390 帧处实例的参数

(25) 分别在“图层 4”的第 270～310 帧、第 370～390 帧之间创建传统补间动画，则“展示”元件的【时间轴】面板如图 7-92 所示。

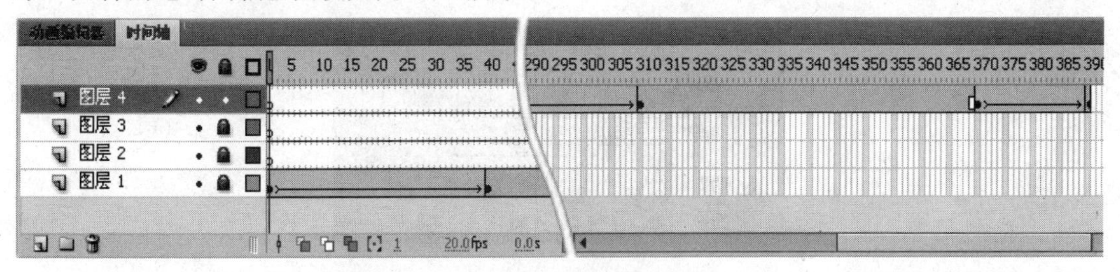

图 7-92　“展示”元件的【时间轴】面板

(26) 单击舞台上方的 场景 1 按钮，返回到舞台中。

(27) 在“图层 3”的上方创建一个新图层“图层 4”，运用“椭圆工具” 在舞台中绘制一个任意颜色的椭圆，并运用“任意变形工具” 调整其旋转角度，最后将其调整到舞台中白色椭圆上，使它们完全重合，如图 7-93 所示。

图 7-93　绘制的椭圆

在绘制椭圆时，可以暂时隐藏“图层 3”，这样便于与背景图片中的椭圆进行比较，在制作的时候要细心地进行处理，使之完全重合。处理完椭圆后，再使“图层 3”处于显示状态。

(28) 在【时间轴】面板的“图层 4”上单击鼠标右键，在弹出的快捷菜单中选择【遮罩层】命令，将该层转换为遮罩层，从而创建遮罩动画。

(29) 按下 Ctrl+Enter 键可以观看到色彩变化的动画效果，最后关闭测试窗口，单击菜单栏中的【文件】\【保存】命令，将文件保存为“学院风采.fla”。

7.3.8　制作加速和减速动画效果

现实生活中，几乎没有任何对象总是处在匀速运动状态中，例如火车进出站台、天空中飞翔的鸟儿，它们都是要做加速或减速运动的。在 Flash 中，无论创建补间形状动画还是创建传统补间动画，都可以设置减速或加速运动。在【属性】面板中通过设置缓动值，可以控制动画的运动速度，如图 7-94 所示。

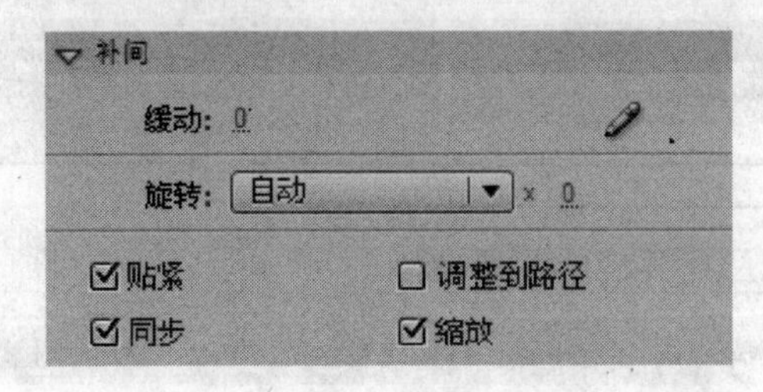

图 7-94 【属性】面板

默认情况下，过渡帧之间的变化速率是不变的，即缓动值为 0，这时运动是匀速的。【缓动】选项的取值范围为 -100～+100，值为负时，动画对象将做由慢到快的加速运动；值为正时，动画对象做先快后慢的减速运动。下面通过实例观察与体会加速与减速的动画效果。

(1) 首先创建一个新的 Flash 文档，在舞台中绘制一个矩形，并将其转换为影片剪辑元件“元件 1”。

(2) 在“图层 1”的上方创建一个新图层“图层 2”，从【库】面板中将“元件 1”拖拽到舞台中，位置如图 7-95 所示。

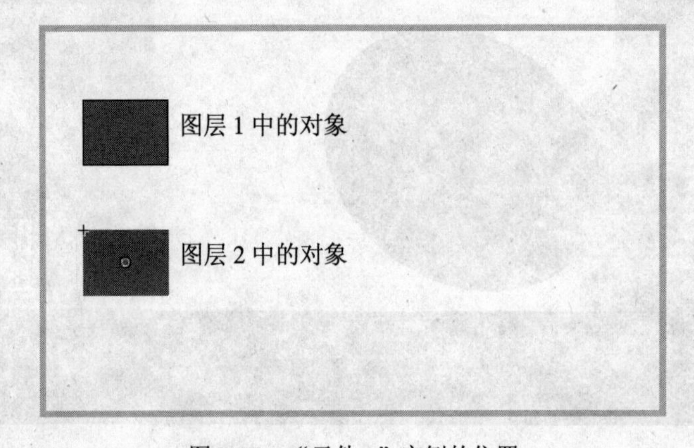

图 7-95 “元件 1”实例的位置

(3) 在【时间轴】面板中同时选择“图层 1”与“图层 2”的第 30 帧，按下 F6 键插入关键帧，然后分别将“图层 1”与“图层 2”中的对象水平拖动到舞台的右侧，如图 7-96 所示。

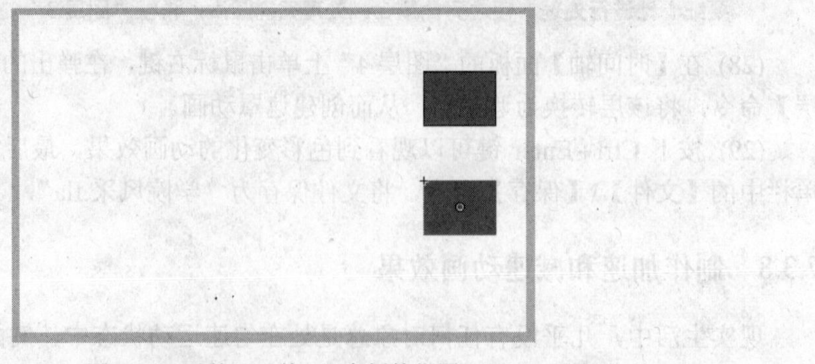

图 7-96 调整“元件 1”实例的位置

(4) 同时选择“图层1”与“图层2”的第1帧，单击鼠标右键，在弹出的快捷菜单中选择【创建传统补间】命令，创建传统补间动画。

(5) 选择“图层1”的第1帧，在【属性】面板中设置缓动值为100，如图7-97所示。

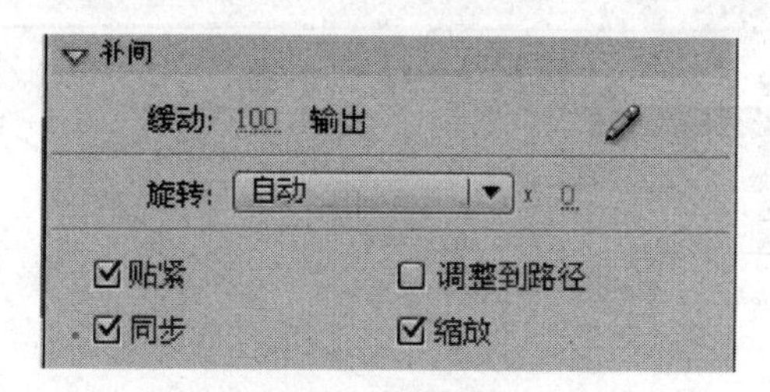

图7-97　设置“图层1”的缓动值

(6) 选择“图层2”的第1帧，在【属性】面板中设置缓动值为–100，如图7-98所示。

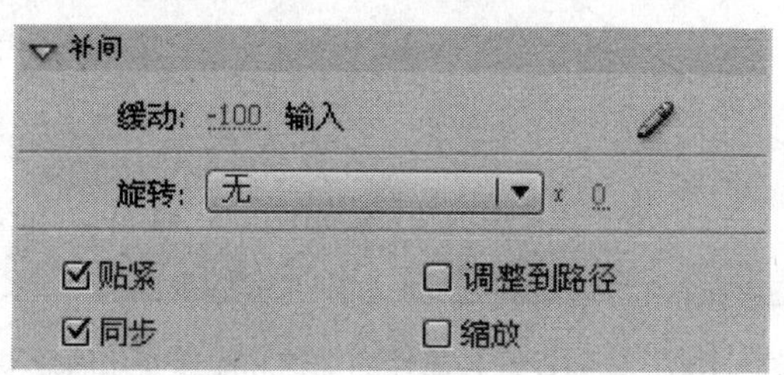

图7-98　设置“图层2”的缓动值

(7) 按下Ctrl+Enter键可以看到两个矩形的运动是不一样的，一个做加速运动，一个做减速运动。

在【属性】面板中单击【缓动】右侧的按钮，则弹出【自定义缓入/缓出】对话框，在这里可以为实例的每种属性设置加速和减速变化的效果，如图7-99所示。

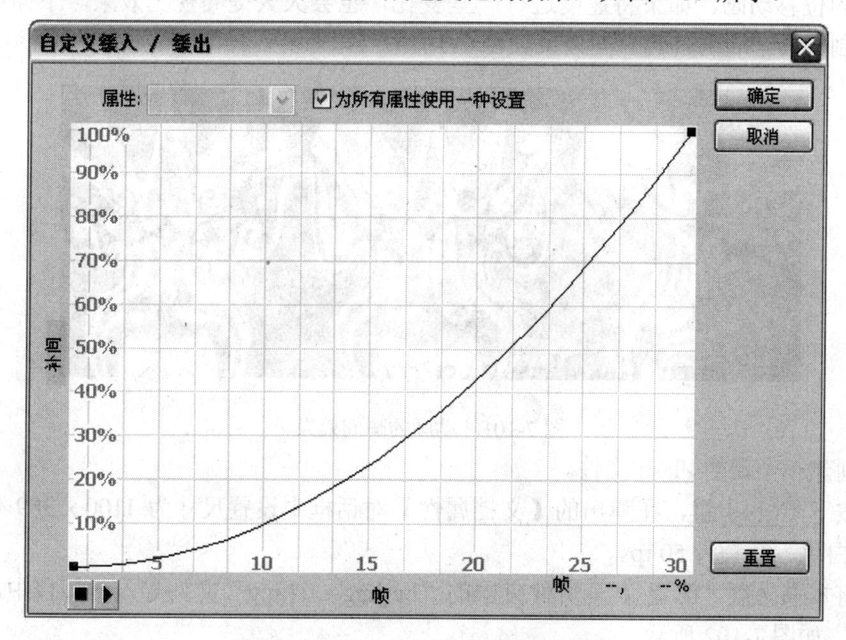

图7-99　【自定义缓入/缓出】对话框

如果在对话框中取消【为所有属性使用一种设置】选项，那么在【属性】下拉列表中可以选择所需的属性，如“位置”、“旋转”、“颜色”等，这样就可以单独设置各属性的加速和减速变化的效果，如图 7-100 所示。

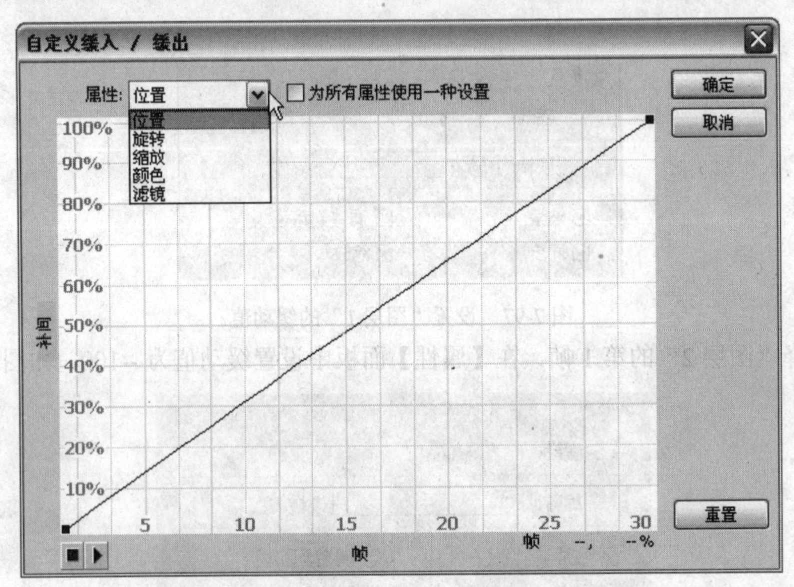

图 7-100 单独设置各属性的加速和减速变化的效果

7.3.9 课堂实践——京剧脸谱

使用加速和减速变化可以增强动画的视觉效果，任何一个复杂动画都是简单动画的组合，所以必须掌握好这些基本动画的制作，自由组合后就可以产生眩目的动画效果，即使一个简单的位移动画，如果将速度进行一些变化，也会大大提高视觉效果。下面结合【缓动】属性制作一个动画，其瞬间效果如图 7-101 所示。

图 7-101 动画的瞬间效果

(1) 创建一个新的 Flash 文件。

(2) 按下 Ctrl+J 键，在弹出的【文档属性】对话框中设置尺寸为 1100×389 像素、背景颜色为白色、帧频为 50 fps。

(3) 将本书光盘“第 7 章”文件夹中的“beijing_007.jpg”文件导入到舞台中，作为动画的背景，如图 7-102 所示。

图 7-102　导入的图片“beijing_007.jpg”

(4) 在“图层 1”的上方创建一个新图层“图层 2”，将本书光盘“第 7 章”文件夹中的“脸谱_001.png”文件导入到舞台的左侧，如图 7-103 所示。

图 7-103　导入的图片“脸谱_001.png”

(5) 选择刚导入的图片，按下 F8 键将其转换为图形元件“脸谱 1”。再按一次 F8 键，将其转换为影片剪辑元件“脸谱”，双击该实例，进入其编辑窗口中。

(6) 在第 30 帧处插入关键帧，然后将该帧处的“脸谱”实例水平移动到窗口的右侧，如图 7-104 所示。

图 7-104　调整第 30 帧处“脸谱”实例的位置

(7) 选择“图层 1”的第 1 帧，单击鼠标右键，在弹出的快捷菜单中选择【创建传统补间】命令，创建传统补间动画。然后在【属性】面板中设置缓动值为 100，如图 7-105 所示。此时按下 Enter 键，可以观察到图片是由左向右做减速运动的。

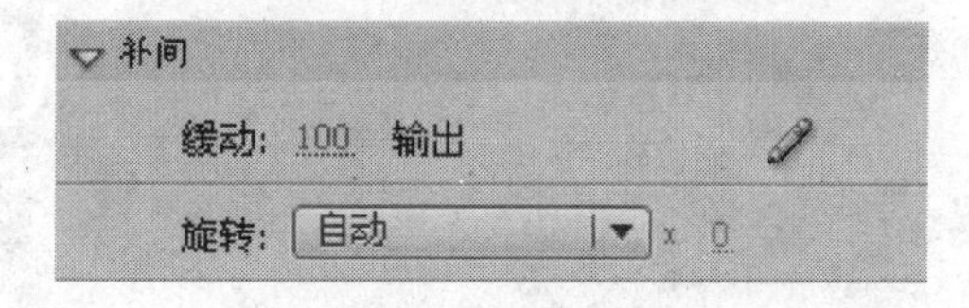

图 7-105　【属性】面板

(8) 在“图层 1”的第 110、115 和 130 帧处插入关键帧。

(9) 选择“图层 1”第 115 帧处的“脸谱”实例，将其向左移动少许，如图 7-106 所示。

图 7-106　调整第 115 帧处“脸谱”实例的位置

(10) 选择“图层 1”第 130 帧处的“脸谱”实例，将其水平移动到舞台的右侧，位置如图 7-107 所示。

图 7-107　调整第 130 帧处“脸谱”实例的位置

(11) 同时选择“图层 1”的第 110～115 帧，单击鼠标右键，在弹出的快捷菜单中选择【创建传统补间】命令，创建传统补间动画。然后选择第 115 帧，在【属性】面板中输入缓动值为 –100，如图 7-108 所示，使图片向右做加速运动。

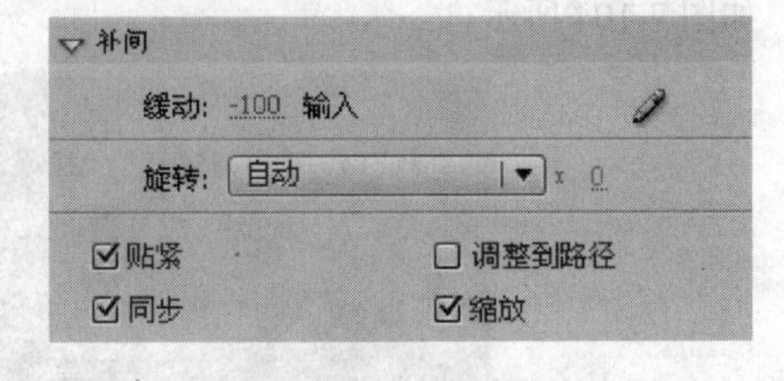

图 7-108　【属性】面板

以上完成了第一幅图片的减速滑入舞台、加速滑出舞台的动画效果，接下来再制作第二幅图片的动画效果。

(12) 在“图层 1”的上方创建一个新图层“图层 2”，在第 31 帧处插入关键帧，将本书光盘“第 7 章”文件夹中的“脸谱_002.png”文件导入到窗口中，将其转换为图形元件“脸谱 2”并调整到舞台的左侧，位置如图 7-109 所示。

图 7-109　调整“脸谱 2”实例的位置

(13) 在“图层 2”的第 55 帧处插入关键帧，并将该帧中的“脸谱 2”实例向右侧水平移动，位置如图 7-110 所示。

图 7-110　调整第 55 帧处“脸谱 2”实例的位置

(14) 在“图层 2”的第 31 帧上单击鼠标右键，在弹出的快捷菜单中选择【创建传统补间】命令，创建传统补间动画。然后在【属性】面板中设置缓动值为 100。

(15) 分别在“图层 2”的第 120、125 和 145 帧处插入关键帧，然后选择第 125 帧处的“脸谱 2”实例，将其向左移动少许，如图 7-111 所示。

图 7-111　调整第 125 帧处“脸谱 2”实例的位置

(16) 选择“图层 2”第 145 帧处的“脸谱 2”实例，将其移动到舞台的右侧，如图 7-112 所示。

图 7-112　调整第 145 帧处“脸谱 2”实例的位置

(17) 同时选择“图层 2”的第 120～125 帧，单击鼠标右键，在弹出的快捷菜单中选择【创建传统补间】命令，创建传统补间动画，然后选择第 125 帧，在【属性】面板中输入缓动值为 –100。

接下来继续制作第三幅图片的动画效果，仍然是减速滑入舞台、加速滑出舞台，但是要注意三幅图片的时间差。

(18) 在“图层 2”的上方创建一个新图层“图层 3”，在第 56 帧处插入关键帧，将本书光盘“第 7 章”文件夹中的“脸谱_003.png”文件导入到窗口中，并将其转换为图形元件“脸谱 3”，调整到舞台的左侧，位置如图 7-113 所示。

图 7-113　导入的图片“脸谱_003.png”

(19) 在“图层 3”的第 75 帧处插入关键帧，然后选择该帧处的“脸谱 3”实例，将其向右侧移动，位置如图 7-114 所示。

图 7-114　调整第 75 帧处“脸谱 3”实例的位置

(20) 在“图层 3”的第 56 帧上单击鼠标右键，在弹出的快捷菜单中选择【创建传统补间】命令，创建传统补间动画。然后在【属性】面板中输入缓动值为 100。

(21) 分别在“图层 3”的第 130、135 和 160 帧处插入关键帧，然后选择第 135 帧处的“脸谱 3”实例，将其向左移动少许，如图 7-115 所示。

图 7-115　调整第 135 帧处“脸谱 3”实例的位置

(22) 选择“图层 3”第 160 帧处的“脸谱 3”实例，将其移动到舞台的右侧，位置如图 7-116 所示。

(23) 同时选择“图层 3”第 130～135 帧，单击鼠标右键，在弹出的快捷菜单中选择【创建传统补间】命令，创建传统补间动画。然后选择第 135 帧，在【属性】面板中输入缓动值为 –100。此时“脸谱”元件的【时间轴】面板如图 7-117 所示。

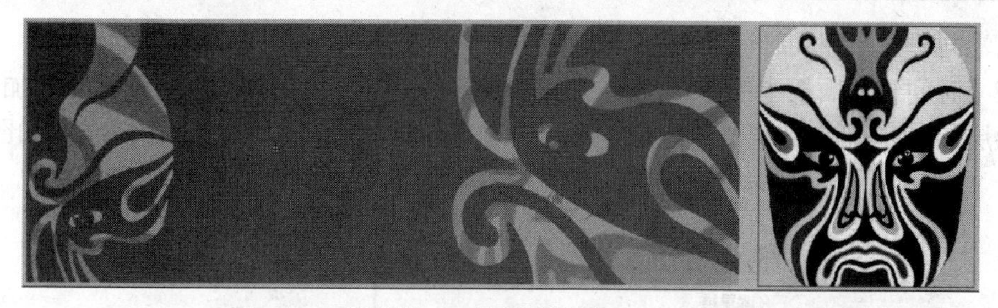

图 7-116　调整第 160 帧处“脸谱 3”实例的位置

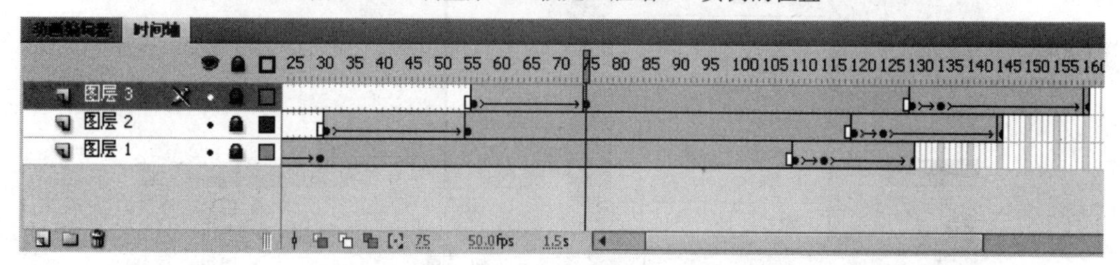

图 7-117　“脸谱”元件的【时间轴】面板

(24) 单击舞台上方的 场景 1 按钮，返回到舞台中，则完成了动画的制作。

(25) 按下 Ctrl+Enter 键可以观看到加减速动画效果。最后关闭测试窗口，单击菜单栏中的【文件】\【保存】命令，将文件保存为“京剧脸谱.fla”。

7.4　图层特效动画制作

Flash 提供了两种特殊的图层——传统运动引导层与遮罩层，运用这两种图层制作的动画称为“运动引导层动画”与“遮罩动画”，它们同属于图层特效动画。

7.4.1　运动引导层动画

在日常生活中，物体的运动并不是做简单的直线运动，通常是沿着一定的轨迹运动。在 Flash 中制作这种动画时，需要创建一个运动引导线(也称为运动路径)，控制对象的运动轨迹。运动引导线需要放在独立的运动引导层中，所以制作运动引导线动画需要两个图层，上面的图层是运动引导层，用于绘制运动引导线；下面的图层称为被引导层，用于设置对象的动画效果，如图 7-118 所示。

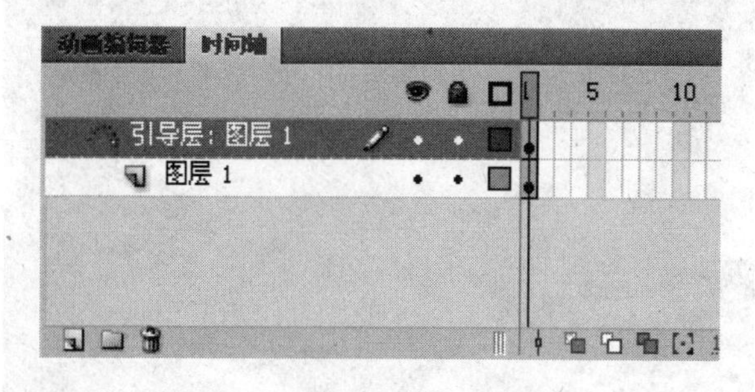

图 7-118　运动引导层与被引导层

在【时间轴】面板中，一个运动引导层下面可以有多个被引导图层，也就是说多个对象可以沿同一条路径同时运动。

在【时间轴】面板中的图层上单击鼠标右键，在弹出的快捷菜单中选择【添加传统运动引导层】命令，则在该层的上方创建了运动引导层，并且该图层变为被引导层，如图 7-119 所示。

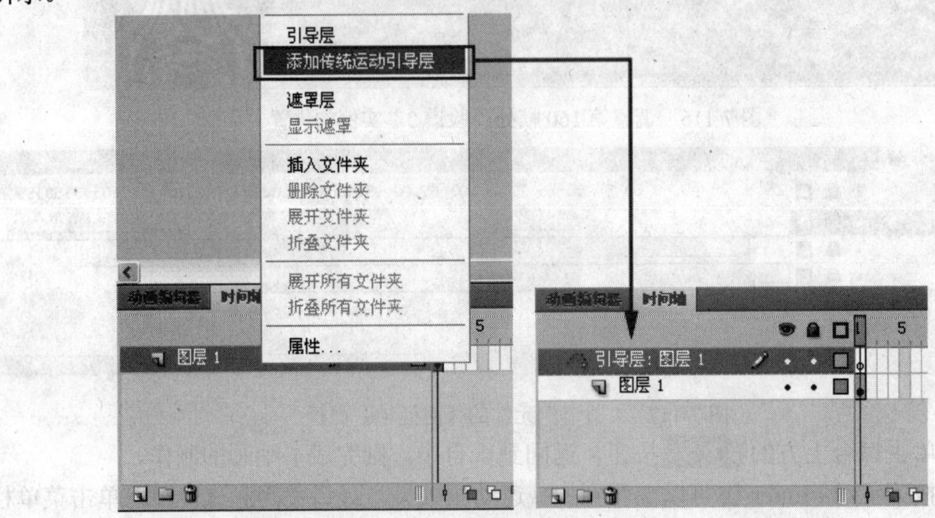

图 7-119　创建运动引导层

制作运动引导层动画的关键是将运动对象吸附到运动引导线的首尾两端，这是初学者容易失误的地方，经常由于未能将运动对象吸附到运动引导线上，而不能制作想要的动画效果。为了方便地将运动对象吸附到运动引导线上，通常需要激活工具栏中的 (贴紧至对象)按钮。也可以通过单击菜单栏中的【视图】\【贴紧】\【贴紧至对象】命令，激活该功能。

7.4.2　课堂实践——纸飞机

运动引导层动画是一类特殊的图层动画，动画对象的运动轨迹是在运动引导层中绘制的，而在最终动画中运动引导层的运动轨迹是不显示的，它只起到一个控制运动轨迹的作用，类似于辅助线。下面我们制作一个“纸飞机”实例，学习运动引导层动画的制作过程与要点，动画的瞬间效果如图 7-120 所示。

图 7-120　动画的瞬间效果

(1) 创建一个新的 Flash 文件。

(2) 按下 Ctrl+J 键，在【文档属性】对话框中设置尺寸为 550×360 像素、背景颜色为黑色、帧频为 30 fps。

(3) 按下 Ctrl+R 键，将本书光盘“第 7 章”文件夹中的“风景.jpg”文件导入到舞台的中央位置，作为动画的背景，如图 7-121 所示。

图 7-121　导入的图片“风景.jpg”

(4) 在【时间轴】面板中选择“图层 1”的第 100 帧，按下 F5 键插入普通帧。

(5) 按下 Ctrl+F8 键，创建一个新的图形元件“纸飞机”，将本书光盘“第 7 章”文件夹中的“纸飞机.swf”文件导入到编辑窗口中。

(6) 单击舞台上方的 场景 1 按钮，返回到舞台中。

(7) 在【时间轴】面板中“图层 1”的上方创建一个新图层“图层 2”，然后将“纸飞机”元件从【库】面板中拖拽到舞台中。

(8) 在“图层 2”上单击鼠标右键，在弹出的快捷菜单中选择【添加传统运动引导层】命令，在该层的上方创建一个运动引导层，如图 7-122 所示。

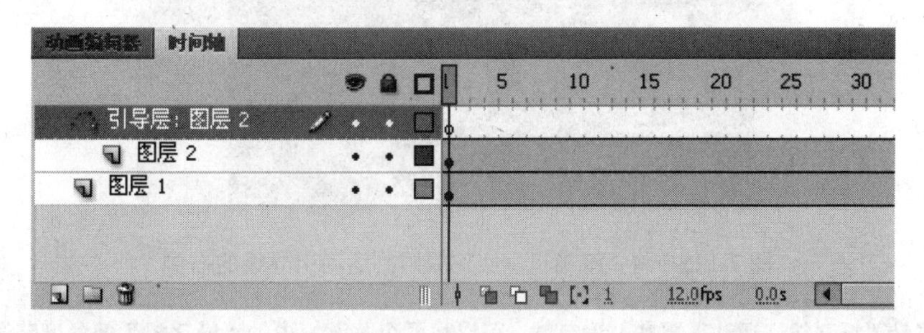

图 7-122　【时间轴】面板

(9) 选择运动引导层，使用“铅笔工具”在舞台中绘制一条曲线作为纸飞机的运动引导线，如图 7-123 所示。

图 7-123　绘制的曲线

(10) 选择“图层 2”第 1 帧处的“纸飞机”实例，使用“任意变形工具”将其缩小并旋转一定的角度，然后激活工具箱中的按钮，将实例吸附到运动引导线的左侧，如图 7-124 所示。

图 7-124　将“纸飞机”实例吸附到运动引导线的左侧

(11) 在“图层 2”的第 100 帧处插入关键帧，使用“任意变形工具”将“纸飞机”实例向下旋转一定的角度，并将其吸附到运动引导线的右侧，如图 7-125 所示。

图 7-125　将“纸飞机”实例吸附到运动引导线的右侧

为了让“纸飞机”运动得更加贴近自然，可以将两个关键帧中的“纸飞机”的角度略微作些调整，使其头部沿着运动引导线而运动。

(12) 选择“图层 2”的第 1 帧，单击鼠标右键，在弹出的快捷菜单中选择【创建传统补间】命令，创建传统补间动画，然后在【属性】面板中设置参数如图 7-126 所示。

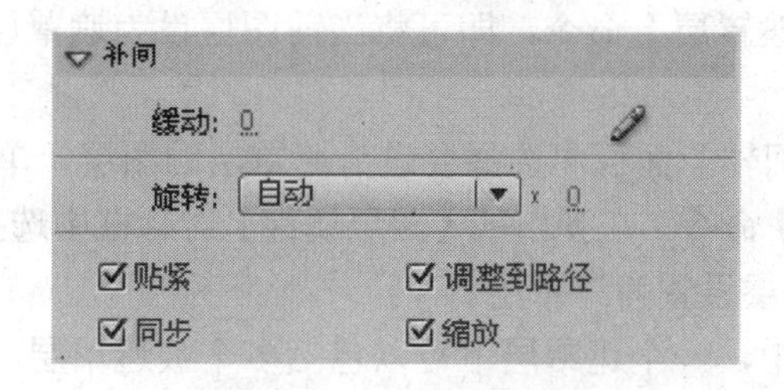

图 7-126　【属性】面板

在【属性】面板中选择【调整到路径】选项，则运动的对象会沿着运动引导线的方向运动，使对象的运动更加符合运动规律，否则运动对象将始终保持一个固定不变的方向沿着运动引导线运动，看上去很不自然。

(13) 按下 Ctrl+Enter 键，在测试影片窗口中可以看到纸飞机飞行的动画效果，最后关闭测试窗口，按下 Ctrl+S 键将文件保存为“纸飞机.fla”。

7.4.3　遮罩动画

在 Flash 中制作遮罩动画必须通过至少两个图层才能完成，处于上面的图层称为遮罩层，而下面的图层称为被遮罩层，一个遮罩层下可以包括多个被遮罩层。

遮罩层就像是一个镂空的图层，镂空的形状就是遮罩层中的动画对象形状，在这个镂空的位置可以显示出被遮罩层的对象，如图 7-127 所示。

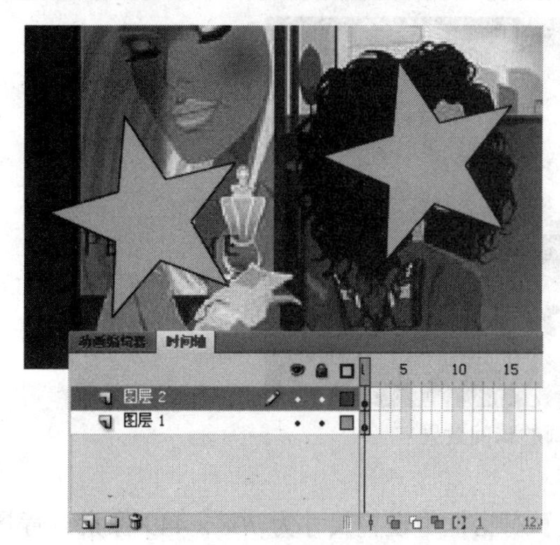

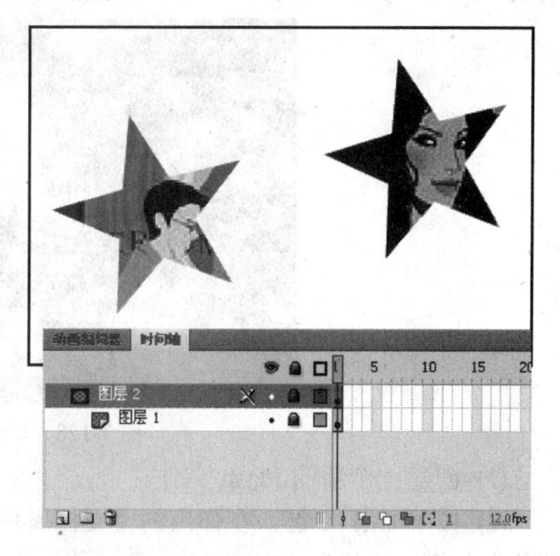

图 7-127　遮罩层与被遮罩层

从图中可以看出，遮罩层中是五角星图形，被遮罩层中的对象只能透过五角星所在位置进行显示，其它部分被隐藏。在遮罩层与被遮罩层中不仅可以是静态的图形，也可以是动画，当遮罩层或被遮罩层中是动画时，即形成遮罩动画。

在 Flash 中没有一个专门的按钮来创建遮罩层，遮罩层其实是由普通图层转化的，创建遮罩层的常用方法有以下几种：

➭***方法一***：在【时间轴】面板中选择要设为遮罩层的图层，然后单击鼠标右键，从弹出的快捷菜单中选择【遮罩层】命令，即可将当前图层设为遮罩层，其下方与之相邻的图层则自动变为被遮罩层。

➪方法二：在【时间轴】面板中选择要设为遮罩层的图层，单击菜单栏中的【修改】\【时间轴】\【图层属性】命令，在弹出的【图层属性】对话框中选择【类型】选项中的“遮罩层”，可以将选择的图层设置为遮罩层。

在【时间轴】面板中，一个遮罩层下可以包括多个被遮罩层，除了使用上述方法设置被遮罩层外，还可以按住鼠标左键，将要设为被遮罩层的图层拖拽到遮罩层的下方，快速地将该层转换为被遮罩层。

制作遮罩动画时，可以在遮罩层中设置动画，也可以在被遮罩层中设置动画。两种方式会产生不同的动画效果。

值得注意的是，遮罩层中的对象可以是按钮、影片剪辑、图形、位图、文字等，但不能是线条，如果一定要用线条制作遮罩动画，应该执行【修改】\【形状】\【将线条转换为填充】命令，将线条转换为填充图形。

7.4.4　课堂实践——享受自然

遮罩动画是通过遮罩层实现的，通过它可以创建很多特殊的动画效果，例如淡入淡出、水波、扫光、望远镜、百叶窗效果等等。由于遮罩动画制作简单，效果突出，所以其应用比较广泛。下面我们将利用遮罩动画制作一个“享受自然”的实例，表现水波荡漾的动画效果，如图 7-128 所示。

图 7-128　动画的瞬间效果

(1) 创建一个新的 Flash 文件。

(2) 按下 Ctrl+J 键，在弹出的【文档属性】对话框中设置尺寸为 708 × 449 像素、背景颜色为白色、帧频为 35 fps。

(3) 按下 Ctrl+R 键，将本书光盘“第 7 章”文件夹中的“image16.jpg”文件导入到舞台的中央位置，如图 7-129 所示。

(4) 选择导入的图片，按下 F8 键将其转换为影片剪辑元件“自然”，双击该实例进入其编辑窗口中，然后选择图片，按下 Ctrl+C 键复制图片。

(5) 在“图层 1”的上方创建一个新图层“图层 2”，按下 Ctrl+Shift+V 键，将复制的图片粘贴到原位置处。

图 7-129　导入的图片“image16.jpg”

(6) 按下 Ctrl+B 键将图片分离，然后使用“橡皮擦工具”擦除部分图片，结果如图 7-130 所示(注意，这里为了便于观察，隐藏了“图层 1”)。

图 7-130　擦除部分图片

(7) 将擦除后的图片向下移动少许，然后按下 F8 键将其转换为影片剪辑元件“流水”，双击该实例进入其编辑窗口中(注意此时已进入第三层结构)，如图 7-131 所示。

图 7-131　层级关系(三层)

(8) 在“图层 1”的上方创建一个新图层“图层 2”。运用“线条工具”绘制一条粗细为 1 像素的细线，并均匀地复制若干，如图 7-132 所示。

图 7-132　绘制和复制的细线

(9) 框选绘制的细线，按下 F8 键将其转换为影片剪辑元件“细条”，双击该实例进入其编辑窗口中，此时进入第四层结构，如图 7-133 所示。

图 7-133　层级关系(四层)

(10) 框选所有的细线，单击菜单栏中的【修改】\【形状】\【将线条转换为填充】命令，将线条转换为填充图形。

(11) 选择“图层 1”的第 245 帧，按下 F6 键插入关键帧，将细线图形向下移动，位置如图 7-134 所示。

图 7-134　调整细线图形的位置

(12) 在“图层 1”的第 1 帧上单击鼠标右键，在弹出的快捷菜单中选择【创建补间形状】命令，创建补间形状动画。

(13) 单击舞台上方的 流水 按钮，返回“流水”窗口中。

(14) 在【时间轴】面板中选择“图层 2”，单击鼠标右键，在弹出的快捷菜单中选择【遮罩层】命令，将该层转换为遮罩层，从而创建遮罩动画。

(15) 单击舞台上方的 场景 1 按钮，返回到舞台中。

(16) 在“图层 1”的上方创建一个新图层“图层 2”，导入本书光盘“第 7 章”文件夹中的“美女.png”文件，调整其位置如图 7-135 所示。

图 7-135　导入的图片“美女.png”

(17) 至此完成了动画的制作，按下 Ctrl+Enter 键观看动画效果，最后关闭测试窗口，单击菜单栏中的【文件】\【保存】命令，将文件保存为“享受自然.fla”。

7.5　基于对象的补间动画

基于对象的补间动画是 Flash CS4 吸收了 After Effects 软件的动画特点而推出的一种动画形式，这种动画形式可以直接操作动画对象，而不是关键帧，更多的动画属性需要在【动画编辑器】面板中进行设置，如图 7-136 所示。

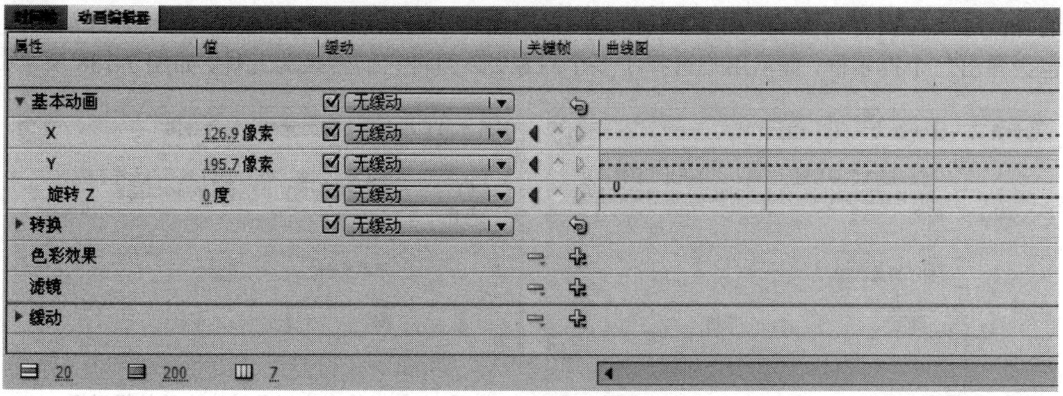

图 7-136　【动画编辑器】面板

7.5.1　补间动画与传统补间动画的区别

在 Flash CS4 中，“基于对象的动画”称为补间动画，而以前版本中的补间动画则称为传统补间动画。这种改进也影响了制作动画的流程，例如，要使一个动画对象沿着一定的轨迹运动，不需要使用引导线就可以轻松完成。新增加的补间动画与传统补间动画存在如下差异：

- 传统补间动画基于关键帧，必须通过两个关键帧中对象的变化来创建动画；而新增的补间动画基于对象，仅用一个动画对象即可，动画中使用的是属性关键帧而不是关键帧。
- 新增的补间动画在整个补间范围上由一个对象组成。
- 如果一个对象为图形对象，则创建补间动画时，对象转换为影片剪辑元件；而创建传统补间动画时，对象则转换为图形元件。
- 补间动画支持文本对象；而传统补间动画不支持文本对象，创建传统补间动画时，需要将文本转换为图形元件。
- 在补间动画范围上不允许添写帧脚本；而在传统补间动画的关键帧上可以添写帧脚本。
- 可以在【时间轴】面板中对补间动画范围进行拉伸和调整大小，并将它们视为单个对象；而传统补间动画可以对补间范围的局部或整体进行调整。
- 对于传统补间动画，缓动可以应用于补间内关键帧之间的帧；而对于补间动画，缓动只能应用于补间动画范围的整个长度，如果要仅对补间动画的特定帧应用缓动，则需要创建自定义缓动曲线。

- 补间动画可以创建 3D 动画效果；而传统补间动画则不能。
- 只有补间动画才能被保存为动画预设。

7.5.2 创建补间动画

补间动画只适用于元件的实例或文本对象，并且要求同一图层中只能选择一个对象。如果选择的对象不是元件的实例或文本，创建补间动画时会弹出一个提示框，提示用户将选择的对象转换为元件，如图 7-137 所示；如果选择的对象不是一个对象，创建补间动画时也会弹出一个提示框，提示用户选择了多个对象，必须将它们转换为元件，如图 7-138 所示。

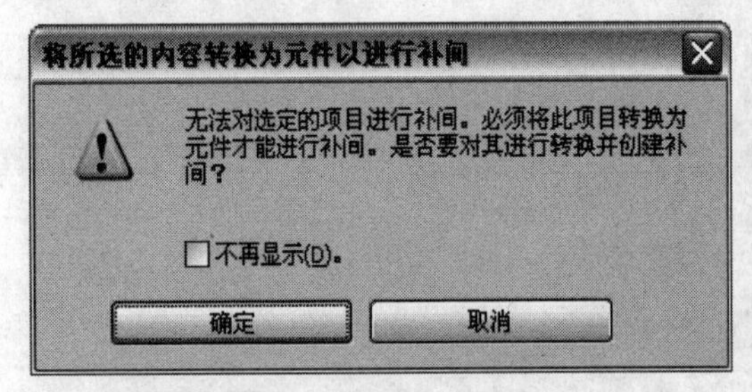

图 7-137　将一个对象转换为元件提示框

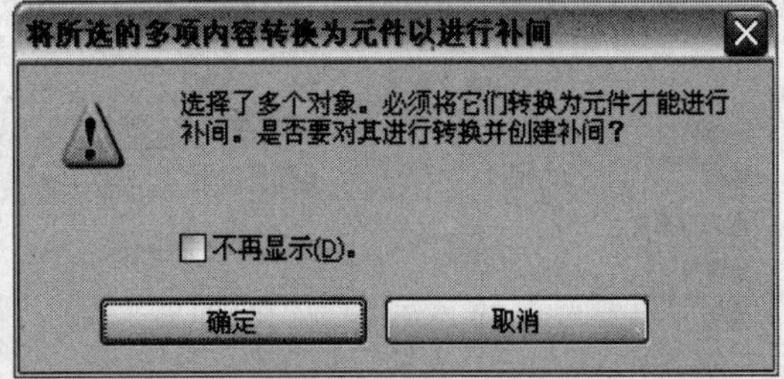

图 7-138　将多个对象转换为元件提示框

在 Flash CS4 中，创建补间动画的操作方法有两种：

➪*方法一*：使用快捷菜单。

使用快捷菜单可以方便地创建补间动画，在舞台中创建了动画对象以后，可以在动画对象上单击鼠标右键，在弹出的快捷菜单中选择【创建补间动画】命令，如图 7-139 所示。除此之外，还可以在【时间轴】面板中的关键帧上单击鼠标右键，在弹出的快捷菜单中选择【创建补间动画】命令，如图 7-140 所示。

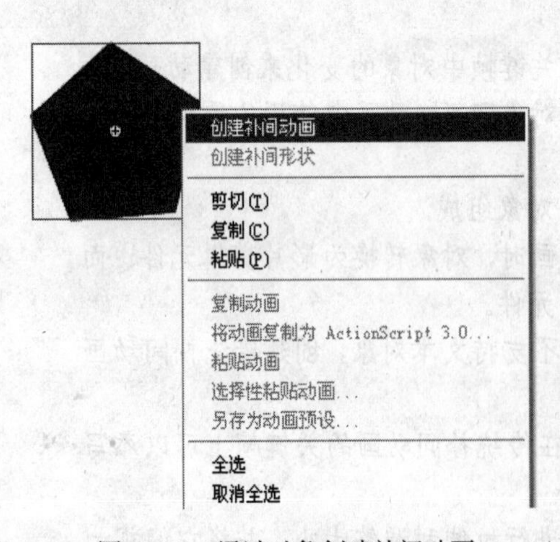

图 7-139　通过对象创建补间动画

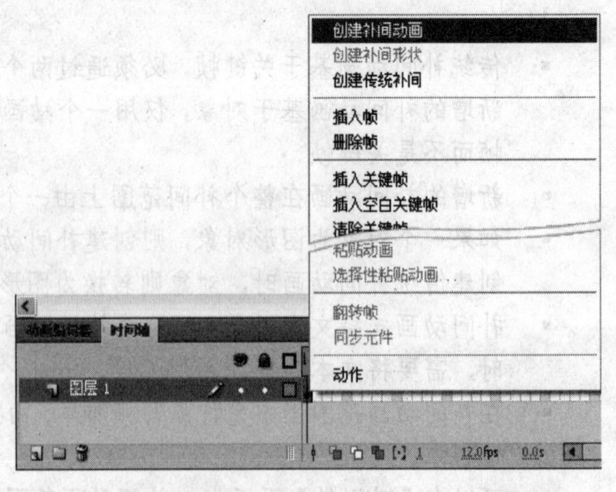

图 7-140　通过【时间轴】面板创建补间动画

➪*方法二*：使用菜单命令。

使用菜单命令也可以创建补间动画，首先在【时间轴】面板中选择一个帧或者选择舞台中的对象，然后单击菜单栏中的【插入】\【补间动画】命令，就可以创建补间动画。

不论使用哪一种方法创建了补间动画以后，在【时间轴】面板中都会显示出补间动画的范围长度，以淡蓝色显示，如图 7-141 所示。

图 7-141 【时间轴】面板的补间动画范围显示

补间范围的长度等于 1 秒的时间，所以与文档的帧频有密切的关系。假设文档的帧频为 25 fps，那么补间范围的长度显示为 25 帧；如果帧频小于 5 fps，则补间范围的长度显示为 5 帧。

7.5.3 【动画编辑器】面板

Flash CS4 新增的补间动画可以通过【动画编辑器】面板进行制作，【动画编辑器】面板非常类似于 3ds max 或 After Effects 的操作。通过它可以查看所有补间属性以及属性关键帧。另外，【动画编辑器】面板也是精确设置动画属性的工具。

在【时间轴】面板中创建补间动画后，通过【动画编辑器】面板可以控制多种动画属性，如基本动画、转换、色彩效果、缓动等。【动画编辑器】面板如图 7-142 所示。

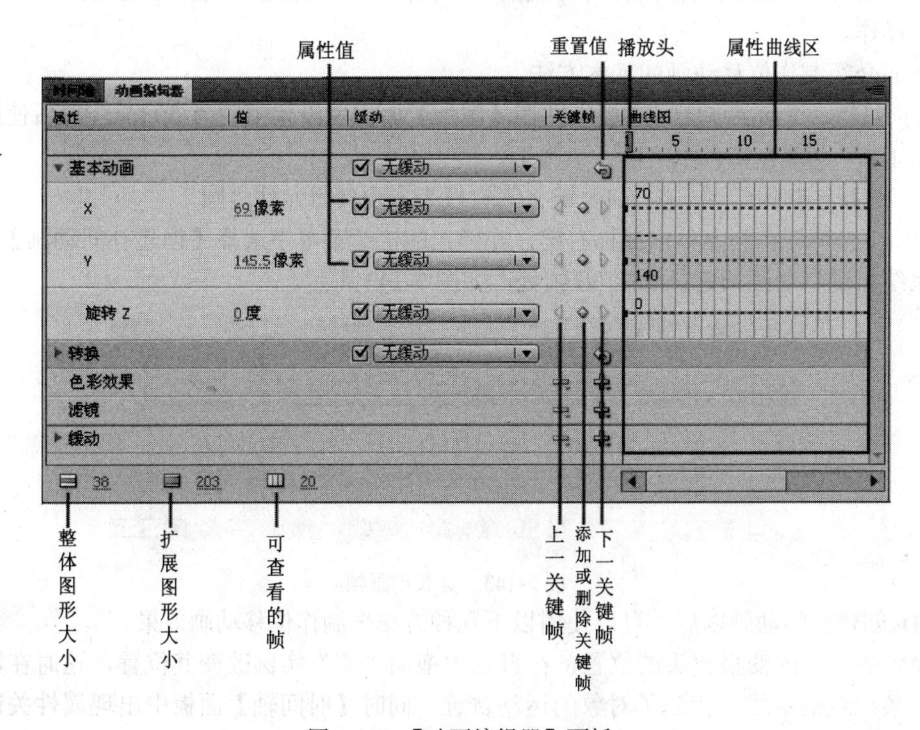

图 7-142 【动画编辑器】面板

观察【动画编辑器】面板可以发现该面板由 5 行 5 列构成。

5 行是指自上而下的 5 种属性类别，分别是【基本动画】、【转换】、【色彩效果】、【滤镜】和【缓动】，可以用于制作不同类型的动画。

5 列分别是【属性】、【值】、【缓动】、【关键帧】和【曲线图】，每一列所对应的都是一些基本属性，也可以将其视为 5 个功能区。

- (整体图形大小)：修改其右侧的数值，可以控制每一种属性所占的行高。
- (扩展图形大小)：修改其右侧的数值，可以控制已经展开的属性所占的行高。
- (可查看的帧)：修改其右侧的数值，可以控制“曲线图”列中能够显示的帧数。
- 属性值：用于设置缓动的属性值，可以自定义缓动效果。
- (重置值)：单击该按钮，将复位设置的参数值。
- (上一关键帧)：单击该按钮，播放头跳转到前一个属性关键帧。
- (添加或删除关键帧)：单击该按钮，可以在当前位置添加一个属性关键帧，如果此位置已存在属性关键帧，则将其删除。
- (下一关键帧)：单击该按钮，播放头将跳转到后一个属性关键帧。
- 播放头：用于指示当前位置。
- 属性曲线区：用于编辑各种属性曲线，编辑方法类似于贝塞尔曲线。

7.5.4 制作位移动画效果

新增的补间动画的制作流程与传统的动画截然不同，它基于对象或【动画编辑器】面板进行操作。

下面介绍制作位移动画的基本方法。

(1) 创建一个新的 Flash 文档，并在【属性】面板中设置帧频为 30 fps，然后使用“基本椭圆工具” 在舞台中绘制一个圆形。

(2) 选择绘制的圆形，按下 F8 键将其转换为影片剪辑元件“圆”。

(3) 在“圆”实例上单击鼠标右键，在弹出的快捷菜单中选择【创建补间动画】命令，这时系统自动将动画帧延长到第 30 帧处，如图 7-143 所示。

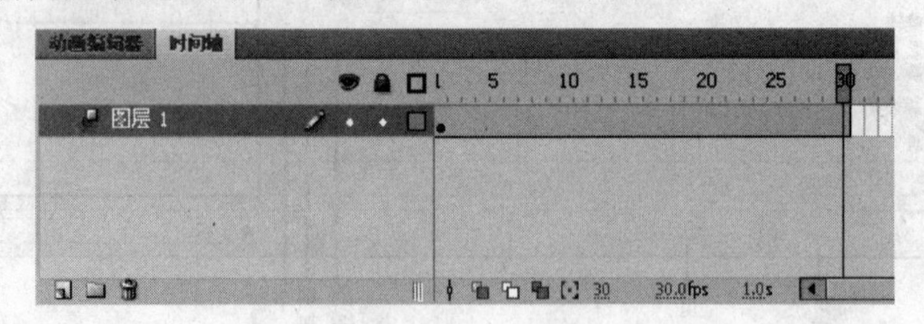

图 7-143 延长动画帧

(4) 创建补间动画以后，可以使用以下几种方法来制作位移动画效果。

➪方法一：改变播放头的位置，在舞台中拖动“圆”实例改变其位置，这时在舞台中出现一条绿色的虚线，代表了对象的运动轨迹，同时【时间轴】面板中出现属性关键帧，如图 7-144 所示。

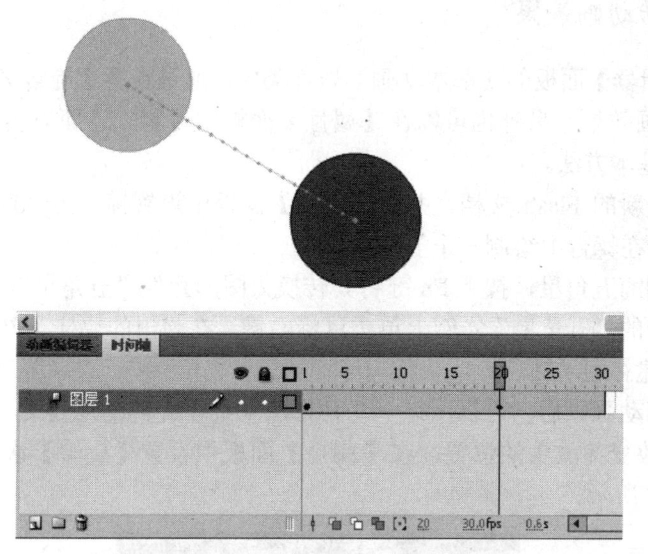

图 7-144　对象的运动轨迹与属性关键帧

➪*方法二*：改变播放头的位置，在【动画编辑器】面板中修改【X】与【Y】轴的属性值，即可完成位移动画的制作，此时的属性曲线区如图 7-145 所示。

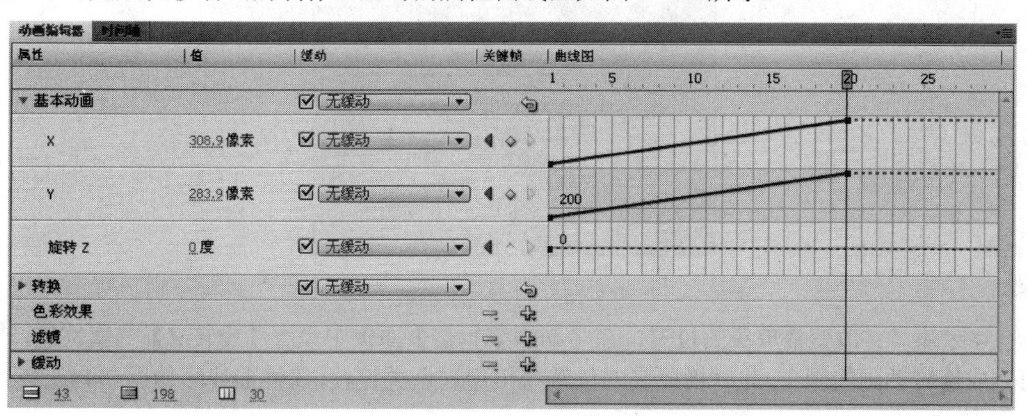

图 7-145　修改【X】与【Y】轴的属性值后的属性曲线区

➪*方法三*：改变播放头的位置，在【关键帧】列中单击【X】、【Y】对应的 (添加或删除关键帧)按钮，则在当前位置插入属性关键帧，此时的属性曲线区如图 7-146 所示，根据需要调整曲线即可完成动画的制作。

图 7-146　插入属性关键帧后的属性曲线区

7.5.5 制作旋转动画效果

在【动画编辑器】面板的【基本动画】属性类中，通过设置【旋转 Z】选项的值可以制作出旋转变化动画效果，另外也可以在【属性】面板中设置。下面以实例的方式介绍制作旋转动画效果的基本方法。

(1) 创建一个新的 Flash 文档，并在【属性】面板中设置帧频为 30 fps，然后使用“多角星形工具”在舞台中绘制一个五角星。

(2) 选择绘制的五角星，按下 F8 键将其转换为图形元件“五角星”。

(3) 在舞台中的“五角星”实例上单击鼠标右键，在弹出的快捷菜单中选择【创建补间动画】命令，创建补间动画。

(4) 创建补间动画以后，可以用以下几种方法来制作旋转动画效果。

➯方法一：改变播放头的位置，在【属性】面板中设置【旋转】次数与【方向】选项即可，如图 7-147 所示。

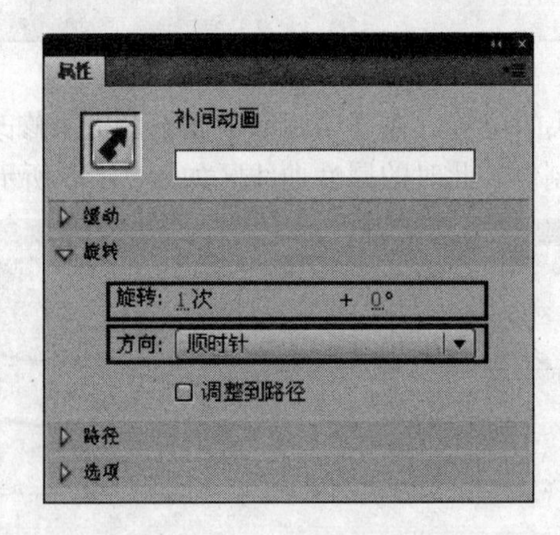

图 7-147 【属性】面板

➯方法二：改变播放头的位置，在【动画编辑器】面板中设置【旋转 Z】的属性值，即可完成旋转动画的制作，此时播放头的位置将出现属性关键帧，属性曲线区如图 7-148 所示。

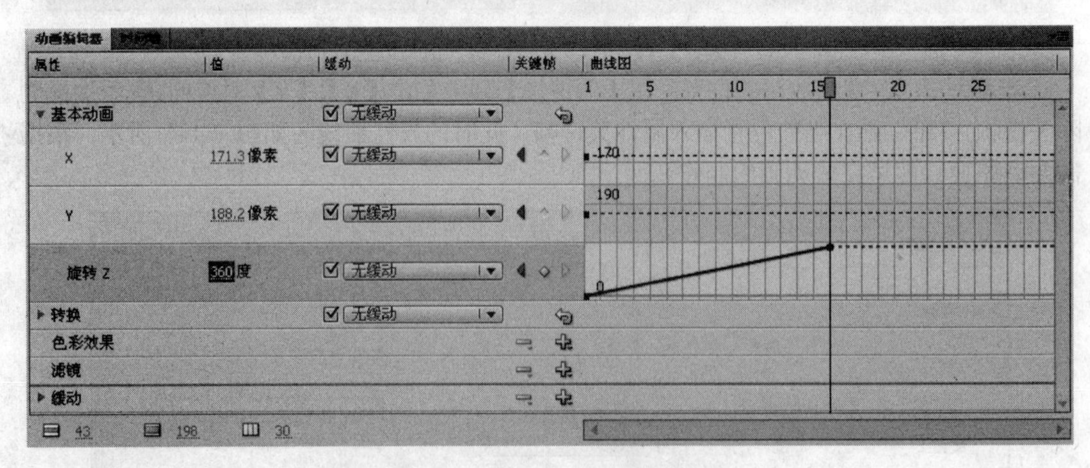

图 7-148 属性曲线区

如果同时设置【X】、【Y】与【旋转 Z】的属性值，则可以使对象边运动边旋转，在实际案例中，往往都是几种简单动画的组合。

7.5.6　制作缩放和倾斜动画效果

在【动画编辑器】面板中展开【转换】属性类，可以看到【倾斜 X】、【倾斜 Y】、【缩放 X】和【缩放 Y】选项，通过这些参数可以制作缩放和倾斜动画效果。下面仍然结合实例介绍制作缩放和倾斜动画效果的基本方法。

(1) 创建一个新的 Flash 文档，并在【属性】面板中设置帧频为 30 fps，然后使用“矩形工具”在舞台中绘制一个正方形。

(2) 选择绘制的正方形，按下 F8 键将其转换为影片剪辑元件“正方形”。

(3) 在舞台中的“正方形”实例上单击鼠标右键，在弹出的快捷菜单中选择【创建补间动画】命令，创建补间动画。

(4) 创建补间动画以后，可以使用以下几种方法来制作缩放和倾斜动画效果。

➪方法一：改变播放头的位置，选择工具箱中的“任意变形工具”，对舞台中的“正方形”实例进行缩放或倾斜操作，同时【时间轴】面板中出现了属性关键帧，这样就制作了缩放或者倾斜动画效果，如图 7-149 所示为制作的缩放动画效果。

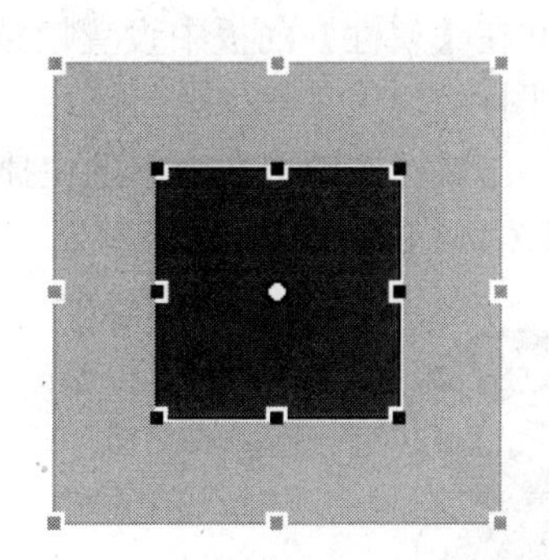

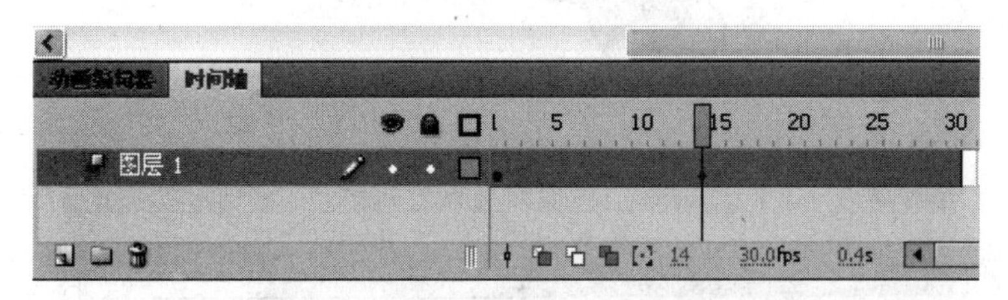

图 7-149　制作的缩放动画效果

➪方法二：改变播放头的位置，在【动画编辑器】面板中展开【转换】属性类，分别设置【倾斜 X】、【倾斜 Y】、【缩放 X】与【缩放 Y】的属性值，可以精确地制作出缩放与倾斜动画效果，设置属性值后，播放头的位置会出现属性关键帧，此时的属性曲线区如图 7-150 所示。

如果要单独制作在 X 轴或 Y 轴中缩放的动画，只需要取消(链接 X 和 Y 属性值)按钮，然后分别调整 X 轴或 Y 轴中的属性值即可。

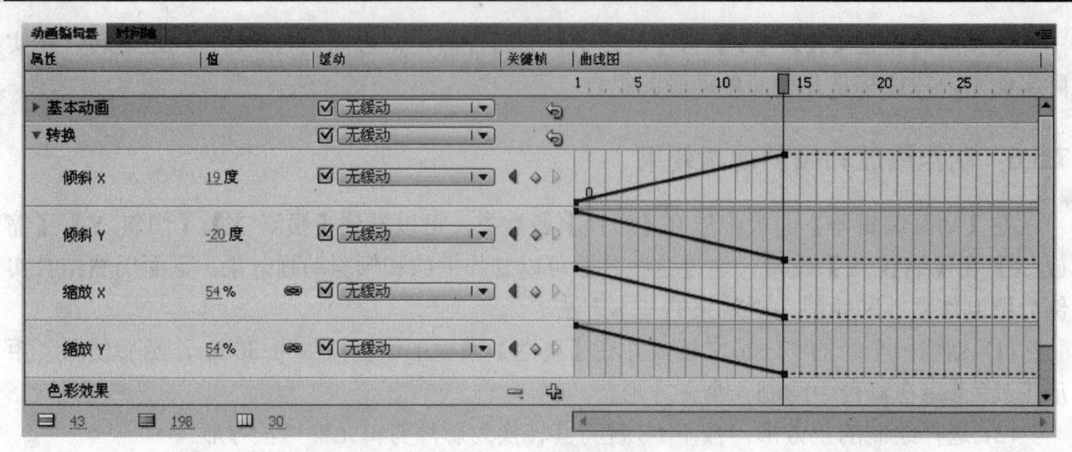

图 7-150　属性曲线区

7.5.7　制作颜色变化动画

颜色变化动画效果的实现需要借助元件的实例属性进行设置，在【动画编辑器】面板中比较容易实现，另外也可以借助【属性】面板，但相对繁琐一些。下面以实例的方式介绍颜色变化动画效果的制作方法。

(1) 创建一个新的 Flash 文档，并在【属性】面板中设置帧频为 30 fps，然后导入一幅图片，并将其转换为影片剪辑元件“图片”。

(2) 在舞台中的“图片”实例上单击鼠标右键，在弹出的快捷菜单中选择【创建补间动画】命令，创建补间动画，结果如图 7-151 所示。

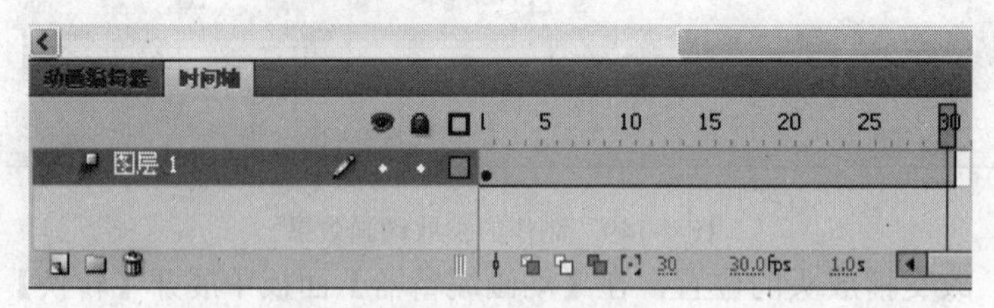

图 7-151　创建补间动画

(3) 创建补间动画以后，可以使用以下几种方法来制作颜色变化动画效果。

➪方法一：改变播放头的位置，单击菜单栏中的【插入】\【时间轴】\【关键帧】命令，这时可以在播放头的位置插入一个属性关键帧，选择舞台中的“图片”实例，在【属性】面板中设置色彩效果即可，如图 7-152 所示，其中的“亮度”、“色调”、“高级”与“Alpha”均可使用。

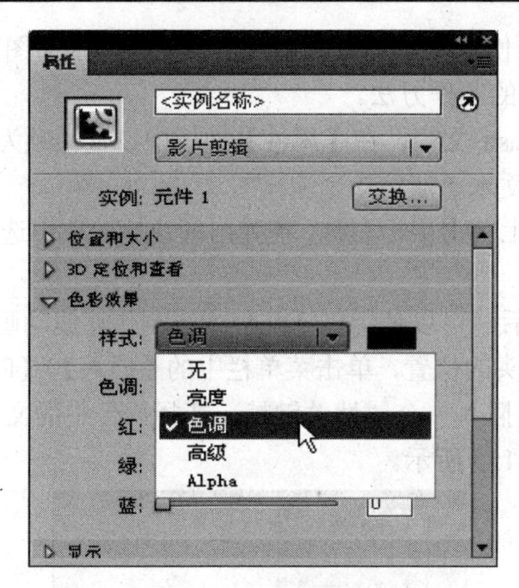

图 7-152　色彩效果

➪*方法二*：在【动画编辑器】面板中单击【色彩效果】右侧的 (添加颜色、滤镜或缓动)按钮，在弹出的列表中选择所需的颜色选项，如图 7-153 所示，例如选择“亮度”选项，则该选项的参数出现在【动画编辑器】面板中，根据需要设置参数即可得到颜色变化的动画效果，如图 7-154 所示。

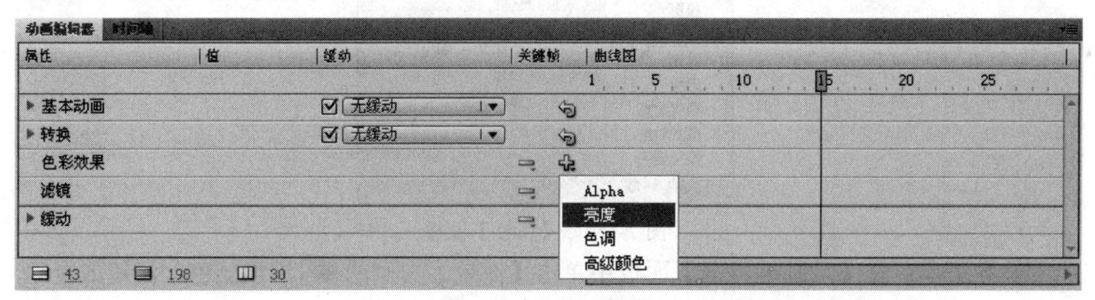

图 7-153　颜色列表

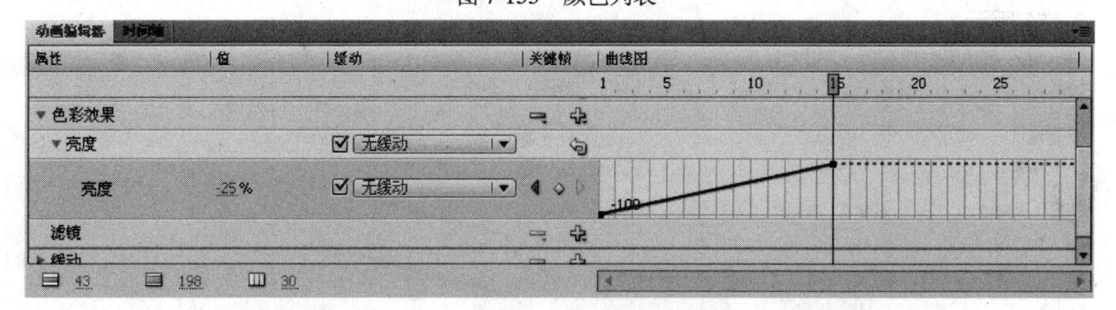

图 7-154　修改颜色变化的参数

7.5.8　制作滤镜动画效果

Flash CS4 提供了很多滤镜效果，在第 5 章中详细介绍了这些滤镜的特点与使用方法，将这些效果应用到补间动画中，就可以得到滤镜动画，配合其它动画形式则可以得到酷眩的 Flash 动画。

制作滤镜动画时必须使用文本对象或影片剪辑元件，因为图形元件没有滤镜。下面结合实例介绍滤镜动画效果的制作方法。

(1) 创建一个新的 Flash 文档，在【属性】面板中设置帧频为 30 fps，然后使用“文本工具”T在舞台中输入文本“滤镜动画演示”。

(2) 在舞台中的文本上单击鼠标右键，在弹出的快捷菜单中选择【创建补间动画】命令，创建补间动画。

(3) 创建补间动画以后，可以使用以下几种方法制作滤镜动画效果。

➩*方法一*：改变播放头的位置，单击菜单栏中的【插入】\【时间轴】\【关键帧】命令，这时可以在播放头的位置插入一个属性关键帧，选择舞台中的文本对象，在【属性】面板中添加滤镜即可，如图 7-155 所示。

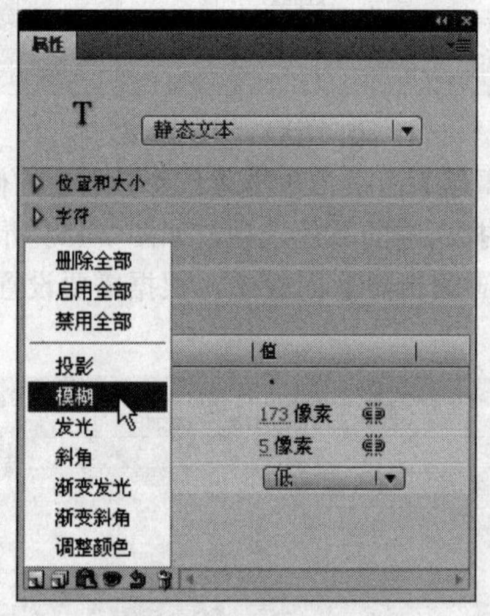

图 7-155　【属性】面板

➩*方法二*：在【动画编辑器】面板中单击【滤镜】右侧的(添加颜色、滤镜或缓动)按钮，在弹出的列表中选择所需的滤镜，然后设置滤镜参数即可得到滤镜动画效果，如图 7-156 所示。

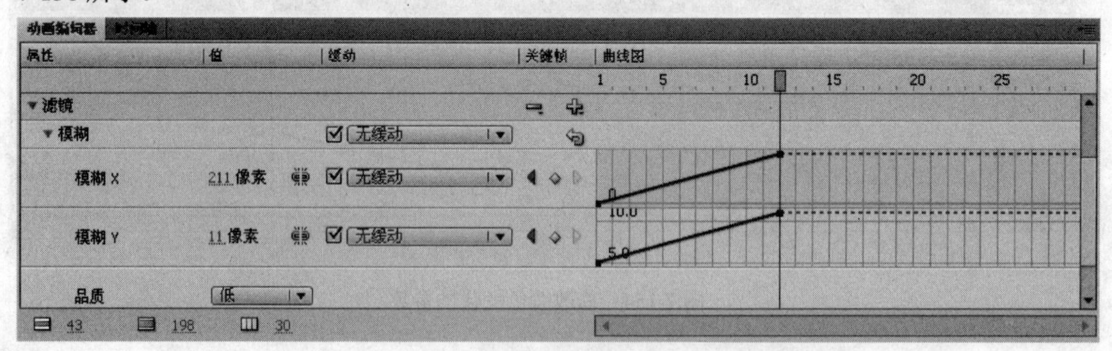

图 7-156　【动画编辑器】面板

7.5.9　缓动动画的使用

在学习传统补间动画与补间形状动画时，通过【属性】面板中的【缓动】选项可以设置加减速动画。而在新增的补间动画中，【缓动】选项的功能更强大，除了系统提供的预设缓动效果之外，还可以自定义缓动效果，使动画更加丰富多彩。

要在新增的补间动画中使用缓动效果，必须先在【动画编辑器】面板的【缓动】属性类别中设置缓动效果，然后再应用到动画中。

(1) 创建一个新的 Flash 文档，并在【属性】面板中设置帧频为 30 fps，然后使用“基本椭圆工具” 在舞台中绘制一个圆形，并将其转换为影片剪辑元件“圆”。

(2) 在“圆”实例上单击鼠标右键，在弹出的快捷菜单中选择【创建补间动画】命令，这时系统自动将动画帧延长到第 30 帧处。

(3) 将播放头调整到第 30 帧，在舞台中拖动“圆”实例改变其位置，这样就创建了一个简单的位移动画，这时在【动画编辑器】面板上可以看到【X】与【Y】选项对应的 无缓动 列表中只有两个选项：“无缓动”与“简单(慢)”，如图 7-157 所示。

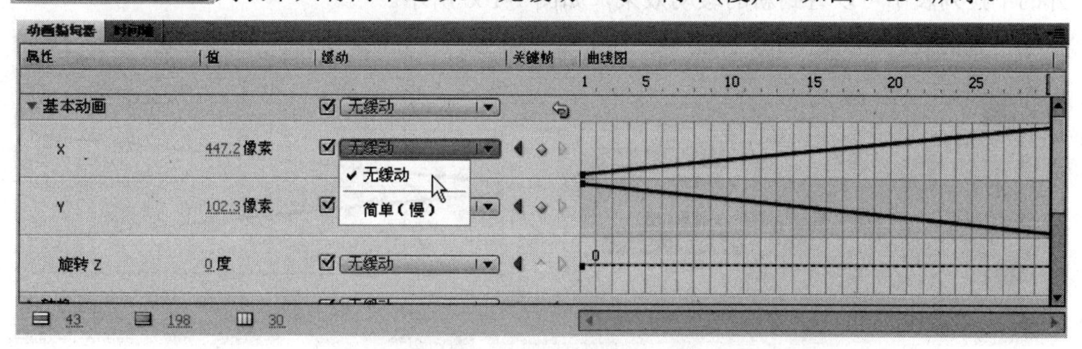

图 7-157　【动画编辑器】面板

(4) 如果要为位移动画添加缓动效果，需要先在【动画编辑器】面板最下方的【缓动】属性类别的右侧单击 按钮，在弹出的列表中可以选择系统提供的缓动效果，如图 7-158 所示。

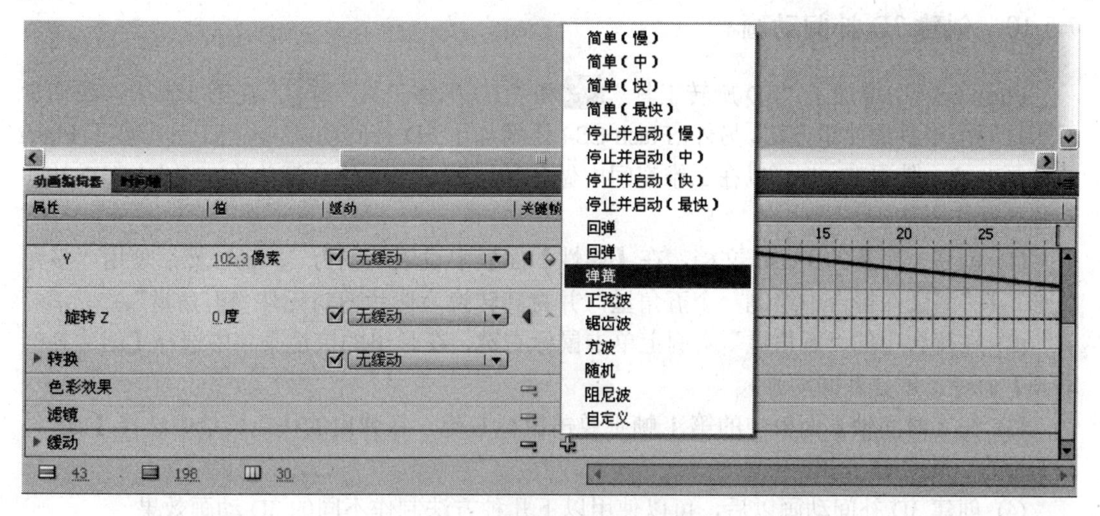

图 7-158　系统提供的缓动效果

(5) 如果系统提供的预设效果不能满足工作要求，可以选择“自定义”选项，这时在【缓动】下方将出现“3-自定义”选项，这样就可以自己编辑缓动效果，如图 7-159 所示。

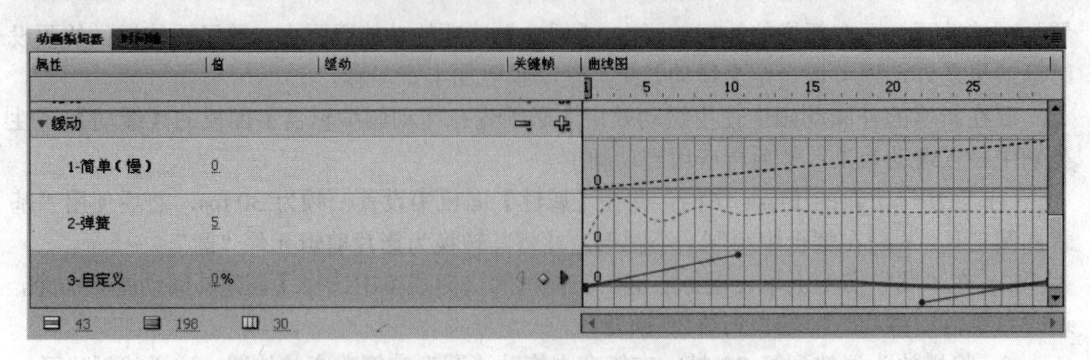

图 7-159　“自定义”选项

(6) 添加新的缓动效果后，单击【X】或【Y】选项右侧的 无缓动 按钮，在打开的下拉列表中可以看到新的缓动效果，如图 7-160 所示。

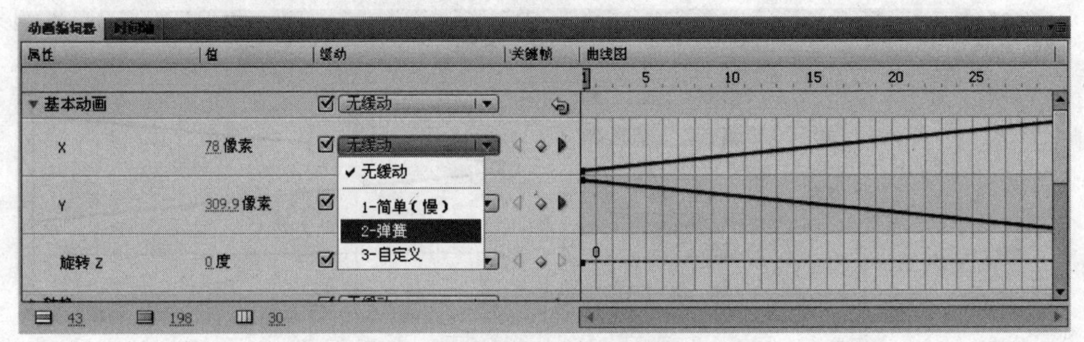

图 7-160　新的缓动效果

(7) 选择其中的一种缓动效果，就可以将其应用到动画中。按下 Ctrl+Enter 键观看应用了缓动效果的动画，就会发现对象的运动更加丰富多变。

7.5.10　创建 3D 补间动画

Flash CS4 中增加了“3D 旋转工具”和“3D 平移工具”，在第 3 章中，我们学习了这两个工具的使用方法。另外，Flash CS4 还增加了 3D 补间动画，这些工具扩展了 Flash 的动画功能，使得 Flash 可以在三维空间中做各种运动。下面结合简单的实例介绍 3D 补间动画的制作方法。

(1) 创建一个新的 Flash 文档，在【属性】面板中设置帧频为 30 fps，然后使用“多角星形工具”在舞台中绘制一个五角星，并将其转换为影片剪辑元件“五角星”。

(2) 在舞台中的“五角星”实例上单击鼠标右键，在弹出的快捷菜单中选择【创建补间动画】命令，创建补间动画。

(3) 在【时间轴】面板中的第 1 帧上单击鼠标右键，在弹出的快捷菜单中选择【3D 补间】命令，则创建了 3D 补间动画。

(4) 创建 3D 补间动画以后，可以使用以下几种方法制作不同的 3D 动画效果。

➪*方法一*：改变播放头的位置，然后选择工具箱中的“3D 旋转工具”或“3D 平移工具”，对舞台中的对象做三维空间上的调整，则【时间轴】面板中出现属性关键帧，如图 7-161 所示。

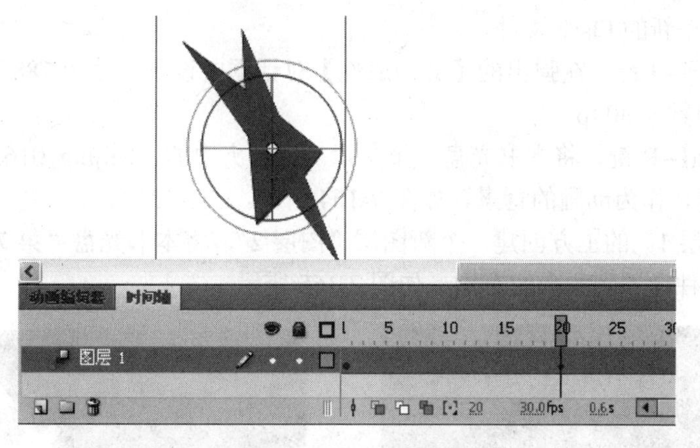

图 7-161　【时间轴】面板

➪方法二：改变播放头的位置，在【动画编辑器】面板的【基本动画】属性类别中，分别调整【X】、【Y】、【Z】的值，即可精确地完成 3D 补间动画的制作，如图 7-162 所示。

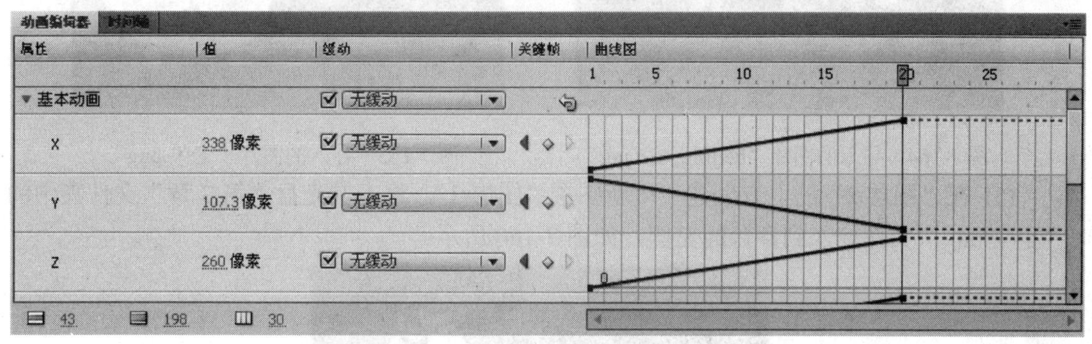

图 7-162　【动画编辑器】面板

7.5.11　课堂实践——牛转运势

熟悉 3ds max 或 After Effects 软件的读者可以很容易领会 Flash CS4 新增的补间动画，它是一种完全基于对象的动画形式；而对于 Flash 老用户，习惯了基于帧的动画形式，则需要逐步理解补间动画。下面制作一个“牛转运势”实例，帮助读者理解这种新的动画形式，动画的瞬间效果如图 7-163 所示。

图 7-163　动画的瞬间效果

(1) 创建一个新的 Flash 文件。

(2) 按下 Ctrl+J 键，在弹出的【文档属性】对话框中设置尺寸为 788 × 600 像素、背景颜色为白色、帧频为 30 fps。

(3) 按下 Ctrl+R 键，将本书光盘“第 7 章”文件夹中的“beijing_016.jpg”文件导入到舞台的中央位置，作为动画的背景，如图 7-164 所示。

(4) 在“图层 1”的上方创建一个新图层“图层 2”，将本书光盘“第 7 章”文件夹中的“老牛.png”文件导入到舞台的右侧，如图 7-165 所示。

图 7-164　导入的图片“beijing_016.jpg”

图 7-165　导入的图片“老牛.png”

(5) 在“图层 2”的上方创建一个新图层“图层 3”，将本书光盘“第 7 章”文件夹中的“小牛.png”文件导入到舞台的左侧，如图 7-166 所示。

图 7-166　导入的图片“小牛.png”

(6) 选择刚导入的“小牛”图片，按下 F8 键将其转换为图形元件“文字 1”。

(7) 再按下 F8 键将其转换为影片剪辑元件“文字 2”，双击该实例进入其编辑窗口中。

(8) 复制“图层 1”中的“文字 1”实例，然后在“图层 1”的上方创建一个新图层“图层 2”，按下 Ctrl+Shift+V 键将复制的实例粘贴到原位置处。

(9) 在“图层 2”的第 35 帧处插入普通帧，然后在第 1 帧上单击鼠标右键，在弹出的快捷菜单中选择【创建补间动画】命令，创建补间动画，此时的【时间轴】面板如图 7-167 所示。

(10) 将播放头调整到第 35 帧处，单击菜单栏中的【插入】\【时间轴】\【关键帧】命令，则在第 35 帧上插入了关键帧。

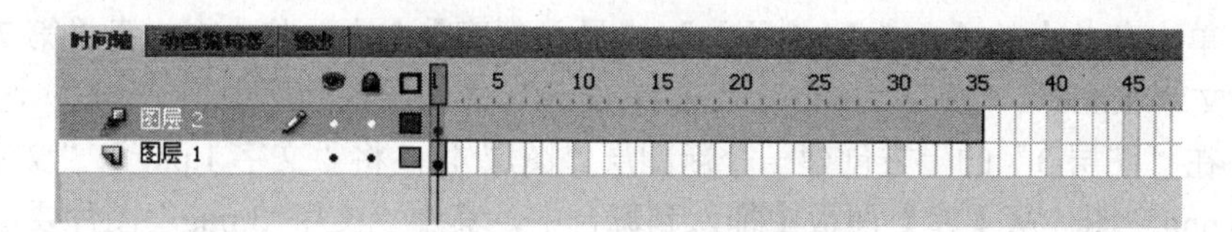

图 7-167　【时间轴】面板

(11) 选择工具箱中的“任意变形工具”，按住 Shift 键将实例等比例放大，如图 7-168 所示。

(12) 在【属性】面板中将实例的 Alpha 值调整为 0%，即完全透明。

(13) 在“图层 2”的上方创建一个新图层“图层 3”，然后选择“图层 2”中的动画帧，按住 Alt 键将其拖拽到“图层 3”中，这样就完成了动画帧的复制，将“图层 3”中的动画帧向右移动 10 帧。

(14) 在【时间轴】面板中选择“图层 1”的第 44 帧，按下 F5 键插入普通帧，如图 7-169 所示。

图 7-168　等比例放大实例

图 7-169　在第 44 帧处插入普通帧

(15) 单击舞台上方的场景 1按钮，返回到舞台中。

(16) 单击菜单中的【文件】\【导入】\【导入到库】命令，将本书光盘“第 7 章”文件夹中的“文字 1.png”、“文字 2.png”、“文字 3.png”文件导入到库中。

(17) 在“图层 3”的上方创建一个新图层“图层 4”，将“文字 1.png”、“文字 2.png”、“文字 3.png”图片从【库】面板中拖入到舞台中，其中“文字 3.png”图片要连续拖入 3 次，形成“好运连连连”一词，其位置如图 7-170 所示。

图 7-170　调整图片的位置

(18) 选择“图层 4”中的所有图片，按下 F8 键将其转换为影片剪辑元件“文字 3”，双击该实例进入其编辑窗口中，分别将图片“好”、“运”、“连”、“连”、“连”转换为图形元件。

(19) 选择所有的元件实例，单击鼠标右键，在弹出的快捷菜单中选择【分散到图层】命令，将实例分配到独立的图层中。

(20) 在所有图层(“图层 1”除外)的第 24 帧处插入普通帧，并分别创建补间动画。

(21) 将播放头调整到第 12 帧处，选择该帧处的所有实例，将其垂直向上移动，如图 7-171 所示。

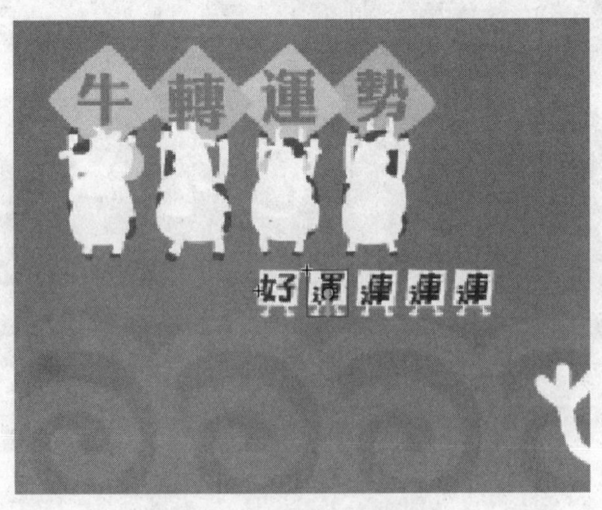

图 7-171　调整实例的位置

(22) 将播放头调整到第 24 帧处，选择该帧处的所有实例，将其垂直向下移动，恢复到原来的位置。

(23) 在【时间轴】面板中将每一层的动画起始帧错开 5 帧，并在 50 帧处插入普通帧(“图层 1”除外)，如图 7-172 所示。

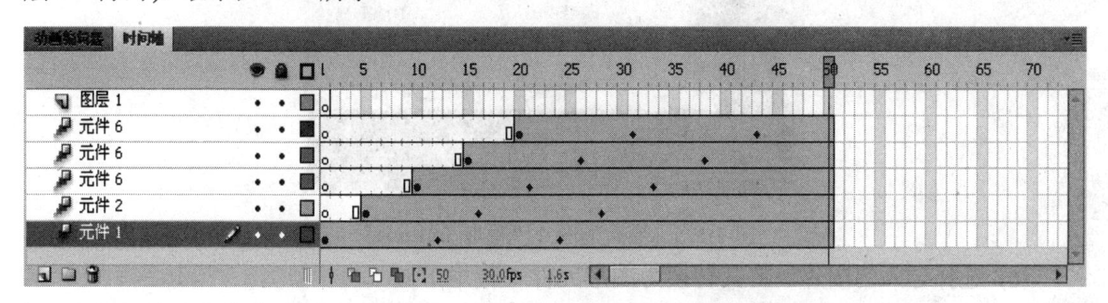

图 7-172　“文字 3”元件的【时间轴】面板

(24) 单击舞台上方的 场景 1 按钮，返回到舞台中，至此完成了动画的制作。

(25) 按下 Ctrl+Enter 键可以观看动画效果，最后关闭测试窗口，单击菜单栏中的【文件】\【保存】命令，将文件保存为“牛转运势.fla”。

7.5.12　课堂实践——文字 3D 旋转

Flash CS4 允许用户使用新的“3D 变形工具”在 3D 空间内对 2D 对象进行动画处理。这是一项新功能，本例将通过制作 3D 翻转动画体验这项新技术，动画的瞬间效果如图 7-173 所示。

图 7-173　动画的瞬间效果

(1) 创建一个 Flash 新文档。

(2) 按下 Ctrl+J 键，在弹出的【文档属性】对话框中设置尺寸为 1000×163 像素、背景颜色为白色、帧频为 18 fps。

(3) 导入本书光盘“第 7 章”文件夹中的“beijing_009.jpg”文件，并将其调整到舞台的中间位置，如图 7-174 所示。

图 7-174　导入的图片“beijing_009.jpg”

(4) 在第 115 帧处插入普通帧。

(5) 在“图层 1”的上方创建一个新图层“图层 2”，导入本书光盘“第 7 章”文件夹中的“鞭炮_001.png”文件，调整其位置如图 7-175 所示。

图 7-175　导入的图片“鞭炮_001.png”

(6) 选择导入的图片，将其转换为图形元件“鞭炮 1”。

(7) 在“图层 2”的第 1 帧上单击鼠标右键，在弹出的快捷菜单中选择【创建补间动画】命令，创建补间动画。

(8) 将播放头调整到第 25 帧处，然后将“鞭炮 1”实例沿垂直方向向下移动，如图 7-176 所示，这时该帧处自动生成关键帧。

图 7-176　调整“鞭炮 1”实例的位置

(9) 切换到【动画编辑器】面板中，单击【缓动】右侧的 按钮，在弹出的菜单中选择“自定义”命令，增加一个新的缓动效果，如图 7-177 所示。

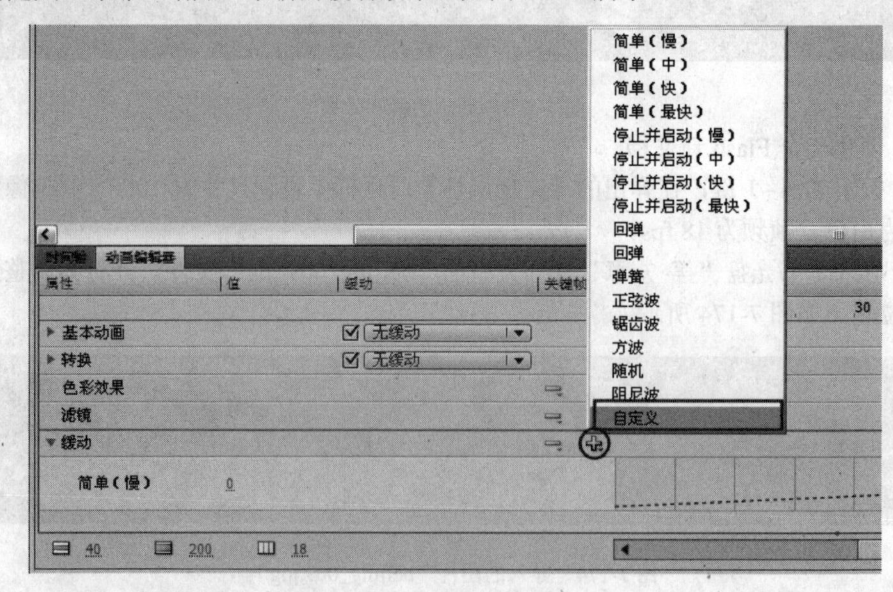

图 7-177　增加新的缓动动画

(10) 为了能够看到全部的缓动曲线，需要修改可查看的帧数。默认情况下，可查看的帧数与文档的帧频相等。下面将可查看的帧数改为 115 帧，结果如图 7-178 所示。

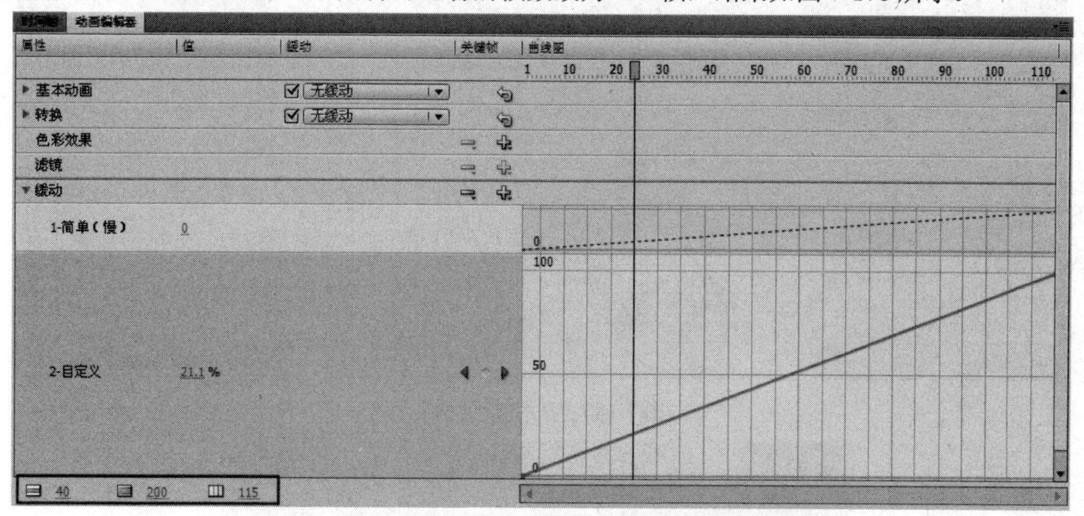

图 7-178　修改可查看的帧数

(11) 单击缓动曲线则出现控制手柄，调整其形态如图 7-179 所示。

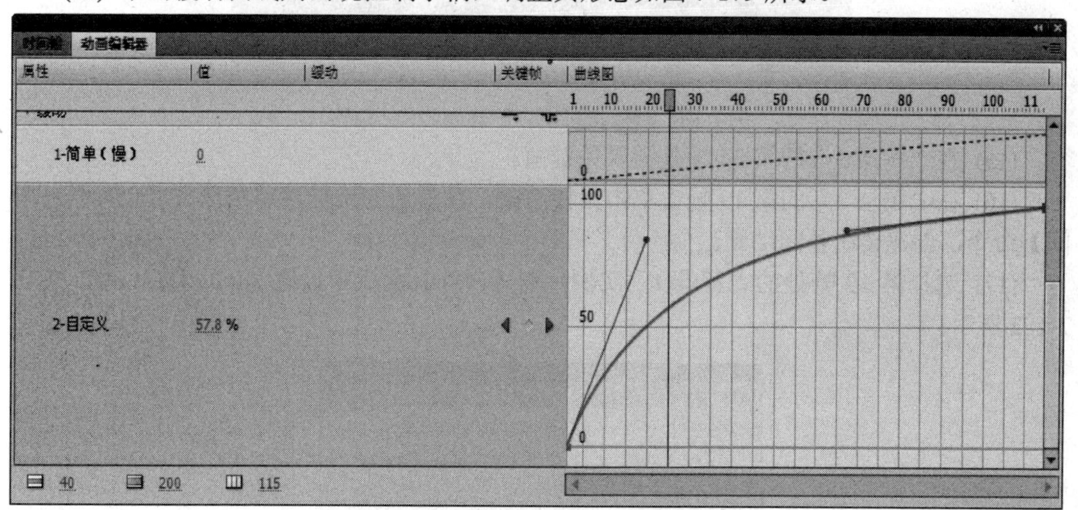

图 7-179　调整缓动曲线的形态

这样，一个由快到慢的缓动效果就制作好了。下面将制作的缓动效果应用到前面制作的位移动画中。

(12) 展开【基本动画】属性类别，选择其中的 Y，它代表垂直方向上的动画。单击其中的 无缓动 按钮，在弹出的菜单中选择“2-自定义”选项，如图 7-180 所示，则套用了前面制作的缓动动画。

(13) 切换到【时间轴】面板中，在“图层 1”的上方创建一个新图层“图层 3”，在第 19 帧处插入关键帧。

(14) 导入本书光盘“第 7 章”文件夹中的“beijing_010.png”文件，这是一个模糊的影子，将其调整到舞台的中间位置，如图 7-181 所示，然后再转换为图形元件“背景 1”。

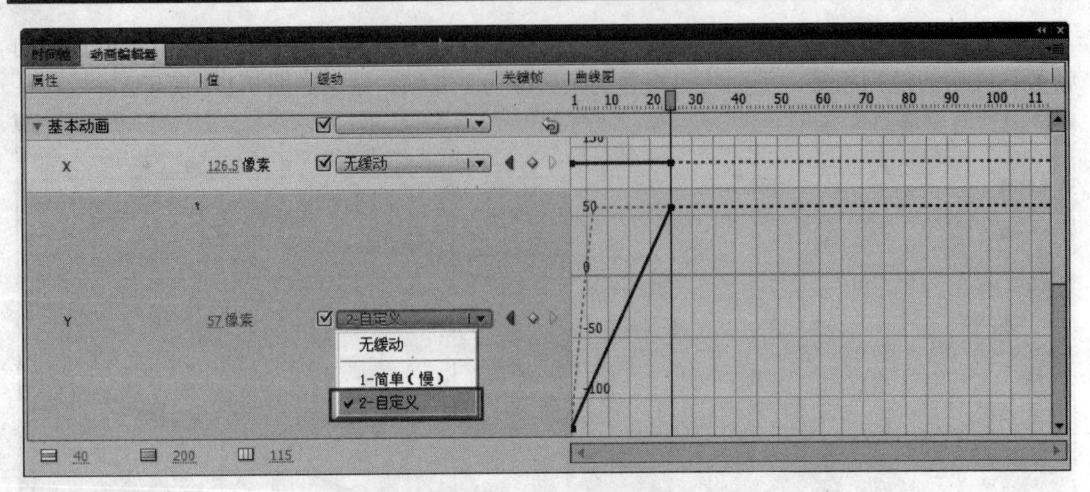

图 7-180　套用缓动动画

图 7-181　导入的图片“beijing_010.png”

(15) 在“图层 3”的第 34 帧处插入关键帧。

(16) 在“图层 3”的第 19 帧上单击鼠标右键，在弹出的快捷菜单中选择【创建传统补间】命令，创建传统补间动画。

(17) 选择第 19 帧处的“背景 1”实例，在【属性】面板中设置 Alpha 值为 0%，如图 7-182 所示。

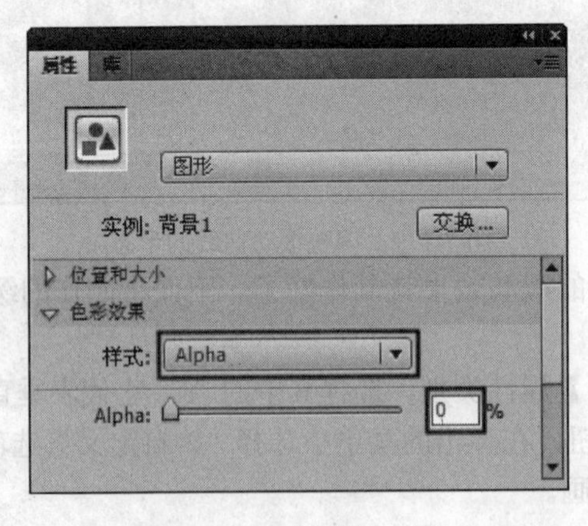

图 7-182　【属性】面板

(18) 在“图层 2”的上方创建一个新图层“图层 4”，在第 35 帧处插入关键帧，然后导入本书光盘“第 7 章”文件夹中的“福_001.png”文件，将其转换为图形元件“福 1”，调整其位置如图 7-183 所示。

(19) 在“图层 4”的第 35 帧上单击鼠标右键，在弹出的快捷菜单中选择【创建补间动画】命令，创建补间动画。

(20) 将播放头调整到第 40 帧处，将“福 1”实例沿着垂直方向向下移动，位置如图 7-184 所示。

图 7-183　调整“福 1”实例的位置

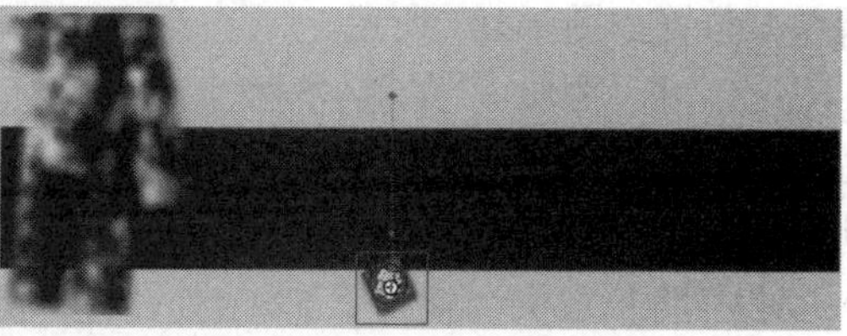

图 7-184　调整“福 1”实例的位置(第 40 帧处)

(21) 将播放头调整到第 42 帧处，将“福 1”实例沿着垂直方向略向上移动，然后在【变形】面板中设置参数，如图 7-185 所示。

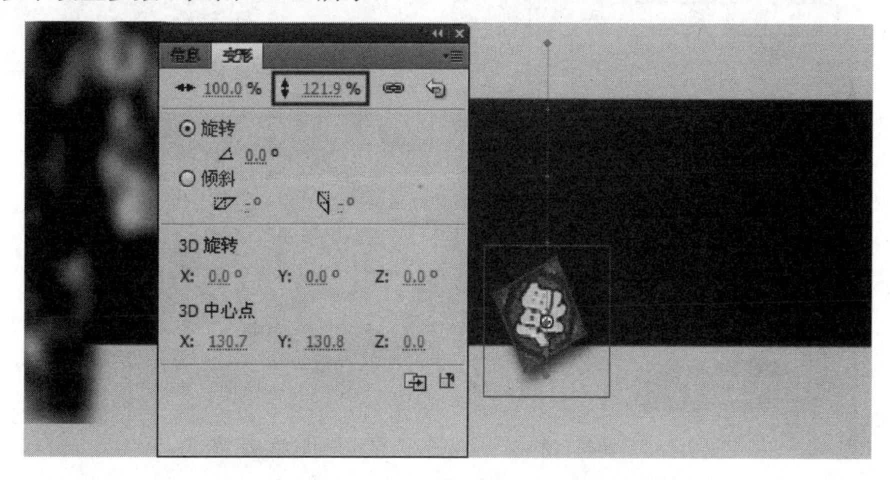

图 7-185　调整“福 1”实例的位置和形状(第 42 帧处)

(22) 将播放头调整到第 44 帧处，将“福 1”实例沿着垂直方向略向下移动，然后在【变形】面板中将参数复原，如图 7-186 所示。

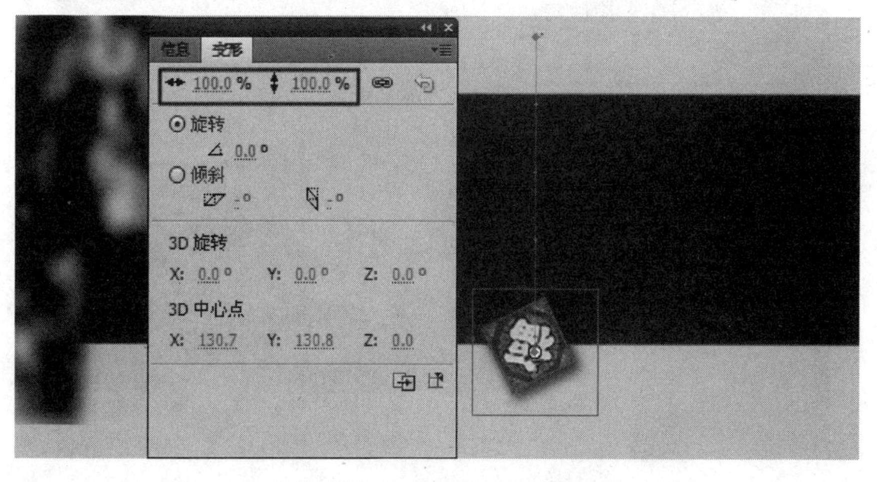

图 7-186　调整“福 1”实例的位置和形状(第 44 帧处)

(23) 在“图层 4”的上方创建一个新图层“图层 5”，在第 45 帧处插入关键帧，导入本书光盘“第 7 章”文件夹中的“福_002.png”文件，将其转换为图形元件“福 2”，调整其位置如图 7-187 所示。

图 7-187　调整“福 2”实例的位置

(24) 在“图层 4”的第 45 帧上单击鼠标右键，在弹出的快捷菜单中选择【创建补间动画】命令，创建补间动画。

(25) 将播放头调整到第 52 帧处，将“福 2”实例沿着垂直方向向下移动，并在【变形】面板中设置参数如图 7-188 所示。

图 7-188　调整“福 2”实例的位置和形状(第 52 帧处)

(26) 将播放头调整到第 55 帧处，将“福 2”实例沿着垂直方向略向上移动，并在【变形】面板中设置参数，如图 7-189 所示。

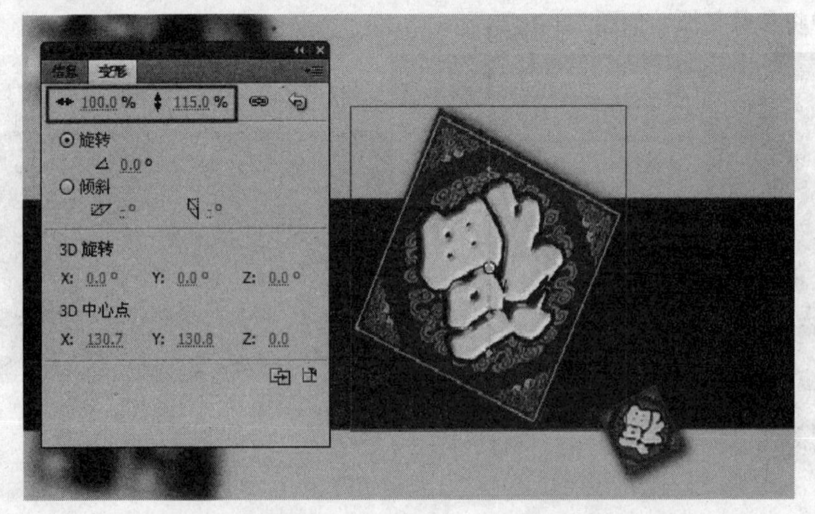

图 7-189　调整“福 2”实例的位置和形状(第 55 帧处)

(27) 将播放头调整到第 58 帧处，将“福 2”实例沿着垂直方向略向下移动，并在【变形】面板中将参数复原，如图 7-190 所示。

图 7-190　调整“福 2”实例的位置和形状(第 58 帧处)

(28) 在“图层 5”的上方创建一个新图层“图层 6”，在第 10 帧处插入关键帧，导入本书光盘“第 7 章”文件夹中的“鞭炮_002.png”文件，将其转换为图形元件“鞭炮 2”，再将其转换为影片剪辑元件“鞭炮 3”。

(29) 双击“鞭炮 3”实例，进入其编辑窗口中，运用“任意变形工具” 调整其中心点位置如图 7-191 所示。

(30) 在第 36 帧处插入普通帧，然后在第 1 帧上单击鼠标右键，在弹出的快捷菜单中选择【创建补间动画】命令，创建补间动画。

(31) 将播放头调整到第 18 帧处，运用“任意变形工具” 略向左旋转“鞭炮 3”实例，状态如图 7-192 所示。

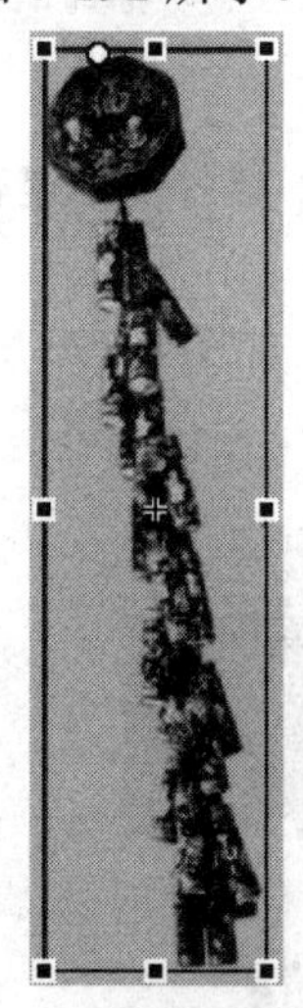

图 7-191　调整“鞭炮 3”实例的中心点位置

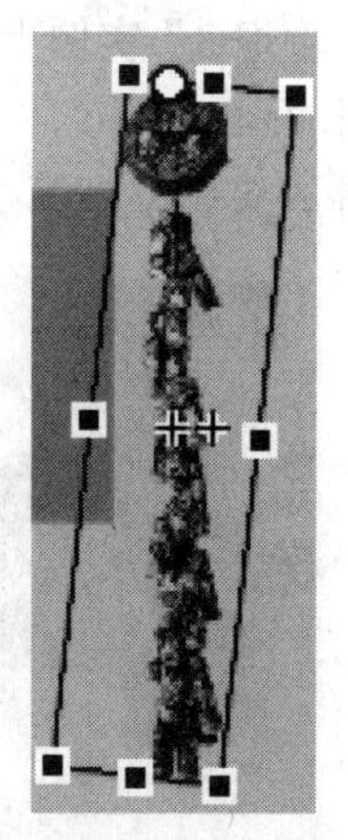

图 7-192　调整“鞭炮 3”实例的角度(第 18 帧处)

(32) 将播放头调整到第 36 帧处，运用“任意变形工具” 略向右旋转“鞭炮 3”实例，状态如图 7-193 所示。

(33) 单击返回到舞台中，然后运用“任意变形工具”调整“鞭炮 3”实例的中心点位置如图 7-194 所示。

图 7-193　调整“鞭炮 3”实例的角度(第 36 帧处)

图 7-194　调整“鞭炮 3”实例的中心点位置

(34) 单击菜单栏中的【修改】\【变形】\【水平翻转】命令，将“鞭炮 3”实例水平翻转，并调整其位置如图 7-195 所示。

图 7-195　水平翻转“鞭炮 3”实例

(35) 在“鞭炮 3”实例上单击鼠标右键，在弹出的快捷菜单中选择【创建补间动画】命令，创建补间动画。

(36) 将播放头调整到第 25 帧处，调整“鞭炮 3”实例的位置如图 7-196 所示。

图 7-196　调整“鞭炮 3”实例的位置(第 25 帧处)

(37) 在“图层 6”的上方创建一个新图层“图层 7”，在第 60 帧处插入关键帧，导入本书光盘“第 7 章”文件夹中的“文字.png”文件，将其转换为影片剪辑元件“文字”。

(38) 在“文字”实例上单击鼠标右键，在弹出的快捷菜单中选择【创建补间动画】命令，创建补间动画。

(39) 将播放头调整到第 80 帧处，选择工具箱中的“3D 平移工具”，则“文字”实例上出现了 X、Y、Z 坐标轴，如图 7-197 所示。

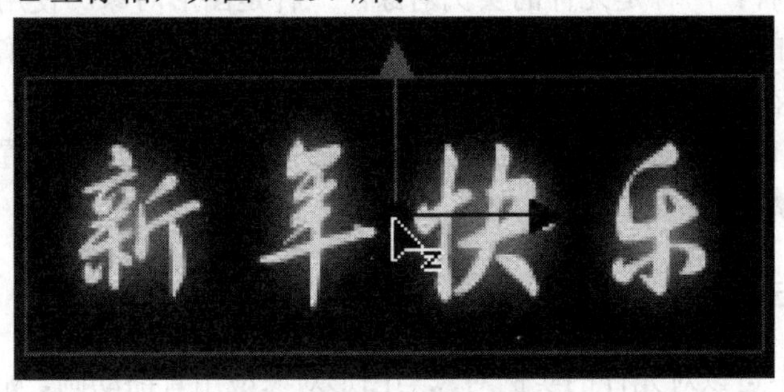

图 7-197　坐标轴的状态

(40) 将光标指向坐标轴的中心点上，略向下拖拽鼠标，然后再将光标指向 X 轴上，向左拖拽鼠标，则出现一个运动路径，结果如图 7-198 所示。

(41) 选择工具箱中的“3D 旋转工具”，则实例上出现 3D 变换框，将光标指向 Y 轴上，拖拽鼠标调整“文字”实例的状态，如图 7-199 所示。

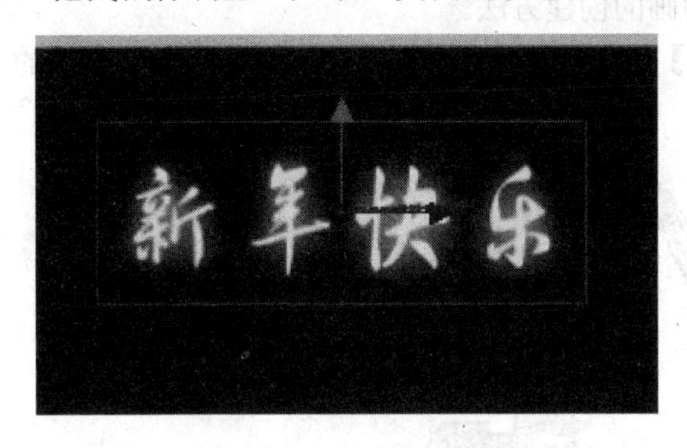

图 7-198　出现的运动路径

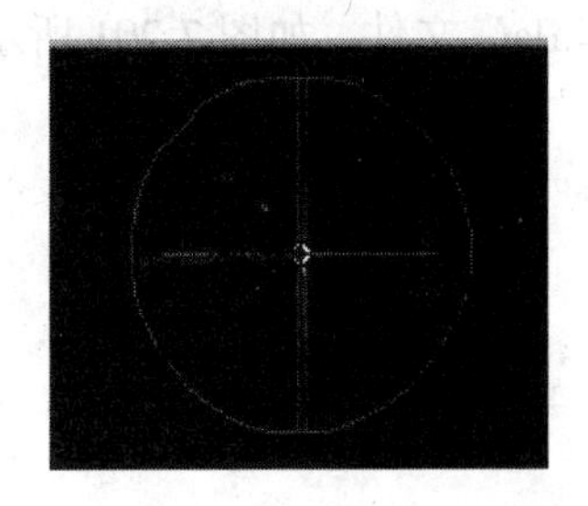

图 7-199　调整“文字”实例的状态

(42) 在“图层 7”的动画帧上单击鼠标右键，在弹出的快捷菜单中选择【翻转关键帧】命令，将动画帧翻转，使文字由无到有，此时的【时间轴】面板如图 7-200 所示。

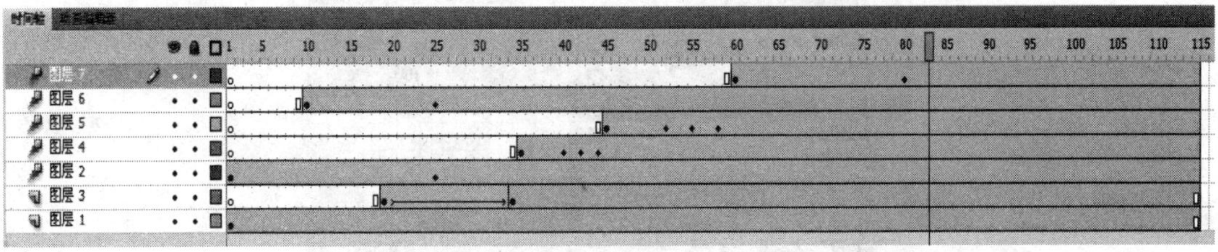

图 7-200　【时间轴】面板

(43) 至此完成了动画的制作，按下 Ctrl+Enter 键观看动画效果，然后将动画保存为“文字 3D 旋转.fla”。

7.6 骨骼动画

这一节我们将学习骨骼动画，骨骼动画也称为反向运动(IK)动画，它是一种使用骨骼的有关结构对一个对象或彼此相关的一组对象进行动画处理的方法。在 Flash CS4 中，创建骨骼动画的对象有两种：一种是元件的实例对象，一种是图形对象。使用骨骼动画可以使对象按照复杂而自然的方式运动，轻松地创建人物画面，如胳膊、腿和面部表情的变化。

骨骼动画只能在 ActionScript 3.0 文档中使用。创建了骨骼以后，一个骨骼移动时，与之相连的其它骨骼也会移动。制作骨骼动画时只需指定对象的开始位置和结束位置，就可以轻松地创建出自然的运动效果。

7.6.1　创建骨骼动画

在 Flash CS4 中可以对元件的实例对象与图形对象应用骨骼动画，如果创建基于元件实例的骨骼动画，则必须使用“骨骼工具”对多个元件的实例对象进行绑定，移动其中的一个骨骼，会影响相邻骨骼的运动。如果创建基于图形对象的骨骼动画，则可以是单个的图形对象，也可以是多个图形对象。

不管是元件的实例还是图形，当创建了骨骼以后，则对象被移动到新的骨架图层中。下面以元件的实例对象为例，介绍骨骼动画的创建方法。

(1) 单击菜单栏中的【文件】\【打开】命令，打开本书光盘“第 7 章”文件夹中的“机械车.fla”文件，如图 7-201 所示。

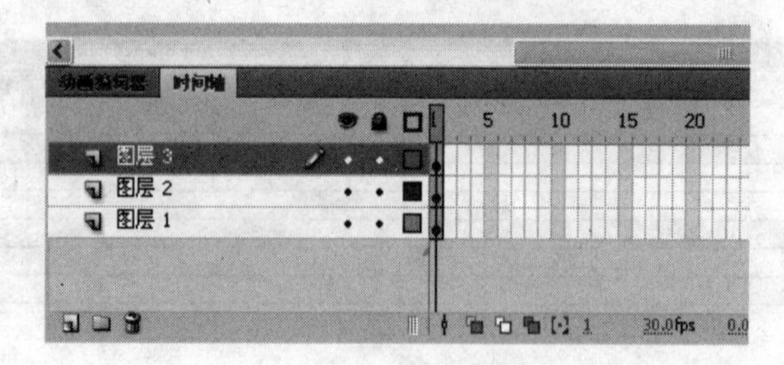

图 7-201　打开的文件“机械车.fla”

(2) 选择工具箱中的“骨骼工具”，将光标移动到吊车曲臂的上端，按住鼠标左键向下拖动曲臂的下端，则创建了骨骼，如图 7-202 所示，这时“图层 2”与“图层 3”中的对象被剪切到“骨架_1”图层中，如图 7-203 所示。

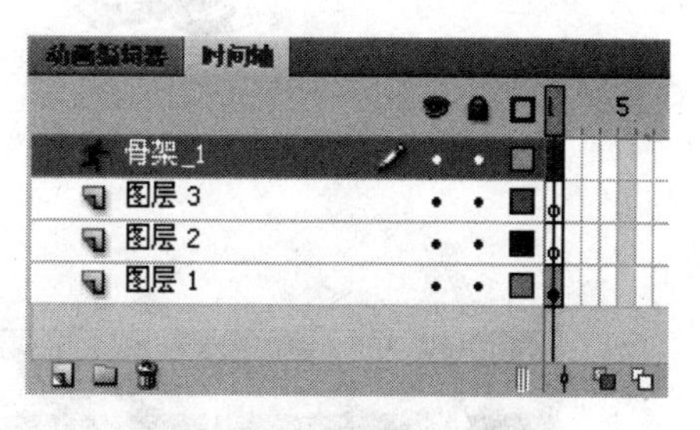

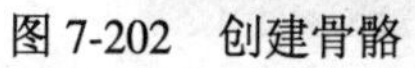

图 7-202　创建骨骼　　　　图 7-203　创建骨骼后的图层

(3) 在【时间轴】面板中选择所有图层的第 30 帧，按下 F5 键插入普通帧，设置动画的播放时间为 30 帧，如图 7-204 所示。

图 7-204　【时间轴】面板

(4) 将播放头调整到 15 帧处，选择工具箱中的“选择工具”，拖动吊车的曲臂，则前面的钢爪随曲臂一起移动，如图 7-205 所示，同时第 15 帧处出现属性关键帧。

图 7-205　移动曲臂

(5) 将播放头调整到 30 帧处，使用“选择工具”拖动吊车的钢爪，它也会影响曲臂的移动，如图 7-206 所示。

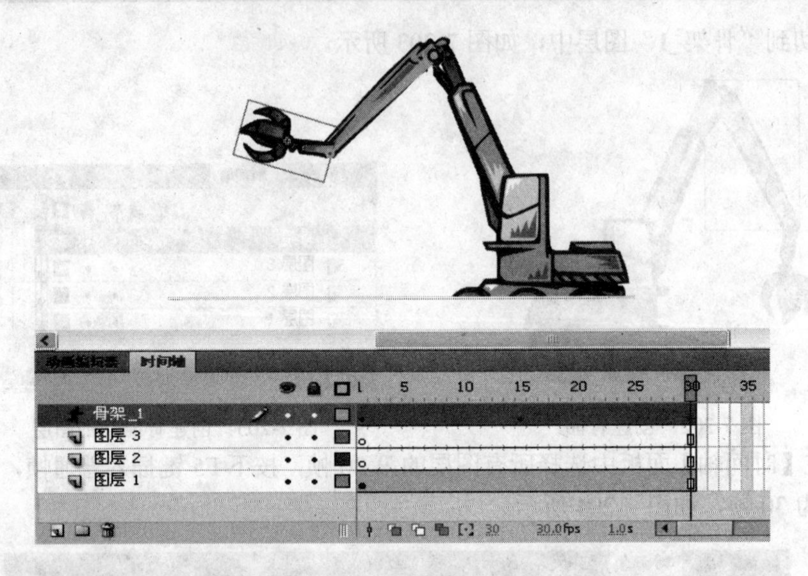

图 7-206　拖动吊车的钢爪

(6) 按下 Ctrl+Enter 键，可以观察到吊车曲臂伸张的动画效果。

7.6.2　骨骼的属性

创建了骨骼动画以后，我们还可以为骨骼设置属性，也可以为骨骼的属性关键帧设置属性。当在舞台中选择了骨骼以后，在【属性】面板中将出现骨骼的相关属性，如图 7-207 所示。

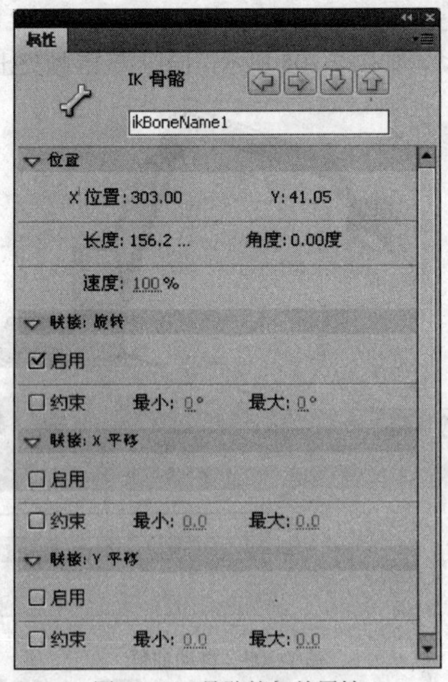

图 7-207　骨骼的相关属性

▪ 【联接：旋转】：此选项默认情况下处于启用状态，即选择了“启用”选项，用于指定被选中的骨骼可以沿父级对象进行旋转；如果选择“约束”选项，还可以设置旋转的范围，即最小度数与最大度数。

- 【联接：X 平移】：选择“启用”选项，则选中的骨骼可以沿 X 轴方向进行平移；如果选择“约束”选项，还可以设置骨骼在 X 轴方向上平移的最小值与最大值。
- 【联接：Y 平移】：选择“启用”选项，则选中的骨骼可以沿 Y 轴方向进行平移；如果选择“约束”选项，还可以设置骨骼在 Y 轴方向上平移的最小值与最大值。

创建了骨骼动画以后，如果在【时间轴】面板中选择骨骼动画的属性关键帧，则【属性】面板将显示骨骼动画的相关属性，主要用于设置骨骼的缓动效果，如图 7-208 所示。

图 7-208　骨架的相关属性

- 【缓动】：该选项组中的属性用于控制骨骼动画的加减速，其中【类型】下拉列表中为系统提供的缓动效果，【强度】影响缓动的程度。
- 【选项】：该选项组用于控制骨骼的显示状态。

7.6.3　骨骼的绑定

如果为单独的图形对象添加骨骼动画，会发现骨骼的运动不能令人满意，其扭曲方式会破坏图形的规则状态。这时可以使用“绑定工具”编辑单个骨骼与形状控制点之间的连接。

使用“绑定工具”可以将多个控制点绑定到一个骨骼，也可以将多个骨骼绑定到一个控制点。使用“绑定工具”单击骨骼，将显示骨骼和控制点之间的连接，选择的骨骼以红色线显示，控制点以黄色点显示，如图 7-209 所示。

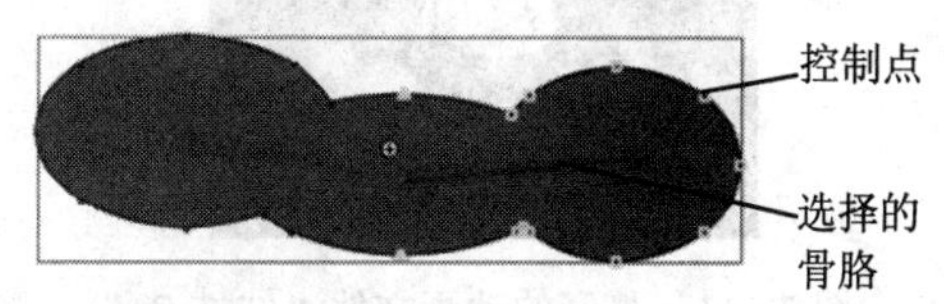

图 7-209　骨骼与控制点

基于图形对象的骨骼动画，在骨骼运动时是由控制点控制动画的变化效果，我们可以通过绑定和取消绑定骨骼上的控制点，精确地控制骨骼动画的运动效果。

1. 绑定控制点

使用“绑定工具”选择骨骼，则与该骨骼相连的控制点显示为黄色，不相连的显示为蓝色，此时按住 Shift 键在蓝色的控制点上单击鼠标，则该控制点被绑定到选择的骨骼上，同时显示为黄色。

2. 取消绑定控制点

使用“绑定工具”选择骨骼后，按住 Ctrl 键在绑定的黄色控制点上单击鼠标，则取消该控制点在骨骼上的绑定，同时显示为蓝色。

7.6.4 课堂实践——舞动的娃娃

Flash CS4 新增的骨骼动画是一种反向运动(IK)动画，它是一种使用骨骼的关节结构对一个对象或彼此相关的一组对象进行动画处理的方法，为创作动漫作品提供了极大的方便。下面制作一个“舞动的娃娃”实例，进一步认识与理解骨骼动画，动画的瞬间效果如图 7-210 所示。

图 7-210　动画的瞬间效果

(1) 按下 Ctrl+O 键，打开本书光盘“第 7 章”文件夹中的“娃娃.fla”文件，如图 7-211 所示。

(2) 创建一个新图层，将其拖拽到【时间轴】面板的最下方，并重新命名为“背景”，如图 7-212 所示。

图 7-211　打开的动画文件“娃娃.fla”

图 7-212　【时间轴】面板

(3) 将本书光盘“第 7 章”文件夹中的“beijing_001.jpg”文件导入到舞台中，将其调整到舞台的中间位置，如图 7-213 所示。

(4) 在“背景”层的第 35 帧处插入普通帧。

在这个动画文件中，娃娃的胳膊和手均处于不同的图层中，下面我们学习如何制作骨骼动画。

(5) 选择娃娃的右胳膊，运用“任意变形工具”将其中心点调整到身体处，即肩轴处，如图 7-214 所示。

图 7-213　导入的图片“beijing_001.jpg”

图 7-214　调整右胳膊的中心点

(6) 选择娃娃的右手，运用“任意变形工具”将其中心点调整到连接胳膊的地方，即手腕处，如图 7-215 所示。

图 7-215　调整右手的中心点

(7) 选择工具箱中的“骨骼工具”，从胳膊向手的根部拖拽鼠标，释放鼠标后胳膊和手之间出现了一条连接线，如图 7-216 所示，同时放置在“图层 4”、“图层 5”中的手和胳膊被合成到一个新图层“骨架_1”中，如图 7-217 所示。

图 7-216　出现的连线

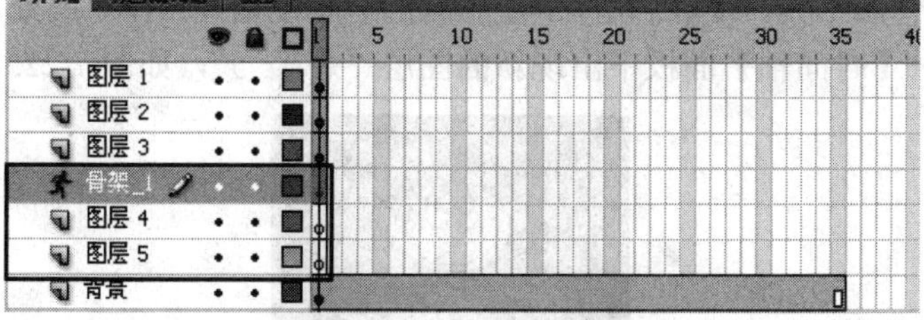

图 7-217　合成的新图层

这时我们运用“选择工具”拖动娃娃的右手，可以发现，手和胳膊是连在一起运动的，手的运动会影响到胳膊，同样，胳膊的运动也影响到手的运动。

(8) 分别在“骨架_1”层和“图层 1”的第 35 帧处插入普通帧，如图 7-218 所示。

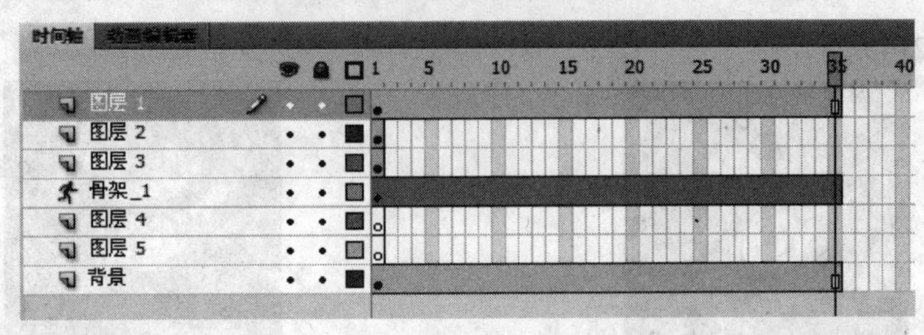

图 7-218 【时间轴】面板

(9) 在“骨架_1”层的第 1 帧中调整右手臂的姿势如图 7-219 所示；在第 10 帧中调整右手臂的姿势如图 7-220 所示；在第 20 帧中调整右手臂的姿势如图 7-221 所示。

这样娃娃右手臂运动的骨骼动画便制作成功了。

图 7-219　调整右手臂的姿势（第 1 帧处）

图 7-220　调整右手臂的姿势（第 10 帧处）

图 7-221　调整右手臂的姿势（第 20 帧处）

接下来制作左手臂的骨骼动画。

(10) 将播放头调整到第 1 帧处，运用“任意变形工具”分别调整左手和左胳膊的中心点位置，如图 7-222、图 7-223 所示。

图 7-222　调整左手的中心点

图 7-223　调整左胳膊的中心点

(11) 运用“骨骼工具”将光标从左胳膊的肩轴处拖拽到左手腕处，建立骨骼，如图 7-224 所示。这时【时间轴】面板中出现新的图层“骨架_3”，如图 7-225 所示。

图 7-224　建立骨骼

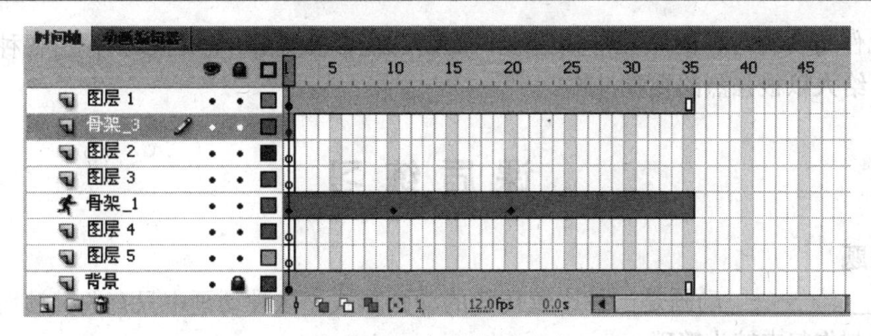

图 7-225　合成的新图层

(12) 在“骨架_3”层的第 35 帧处插入普通帧。

(13) 在第 1 帧中调整左手臂的姿势如图 7-226 所示；在第 10 帧中调整左手臂的姿势如图 7-227 所示；在第 20 帧中调整左手臂的姿势如图 7-228 所示。

图 7-226　调整左手臂的姿势(第 1 帧处)

图 7-227　调整左手臂的姿势(第 10 帧处)

图 7-228　调整左手臂的姿势(第 20 帧处)

(14) 至此完成了动画的制作，【时间轴】面板如图 7-229 所示。

(15) 按下 Ctrl+Enter 键观看动画效果，然后将文件保存为“舞动的娃娃.fla”。

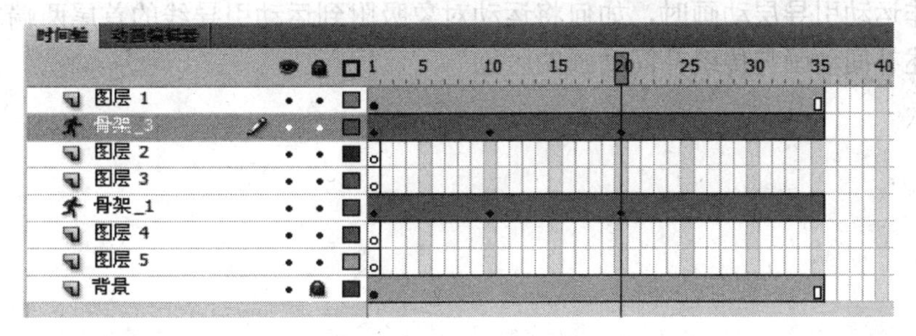

图 7-229 【时间轴】面板

本 章 小 结

Flash CS4 在动画制作方面有很大的变化，除了延用了老版本的帧动画以外，还借鉴了 3ds max 与 After Effects 的部分特征，增加了基于对象的补间动画，大大简化了 Flash 动画的设计过程，而且还提供了更大程度的控制。使用【动画编辑器】可以对每一个关键帧参数(包括旋转、大小、缩放、位置、滤镜等)进行有效的控制，非常方便。

本章详细介绍了各种动画的制作方法，涉及逐帧动画、传统补间动画、补间形状动画以及基于对象的补间动画、3D 动画等。掌握了这些基础动画的制作，将它们进行综合运用，并结合元件与实例对象的属性，如色彩、滤镜、混合模式等，就可以制作出各种各样的复杂动画，给人以很强烈的视觉冲击。

课后练习

一、填空题

1. ____________动画是一种比较传统的动画形式，这种动画中只有关键帧而没有过渡帧，因此制作起来较为繁琐。

2. 补间形状动画的动画对象是____________，如果要对文字、实例、群组等制作补间形状动画，必须先执行____________命令将其分离为图形。

3. ____________是 Flash 中最常使用的一种动画形式，使用它可以制作出对象位移、放大缩小、变形、色彩、透明度、颜色亮度、旋转等变化的动画效果。

4. 在 Flash 中制作遮罩动画必须通过至少____________图层才能完成，处于上面的图层称为遮罩层，而下面的图层称为被遮罩层，一个遮罩层下可以包括多个被遮罩层。

5. 补间动画只适用于元件的实例或____________对象，并且要求同一图层中只能选择一个对象。

二、简答题

1. 创建补间形状动画需要具备哪几个条件？
2. 怎样使用形状提示点来制作补间动画？
3. 简述制作传统补间动画时需要的条件。
4. 制作运动引导层动画时，如何将运动对象吸附到运动引导线的首尾两端？
5. 简述补间动画与传统补间动画的区别。

第 8 章　动作脚本与动画输出

本 章 内 容

- ActionScript 的发展过程
- 【动作】面板
- 常用的 ActionScript 命令
- 动画的发布
- 本章小结
- 课后练习

Flash CS4 具有强大的脚本编程功能，它提供了两套脚本语言：ActionScript 2.0 与 ActionScript 3.0。这使得 Flash 如虎添翼，不仅在制作动画方面功能卓越，而且在交互设计、编程能力方面异常突出。通过 ActionScript 的应用，扩展了 Flash 动画应用的范围，如 Flash 网站、多媒体课件、Flash 游戏、移动通信领域等。由于本书主要是面向设计者，所以只简单介绍 ActionScript 语言，如果读者想深入学习 Flash 的 ActionScript 编程，可以参考专门介绍 ActionScript 的书籍。

本章主要学习 ActionScript 3.0 的几个常用命令。另外，我们制作 Flash 动画以后，都要将其输出为 Flash 电影格式，即 SWF 格式，所以本章还将介绍动画的输出内容。

8.1　ActionScript 的发展过程

Flash 软件从仅仅能够制作一般的动画，发展到制作游戏、意见反馈表、搜索引擎等交互性的作品，这一切都要归功于脚本编辑语言 ActionScript。

ActionScript 最早出现在 Flash 3.0 中，版本号为 ActionScript 1.0，主要功能是帧的导航与鼠标的交互。

随着 Flash 版本的升级，ActionScript 也在不断地发展。在 Flash 5.0 中，ActionScript 已经很像 JavaScript 语言。

在 Flash MX(Flash 6.0)中，则全面改进了 ActionScript 的编程环境，重新根据欧洲的 ECMA-262 编码标准设计，剔除了 Flash 5.0 中所有不符合这个标准的语法和代码。

Flash MX 2004(Flash 7.0)版本，则升级到 ActionScript 2.0 版本，主要有两大改进——变量的类型检测与新的 class 类语法，其语法结构与以前版本相比也发生了很大变化，形成了真正意义上的专业级编程语言。

在 Flash CS4(Flash 10.0)版本中，在保留 ActionScript 2.0 脚本语言的同时，新增了 ActionScript 3.0，之所以这样，是因为 ActionScript 3.0 并不是 ActionScript 2.0 的简单升级，两者所基于的底层环境完全不一样，或者说它们的工作原理是不一样的，两者之间不能直接通信。所以，Flash CS4 为用户提供了两种不同的选择，用户可以根据工作需要选择不同的脚本语言，如图 8-1 所示。

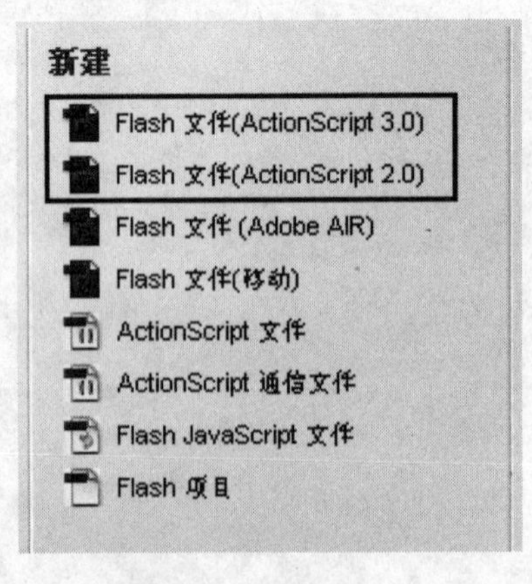

图 8-1　两种脚本语言

8.2 【动作】面板

在 ActionScript 1.0 与 ActionScript 2.0 中，ActionScript 程序脚本可以添加到关键帧、按钮、影片剪辑元件上；但是 ActionScript 3.0 的程序脚本只能添加到时间轴中的关键帧上，也可以将脚本输出到外部文件中。无论是哪一个版本的 ActionScript，都需要在【动作】面板中编写。

单击菜单栏中的【窗口】\【动作】命令或按下 F9 键，可以打开【动作】面板，它主要由六部分构成，如图 8-2 所示。

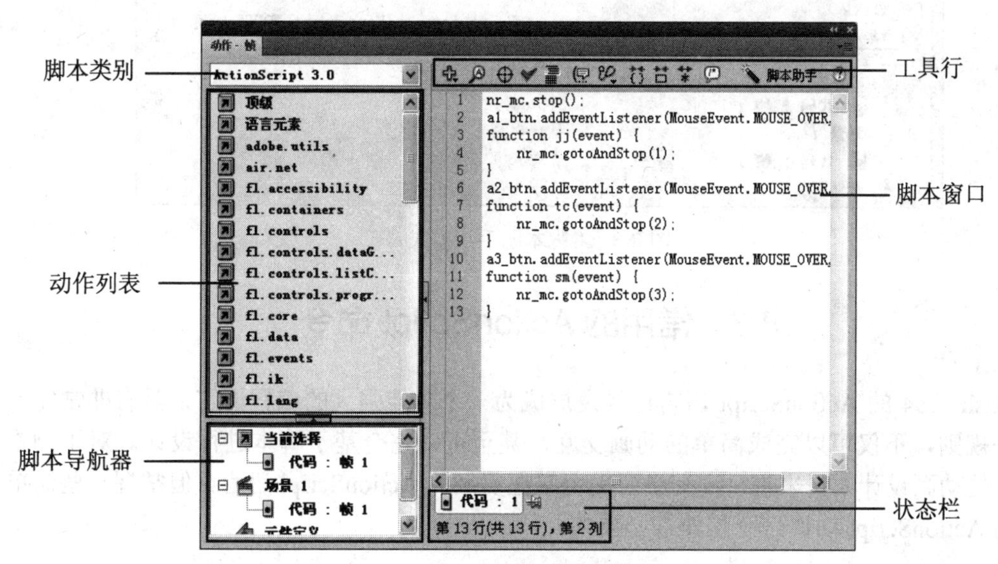

图 8-2 【动作】面板

- 脚本类别：用于选择不同版本的 ActionScript 语言。
- 动作列表：包含了 Flash 中使用的所有 ActionScript 语言命令，分别存放在不同的类别中，直接双击所需要的命令，该命令就会出现在脚本窗口中。
- 脚本导航器：显示了 Flash 文档中所有添加脚本语言的对象，也可以通过这里切换脚本对象，快速定位编辑对象。
- 工具行：用于对 ActionScript 脚本进行编辑，如添加、查找、替换、语法检查、插入目标路径等操作。
- 脚本窗口：显示被选中对象的 ActionScript 脚本，这里也是 ActionScript 脚本的编辑区，用于编辑 ActionScript 脚本。
- 状态栏：用于显示当前添加脚本的对象以及光标所在的位置。

【动作】面板提供了两种编写 ActionScript 脚本的模式，一种是“高级模式”，另外一种是“脚本助手”模式。单击工具行中的 脚本助手 按钮，就可以进入“脚本助手”模式，如图 8-3 所示。在这种模式下，提供了对脚本参数的有效提示，可以帮助初级用户避免可能出现的语法错误。

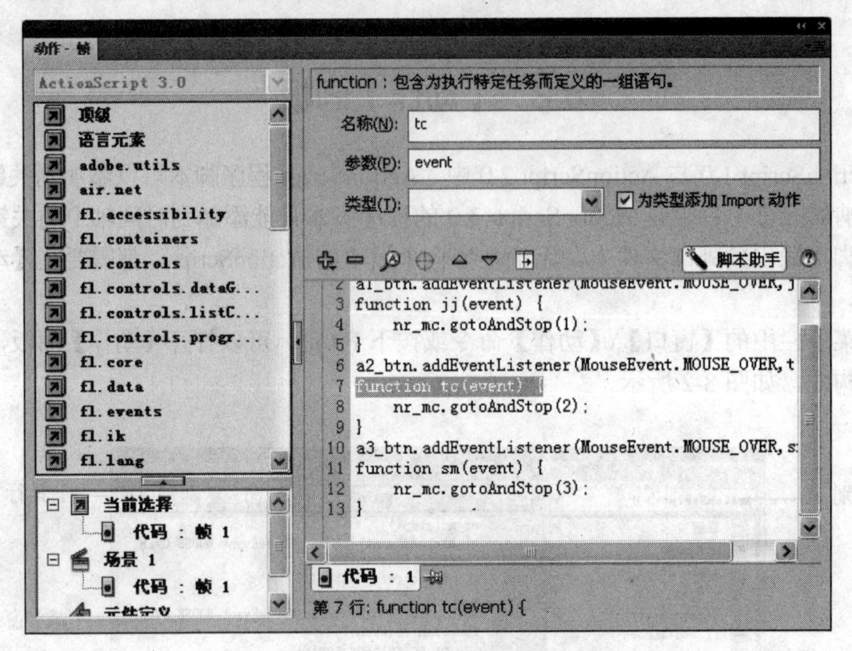

图 8-3　“脚本助手”模式

8.3　常用的 ActionScript 命令

Flash CS4 的 ActionScript 语言已经发展成为一个功能强大的编程语言，具有非常完善的语法规则，不仅可以完成简单的动画交互，甚至可以完全基于脚本进行设计。对于侧重于美工的动画设计人员来说，没有必要完全掌握复杂的 ActionScript 语言，但掌握一些简单实用的 ActionScript 动作命令是非常必要的。

8.3.1　控制影片回放

最简单的 Flash 动画交互就是控制影片的播放，即播放、停止、前进、后退及跳转等。这些操作可以通过 ActionScript 动作脚本中的“play”、“stop”、“goto”等基本命令完成，但是在 ActionScript 3.0 中，它们的用法有所改变。

1. 播放及停止播放影片

在 Flash 中可以使用 play()和 stop()动作命令控制影片的播放与停止，它们通常与按钮结合使用，控制影片剪辑与主时间轴的播放与停止。

例如，舞台上有一个影片剪辑元件的实例，是一段小动画。如果要控制其播放与停止，可以在【属性】面板中将该实例命名，假设实例名称为 mov，那么在【时间轴】面板中的关键帧上添加 mov.stop()，则该影片剪辑的实例停止播放；而添加 mov.play()，则播放影片剪辑的实例。

在实际工作中，往往都是通过按钮控制影片的播放，而不是直接在时间轴上控制。例如，单击一个名称为 btn_play 的按钮播放动画，单击一个名称为 btn_stop 的按钮停止动画。在 ActionScript 3.0 中，代码也需要添加到时间轴的关键帧中，而不是添加在按钮上。

单击按钮播放动画的代码如下：

```
function playmovie(event:MouseEvent):void        //创建 playmovie 函数
{
    mov.play();                                  //播放 mov 影片剪辑实例
}
btn_play.addEventListener(MouseEvent.CLICK, playmovie); //为按钮添加单击的事件
```

单击按钮停止播放动画的代码如下：

```
function stopmovie(event:MouseEvent):void        //创建 stopmovie 函数
{
    mov.stop();                                  //停止播放 mov 影片剪辑实例
}
btn_stop.addEventListener(MouseEvent.CLICK, stopmovie); //为按钮添加单击的事件
```

2. 快进和后退

在制作电子相册时，往往需要设置“上一页”与“下一页”导航按钮，其功能的实现需要借助 nextFrame()和 prevFrame()动作命令。这两个命令可以控制 Flash 动画向后或向前播放一帧并停止，但是播放到影片的最后一帧或最前一帧后，则不能再循环回来继续向后或向前播放。

假设使用一个名称为 btn_nav 的按钮控制一个名称为 photo 的影片剪辑实例，每单击一次按钮，就向后播放一帧并停止，代码如下：

```
function movie(event:MouseEvent):void                 //创建 movie 函数
{
    photo. nextFrame();                               //向后播放 1 帧并停止
}
btn_nav.addEventListener(MouseEvent.CLICK, movie);    //为按钮添加单击的事件
```

3. 跳到不同帧播放或停止播放

使用 goto 命令可以跳转到影片指定的帧或场景，跳转后执行的命令有两种：gotoAndPlay 和 gotoAndStop。这两个命令用于控制动画的跳转播放与停止，它可以让动画跳转到指定场景中的某一帧。它们的语法形式为

```
gotoAndPlay(场景，帧);
gotoAndStop(场景，帧);
```

例如下面的代码：

```
function playmovie(event:MouseEvent):void
{
    Mov.gotoAndPlay("end");
}
but_mov.addEventListener(MouseEvent.CLICK, playmovie);
```

上面的语句表示单击实例名称为 but_mov 按钮后，动画跳转到名称为 end 帧标签处并停止播放。

8.3.2 课堂实践——可控制电子相册

影片回放控制命令比较简单，是 ActionScript 中最基本的命令，它们非常实用且使用频率极高，例如制作电子相册、图片浏览、动画的播放控制等都需要用到这些基本命令。在 ActionScript 3.0 中，影片回放控制命令的使用方法有所改变。下面我们通过制作一个“电子相册”实例来学习并体会 ActionScript 3.0 中各命令与以前版本的不同之处，动画的瞬间效果如图 8-4 所示。

图 8-4　动画的瞬间效果

(1) 启动 Flash CS4 软件，在欢迎画面中单击【Flash 文件(ActionScript 3.0)】选项，创建一个新文档。

(2) 按下 Ctrl+J 键，在【文档属性】对话框中设置尺寸为 550×400 像素、背景颜色为白色、帧频为 5 fps。

(3) 单击菜单栏中的【插入】\【新建元件】命令，创建一个名称为“元件 1”的影片剪辑元件，并进入其编辑窗口。

(4) 按下 Ctrl+R 键，导入本书光盘“第 8 章”文件夹中的“PIC01.jpg”文件，此时将弹出一个提示框，提示是否导入序列中的所有图像，如图 8-5 所示。

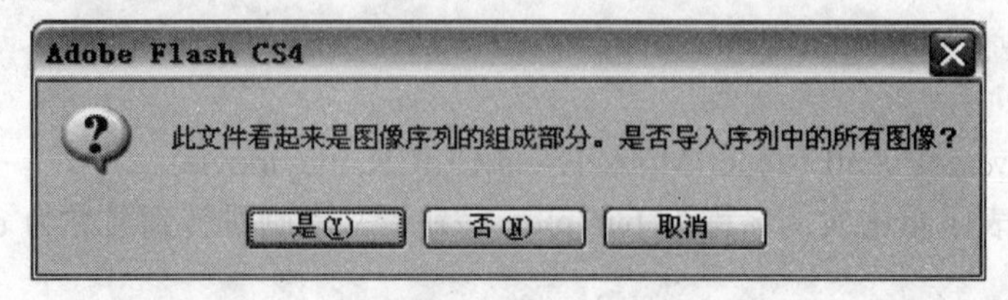

图 8-5　提示框

(5) 单击 是(Y) 按钮，则导入图像序列，形成逐帧动画，如图 8-6 所示。

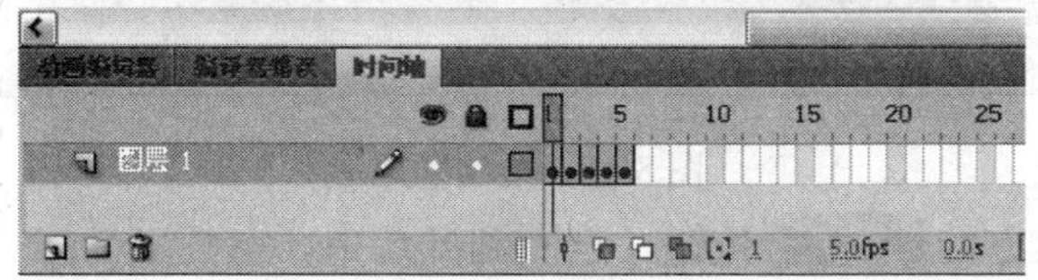

图 8-6　导入的图片序列

(6) 在【时间轴】面板中调整关键帧，使每一个关键帧间隔 5 帧，如图 8-7 所示。

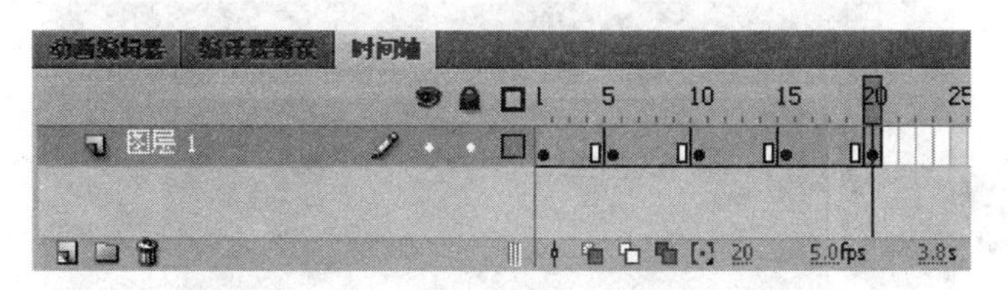

图 8-7　调整后的关键帧

(7) 单击舞台上方的 场景 1 按钮，返回到舞台中。

(8) 将“元件 1”从【库】面板中拖动到舞台中，调整其大小及位置如图 8-8 所示。

(9) 在舞台中选择“元件 1”实例，在【属性】面板中设置实例名称为“mov”。

(10) 在【时间轴】面板的“图层 1”的上方创建一个新图层“图层 2”，然后按下 Ctrl+R 键，导入本书光盘“第 8 章”文件夹中的“遮罩.png”文件，结果如图 8-9 所示。

图 8-8　调整“元件 1”实例的大小和位置

图 8-9　导入的图片“遮罩.png”

(11) 单击菜单栏中的【插入】\【新建元件】命令，创建一个名称为“隐形按钮”的按钮元件，并进入其编辑窗口。

(12) 在【时间轴】面板中选择“点击”帧，按下 F6 键插入关键帧。

(13) 选择工具箱中的“矩形工具”，在窗口中绘制一个矩形，颜色任意(实际上该矩形是隐形按钮的触发区，运行动画时是不可见的)，如图 8-10 所示。

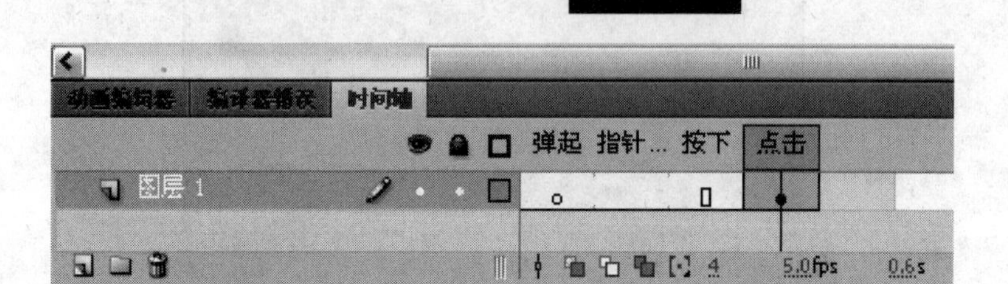

图 8-10　绘制的矩形

(14) 单击舞台上方的场景 1按钮，返回到舞台中。

(15) 将“隐形按钮”元件从【库】面板中拖动到舞台中，调整其大小，使其覆盖在“播放”按钮上，然后将其复制 4 个，放置在其它按钮上，如图 8-11 所示。

图 8-11　复制的实例

(16) 在【属性】面板中依次为每一个按钮实例命名，从左到右分别为“P”、“S”、“B”、“F”和“E”。

(17) 在“图层 2”的上方创建一个新图层“图层 3”，然后按下 F9 键打开【动作】面板，输入如下代码：

```
mov.stop();                                      //让影片开始是静止的
function playmov(event:MouseEvent):void          //创建 playmov 函数
{
    mov.play();                                  //播放 mov 影片剪辑实例
}
P.addEventListener(MouseEvent.CLICK, playmov);   //为按钮添加单击的事件
```

```
function stopmov(event:MouseEvent):void
{
    mov.stop();
}
S.addEventListener(MouseEvent.CLICK, stopmov);
function backmov(event:MouseEvent):void
{
    mov.prevFrame();                              //向前播放 1 帧并停止
}
B.addEventListener(MouseEvent.CLICK, backmov);
function frontmov(event:MouseEvent):void
{
    mov.nextFrame();                              //向后播放 1 帧并停止
}
F.addEventListener(MouseEvent.CLICK, frontmov);
function endmov(event:MouseEvent):void
{
    mov.gotoAndStop(5);                           //跳转到第 5 帧并停止
}
E.addEventListener(MouseEvent.CLICK,endmov);
```

(18) 按下 Ctrl+Enter 键，观看动画效果，可以测试每一个按钮的效果。最后关闭测试窗口，将文件保存为“可控制电子相册.fla”。

8.3.3　载入外部图像与动画

在 Flash 中可以通过 ActionScript 脚本将外部对象载入到 Flash 中，载入的文件可以是 JPG、GIF、PNG 图像文件，也可以是 SWF 动画文件。在 ActionScript 2.0 版本中，要实现这样的任务，需要使用 loadmovie( )命令；而在 ActionScript 3.0 中则不同，它是借助 Loader 语句完成的。

在 ActionScript 3.0 中创建 Loader 实例的方法与创建其它可视对象(display object)一样，使用 new 来构建对象，然后使用 addChild( )方法把实例添加到可视对象列表(display list)中。加载是通过 load()方法处理一个包含外部文件地址的 URLRequest 对象实现的。例如：

```
var request:URLRequest = new URLRequest("pic.jpg");
var loader:Loader = new Loader();
loader.load(request);
addChild(loader);
```

上面的语句表示构建一个名称为 loader 的对象，然后将与动画文件同在一个文件夹中的 pic.jpg 图像加载到当前舞台中。

8.3.4　网站链接

Flash 主要是用于制作网络动画的软件，所以必然少不了网页超链接的功能。可以说超链接是构成互联网的基础元素。如果是 html 网页文件，创建超链接很简单，通过<a> </a>标签的嵌套即可创建超链接。

在 Flash 中使用 ActionScript 3.0 创建超链接，则需要通过 flash.net 动作包中的函数 navigateToURL 完成。navigateToURL 函数的书写格式为

```
public function navigateToURL(request: URLRequest,window:String= null):void;
```

其中，request:URLRequest 是指链接到哪个站点的 URL，URL 是用来获得文档的统一定位资源。在设置 URL 链接时，可以是相对路径，也可以是绝对路径。

window:String(default=null)用于设置所链接的网页打开方式。打开网页选项主要有四种：

_self：在当前浏览器中打开链接。

_blank：在新的浏览器窗口中打开网页。

_parent：在当前位置的上一级浏览器窗口中打开链接。

_top：在当前浏览器上方打开链接。

例如：

```
function web(event:MouseEvent):void
{
    navigateToURL(new URLRequest("http://www.163.com"), "_blank");
}
btn_web.addEventListener(MouseEvent.CLICK, web);
```

上面的语句表示单击实例名称为“btn_web”的按钮后，跳转到新的浏览器窗口中打开 http://www.163.com 这个网页。

8.3.5　课堂实践——网站首页

下面制作一个“网站首页”实例，通过这个实例学习如何载入外部 SWF 动画文件，以及建立超链接与邮箱链接的方法。本例效果如图 8-12 所示。

图 8-12　网站首页效果

(1) 启动 Flash CS4 软件，在欢迎画面中单击【Flash 文件(ActionScript 3.0)】选项，创建一个新文档。

(2) 按下 Ctrl+J 键，在【文档属性】对话框中设置尺寸为 550×400 像素、背景颜色为白色、帧频为 30 fps。

(3) 按下 Ctrl+R 键，导入本书光盘“第 8 章”文件夹中的“主页.png”文件，结果如图 8-13 所示。

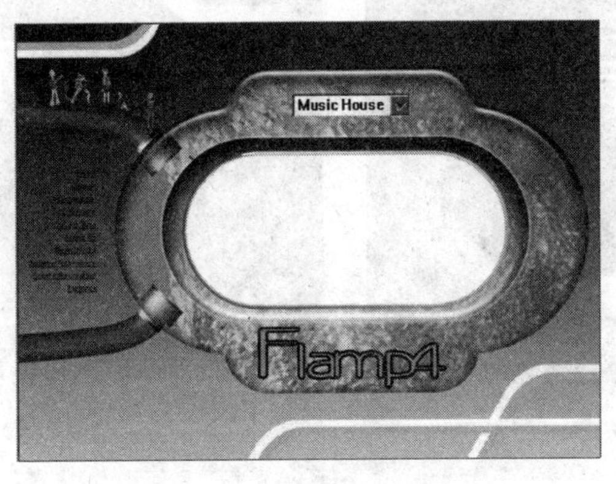

图 8-13　导入的图片“主页.png”

(4) 在【时间轴】面板的“图层 1”上方创建一个新图层“图层 2”。

(5) 选择工具箱中的“矩形工具”，在舞台中绘制一个矩形，颜色任意，大小以覆盖住白色透明区域为准，如图 8-14 所示。

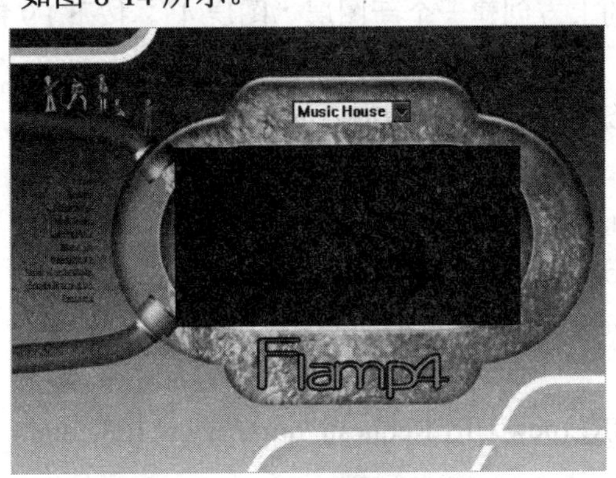

图 8-14　绘制的矩形

(6) 在舞台中选择刚绘制的矩形，按下 F8 键则弹出【转换为元件】对话框，在该对话框中将注册点调整到左上角，命名元件为“元件 1”，如图 8-15 所示。

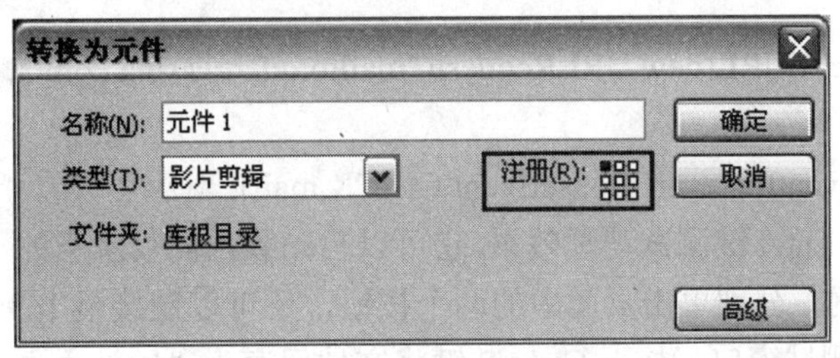

图 8-15　【转换为元件】对话框

(7) 单击 确定 按钮，将矩形转换为影片剪辑元件，然后在【属性】面板中设置该实例名称为“mov”。

(8) 在【时间轴】面板中将“图层 1”调整到“图层 2”的上方，结果如图 8-16 所示。

(9) 在“图层 1”的上方创建一个新图层“图层 3”。按下 Ctrl+R 键，分别导入本书光盘“第 8 章”文件夹中的“按钮_01.gif”与“按钮_02.gif”图片，调整其位置如图 8-17 所示。

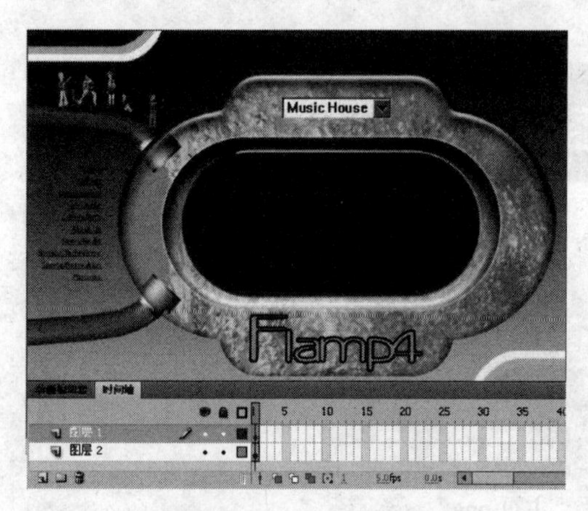

图 8-16　调整后的效果

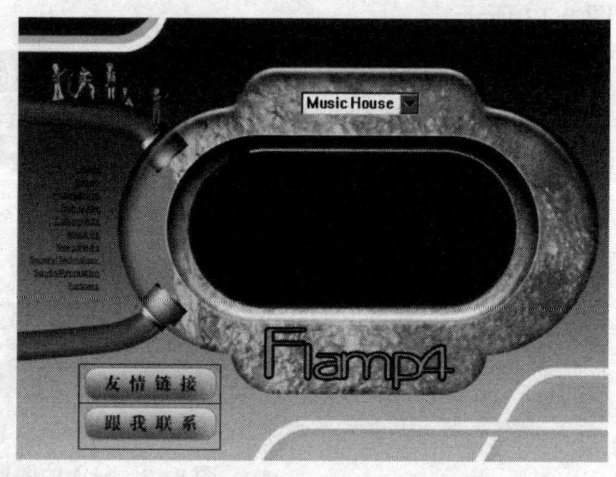

图 8-17　导入的图片“按钮_01.gif”与“按钮_02.gif”

(10) 分别选择导入的两个图片，按下 F8 键将其转换为按钮元件。然后选择上方的按钮，在【属性】面板中将其命名为“btn01”；同样方法，将下方的按钮命名为“btn02”。

(11) 在“图层 3”的上方创建一个新图层“图层 4”。按下 F9 键打开【动作】面板，输入如下代码：

```
var request:URLRequest=new URLRequest("003.swf"); //载入同目录下的 003.swf 文件
var loader:Loader=new Loader();
loader.load(request);
mov.addChild(loader);
function web(event:MouseEvent):void
{
    navigateToURL(new URLRequest("http://www.163.com"),"_blank"); //链接 163 网站
}
btn01.addEventListener(MouseEvent.CLICK,web);
function mail(event:MouseEvent):void
{
    navigateToURL(new URLRequest("mailto:qdzrc@sina.com"),"_blank");   //发邮件
}
btn02.addEventListener(MouseEvent.CLICK,mail);
```

(12) 按下 Ctrl+Enter 键测试动画效果，它可以自动载入同目录下的一个 SWF 动画文件。如果计算机已经联网，分别单击页面中的两个按钮，还可以链接至 163 网站、发邮件。

(13) 最后关闭测试窗口，按下 Ctrl+S 键将文件保存为“网站主页.fla”。

8.3.6　fscommand 命令应用

fscommand 语句是用于控制 Flash Player 播放器的命令，如全屏播放、退出动画等。该动作脚本的效果在影片测试窗口中看不到，只能在 Flash Player 动画播放器中显示出来。

fscommand 动作命令的语法形式为

fscommand(命令，参数)

其中,“命令”为控制 Flash Player 播放器的各个命令;“参数”为各条命令的参数,如 fullscreen 命令的参数为 true 或 false。

下面对 fscommand 语句中的各个命令进行讲解。

1. fullscreen 命令

fullscreen 是一个全屏控制命令，可以使影片占满整个屏幕，通常此命令放在 Flash 影片的第 1 帧。该命令有两个参数：true、false。如果将 fullscreen 命令的参数设置为 true，表示动画以全屏播放；如果参数设置为 false，则动画以舞台大小播放。使用 fullscreen 命令时，整个语句应写为

```
fscommand("fullscreen", "true");
```

2. allowscale 命令

allowscale 命令用于控制播放影片的窗口是否可以调整。该命令有两个参数：true、false。如果将 allowscale 命令的参数设置为 true，表示播放动画时可以使用鼠标调整播放器窗口的大小；如果参数设置为 false，则播放动画的窗口大小不能调整。使用 allowscale 命令时，整个语句应写为

```
fscommand("allowscale", "true");
```

3. showmenu 命令

showmenu 命令用于控制 Flash Player 播放器的右键菜单是否显示。该命令有两个参数：true、false。如果将 showmenu 命令的参数设置为 true，则播放动画时可以显示右键菜单；否则不显示菜单，只显示播放器的版本信息。使用 showmenu 命令时，整个语句应写为

```
fscommand("showmenu", "true");
```

4. trapallkeys 命令

trapallkeys 语句用于锁定键盘输入，使所有设定的快捷键都无效，这样 Flash Player 播放器不会接受键盘的输入，但是 Ctrl+Alt+Del 组合键除外。该命令也有两个参数：true、false。如果将 trapallkeys 命令的参数设置为 true，则键盘的输入无效；如果参数设置为 false，则键盘的输入有效。使用 trapallkeys 命令时，整个语句应写为

```
fscommand("trapallkeys", "true");
```

5. exec 命令

exec 命令用于打开一个可执行文件，文件类型可以是 .exe、.com、.bat 格式。exec 命令的参数是打开文件的路径，使用该命令可以将多个 Flash 动画文件链接到一起。使用 exec 命令时，整个语句应写为

```
fscommand("exec", "program.exe");
```

其中，program.exe 为外部可执行文件。

Flash CS4 版本的软件出于对文件的保护，在使用 exec 命令调用 .exe 文件时，需要将调用的 .exe 文件放置在 fscommand 文件夹中，否则无法调用此文件。

6. quit 命令

quit 命令用于退出 Flash 影片，执行该命令后将结束播放，退出 Flash Player 播放器，此命令不需要任何参数，整个语句应写为

```
fscommand("quit");
```

8.3.7 鼠标事件

在 ActionScript 3.0 中，我们不能将脚本代码写在按钮或影片剪辑元件上，必须写在关键帧上，但是同样需要触发事件来控制某种行为。鼠标事件是指通过鼠标操作控制某种行为的事件，然后将它添加到触发对象上。在【动作】面板中可以看到，Flash CS4 中的鼠标事件比以前的版本多，如图 8-18 所示。

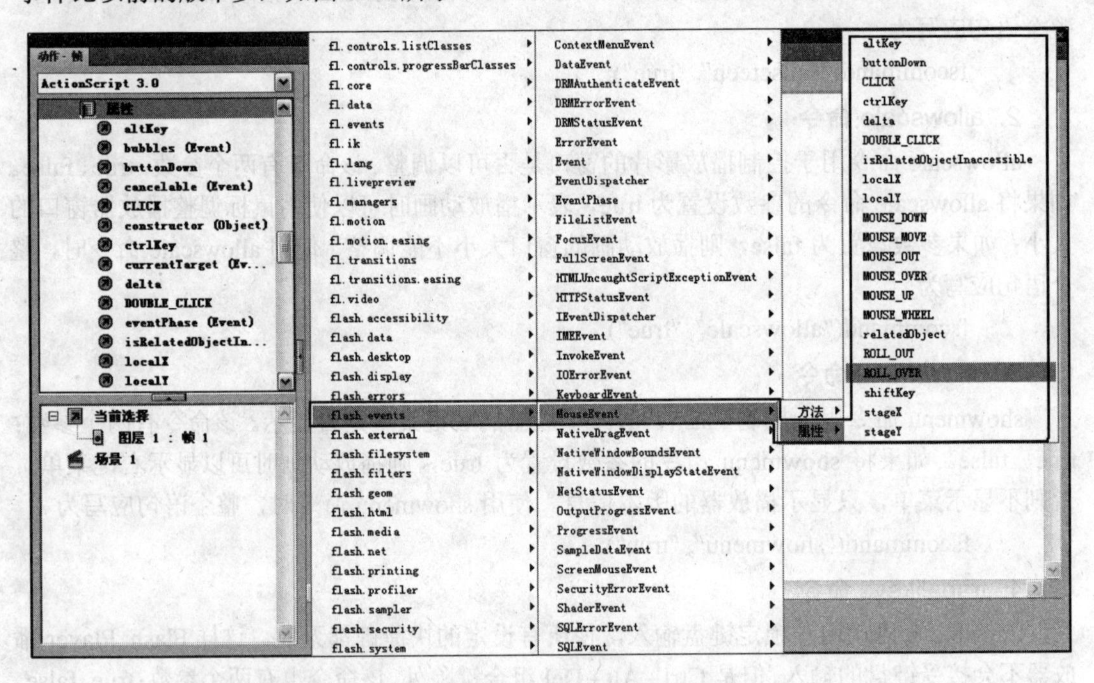

图 8-18　鼠标事件列表

下面介绍一些常用的鼠标事件。

- “CLICK”：单击，即单击鼠标左键触发某种行为。
- “DOUBLE_CLICK”：双击，即连续两次快速地按下并释放鼠标左键，触发某种行为。
- “MOUSE_DOWN”：按下鼠标，即按住鼠标左键时触发某种行为。
- “MOUSE_MOVE”：移动鼠标，即移动鼠标时触发某种行为。
- “MOUSE_OUT”：移出鼠标，即鼠标移开对象时触发某种行为。
- “MOUSE_OVER”：悬停鼠标，即鼠标悬停在某个位置时触发某种行为。

- “MOUSE_UP”：释放鼠标，即按下鼠标左键以后，再释放鼠标左键的时候触发某种行为。
- “MOUSE_WHEEL”：滚动鼠标，即滚动鼠标中键时触发某种行为。
- “ROLL_OVER”：滑入，即按住鼠标左键滑到按钮上时触发某种行为。
- “ROLL_OUT”：滑离，即按住鼠标左键从按钮上滑离时触发某种行为。

8.3.8 课堂实践——图片展示

在前面的实例中，都是通过鼠标的 CLICK 事件来控制动画交互的，学习了鼠标的各种事件以后，下面我们制作一个“图片展示”实例，学习使用 MOUSE_OVER 事件控制对象的交互，动画的瞬间效果如图 8-19 所示。

图 8-19　动画的瞬间效果

(1) 启动 Flash CS4 软件，在欢迎画面中单击【Flash 文件(ActionScript 3.0)】选项，创建一个新文档。

(2) 按下 Ctrl+J 键，在【文档属性】对话框中设置尺寸为 408×168 像素、背景颜色为白色、帧频为 24 fps。

(3) 将“图层 1”的名称更改为“图片”，按下 Ctrl+R 键，导入本书光盘“第 8 章”文件夹中的“1.jpg”文件，位置如图 8-20 所示。

图 8-20　导入的图片“1.jpg”

(4) 选择导入的图片，按下 F8 键将其转换为影片剪辑元件“图片”。双击该实例，进入其编辑窗口中。

(5) 在"图层 1"的第 2 帧处插入空白关键帧，导入本书光盘"第 8 章"文件夹中的"2.jpg"文件。

(6) 在"图层 1"的第 3 帧处插入空白关键帧，导入本书光盘"第 8 章"文件夹中的"3.jpg"文件。

(7) 单击舞台上方的 场景 1 按钮，返回到舞台中。

(8) 在舞台中选择"图片"实例，在【属性】面板中将其命名为"nr_mc"，如图 8-21 所示。

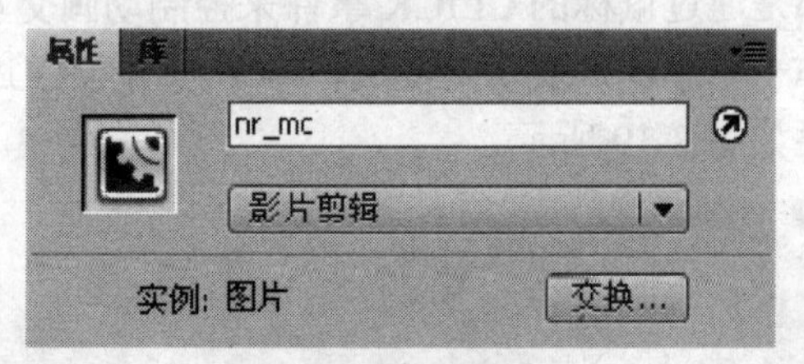

图 8-21　【属性】面板

(9) 按下 Ctrl+F8 键，创建一个新的按钮元件"按钮 1"，并进入其编辑窗口中。

(10) 选择工具箱中的"矩形工具"，在【属性】面板中设置笔触颜色为橘黄色(#FF6600)、填充颜色为白色，在编辑窗口中绘制一个矩形，如图 8-22 所示。

(11) 在"指针经过"帧处插入关键帧，选择工具箱中的"颜料桶工具"，在【属性】面板中设置填充颜色为橘黄色(#FF6600)，在矩形内单击鼠标，填充橘黄色，如图 8-23 所示。

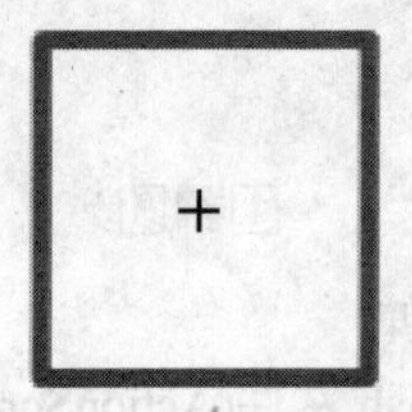

图 8-22　绘制的矩形

图 8-23　填充颜色

(12) 在"按下"帧处插入关键帧，在"点击"帧处插入普通帧。

(13) 在"图层 1"的上方创建一个新图层"图层 2"，选择工具箱中的"文本工具"，在【属性】面板中设置文本颜色为橘黄色(#FF6600)，在矩形中输入文字"1"，如图 8-24 所示。

(14) 在"指针经过"帧处插入关键帧，将文字颜色更改为白色，如图 8-25 所示。

图 8-24　输入的文字

图 8-25　更改文字的颜色

(15) 在"按下"帧处插入关键帧，在"点击"帧处插入普通帧。

(16) 单击舞台上方的 场景 1 按钮，返回到舞台中。

(17) 在【库】面板中选择“按钮 1”元件，单击鼠标右键，从弹出的快捷菜单中选择【直接复制】命令，在弹出的【直接复制元件】对话框中设置选项，如图 8-26 所示。

图 8-26 【直接复制元件】对话框

(18) 单击 确定 按钮，复制一个按钮元件“按钮 2”。

(19) 双击【库】面板中的“按钮 2”元件，进入其编辑窗口中，将“图层 2”中的文字“1”更改为文字“2”。

(20) 用同样的方法，再复制一个按钮元件“按钮 3”，并将文字更改为“3”。

(21) 单击舞台上方的 场景 1 按钮，返回到舞台中。

(22) 在【时间轴】面板中“图片”层的上方创建一个新图层，重新命名为“按钮”。

(23) 从【库】面板中将“按钮 1”、“按钮 2”和“按钮 3”元件分别拖动到舞台的右下角，调整其位置如图 8-27 所示。

图 8-27 调整实例的位置

(24) 选择“按钮 1”实例，在【属性】面板中将其命名为“a1_btn”，如图 8-28 所示。

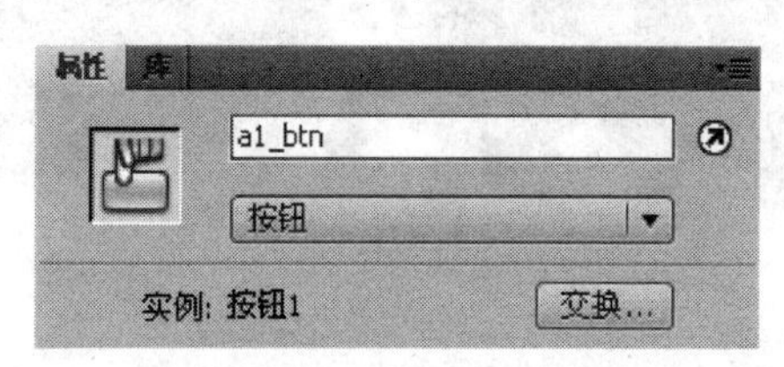

图 8-28 【属性】面板

(25) 用同样的方法，分别将“按钮 2”和“按钮 3”实例命名为“a2_btn”和“a3_btn”。

(26) 在【时间轴】面板中“按钮”层的上方创建一个新图层，命名为“代码”。按下 F9 键打开【动作】面板，输入如下代码：

```
nr_mc.stop();
a1_btn.addEventListener(MouseEvent.MOUSE_OVER,jj);
function jj(event)
```

```
{
    nr_mc.gotoAndStop(1);
}
a2_btn.addEventListener(MouseEvent.MOUSE_OVER,tc);
function tc(event)
{
    nr_mc.gotoAndStop(2);
}
a3_btn.addEventListener(MouseEvent.MOUSE_OVER,sm);
function sm(event)
{
    nr_mc.gotoAndStop(3);
}
```

(27) 按下 Ctrl+Enter 键可以测试动画效果，可以看到，光标指向画面中的不同按钮就出现不同的图片。

(28) 最后关闭测试窗口，单击菜单栏中的【文件】\【保存】命令，将文件保存为“图片展示.fla”。

8.3.9　课堂练习——雪花飘飘

ActionScript 的功能非常强大，我们前面介绍的内容仅是冰山一角，是最简单、最常用的交互操作，实际上如果我们掌握了这门脚本语言，可以制作出各种各样绚丽多彩的实例效果。下面就使用 ActionScript 制作一个随机飘雪花的动画，其瞬间效果如图 8-29 所示。

图 8-29　动画的瞬间效果

(1) 启动 Flash CS4 软件，在欢迎画面中单击【Flash 文件(ActionScript 3.0)】选项，创建一个新文档。

(2) 按下 Ctrl+J 键，在【文档属性】对话框中设置尺寸为 500 × 375 像素、背景颜色为红色(#FF0000)、帧频为 12 fps。

(3) 在【时间轴】面板中将“图层 1”的名称更改为“图片”，按下 Ctrl+R 键，将本书光盘“第 8 章”文件夹中的“雪人.jpg”文件导入到舞台的中央位置，如图 8-30 所示。

图 8-30　导入的图片“雪人.jpg”

(4) 按下 Ctrl+F8 键，创建一个新的图形元件“雪片”，并进入其编辑窗口中。

(5) 将舞台放大到 800%，运用“椭圆工具”绘制一个笔触颜色为无色的图形，填充颜色任意，然后使用“选择工具”调整一下，使其为不规则形状，如图 8-31 所示。

图 8-31　调整后的图形

(6) 按下 Shift+F9 键打开【颜色】面板，设置类型为“放射状”，然后设置左、右两个色标均为白色，设置左侧色标的 Alpha 值为 100%、右侧色标的 Alpha 值为 30%，如图 8-32 所示。

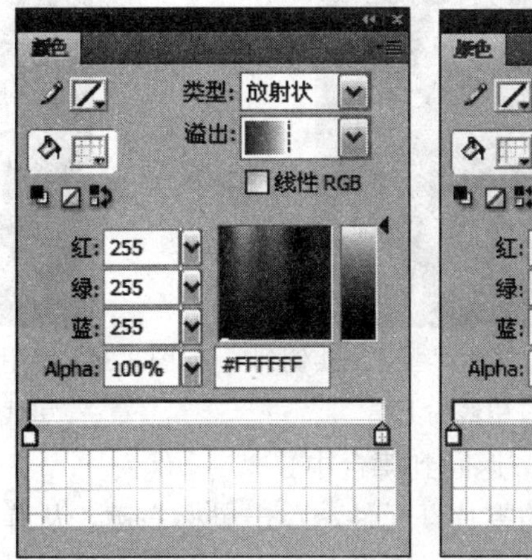

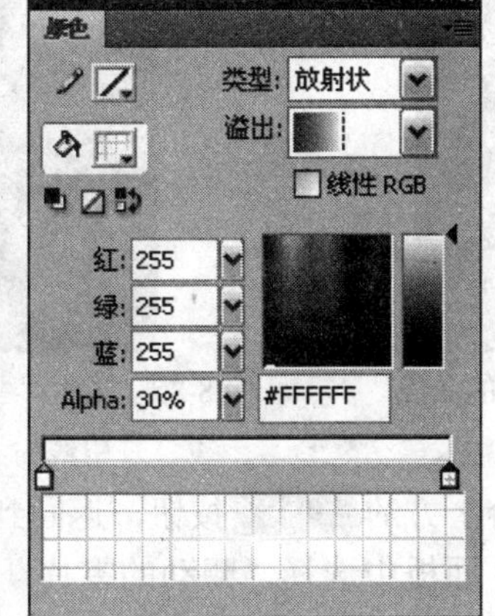

图 8-32　【颜色】面板

(7) 选择工具箱中的“颜料桶工具”，在绘制的不规则图形上单击鼠标，填充渐变色作为雪片，结果如图 8-33 所示。

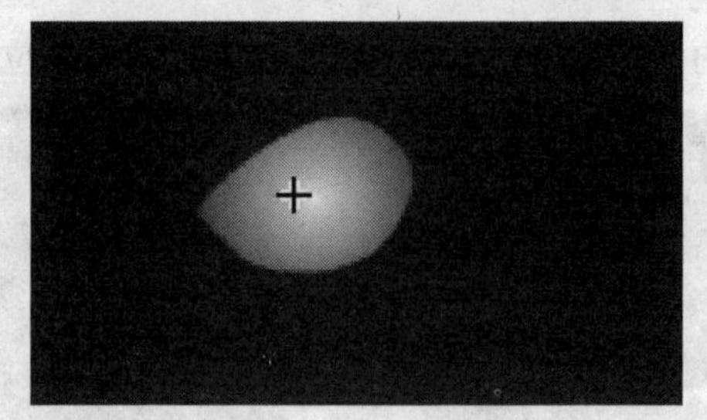

图 8-33　绘制的雪片

(8) 按下 Ctrl+F8 键，再创建一个新的影片剪辑元件“飘动的雪片”，并进入其编辑窗口中，然后将“雪片”元件从【库】面板中拖动到窗口中。

(9) 在【时间轴】面板中选择“图层 1”的第 30 帧，按下 F6 键插入关键帧。

(10) 在“图层 1”的第 1～30 帧之间任选一帧，单击鼠标右键，在弹出的快捷菜单中选择【创建传统补间】命令，创建传统补间动画。

(11) 在“图层 1”上单击鼠标右键，在弹出的快捷菜单中选择【添加传统运动引导层】命令，在该层的上方创建一个运动引导层。

(12) 选择工具箱中的“铅笔工具”，在舞台中绘制一条曲线，作为“雪片”运动的轨迹，如图 8-34 所示。

(13) 选择“图层 1”第 1 帧处的“雪片”实例，激活工具箱中的按钮，将实例吸附到运动引导线的上端，如图 8-35 所示。

(14) 选择“图层 1”第 30 帧处的“雪片”实例，将其吸附到运动引导线的下端，如图 8-36 所示。

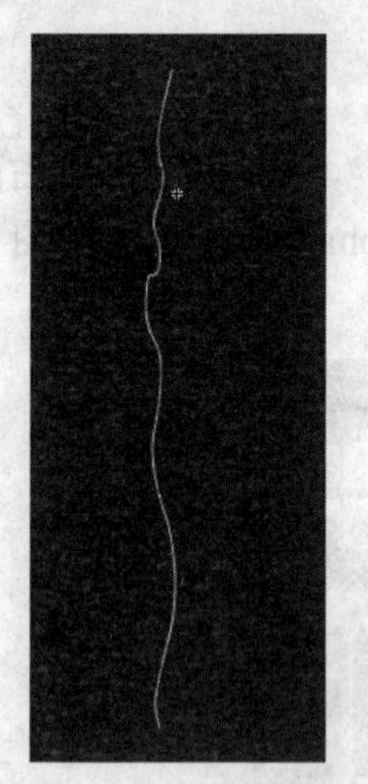

图 8-34　绘制的曲线

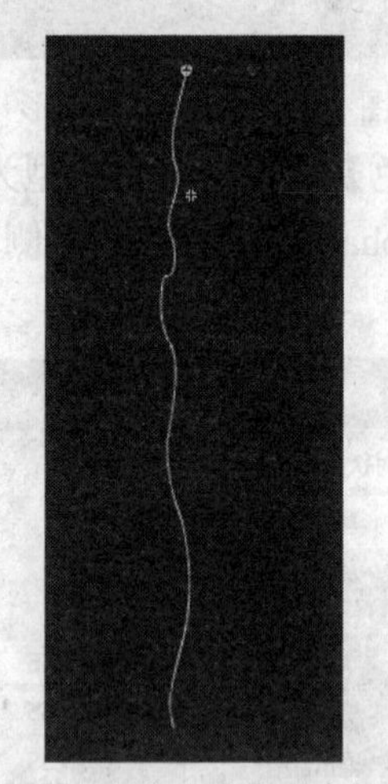

图 8-35　吸附“雪片”实例到引线的上端

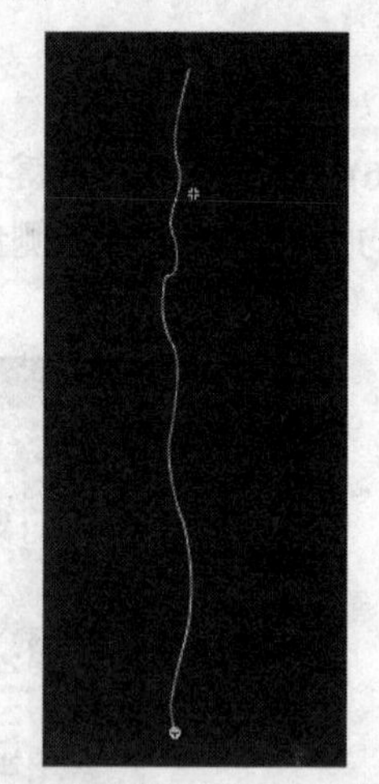

图 8-36　吸附“雪片”实例到引线的下端

(15) 单击舞台上方的场景 1按钮，返回到舞台中。

(16) 在【库】面板中选择“飘动的雪片”元件，单击鼠标右键，从弹出的快捷菜单中选择【属性】命令，在弹出的【元件属性】对话框中单击高级按钮，展开高级选项，在【类】中输入“xl”，如图 8-37 所示。

(17) 单击确定按钮，关闭该对话框。

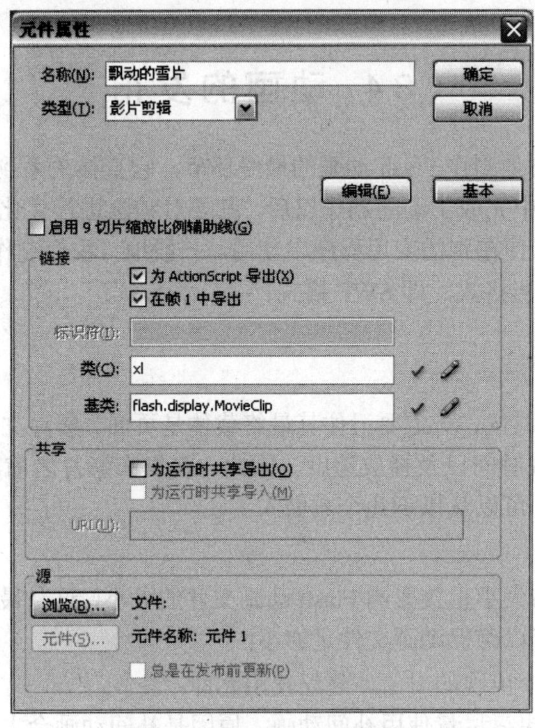

图 8-37　【元件属性】对话框

(18) 在【时间轴】面板中“图片”层的上方创建一个新图层，命名为“代码”，按下 F9 键打开【动作】面板，输入如下代码：

```
var i:Number=1;
addEventListener(Event.ENTER_FRAME,xx);
function xx(enent:Event):void
{
    var x_mc:xl=new xl();                    //定义变量 x_mc
    addChild(x_mc);
    x_mc.x=Math.random()*550;
    x_mc.scaleX=0.2+Math.random();           //X 轴上产生 0.2～1.2 之间的随机数
    x_mc.scaleY=0.2+Math.random();           //Y 轴上产生 0.2～1.2 之间的随机数
    i++;
    if (i>100)
    {
        this.removeChildAt(1);               //删除已经加载的对象
        i=100;
    }
}
```

(19) 按下 Ctrl+Enter 键测试动画，可以看到随机飘落的雪花。

(20) 关闭测试窗口，单击菜单栏中的【文件】\【保存】命令，将文件保存为“雪花飘飘.fla”。

8.4 动画的发布

动画的输出与发布是制作 Flash 动画的最终环节，它直接关系到动画作品的有效传播。通常情况下，在 Flash 中完成了动画制作以后，都要对动画进行优化处理，然后再将其输出为其它格式的文件，以便在别的应用程序中使用。一般地，我们制作了 Flash 动画以后，都要将其输出为 Flash 电影格式，即 SWF 格式。

8.4.1 影片优化

制作 Flash 动画的时候，一定要记住其最终载体是页面。影片文件的大小直接影响它在因特网上的上传和下载时间以及播放速度。因此，在发布影片之前应对动画文件进行优化处理。在优化影片时，可以从以下几个方面入手。

1. 优化对象

动画对象的类型与大小直接影响 Flash 动画文件的大小，这是最主要的一个方面。按以下原则优化对象时，可以确保动画文件足够小：

① 对于影片中多次出现的对象，建议使用元件。

② 同样的动画效果，尽量使用补间动画。原因是补间动画会大大减小影片的体积。

③ 避免使用位图作为影片的背景。

④ 尽量使用图层组织不同时间、不同对象的动画，避免在同一个关键帧安排多个动画对象同时运动。

⑤ 影片中的音乐尽量采用 MP3 格式。

⑥ 尽可能减少渐变色和 Alpha 透明度的使用。

2. 优化字体和文字

动画中存在文字时，可以按以下原则对文字优化：

① 在使用字体时常会出现乱码或字迹模糊的现象。这种情况可以使用默认字体来解决，而且使用系统默认字体可以得到更小的文件体积。

② 在 Flash 影片制作过程中，尽可能使用较少种类的字体，尽可能使用同一种颜色或字号。

③ 尽量避免将字体分离，因为图形比文字所占空间大。

3. 优化线条

由于在 Flash 动画中会运用大量的线条，它们的形态与种类也严重影响着影片的体积，所以对于线条而言，可以在以下方面做优化处理：

① 使用“刷子工具”绘制的线条要比使用“铅笔工具”绘制的线条所占用的空间大，所以同样的线条，优先使用“铅笔工具”。

② 限制特殊线条的出现，如虚线、折线、点状线等。

③ 减少创建图形所使用的点数或线数，并且可以使用【修改】\【形状】\【优化】命令来优化孤立的线条。

4. 优化图形颜色

动画对象颜色的多少也会影响到最终影片的体积，所以对于图形的颜色也需要进行适当的优化处理。

① 使用绘图工具制作对象时，使用渐变颜色的影片文件将比使用单一色的影片文件体积大，所以在制作影片时应尽可能使用单色且使用网络安全颜色。

② 对于调用外部的矢量图形，最好在分解状态下使用【优化】命令进行优化之后再使用，这样能够优化矢量图形中的曲线，删除一些不需要的曲线来减小文件的容量。

8.4.2　SWF 文件发布设置

完成了 Flash 动画的制作以后，我们可以将其发布为 SWF 文件，单击菜单栏中的【文件】\【发布设置】命令，打开【发布设置】对话框，然后切换到【Flash】选项卡，如图 8-38 所示，在这里可以对相关选项进行设置。

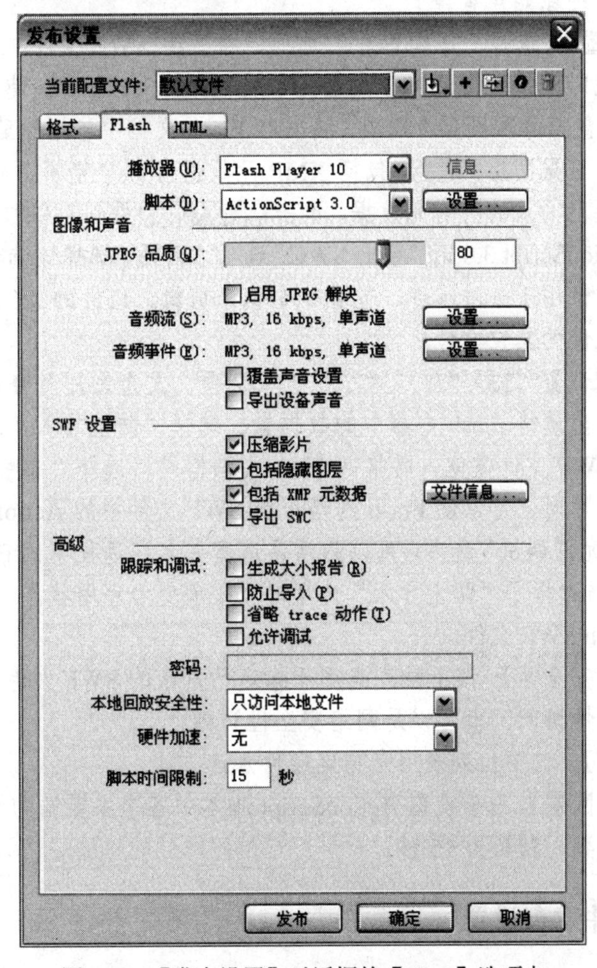

图 8-38　【发布设置】对话框的【Flash】选项卡

- 【播放器】：该下拉列表用于选择 Flash Player 播放器，它提供了多个版本供选择。

- 【脚本】: 该下拉列表用于选择 ActionScript 版本。但是要注意脚本之间的兼容性，避免影响动画的正常运行。
- 【JPEG 品质】: 用于控制影片中 JPEG 图像的压缩率。值越小，压缩率越高，生成的文件越小，但图像品质变差；值越大，压缩率越小，图像品质越好。

如果要使高度压缩的 JPEG 图像显得比较平滑，可以选择“启用 JPEG 解块”选项，此选项可减少由于压缩导致的失真。

- 【音频流】与【音频事件】: 用于为影片中所有的音频流或音频事件设置采样率和压缩比，单击右侧的 设置... 按钮，在弹出的【声音设置】对话框中可以设置声音的压缩格式、比特率与品质等。选择“覆盖声音设置”选项，则不再使用【库】面板中设定的声音属性，而是统一使用这里设置的声音属性。选择“导出设备声音”选项，可以导出适合于设备(包括移动设备)的声音，而不是【库】中的原始声音。
- 【SWF 设置】: 选择“压缩影片”选项，将压缩 SWF 文件，以减小文件大小和缩短下载时间。当文件包含大量文本或 ActionScript 时，使用该选项十分有益。选择“包括隐藏图层”选项，将发布 Flash 文档中包括隐藏层的所有图层，否则只发布可见图层。选择“包括 XMP 元数据”，默认情况下将在【文件信息】对话框中导出输入的所有元数据，单击 文件信息... 按钮可以打开该对话框。只有使用 ActionScript 3.0 时“导出 SWC”选项才可用，选择该选项可以导出 .swc 文件，该文件用于分发组件，包含一个编译剪辑、组件的 ActionScript 类文件以及描述组件的其它文件。
- 【跟踪和调试】: 选择“生成大小报告”选项，发布影片时会自动生成一个报告文件，列出最终 Flash 内容中的数据量。选择“防止导入”选项，可以防止发布后的 SWF 文件被他人转换回 FLA 文档格式。选择“省略 trace 动作”选项，测试影片时，可以使 Flash 忽略当前 SWF 文件中的 ActionScript Trace 语句。选择“允许调试”选项，可以激活调试器并允许远程调试 Flash SWF 文件。
- 【密码】: 当选择了“防止导入”选项时，该项变为可用状态，用于设置密码，以保护 Flash SWF 文件。
- 【本地回放安全性】: 该下拉列表用于指定已发布的 SWF 文件的访问权，可以是本地安全性访问，也可以是网络安全性访问。
- 【硬件加速】: 该下拉列表用于指定硬件加速方式。
- 【脚本时间限制】: 用于设置 ActionScript 脚本中各个主要语句间的时间间隔不能超过的秒数，默认为 15 秒。

8.4.3　HTML 文件发布设置

在 Web 浏览器中播放 Flash 动画时，需要一个能激活 SWF 文件并指定浏览器设置的 HTML 文档。在发布 Flash 动画时，会自动生成一个这样的 HTML 文档。下面我们学习如何设置 HTML 文档的发布参数，如图 8-39 所示。

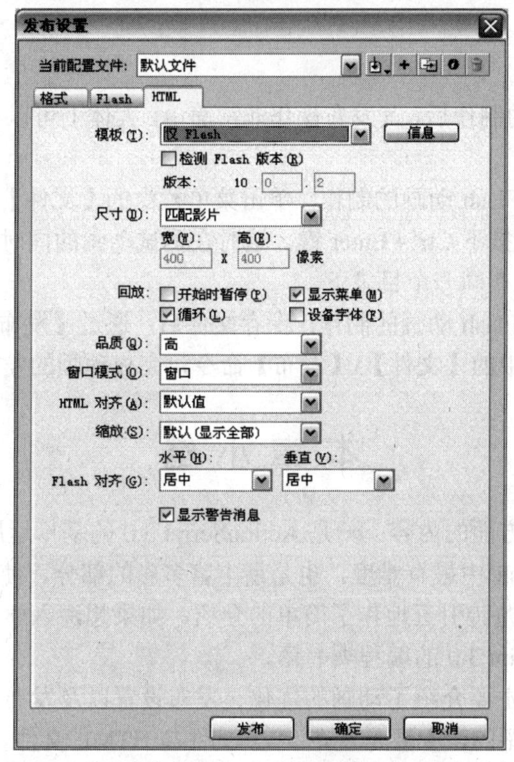

图 8-39　【发布设置】对话框的【HTML】选项卡

- 【模板】: 该下拉列表用于选择 HTML 文件使用的模板，系统提供了多种方式供选择。
- 【尺寸】: 该下拉列表用于选择 HTML 文件的尺寸，共有三种选择，分别是“匹配影片”、“像素”和“百分比”。当选择不同的选项时，其下面可以设置具体参数值。
- 【回放】: 用于设置 SWF 影片在浏览器中的回放属性。选择“开始时暂停”选项，在浏览器中打开的 SWF 动画在一开始处于停止状态；选择“循环”选项，则动画在浏览器中重复播放；选择“显示菜单”选项，在浏览器中播放动画时，单击鼠标右键可以弹出一个快捷菜单；选择“设备字体”选项，可以用抗锯齿系统字体代替动画中使用的但用户的字库中没有安装的字体。
- 【品质】: 用于设置 Flash 动画的播放品质，用户可以在处理时间和外观要求上找一个平衡点。
- 【窗口模式】: 用于决定 HTML 页面中 Flash 动画的背景透明方式，共有“窗口”、“不透明无窗口”和“透明窗口”三种方式。
- 【HTML 对齐】: 用于设置 Flash 动画在 HTML 页面中的对齐方式，共有“默认”、“左对齐”、“右对齐”、“顶部”和“底部”五种对齐方式。
- 【缩放】: 当 Flash 动画的尺寸大于 HTML 页面的宽度或高度时，用于设置 Flash 动画在页面中的显示方式。
- 【Flash 对齐】: 用于设置如何在应用程序窗口内放置 Flash 动画以及如何裁剪内容。

8.4.4 发布动画

完成了 Flash 动画的制作后，其发布操作非常简单，大体上可以通过两种方法获取 SWF 影片文件。

➯方法一：完成了 Flash 动画的制作，单击菜单栏中的【文件】\【保存】命令，将动画保存为 FLA 文档，然后按下 Ctrl+Enter 键，这时在测试动画的同时会产生一个 SWF 文件，与 FLA 文件同名，并且在同一个目录下。

➯方法二：完成了 Flash 动画的制作，保存文件后，通过【发布设置】对话框设置发布参数，然后单击菜单栏中的【文件】\【发布】命令，完成动画的发布。

本 章 小 结

本章主要讲述了两方面的内容：一是 ActionScript 3.0 的基本运用，二是动画发布。

ActionScript 是 Flash 中最有难度，也是最丰富多彩的部分，使用它可以得到变化无穷的动画效果。本章只是抛砖引玉地作了简单的介绍，如果想深入学习这方面的知识，建议选择专门讲述 ActionScript 3.0 的编程类书籍。

在动画的发布部分主要介绍了动画的优化、发布设置以及发布操作，这部分内容也是本着够用的原则进行介绍的，主要是发布 SWF 文件与 HTML 文件。

通过本章的学习，我们不但可以掌握一定的交互知识，还可以将自己制作的 Flash 动画输出和发布为可以播放的文件，与其他的 Flash 爱好者共同交流。

课 后 练 习

一、填空题

1. ____________语句是用于控制 Flash Player 播放器的命令，如全屏播放、退出动画等。该动作脚本的效果在影片测试窗口中看不到，只能在 Flash Player 动画播放器中显示出来。

2. 鼠标事件是指通过鼠标操作控制___________的事件，然后将它添加到触发对象上。

3. 使用 goto 命令可以跳转到影片指定的______________，跳转后执行的命令有两种：gotoAndPlay 和 gotoAndStop。

4. 在 ActionScript 2.0 中，ActionScript 程序脚本可以添加到关键帧、____________、影片剪辑元件上，但是 ActionScript 3.0 的程序脚本只能添加到时间轴中的____________上。

5. ____________命令用于退出 Flash 影片，执行该命令后将结束播放，退出 Flash Player 播放器，此命令不需要任何参数。

二、简答题

1. 在发布影片之前从哪几方面对动画文件进行优化处理？

2. 完成 Flash 动画的制作后如何获取 SWF 影片文件？

第 9 章　综合实例——端午节贺卡

本 章 内 容

- 设计说明
- 制作要点
- 效果展示
- 实现过程
- 本章小结

随着网络技术的高速发展，网络已经进入了千家万户。网络电子贺卡这种时尚、便捷、绿色环保的问候方式也成为一种潮流，现在许多网站都为用户准备了大量的电子贺卡，以便选择。实际上，我们学习了 Flash 应用技术之后，完全可以制作符合自己个性与要求的电子贺卡，为朋友送上一份特殊的礼物与真挚的祝福。本章我们将制作一款端午节贺卡，学习 Flash 技术的综合运用。

9.1 设计说明

端午节是中国的传统节日，在这一天里，民间会有赛龙舟、吃粽子等民俗活动，所以本例的设计制作要紧紧扣住这一主题。

动画的整体色调以绿色为主，突出一种春夏之交的清爽与意境。整个实例设计为三个转场：第一个转场画面中，以宁静的村庄、小桥、竹林和潺潺流水为主，表达江南小镇的诗情画意；第二个转场画面中，以细雨中的水面、荷花以及小船为主，突出烟雨朦胧的时节，让人产生许多思念故人的情绪；第三个画面中，以清香的茶和诱人的粽子为主，点明贺卡的主题。

整个动画配以舒缓、悠扬的背景音乐，结合画面，使观赏者在欣赏美的同时，内心也会被感染，产生缕缕怀思。

9.2 制作要点

由于本例制作相对复杂一些，所以在制作时可以分为三个单元，将每一个转场画面作为一个单元，这样便于理解与管理整个动画。化整为零会使工作变得简单易行，这是制作复杂动画的常用手法。

在制作本例的过程中，要点如下：

(1) 本例动静结合，相得益彰，以传统补间动画贯穿整个动画过程，所以重点要灵活掌握与运用传统补间动画所创造的效果。

(2) 遮罩动画是 Flash 中的一种特殊的动画，它需要通过两个图层来实现，一层作为遮罩层，一层作为被遮罩层，上下两层都可以制作动画，所以效果非常丰富。本例中的潺潺流水效果就运用了这项技术。

(3) 本例设计了三个转场，转场画面之间的过渡采用淡入淡出效果，运用传统补间动画技术来实现。

(4) 在第二个转场画面中，有细雨霏霏的动画效果，这个动画效果利用逐帧动画技术来实现。

(5) 电子贺卡中的文字以逐行的形式出现，技术上分别运用逐帧动画和遮罩动画来实现。

(6) 添加背景音乐时要合理设置声音的属性，才可以循环播放。

9.3 效果展示

动画是一些连续的画面，所以这里只截取了几帧关键画面，如图 9-1 所示，并不代表动画的全部。整体效果可以通过播放本书附带光盘“第 9 章”文件夹中的“端午节贺卡.swf”文件进行观看。

图 9-1　动画的部分画面

9.4　实现过程

在本例中，我们根据主题画面将电子贺卡动画分为三部分，分别制作每一部分，然后通过转场效果将其衔接起来即可。

9.4.1　制作前的准备工作

在制作动画之前，要根据动画的创意和预想效果搜集与处理素材、制作动画元件、设置舞台属性等。本例中的素材已经预处理，存放在本书附带光盘的“第 9 章”文件夹中，读者可以直接调用。

(1) 启动 Flash CS4 软件，在欢迎画面中单击【Flash 文件(ActionScript 2.0)】选项，创建一个新文档。

(2) 按下 Ctrl+J 键，在【文档属性】对话框中设置尺寸为 500×400 像素、背景颜色为白色、帧频为 24 fps。

大家一定看过宽银幕电影，屏幕的上、下都有一条黑色的边框，而影片内容在中间播放，本例将在整体上表现这种宽银幕效果，所以需要先创建一个黑色遮罩。

(3) 在【时间轴】面板中双击“图层 1”的名称，将其更名为“黑幕”。

(4) 选择工具箱中的“矩形工具”，在【属性】面板中设置填充颜色为黑色、笔触颜色为无色。在舞台中拖拽鼠标，分别绘制 4 个黑色矩形，使之形成一个中空的图形，如图 9-2 所示(注意，中空的位置就是动画的演示位置，所以大小要符合要求)。

(5) 选择绘制好的中空图形，按下 F8 键将其转换为图形元件“黑幕”。

(6) 在【时间轴】面板中选择“黑幕”层的第 672 帧，按下 F5 键插入普通帧。

图 9-2 绘制的黑色矩形

9.4.2 制作第一个场景

按照 9.1 节设计说明的思想制作第一个场景，制作时主要运用了传统补间动画与遮罩动画。

(1) 按下 Ctrl+F8 键，创建一个新的影片剪辑元件“场景 1”，并进入该元件的编辑窗口中。

(2) 按下 Ctrl+R 键，导入本书附带光盘“第 9 章”文件夹中的“江南小镇.png”文件，如图 9-3 所示。

图 9-3 导入的图片“江南小镇.png”

(3) 在【时间轴】面板中选择“图层 1”的第 40 帧，按下 F5 键插入普通帧。

(4) 在“图层 1”的上方创建一个新图层“图层 2”，导入本书光盘“第 9 章”文件夹中的“房子倒影.png”文件，使之与“图层 1”中的倒影重合。

(5) 选择工具箱中的“任意变形工具”，将“房子倒影”以中心为基准略放大一点，结果如图 9-4 所示。

图 9-4 调整图片的大小

(6) 在“图层 2”的上方创建一个新图层“图层 3”，按下 Ctrl+R 键，导入本书光盘“第 9 章”文件夹中的“水纹.swf”文件，其位置如图 9-5 所示。

图 9-5 导入的图片“水纹.swf”

(7) 选择导入的水纹图形，按下 F8 键将其转换为图形元件“水纹”。

(8) 在【时间轴】面板中选择“图层 3”的第 40 帧，按下 F6 键插入关键帧，然后适当向下调整“水纹”实例的位置，如图 9-6 所示。

图 9-6 调整“水纹”实例的位置

(9) 在“图层 3”的第 1 帧上单击鼠标右键，在弹出的快捷菜单中选择【创建传统补间】命令，制作传统补间动画。

(10) 在“图层 3”上单击鼠标右键，在弹出的快捷菜单中选择【遮罩层】命令，将该层转换为遮罩层，从而创建遮罩动画，其【时间轴】面板如图 9-7 所示。

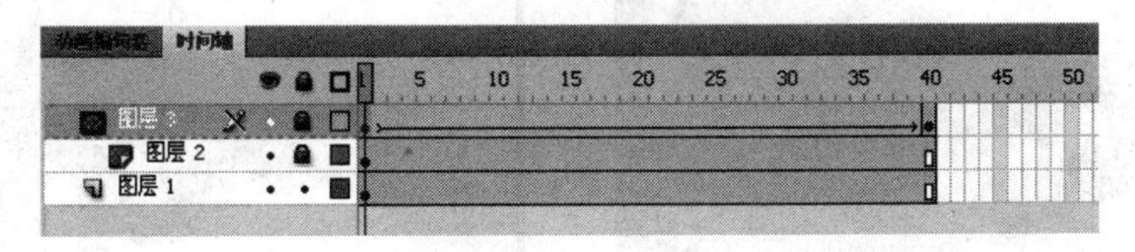

图 9-7 【时间轴】面板

(11) 单击舞台上方的 场景 1 按钮，返回到舞台中。

(12) 在【时间轴】面板中创建一个新图层，并重新命名为“场景 1”，将该层拖动到“黑幕”层的下方，如图 9-8 所示。

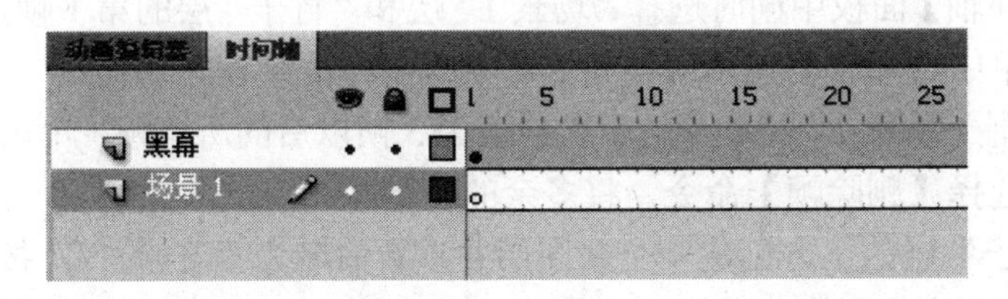

图 9-8 创建的新图层

(13) 按下 Ctrl+L 键打开【库】面板，将“场景 1”元件从【库】面板中拖入到舞台中，并调整其位置如图 9-9 所示。

(14) 在“场景 1”层的上方创建一个新图层并重新命名为“竹子”，按下 Ctrl+R 键，导入本书光盘“第 9 章”文件夹中的“竹子.swf”文件，位置如图 9-10 所示。

图 9-9　调整“场景 1”实例的位置

图 9-10　导入的图片“竹子.swf”

(15) 选择导入的竹子图形，按下 F8 键将其转换为图形元件“竹子”。

(16) 在【时间轴】面板中同时选择“竹子”层和“场景 1”层的第 174 帧，按下 F6 键插入关键帧。

(17) 在舞台中选择“场景 1”层第 174 帧处的“场景 1”实例，将其水平向右移动一定的距离，如图 9-11 所示。

(18) 用同样的方法，再选择“竹子”层第 174 帧处的“竹子”实例，将其水平向左移动一定的距离，如图 9-12 所示。

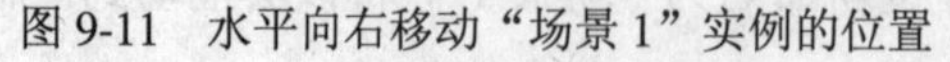

图 9-11　水平向右移动“场景 1”实例的位置

图 9-12　调整“竹子”实例的位置

(19) 在【时间轴】面板中同时选择“场景 1”层和“竹子”层的第 1 帧，单击鼠标右键，在弹出的快捷菜单中选择【创建传统补间】命令，制作传统补间动画。

(20) 同时选择“场景 1”层和“竹子”层第 283 帧以后的所有帧，单击鼠标右键，在弹出的快捷菜单中选择【删除帧】命令，将多余的帧删除。

(21) 在“竹子”层的上方创建一个新图层并重新命名为“文字 1”，按下 Ctrl+R 键，导入本书光盘“第 9 章”文件夹中的“文字 1.swf”文件，并调整图片的位置如图 9-13 所示。

图 9-13　导入的图片“文字 1.swf”

对于这里的文字，读者可以直接调用，也可以自行输入。之所以为读者提供了文字素材，是为了避免字体的缺失，而导致动画效果的不一致。所以光盘中提供了图形化的文字，不受字体的影响。

(22) 在“文字 1”层的上方创建一个新图层，并重新命名为“文字 1 遮罩”。然后运用“矩形工具”绘制一个矩形，大小与位置如图 9-14 所示，颜色任意即可。

图 9-14　绘制的矩形

(23) 在“文字 1 遮罩”层的第 278 帧处插入关键帧，然后将矩形水平向右移动，将文字全部覆盖住，如图 9-15 所示。

图 9-15　移动矩形的位置

(24) 在“文字 1 遮罩”层的第 1 帧上单击鼠标右键，在弹出的快捷菜单中选择【创建补间形状】命令，创建形状补间动画。

(25) 在“文字 1 遮罩”层上单击鼠标右键，在弹出的快捷菜单中选择【遮罩层】命令，将该层转换为遮罩层，从而创建遮罩动画。

(26) 在【时间轴】面板中同时选择“文字 1”层和“文字 1 遮罩”层第 283 帧以后的所有帧，单击鼠标右键，在弹出的快捷菜单中选择【删除帧】命令，将多余的帧删除。

9.4.3 制作第二个场景

按照 9.1 节设计说明的思想制作第二个场景，其中的细雨、水花均需要使用元件的嵌套来实现，而画面中的诗文由遮罩动画来制作。

(1) 按下 Ctrl+F8 键，创建一个新的影片剪辑元件“场景 2”，并进入该元件的编辑窗口中。

(2) 按下 Ctrl+R 键，导入本书光盘“第 9 章”文件夹中的“远景.png”文件，如图 9-16 所示。

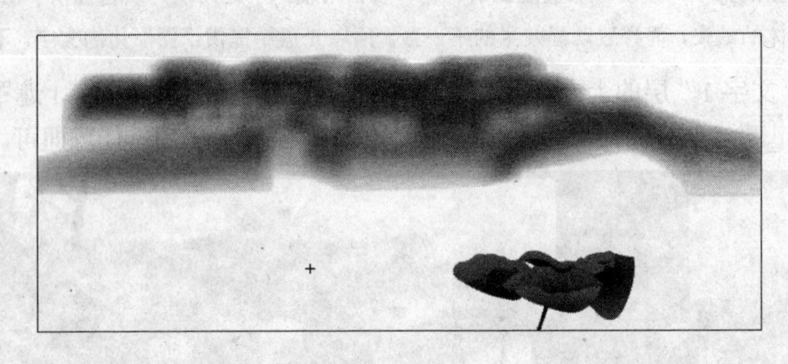

图 9-16　导入的图片“远景.png”

(3) 同样的方法，分别导入本书光盘“第 9 章”文件夹中的“小船.swf”和“荷花.png”文件，位置如图 9-17 所示。

图 9-17　导入的图片“小船.swf”和“荷花.png”

(4) 在编辑窗口中选择小船图形，按下 F8 键将其转换为影片剪辑元件“船”，然后双击该元件进入其编辑窗口中。

(5) 分别在“图层 1”的第 15 和 37 帧处插入关键帧，然后选择第 15 帧处的小船，将其垂直向下稍微移动一下。

(6) 分别在“图层 1”的第 1～15 帧、第 15～37 帧之间创建传统补间动画。

(7) 单击舞台上方的 场景 1 按钮，返回到舞台中。

(8) 在【时间轴】面板中“文字 1 遮罩”层的上方创建一个新图层，并重新命名为“场景 2”，然后选择该层的第 283 帧，按下 F6 键插入关键帧。

(9) 打开【库】面板，将“场景 2”元件从【库】面板中拖入到舞台中，并调整其位置如图 9-18 所示。

(10) 选择“场景 2”层的第 358 帧，按下 F6 键插入关键帧，然后将该帧处的“场景 2”实例向左水平移动，位置如图 9-19 所示。

图 9-18　调整“场景 2”实例的位置

图 9-19　向左水平移动“场景 2”实例的位置

(11) 在“场景 2”层的 283 帧上单击鼠标右键，在弹出的快捷菜单中选择【创建传统补间】命令，创建传统补间动画。

下面制作细雨朦朦的动画效果。首先制作雨滴落入水面后的水花效果，因此要先创建一个元件，为了便于读者观察，暂时将动画的背景调整为黑色。

(12) 按下 Ctrl+F8 键，创建一个名称为“水花”的影片剪辑元件，并进入其编辑窗口中。

(13) 选择工具箱中的“椭圆工具”，在【属性】面板中设置笔触颜色为无色、填充颜色为白色、Alpha 值为 30%，在窗口中绘制一个如图 9-20 所示的图形。

图 9-20　绘制的图形

绘制这个图形时并不是一步完成的，可以利用图形对象自由融合的特点进行绘制。即绘制两个椭圆形进行重叠，然后再删除其中一个，则得到未重合部分。

(14) 选择绘制的图形，按下 F8 键将其转换为图形元件“水波”，然后使用“任意变形工具”或者【变形】面板将“水波”实例等比例缩小到 43%。

(15) 分别在“图层 1”的第 21 和 46 帧处插入关键帧。

(16) 在编辑窗口中选择第 21 帧处的“水波”实例，将其等比例放大到 93%。

(17) 用同样的方法，选择第 46 帧处的“水波”实例，将其等比例放大到 137%，并在【属性】面板中设置其 Alpha 值为 0%。

(18) 在【时间轴】面板中，分别在第 1～21 帧、第 21～46 帧之间创建传统补间动画。

(19) 在“图层 1”的上方创建一个新图层“图层 2”，在第 10 帧处插入关键帧，然后将“水波”元件从【库】面板中拖入到窗口中，将其等比例缩小到 55%，位置如图 9-21 所示。

(20) 分别在“图层 2”的第 21 和 42 帧处插入关键帧。然后选择第 21 帧处的“水波”实例，将其等比例放大到 80%，位置如图 9-22 所示。

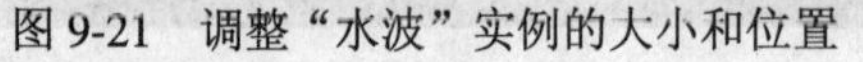

图 9-21　调整“水波”实例的大小和位置　　　　图 9-22　放大“水波”实例

(21) 再选择第 42 帧处的“水波”实例，将其等比例放大到 146%，并在【属性】面板中设置其 Alpha 值为 0%。

(22) 分别在“图层 2”的第 10～21 帧、第 21～42 帧之间创建传统补间动画，则“水花”元件的【时间轴】面板如图 9-23 所示。

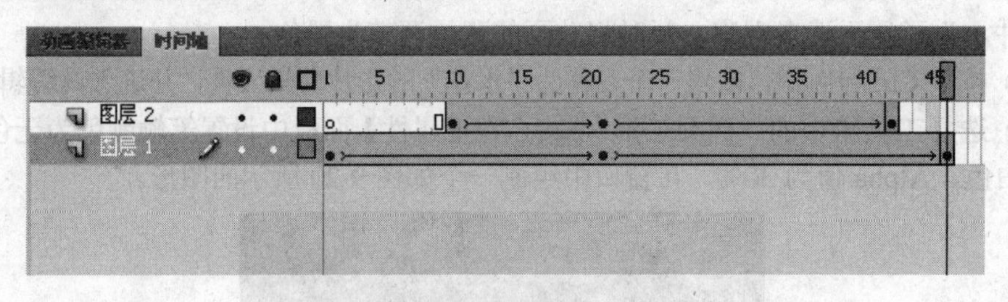

图 9-23　【时间轴】面板

(23) 单击舞台上方的 场景 1 按钮，返回到舞台中，并将舞台的背景颜色重新调整为白色。

(24) 在【时间轴】面板中“场景 2”层的上方创建一个新图层，重新命名为“水花”，并在第 283 帧处插入关键帧。

(25) 将“水花”元件从【库】面板中拖动到舞台中，然后再复制一个，分别调整它们的大小和位置，以得到更加逼真的水纹效果，如图 9-24 所示。

图 9-24　调整“水花”实例的大小和位置

下面再制作下雨的动画效果。为了便于读者观察，暂时将动画的背景调整为黑色，完成元件的制作以后，再调整为白色。

(26) 按下 Ctrl+F8 键，创建一个新的影片剪辑元件“下雨”，并进入该元件的编辑窗口中。

(27) 选择工具箱中的“刷子工具”，在【属性】面板中设置填充颜色为白色、Alpha 值为 16%，然后在编辑窗口中绘制若干细线作为雨滴，如图 9-25 所示。

(28) 在“图层 1”的第 5 帧处插入关键帧，删除部分细线，并对其它的细线略作调整，如图 9-26 所示。

图 9-25　绘制的雨滴图形

图 9-26　调整后的雨滴图形

(29) 在【时间轴】面板中选择“图层 1”的第 8 帧，按下 F5 键插入普通帧。

(30) 单击舞台上方的 场景 1 按钮，返回到舞台中，并将舞台的背景颜色重新调整为白色。

(31) 在【时间轴】面板中“水花”层的上方创建一个新图层“下雨”，并在第 283 帧处插入关键帧。

(32) 将“下雨”元件从【库】面板中拖入到舞台中，调整其位置如图 9-27 所示。

(33) 在“下雨”层的上方创建一个新图层“文字 2”，并在第 283 帧处插入关键帧。

(34) 按下 Ctrl+R 键，导入本书光盘“第 9 章”文件夹中的“文字 2.swf”文件，并调整其位置如图 9-28 所示。

图 9-27　调整“下雨”实例的位置

图 9-28　导入的图片“文字 2.swf”

(35) 在“文字 2”层的上方创建一个新图层，重新命名为“文字 2 遮罩”层，并在第 283 帧处插入关键帧，然后运用“矩形工具”绘制一个矩形，颜色任意，如图 9-29 所示。

(36) 在“文字 2 遮罩”层的第 442 帧处插入关键帧，水平向右移动矩形，使其将文字全部覆盖住，如图 9-30 所示。

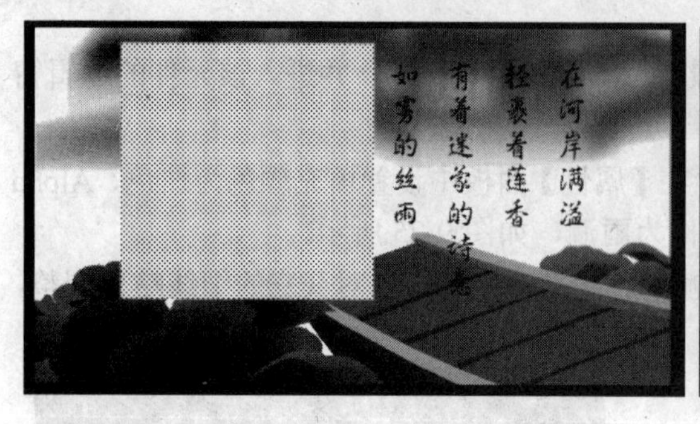

图 9-29　绘制的矩形

图 9-30　水平向右移动矩形的位置

(37) 在“文字 2 遮罩”层的第 283 帧上单击鼠标右键，在弹出的快捷菜单中选择【创建补间形状】命令，创建形状补间动画。

(38) 在“文字 2 遮罩”层上单击鼠标右键，在弹出的快捷菜单中选择【遮罩层】命令，将该层转换为遮罩层，从而创建遮罩动画。

(39) 在【时间轴】面板中同时选择“场景 2”层、“水花”层、“下雨”层、“文字 2”层和“文字 2 遮罩”层的第 495 帧以后的所有帧，单击鼠标右键，在弹出的快捷菜单中选择【删除帧】命令，将其全部删除。

9.4.4　制作第三个场景

按照 9.1 节设计说明的思想制作第三个场景，诗文由遮罩动画制作，主题字“端午”由逐帧动画制作。

(1) 在【时间轴】面板中“文字 2 遮罩”层的上方创建一个新图层“场景 3”，并在该层的第 494 帧处插入关键帧。

(2) 按下 Ctrl+R 键，导入本书光盘“第 9 章”文件夹中的“粽子.jpg”文件，调整其位置如图 9-31 所示。

图 9-31　导入的图片“粽子.jpg”

(3) 在“场景 3”层的上方创建一个新图层“文字 3”层，并在该层的第 494 帧处插入关键帧，然后导入本书光盘“第 9 章”文件夹中的“文字 3.swf”文件，调整其位置如图 9-32 所示。

图 9-32 导入的图片“文字 3.swf”

(4) 在“文字 3”层的上方再创建一个新图层“文字 3 遮罩”层，并在该层的第 494 帧处插入关键帧，再运用“矩形工具”绘制一个矩形，颜色任意，位置如图 9-33 所示。

图 9-33 绘制的矩形

(5) 在“文字 3 遮罩”层的第 584 帧处插入关键帧，并水平向右移动矩形，使其将文字全部覆盖住，如图 9-34 所示。

图 9-34 水平向右移动矩形的位置

(6) 在“文字 3 遮罩”层的第 494 帧上单击鼠标右键，在弹出的快捷菜单中选择【创建补间形状】命令，创建形状补间动画。

(7) 在“文字 3 遮罩”层上单击鼠标右键，在弹出的快捷菜单中选择【遮罩层】命令，将该层转换为遮罩层，从而创建遮罩动画。

(8) 在“文字 3 遮罩”层的上方创建一个新图层并命名为“分隔线”，并在第 564 帧处插入关键帧，使用“线条工具”在舞台中绘制一条垂直的黑色竖线，如图 9-35 所示。

图 9-35　绘制的竖线

(9) 选择刚绘制的竖线，按下 F8 键将其转换为图形元件“分隔线”。

(10) 在“分隔线”层的第 584 帧处插入关键帧，然后在舞台中选择第 564 帧处的实例，在【属性】面板中设置其 Alpha 值为 0%。

(11) 在“分隔线”层的第 564～584 帧之间创建传统补间动画。

(12) 在“分隔线”层的上方创建一个新图层“文字 4”，并在该层的第 584 帧处插入关键帧，然后按下 Ctrl+R 键，导入本书光盘“第 9 章”文件夹中的“文字 4.swf”文件，将其调整到竖线的左侧，如图 9-36 所示。

图 9-36　导入的图片“文字 4.swf”

(13) 在“文字 4”层的上方创建一个新图层，重新命名为“文字 4 遮罩”层，并在该层的第 584 帧处插入关键帧。

(14) 从第 584 帧开始，每间隔两帧插入一个关键帧，然后运用“刷子工具”沿着文字“端午”的书写顺序，逐步进行涂抹，直到将文字全部覆盖，【时间轴】面板如图 9-37 所示。

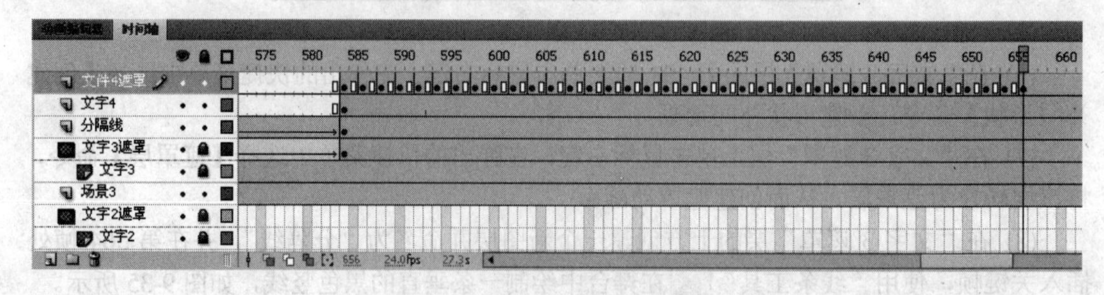

图 9-37　【时间轴】面板

(15) 在“文字 4 遮罩”层上单击鼠标右键，在弹出的快捷菜单中选择【遮罩层】命令，创建遮罩动画，从而制作书写文字的动画效果。

(16) 按下 Ctrl+F8 键，创建一个名称为“热气”的影片剪辑元件，并进入其编辑窗口中。

(17) 按下 Ctrl+R 键，导入本书光盘“第 9 章”文件夹中的“烟雾.swf”文件。

(18) 单击舞台上方的 场景 1 按钮，返回到舞台中。

(19) 在“文字 4 遮罩”层的上方创建一个新图层“热气”，并在第 506 帧处插入关键帧。

(20) 将“热气”元件从【库】面板中拖入到舞台中，放置到粽子上，然后再复制几个实例，分别调整它们的大小，如图 9-38 所示。

图 9-38 调整“热气”实例的大小和位置

9.4.5 制作转场、按钮及其它

由于该动画设计了三个场景画面，为了使不同场景之间的过渡更具视觉效果，需要在不同场景之间设计转场特效。本例将采用淡入淡出的效果，同时还将为动画添加背景音乐与“重播”按钮。

(1) 在“热气”层的上方创建一个新图层，重新命名为“转场”。

(2) 选择工具箱中的“矩形工具”，在【属性】面板中设置笔触颜色为无色、填充颜色为白色，绘制一个矩形，其大小以遮住舞台为准，如图 9-39 所示。

图 9-39 绘制的矩形

(3) 在舞台中选择绘制的矩形，按下 F8 键将其转换为图形元件“白色块”。

(4) 在“转场”层的第 25 帧处插入关键帧，选择该帧中的“白色块”实例，在【属性】面板中设置参数如图 9-40 所示。

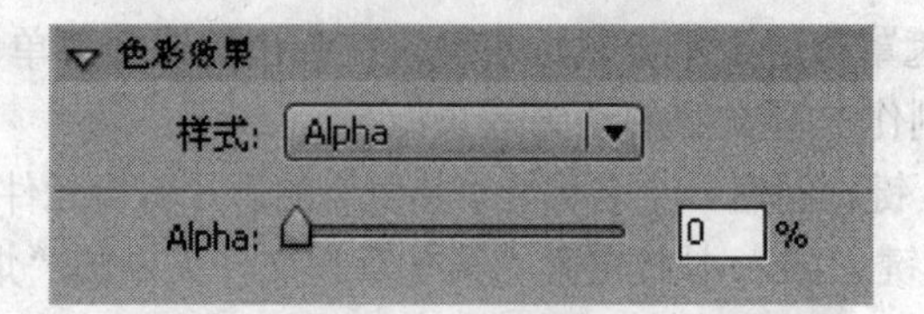

图 9-40 “白色块”实例的参数(第 25 帧处)

(5) 在“转场”层的第 1～25 帧之间创建传统补间动画。

(6) 在“转场”层的第 265、282 和 283 帧处分别插入关键帧，然后选择第 282 帧处的“白色块”实例，在【属性】面板中设置参数如图 9-41 所示。

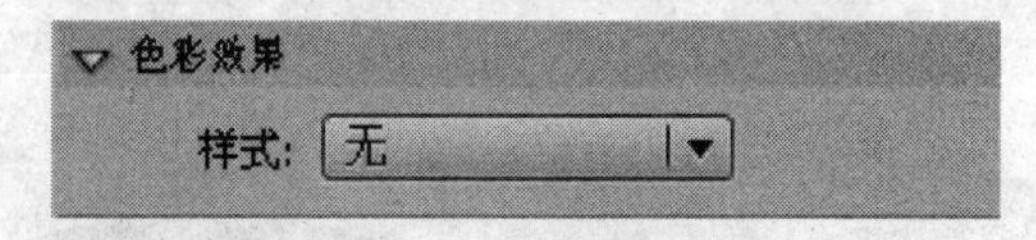

图 9-41 “白色块”实例的参数(第 282 帧处)

(7) 在“转场”层的第 265～282 帧之间创建传统补间动画。

(8) 在“转场”层的第 481、494 和 506 帧处插入关键帧，然后选择第 494 帧处的“白色块”实例，在【属性】面板中设置参数如图 9-42 所示。

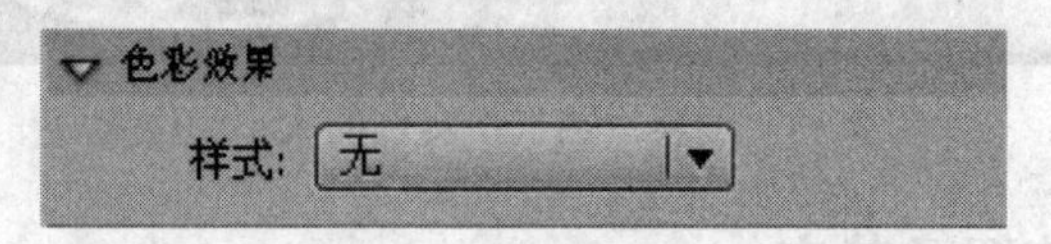

图 9-42 “白色块”实例的参数(第 494 帧处)

(9) 分别在“转场”层的第 481～494 帧、第 494～506 帧之间创建传统补间动画，然后将第 507 帧后的所有帧删除。

(10) 按下 Ctrl+F8 键，创建一个新的按钮元件，名称为“重播”，并进入该元件的编辑窗口中。

(11) 按下 Ctrl+R 键，导入本书光盘“第 9 章”文件夹中的“文字 5.swf”文件，如图 9-43 所示。

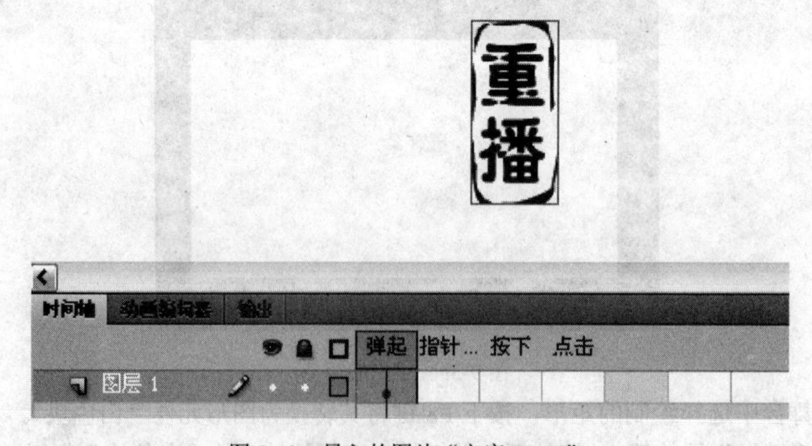

图 9-43 导入的图片“文字 5.swf”

(12) 分别在“指针经过”帧和“按下”帧处插入关键帧。

(13) 选择“指针经过”帧处的图形，按下 Ctrl+B 键将其分离，然后运用“任意变形工具”将图形略微放大，并更改图形颜色为红色(#FF0000)，如图 9-44 所示。

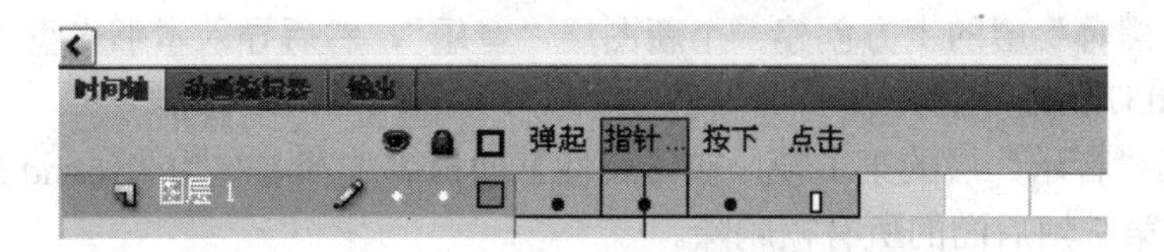

图 9-44　更改图形的大小及颜色

(14) 在“图层 1”的上方创建一个新图层“图层 2”，在“点击”帧处插入关键帧，并运用“矩形工具”绘制一个矩形，颜色任意，使其覆盖住文字，如图 9-45 所示。

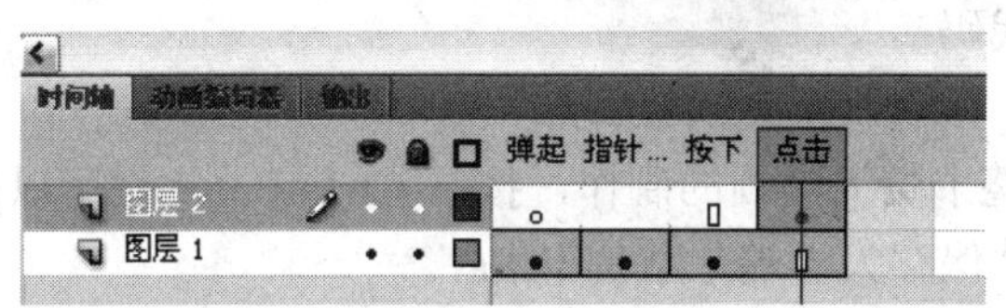

图 9-45　绘制的矩形

(15) 单击舞台上方的 场景 1 按钮，返回到舞台中。

(16) 在“转场”层的上方创建一个新图层“按钮”，并在第 606 帧处插入关键帧，将“重播”按钮元件从【库】面板中拖入到舞台中，其位置如图 9-46 所示。

图 9-46　调整“重播”按钮实例的位置

(17) 在“按钮”层的第 631 帧处插入关键帧，然后选择第 606 帧处的“重播”按钮实例，在【属性】面板中设置其 Alpha 值为 0%。

(18) 在“按钮”层的第 606～631 帧之间创建传统补间动画。

(19) 选择第 631 帧处的“重播”按钮实例，按下 F9 键，在打开的【动作】面板中输入如下代码：

```
on(release)
{
    gotoAndPlay(1);
}
```

(20) 在“黑幕”层的上方创建一个新图层“音乐”，然后导入本书光盘“第 9 章”文件夹中的“sound57.mp3”文件。

(21) 选择“音乐”层的第 1 帧，在【属性】面板中选择名称为“sound 57”，如图 9-47 所示，然后将第 2 帧后面的所有帧删除。

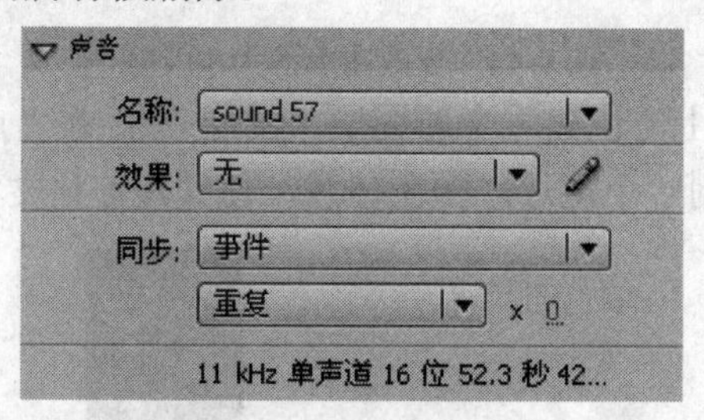

图 9-47　【属性】面板

(22) 在“音乐”层的上方创建一个新图层“代码”，并在第 672 帧处插入关键帧，在【动作】面板中输入如下代码：

```
stop();
```

(23) 至此完成了整个贺卡动画的制作，按下 Ctrl+Enter 键可以测试动画效果。如果不需要再修改，则将文件保存为“端午节贺卡.fla”。

本章小结

电子贺卡是网络技术与 Flash 技术发展的必然产物，它经济实惠、动感十足，深受人们喜爱，在一定程度上替代了传统的贺卡形式。本章中的电子贺卡比较简单，但是它基本体现了一个综合 Flash 案例的制作流程，涵盖的知识点也比较广泛，对帮助读者巩固前面章节中学习的知识点有很大的帮助。

通过这个实例，读者也可以了解到贺卡动画的基本制作流程，制作相同类型的动画时会起到一定的指导作用。

第 10 章　综合实例——某公司网站片头

本章内容

- 设计说明
- 制作要点
- 效果展示
- 实现过程
- 本章小结

在互联网上，纯粹的 Flash 网站越来越多。它比其它类型的网站更具有动感与艺术性，因此，这种类型的网站多为个人网站或艺术(如美术、设计、音乐等)网站。Flash 虽然主要用于制作网页动画，但是随着其交互性的增强，它在网站建设与多媒体制作方面也有广泛的应用。使用 Flash 制作网站相对繁琐一些，但是它打破了以往静止、呆板的网页页面，以流式动画的形式让网页更加丰富多彩。

现在各公司对于网站的质量要求越来越高，即使是一个普通的网站，也要求在网站的开始加上一个 Flash 片头，以加深浏览者的印象。本章将学习如何用 Flash 来制作网站片头。

10.1　设计说明

网站的设计或网站片头的设计一定要体现公司的经营理念、行业特点以及主导产品等，贝尔国际经贸(香港)发展有限公司是一个新成立的贸易公司，公司以全面而高效的工作方式为客户提供服务。

在设计本例的网站片头动画时，紧扣行业特点，动画节奏整体较快，突出一种高效、快捷的服务理念，并通过视野开阔的商务场面，从设计、管理、服务三个方面体现公司的国际性。同时以蓝色为主调，结合基本图形的动画，突出公司的科技性，最后定格在公司的 LOGO 图形上，从而加强网站浏览者对公司的了解与认知。

10.2　制作要点

本例虽然是一个网站的片头动画，但是其复杂程度很高，需要借助 30 多个图层才能完成。根据设计要求，可以将制作过程分为几个小动画进行制作。

(1) 制作预载动画。由于 Flash 在网络上是下载一帧播放一帧，如果某一帧中的内容太多(如声音、元件过多等)时，载入该帧时将需要较长的时间，可能出现动画停顿现象。为解决这一问题，可在下载的过程中让画面一直显示公司的 LOGO。本例中使用 ActionScript 2.0 编写代码。

(2) 制作文字动画。文字动画可增强动感，让浏览者获取一定的公司信息。该动画可使用传统补间动画制作。

(3) 以六边形的组合来体现第一个场景的动画效果，有扫光、闪动、淡入淡出等效果，主要运用影片剪辑元件、逐帧动画、传统补间动画技术完成。

(4) 第二、三场景的动画分别由三角形的组合、正方形的组合为表现形式，动画效果与制作技术与第一场相同，只是画面不同。

(5) 片头动画最后定格在公司的 LOGO 上，动画效果也比较简单，使用传统补间动画技术完成。

(6) 最后为整个动画配以快节奏的音效，并设置合理的属性，使其循环播放。

10.3　效果展示

本例片头动画的视觉冲击较好，设计也比较合理，下面截取几帧关键画面，如图 10-1 所示。整体效果可以通过播放本书光盘“第 10 章”文件夹中的“网站片头.swf”文件进行观看。

图 10-1　动画的部分画面

10.4 实现过程

在本例的制作过中，我们采取了化整为零、化大为小的方法，将整个动画分为几大模块分别进行制作，这样可以避免无从下手的感觉，使工作变得简单。

10.4.1 制作预载动画

对于 Flash 整站或者网络上的片头动画而言，为了避免产生断断续续的播放效果，往往都要制作一段预载动画。在下载完全部动画之前，一直播放预载动画，以免让浏览者产生长时间等待的心理。

(1) 启动 Flash CS4 软件，在欢迎画面中单击【Flash 文件(ActionScript 2.0)】选项，创建一个新文档。

(2) 按下 Ctrl+J 键，在文档属性对话框中设置尺寸为 700×540 像素、背景颜色为灰色(#EBEBEB)、帧频为 30 fps。

(3) 按下 Ctrl+F8 键，创建一个新的影片剪辑元件“logomovie”，并进入其编辑窗口中。

(4) 按下 Ctrl+R 键，导入本书光盘“第 10 章”文件夹中的“001.swf”文件，如图 10-2 所示。

(5) 在【时间轴】面板中选择“图层 1”的第 81 帧，按下 F5 键插入普通帧。

(6) 在“图层 1”的上方创建一个新图层“图层 2”，然后运用“椭圆工具”在窗口中绘制一个圆形。圆形的大小要大于“图层 1”中导入的图形，并覆盖在其上面，如图 10-3 所示。

图 10-2　导入的图片“001.swf”

图 10-3　绘制的圆形

(7) 在窗口中选择刚绘制的圆形，按下 F8 键将其转换为图形元件“mask1”。

(8) 在【时间轴】面板中同时选择“图层 2”的第 74～81 帧，按下 F6 键插入关键帧。

(9) 分别选择“图层 2”中第 74、76、78 和 80 帧处的“mask1”实例，在编辑窗口中调整其位置，使其不要覆盖“图层 1”中的图形，如图 10-4 所示。

图 10-4　调整“mask1”实例的位置

(10) 在“图层 2”上单击鼠标右键，在弹出的快捷菜单中选择【遮罩层】命令，将该层转换为遮罩层，从而创建遮罩动画。

(11) 在“图层 2”的上方创建一个新图层“图层 3”，选择工具箱中的“文本工具”，在编辑窗口中输入文字“Loading Please Wait……”，设置文字颜色为黑色，字体随意，如图 10-5 所示。

图 10-5　输入的文字

(12) 在“图层 3”的上方创建一个新图层“图层 4”，然后选择工具箱中的“矩形工具”，在【属性】面板中设置笔触颜色为无色、填充颜色为黑色，然后在编辑窗口中文字的下方绘制一个矩形，如图 10-6 所示。

图 10-6　绘制的矩形

(13) 按下 Shift+F9 键打开【颜色】面板，在【颜色】面板中按下 按钮，设置类型为“线性”，然后设置左侧色标为浅灰色(#EFEBEF)、中间色标为深灰色(#7E7E7E)、右侧色标为浅灰色(#EFEBEF)，如图 10-7 所示。

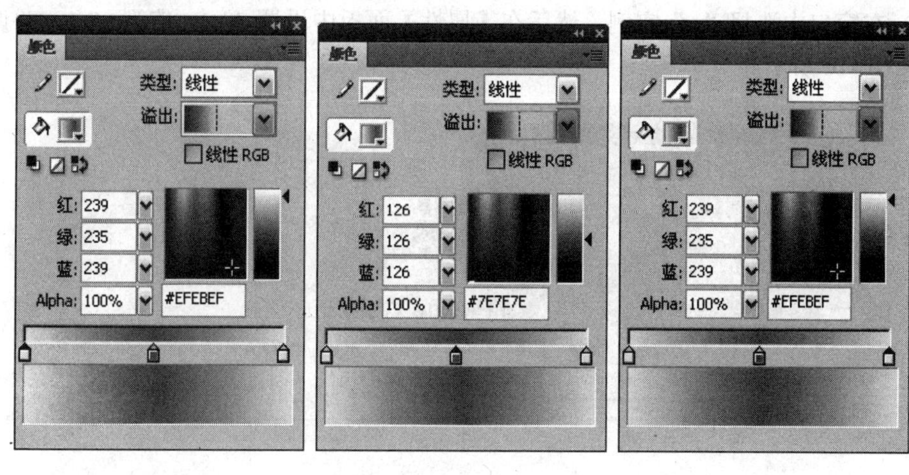

图 10-7 【颜色】面板

(14) 选择工具箱中的“颜料桶工具” ，在矩形中由左向右水平拖拽鼠标，填充编辑的渐变色，结果如图 10-8 所示。

图 10-8　填充效果

(15) 在编辑窗口中选择编辑后的矩形，按下 F8 键将其转换为图形元件“x”。

(16) 按下 Ctrl+T 键打开【变形】面板，修改“x”实例的高度为 1.2%，如图 10-9 所示。

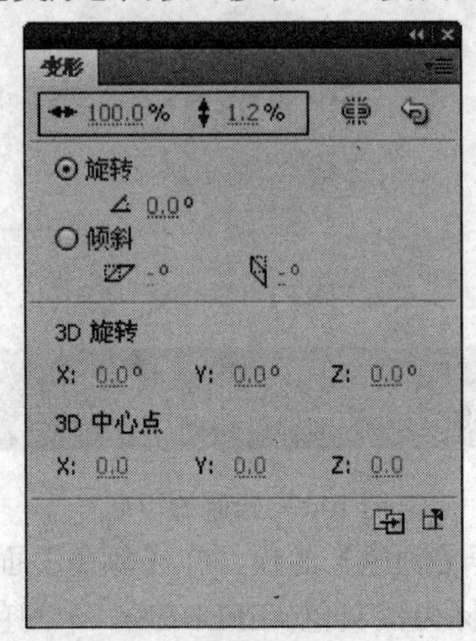

图 10-9 【变形】面板

(17) 在窗口中选择“x”实例，然后在【属性】面板中设置 Alpha 值为 80%，并调整其位置如图 10-10 所示。

图 10-10 调整“x”实例的位置

(18) 分别选择“图层 4”的第 25 帧和第 50 帧，按下 F6 键插入关键帧。

(19) 在编辑窗口中选择第 25 帧处的“x”实例，调整其位置如图 10-11 所示。

图 10-11 调整“x”实例的位置(“图层 4”第 25 帧处)

(20) 分别在“图层 4”的第 1～25 帧、第 25～50 帧之间创建传统补间动画。

(21) 在【时间轴】面板中选择“图层 4”第 51 帧以后的所有帧，单击鼠标右键，在弹出的快捷菜单中选择【删除帧】命令，将其删除。

(22) 在【时间轴】面板中选择“图层 4”的第 1～50 帧，单击鼠标右键，在弹出的快捷菜单中选择【复制帧】命令，复制选择的帧。

(23) 在“图层 4”的上方创建一个新图层“图层 5”，然后选择该层的第 1～50 帧，单击鼠标右键，在弹出的快捷菜单中选择【粘贴帧】命令，粘贴复制的帧，并将“图层 5”第 51 帧以后的所有帧删除。

(24) 分别选择“图层 5”第 1 和 50 帧处的“x”实例，将其调到标志图形的上方，位置如图 10-12 所示。

图 10-12　调整“x”实例的位置(“图层 5”第 1 和 50 帧处)

(25) 再选择“图层 5”第 25 帧处的“x”实例，将其调到标志图形的下方，位置如图 10-13 所示。

图 10-13　调整“x”实例的位置(“图层 5”第 25 帧处)

(26) 用同样的方法，分别制作出“图层 6”、“图层 7”和“图层 8”中的动画，其中的“x”实例要随机调整位置，如图 10-14 所示。

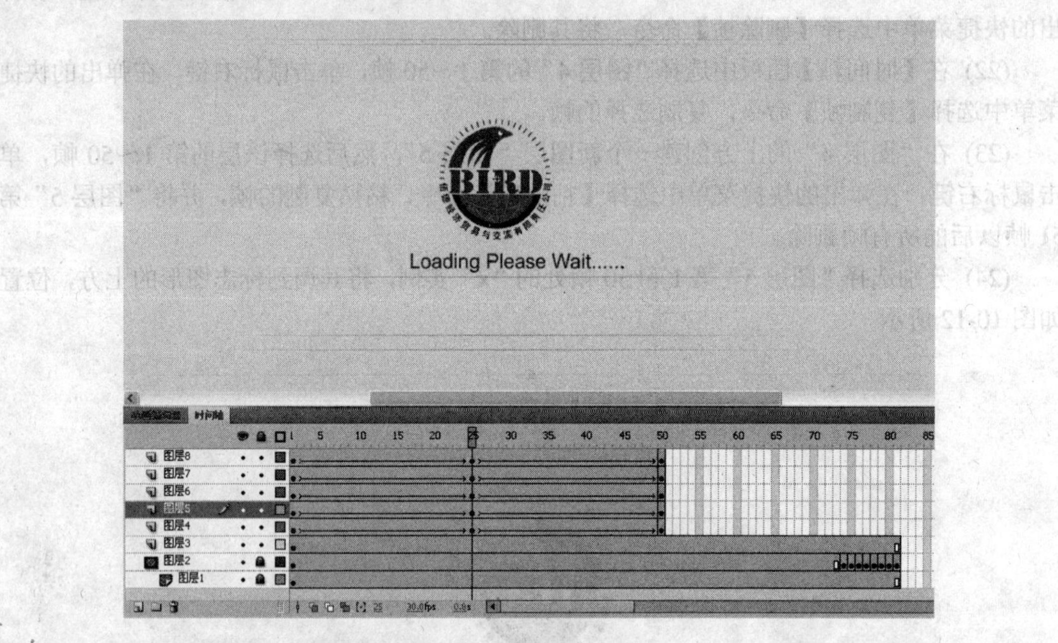

图 10-14　编辑后的动画

(27) 单击舞台上方的 场景 1 按钮，返回到舞台中。

(28) 按下 Ctrl+L 键打开【库】面板，将“logomovie”元件从【库】面板中拖拽到舞台的中间位置，如图 10-15 所示。

图 10-15　调整“logomovie”实例的位置

(29) 在【时间轴】面板中更改“图层 1”的名称为“预载”，并在第 2、3 和 9 帧处插入关键帧。

(30) 选择“预载”层的第 2 帧，按下 F9 键，在打开的【动作】面板中输入如下代码：

```
gotoAndPlay(1);
ifFrameLoaded(650)
{
    gotoAndPlay(3);
}
```

(31) 在舞台中选择“预载”层第 9 帧处的“logomovie”实例，在【属性】面板中设置 Alpha 值为 0%。

(32) 在“预载”层的第 3～9 帧之间单击鼠标右键，在弹出的快捷菜单中选择【创建传统补间】命令，创建传统补间动画。

10.4.2　制作文字动画

为了增强视觉效果，本例中使用两个矩形的开合动画配合文字动画，使其更加生动。在制作这部分动画时，承接了上面的预载动画。在制作技术上，主要使用了元件的实例属性、传统补间动画以及缓动效果。

(1) 在“预载”层的上方创建一个新图层，并重新命名为“上帘”，选择该层的第 9 帧，按下 F7 键插入空白关键帧。

(2) 选择工具箱中的“矩形工具”，在【属性】面板中设置笔触颜色为黑色、填充颜色为灰色(#EBEBEB)，然后在舞台中绘制一个矩形，并删除矩形的左右轮廓线，其大小与位置如图 10-16 所示。

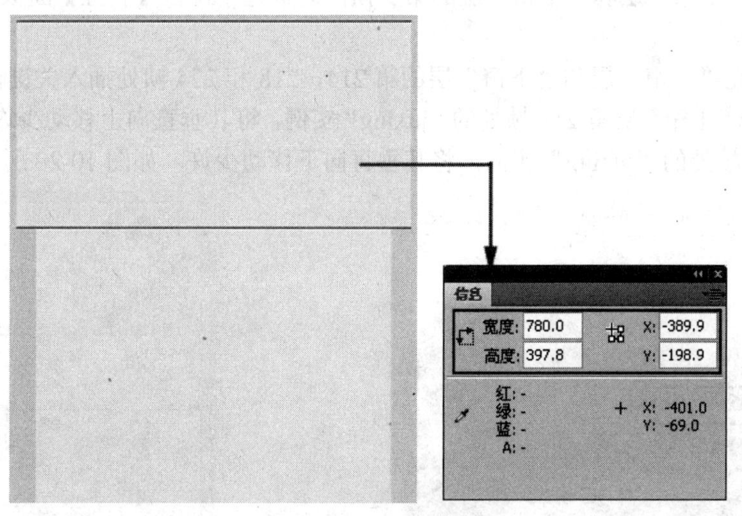

图 10-16　绘制的矩形

(3) 双击处理后的矩形将其选择，按下 F8 键将其转换为图形元件“juxing”。

(4) 在“上帘”层的上方创建一个新图层，并重新命名为“下帘”，选择该层的第 9 帧，按下 F7 键插入空白关键帧。

(5) 按下 Ctrl+L 键打开【库】面板，将“juxing”元件从【库】面板中拖动到舞台中，位置如图 10-17 所示。

(6) 在【时间轴】面板中同时选择“上帘”层和“下帘”层的第 23 帧，按下 F6 键插入关键帧，然后分别调整“juxing”实例的位置如图 10-18 所示。

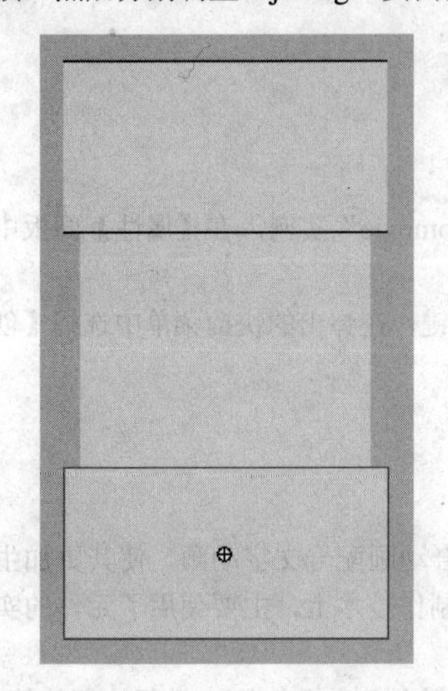

图 10-17　调整“juxing”实例的位置

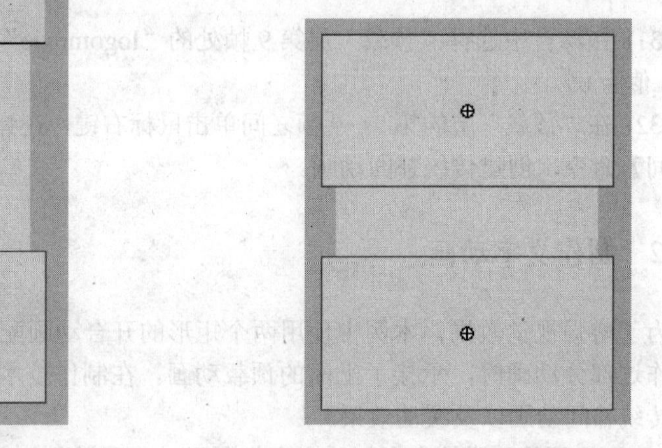

图 10-18　调整“juxing”实例的位置
(“上帘”和“下帘”层第 23 帧处)

(7) 同时选择“上帘”层和“下帘”层的第 9 帧，单击鼠标右键，在弹出的快捷菜单中选择【创建传统补间】命令，创建传统补间动画。

(8) 确保“上帘”层和“下帘”层的第 9 帧同时被选中，在【属性】面板中设置参数如图 10-19 所示。

(9) 分别在“上帘”层和“下帘”层的第 214、218 和 234 帧处插入关键帧。

(10) 选择“上帘”层第 218 帧处的“juxing”实例，将其垂直向上移动少许；再选择“下帘”层第 218 帧处的“juxing”实例，将其垂直向下移动少许，如图 10-20 所示。

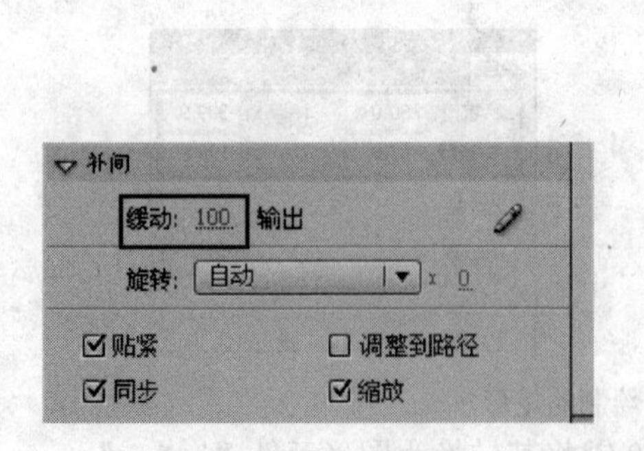

图 10-19 【属性】面板

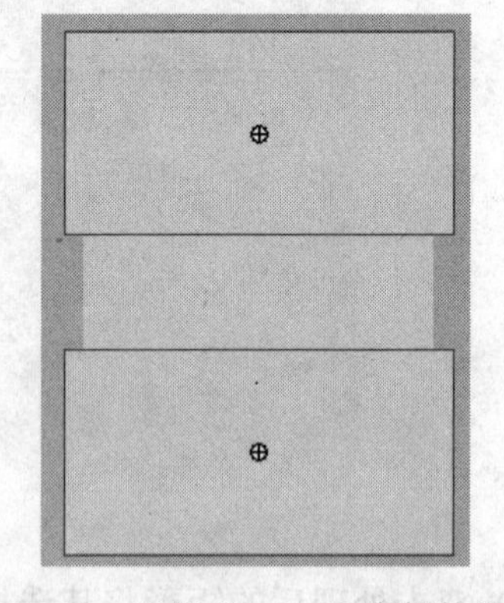

图 10-20　调整“juxing”实例的位置
(“上帘”和“下帘”层第 218 帧处)

(11) 选择“上帘”层第 234 帧处的“juxing”实例，将其垂直向下移动；再选择“下帘”层第 234 帧处的“juxing”实例，将其垂直向上移动，使两者对齐，如图 10-21 所示。

(12) 分别在“上帘”层和“下帘”层的第 214～218 帧、第 218～234 帧之间创建传统补间动画。

(13) 同时选择“上帘”层与“下帘”层的第 214 帧，在【属性】面板中设置缓动值为 100；再选择这两层的第 218 帧，在【属性】面板中设置缓动值为 –100。

(14) 分别在“上帘”层与“下帘”层的第 274 和 286 帧处插入关键帧。然后将“上帘”层第 286 帧处的“juxing”实例向上调整，将“下帘”层第 286 帧处的“juxing”实例向下调整，位置如图 10-22 所示。

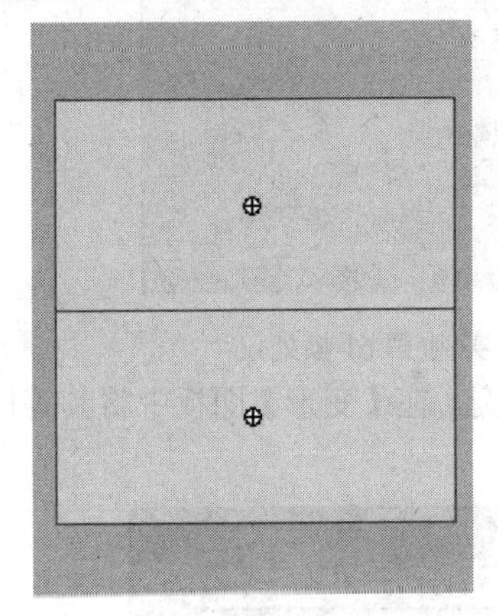

图 10-21　对齐实例

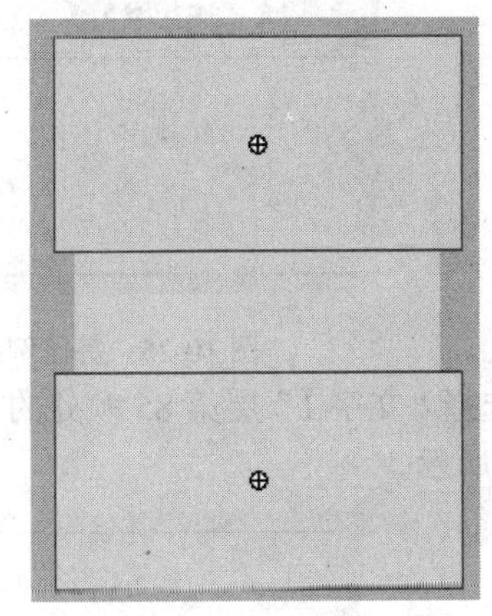

图 10-22　调整“juxing”实例的位置（“上帘”和“下帘”层第 286 帧处）

(15) 分别在“上帘”层与“下帘”层的第 274～286 帧之间创建传统补间动画。

(16) 在“下帘”层的上方创建一个新图层，并重新命名为“文字 1”，然后在该层第 40 帧处插入关键帧。

(17) 选择工具箱中的“文本工具” T，在舞台中输入文字“CHINA”，然后选择输入的文字，在【属性】面板中设置文字的属性，如图 10-23 所示。

(18) 确保文字处于选择状态，按下 F8 键将其转换为图形元件“china”，调整其位置如图 10-24 所示。

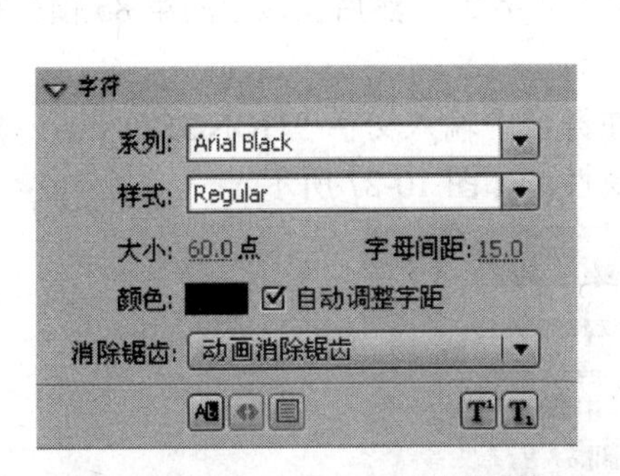

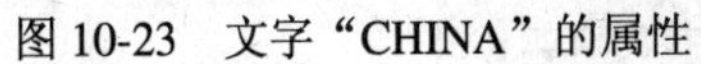

图 10-23　文字“CHINA”的属性

图 10-24　调整“china”实例的位置

(19) 在舞台中选择“china”实例，在【属性】面板中设置 Alpha 值为 0%。

(20) 分别在“文字 1”层的第 61 和 85 帧处插入关键帧，然后选择第 61 帧处的“china”

实例，在【属性】面板设置 Alpha 值为 100%，并在【变形】面板中将其等比例缩小，如图 10-25 所示。

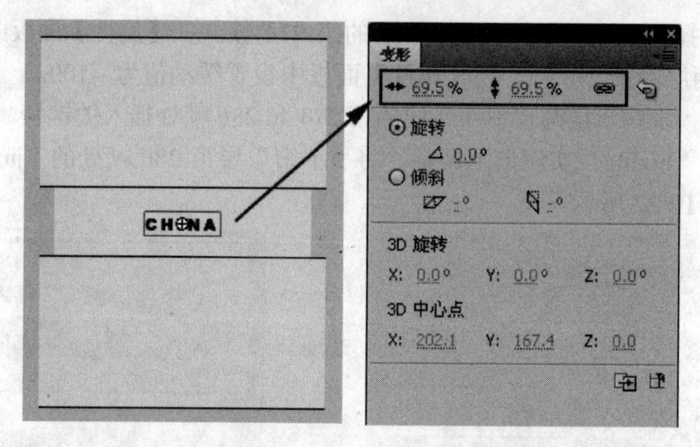

图 10-25　等比例缩小“china”实例(第 61 帧处)

(21) 选择“文字 1”层第 85 帧处的“china”实例，在【变形】面板中将其等比例缩小，如图 10-26 所示。

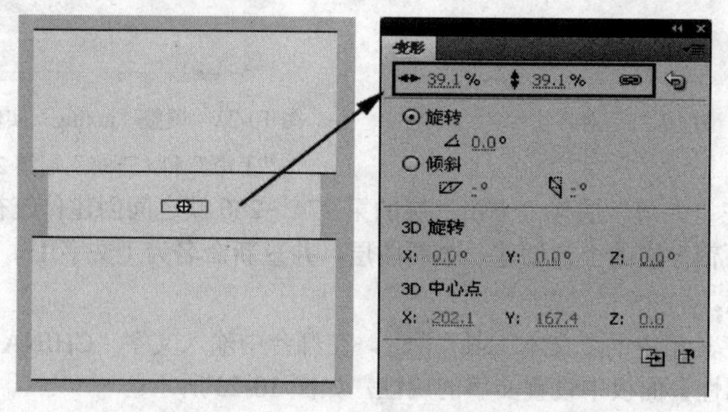

图 10-26　等比例缩小“china”实例(第 85 帧处)

(22) 分别在“文字 1”层的第 40～61 帧、第 61～85 帧之间创建传统补间动画，然后将第 86 帧以后的所有帧删除。

(23) 在“文字 1”层的上方创建一个新图层“文字 2”，然后在该层的第 85 帧处插入关键帧。

(24) 选择工具箱中的“文本工具” T ，在舞台中输入文字“HONGKONG”，然后选择输入的文字，在【属性】面板中设置文字的属性，如图 10-27 所示。

图 10-27　文字“HONGKONG”的属性

(25) 确保文字处于选择状态，按下 F8 键将其转换为图形元件“hongkong”，调整其位置如图 10-28 所示。

图 10-28 调整“hongkong”实例的位置

(26) 在舞台中选择“hongkong”实例，在【属性】面板中设置 Alpha 值为 0%。

(27) 分别在“文字 2”层的第 110 和 134 帧处插入关键帧，选择第 110 帧处的“china”实例，在【属性】面板中设置 Alpha 值为 100%，并在【变形】面板中将其等比缩小为 70%。

(28) 选择“文字 2”层第 134 帧处的“hongkong”实例，在【变形】面板中将其等比缩小为 40%。

(29) 分别在“文字 2”层的第 85～110 帧、第 110～134 帧之间创建传统补间动画，然后将第 135 帧以后的所有帧删除。

(30) 在“文字 2”层的上方创建一个新图层“文字 3”，然后在该层的第 125 帧处插入关键帧。

(31) 使用【文本工具】T 输入文字“佰德经济贸易与交流有限责任公司”，然后按下 F8 键，将其转换为图形元件“贝尔”，调整其位置如图 10-29 所示。

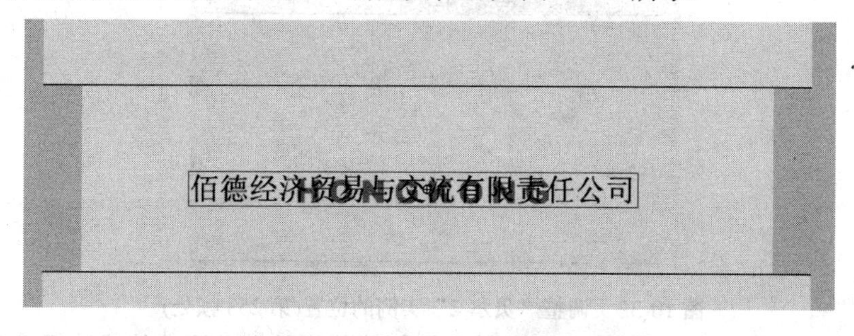

图 10-29 调整“贝尔”实例的位置

(32) 在舞台中选择“贝尔”实例，在【属性】面板中设置 Alpha 值为 0%。

(33) 分别在“文字 3”层的第 155 和 188 帧处插入关键帧，然后选择第 155 帧处的“贝尔”实例，在【属性】面板中设置 Alpha 值为 100%，并在【变形】面板中将其等比缩小为 50%；再选择第 188 帧处的“贝尔”实例，在【变形】面板中将其等比缩小为 20%。

(34) 分别在“文字 3”层的第 125～155 帧、第 155～188 帧之间创建传统补间动画，最后删除第 189 帧以后的所有帧。

(35) 在“文字 3”层的上方创建一个新图层“文字 4”，选择该层的第 234 帧，按下 F7 键插入空白关键帧。

(36) 使用“文本工具” 在舞台中输入文字“佰德经济贸易与交流有限责任公司”，并在【属性】面板中设置文字的属性，如图 10-30 所示。

(37) 选择输入的文字，按下 F8 键将其转换为图形元件“贝尔 2”，调整其位置如图 10-31 所示。

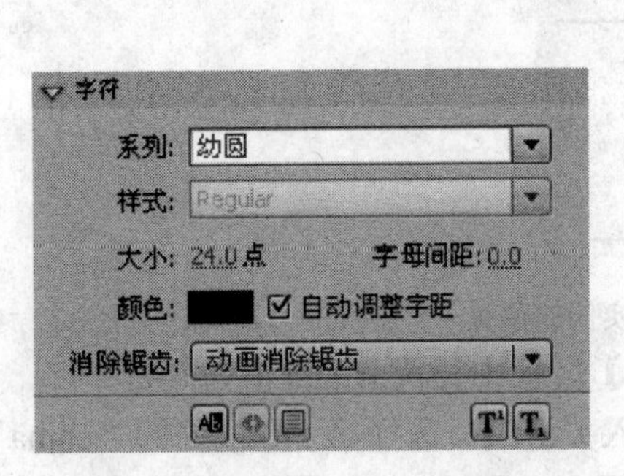

图 10-30　设置文字的属性

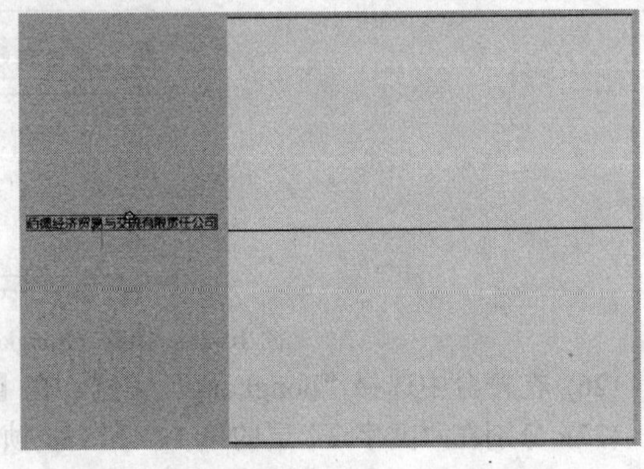

图 10-31　调整“贝尔 2”实例的位置

(38) 在“文字 4”层的第 253 帧处插入关键帧，调整该帧处“贝尔 2”实例的位置如图 10-32 所示。

图 10-32　调整“贝尔 2”实例的位置(第 253 帧处)

(39) 在“文字 4”层的第 234～253 帧之间创建传统补间动画，然后选择第 234 帧，在【属性】面板中设置缓动值为 100。

(40) 分别在“文字 4”层的第 286 和 289 帧处插入关键帧，然后选择第 289 帧处的“贝尔 2”实例，在【属性】面板中设置 Alpha 值为 0%。

(41) 在“文字 4”层的第 286～289 帧之间创建传统补间动画，并删除第 290 帧以后的所有帧。

(42) 在“文字 4”层的上方创建一个新图层“文字 5”，选择该层的第 244 帧，按下 F7

键插入空白关键帧。

(43) 使用“文本工具” 在舞台中输入文字“BIRD INTERNATIONAL ECONOMY& TRADING DEVELOPMENT（CHINA）CO.,LTD”，并在【属性】面板中设置文字的属性，如图 10-33 所示。

(44) 选择输入的英文文字，按下 F8 键将其转换为图形元件“e”，调整其位置如图 10-34 所示。

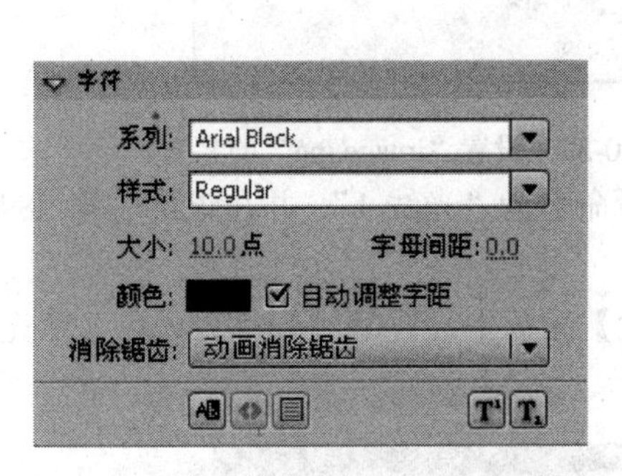

图 10-33　设置英文字母的属性

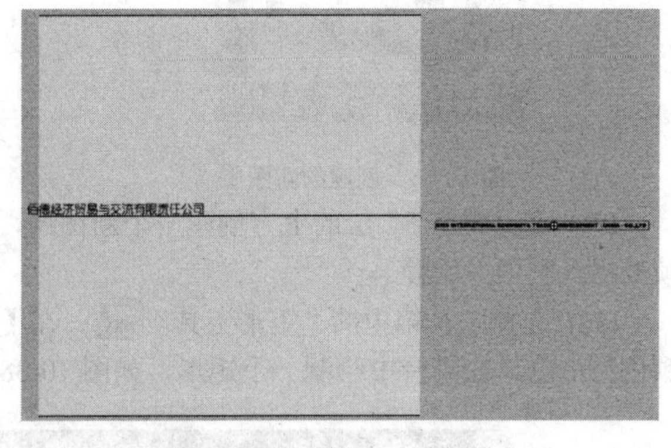

图 10-34　调整“e”实例的位置

(45) 在“文字 5”层的第 262 帧处插入关键帧，调整该帧处实例的位置如图 10-35 所示。

图 10-35　调整“e”实例的位置(第 262 帧处)

(46) 在“文字 5”层的第 244～262 帧之间创建传统补间动画，并选择第 244 帧，在【属性】面板中设置缓动值为 100。

(47) 分别在“文字 5”层的第 293 和 296 帧处插入关键帧，并选择第 296 帧处的“e”实例，在【属性】面板中设置其 Alpha 值为 0%。

(48) 在“文字 5”层的第 293～296 帧之间创建传统补间动画，并删除第 297 帧以后的所有帧。

(49) 在“预载”层的上方创建一个新图层，重新命名为“背景”，如图 10-36 所示。

(50) 在“背景”层的第 274 帧处插入空白关键帧，按下 Ctrl+R 键将本书光盘“第 10 章”文件夹中的“image.jpg”文件导入到舞台中，并在【信息】面板中设置参数如图 10-37 所示，控制其位置与大小。

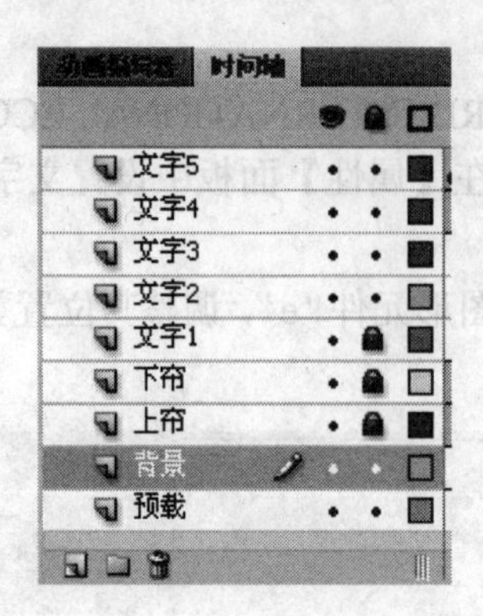

图 10-36　创建的新图层

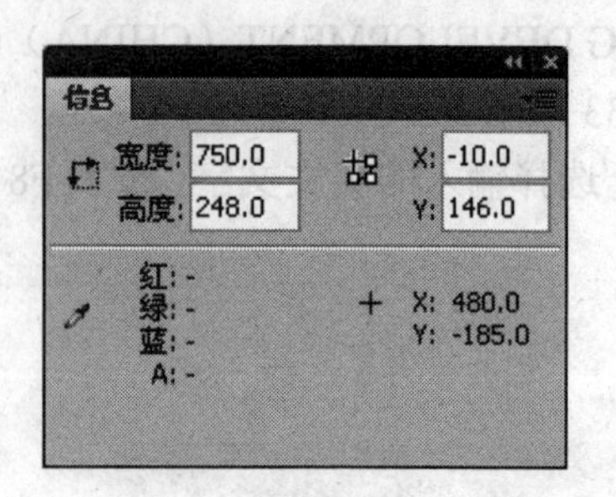

图 10-37　设置“image.jpg”的参数

(51) 在“文字 5”层的上方创建一个新图层，重新命名为“光线 1”，并在该层的第 289 帧处插入空白关键帧。

(52) 选择工具箱中的“矩形工具”，在【属性】面板中设置笔触颜色为无色、填充颜色为白色，在舞台中绘制一个矩形，如图 10-38 所示。

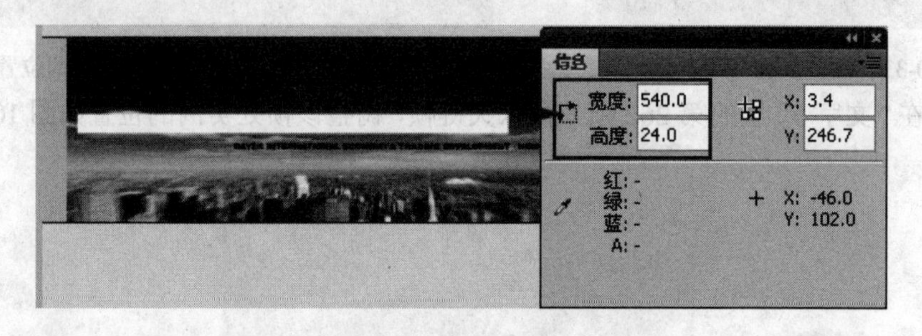

图 10-38　绘制的矩形

(53) 选择绘制的矩形，按下 Shift+F9 键打开【颜色】面板，按下按钮，设置类型为“放射状”，左、右色标均为白色，但右侧色标的 Alpha 值为 0%，如图 10-39 所示，则矩形的填充色自动更换为“透明-白色-透明”的渐变色。

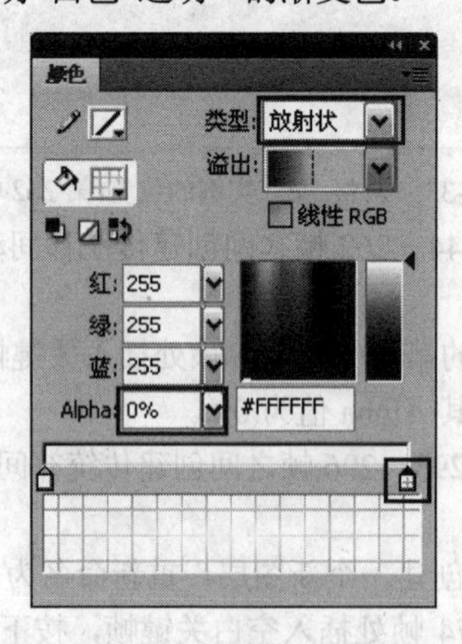

图 10-39　【颜色】面板

(54) 确保更改填充色后的矩形处于选择状态，按下 F8 键将其转换为图形元件“光线”，调整其位置如图 10-40 所示。

图 10-40　调整“光线”实例的位置

(55) 在“光线 1”层的第 294 帧处插入关键帧，选择该帧处的“光线”实例，在【属性】面板中设置其 Alpha 值为 0%，并水平移动到舞台的右侧，如图 10-41 所示。

图 10-41　水平向右移动“光线”实例的位置面

(56) 在“光线 1”层的第 289～294 帧之间创建传统补间动画，然后删除第 295 帧以后的所有帧。

(57) 在“光线 1”层的上方创建一个新图层，重新命名为“光线 2”层，选择该层的第 296 帧，按下 F7 键插入空白关键帧。

(58) 将“光线”元件从【库】面板中拖动到舞台中，按下 Ctrl+T 键，在【变形】面板中改变其高度比例，如图 10-42 所示，然后在舞台中调整“光线”实例的位置如图 10-43 所示。

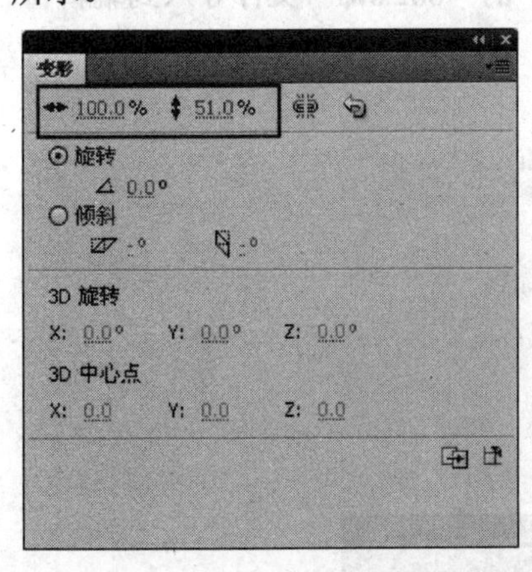

图 10-42　设置“光线”元件的参数

图 10-43　调整“光线”实例的位置(“光线 2”层)

(59) 在“光线 2”层的第 302 帧处插入关键帧，选择该帧处的“光线”实例，在【属性】面板中设置其 Alpha 值为 0%，并水平移动到舞台的左侧，如图 10-44 所示。

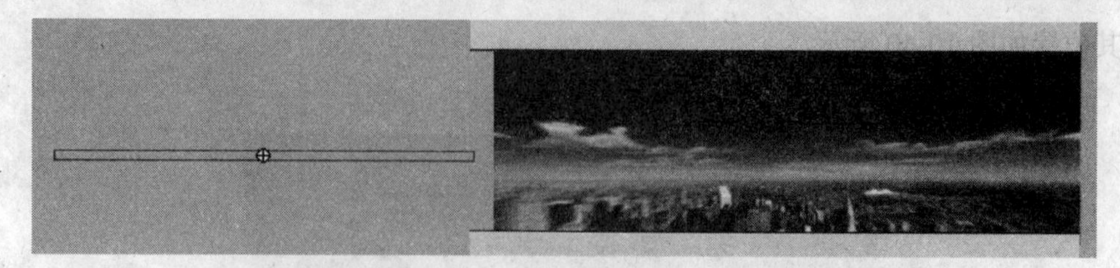

图 10-44　调整“光线”实例的属性及位置(“光线 2”层第 302 帧处)

(60) 在“光线 2”层的第 296～302 帧之间创建传统补间动画，然后删除第 303 帧以后的所有帧。这样就完成了文字动画的制作，【时间轴】面板如图 10-45 所示。

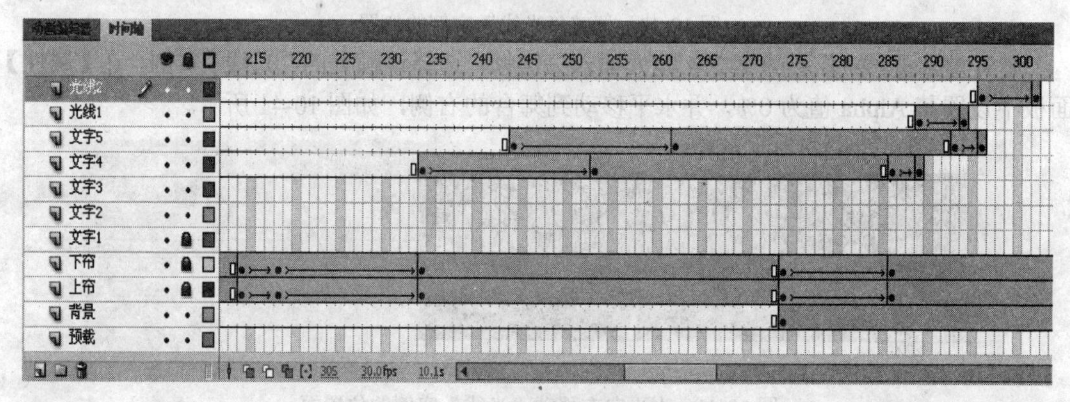

图 10-45　文字动画的【时间轴】面板

10.4.3　制作第一场景动画

在这个场景中，六边形的显示动画是通过导入外部文件以逐帧动画的形式制作的，扫光动画是以传统补间动画制作的，图形的淡入及滑出动画是结合元件的实例属性制作的。

(1) 单击菜单栏中的【插入】\【新建元件】命令，创建一个名称为“图片 1”的图形元件，并进入其编辑窗口，将本书光盘“第 10 章”文件夹中的“002.swf”文件导入到编辑窗口中，导入后形成一个逐帧动画，如图 10-46 所示。

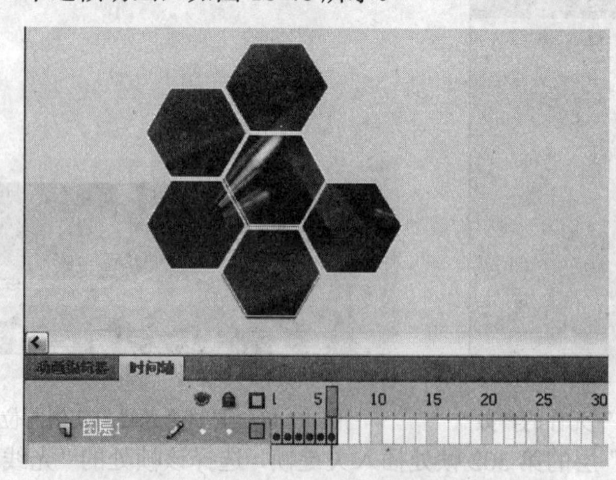

图 10-46　导入的动画“002.swf”

(2) 单击舞台上方的场景 1按钮，返回到舞台中，在“光线 2”层的上方创建一个新图层，重新命名为“第一场景 1”，并在该层的第 307 帧处插入关键帧，将“图片 1”元件从【库】面板中拖拽到舞台中，调整其位置如图 10-47 所示。

图 10-47　调整“图片 1”实例的位置

(3) 在“第一场景 1”层的第 312 帧处插入关键帧，并选择该帧处的“图片 1”实例，在【属性】面板中设置参数如图 10-48 所示。

▽ 循环

选项：单帧

第一帧：6

图 10-48　【属性】面板

(4) 同时选择“第一场景 1”层的第 313～318 帧，按下 F6 键插入关键帧，然后分别选择第 313、315 和 317 帧处的“图片 1”实例，按下 Delete 键将其删除。

(5) 同时选择“第一场景 1”层的第 396～401 帧，按下 F6 键插入关键帧，然后分别选择第 397、399 和 401 帧处的“图片 1”实例，按下 Delete 键将其删除，再将第 402 帧以后的所有帧删除。

(6) 在“第一场景 1”层的上方创建一个新图层，重新命名为“第一场景 2”，在该层的第 321 帧处插入关键帧。

(7) 使用“文本工具”T在舞台中输入文字“精心设计”，并将其转换为图形元件“jxsj”，然后将该实例调整到舞台的右侧，如图 10-49 所示。

图 10-49　调整“jxsj”实例的位置

(8) 在“第一场景 2”层的第 328 帧处插入关键帧，并将该帧处的“jxsj”实例调整到舞台中，位置如图 10-50 所示。

图 10-50　调整“jxsj”实例的位置(第 328 帧处)

(9) 在“第一场景 2”层的第 321～328 帧之间创建传统补间动画，制作出文字从右侧飞入的动画效果。

(10) 分别选择“第一场景 2”层的第 394 和 398 帧，按下 F6 键插入关键帧。

(11) 在舞台中选择第 398 帧处的“jxsj”实例，在【属性】面板中设置 Alpha 值为 0%，然后在第 394～398 帧之间创建传统补间动画，制作出文字渐渐消失的动画效果，最后将第 399 帧以后的所有帧删除，此时的【时间轴】面板如图 10-51 所示。

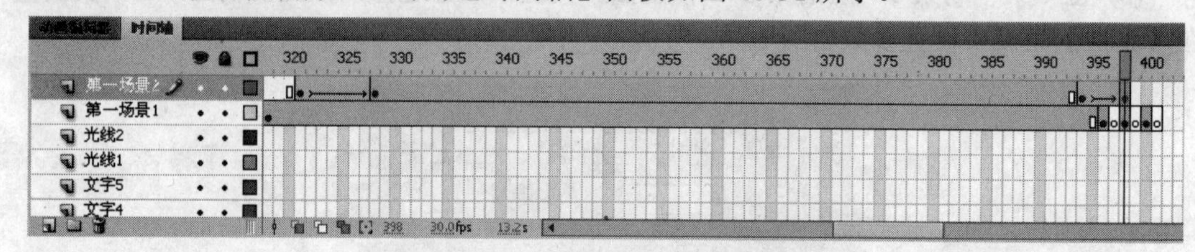

图 10-51　【时间轴】面板

(12) 按下 Ctrl+F8 键，创建一个新的图形元件“z1”，按下 Ctrl+R 键，将本书光盘“第 10 章”文件夹中的“003.swf”文件导入到编辑窗口中。

(13) 在【时间轴】面板中选择“图层 1”的第 2 帧，按下 F7 键插入空白关键帧，然后在【动作】面板中输入如下代码：

```
gotoAndPlay(1);
```

(14) 单击舞台上方的 场景 1 按钮，返回到舞台中。

(15) 在“第一场景 2”的上方创建一个新图层“第一场景 3”，并在该层的第 328 帧处插入关键帧，将“z1”元件从【库】面板中拖拽到舞台中。

(16) 在舞台中选择“z1”实例，单击菜单栏中的【修改】\【变形】\【水平翻转】命令，将实例水平翻转，调整其位置如图 10-52 所示。

图 10-52　调整“z1”实例的位置

(17) 在“第一场景 3”层的第 332 帧处插入关键帧，然后选择第 328 帧处的“z1”实例，在【属性】面板中设置其 Alpha 值为 0%。

(18) 在“第一场景 3”层的第 328～332 帧之间创建传统补间动画。

(19) 在“第一场景 3”层的第 394 和 398 帧处插入关键帧，然后选择第 398 帧处的“z1”实例，在【属性】面板中设置其 Alpha 值为 0%。

(20) 在“第一场景 3”层的第 394～398 帧之间创建传统补间动画，并将第 399 帧以后的所有帧删除，此时的【时间轴】面板如图 10-53 所示。

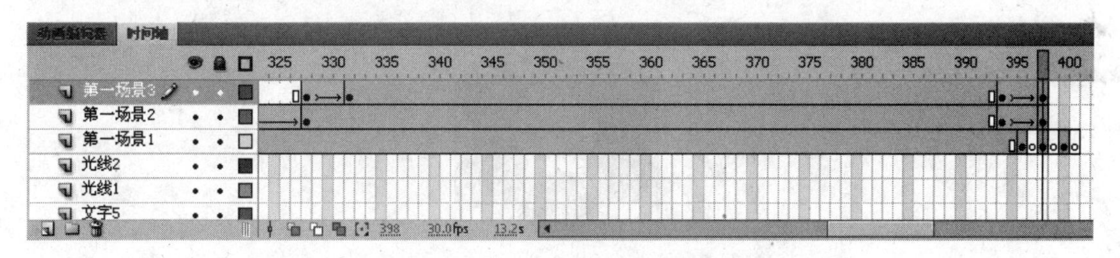

图 10-53　【时间轴】面板

(21) 在“第一场景 3”层的上方创建一个新图层“第一场景 4”，并在该层的第 398 帧处插入关键帧。

(22) 将“光线”元件从【库】面板中拖拽到舞台中，并通过【变形】面板修改其大小，调整位置如图 10-54 所示。

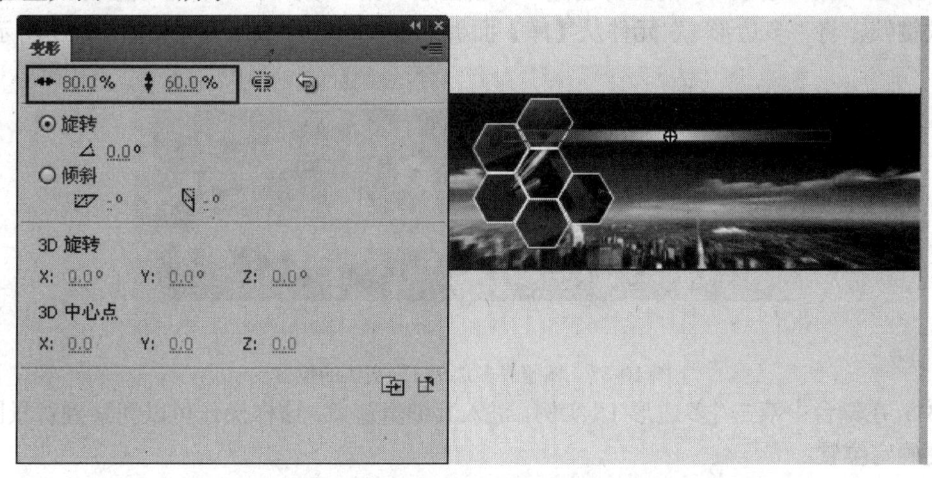

图 10-54　调整“光线”实例的大小和位置

(23) 在“第一场景 4”层的第 408 帧处插入关键帧，选择该帧处的“光线”实例，在【属性】面板中设置 Alpha 值为 0%，调整其位置如图 10-55 所示。

图 10-55　调整“光线”实例的位置(第 408 帧处)

(24) 在“第一场景 4”层的第 398～408 帧创建传统补间动画，并将第 409 帧以后的所有帧删除。

(25) 单击菜单栏中的【插入】\【新建元件】命令，创建一个名称为“多边形 1”的图形元件，并进入其编辑窗口中。

(26) 按下 Ctrl+R 键，将本书光盘“第 10 章”文件夹中的“004.swf”文件导入到编辑窗口中，如图 10-56 所示。

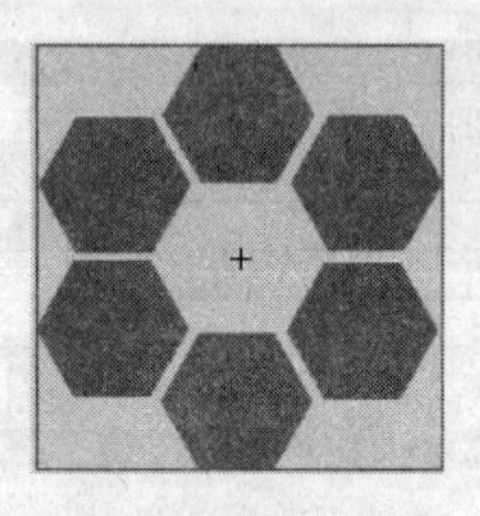

图 10-56　导入的图片“004.swf”

(27) 选择导入的图片，按下 Ctrl+B 键将其分离为图形，然后调整图形的颜色为白色。

(28) 选择修改颜色后的图形，按下 F8 键将其转换为图形元件“duo”。

(29) 单击舞台上方的场景 1按钮，返回到舞台中。

(30) 在“第一场景 4”的上方创建一个新图层“第一场景 5”，并在该层的第 325 帧处插入关键帧，将“多边形 1”元件从【库】面板中拖拽到舞台中，位置如图 10-57 所示。

图 10-57　调整“多边形 1”实例的位置

(31) 在舞台中双击“多边形 1”实例，进入其编辑窗口，这样操作可以观察到背景图像，以方便确定位置。

(32) 在“图层 1”的第 56 帧处插入关键帧，将“duo”实例水平向右移动，如图 10-58 所示。

图 10-58　调整“duo”实例的位置

(33) 在“图层 1”的第 1～56 帧之间创建传统补间动画。

(34) 选择“图层 1”第 1 帧处的“duo”实例，在【属性】面板中设置其 Alpha 值为 0%。

(35) 在“图层 1”的上方创建一个新图层“图层 2”，在该层的第 3 帧处插入关键帧，将“duo”元件从【库】面板中拖拽到编辑窗口中，调整其大小与位置如图 10-59 所示。

图 10-59　调整“duo”实例的大小和位置(“图层 2”第 3 帧处)

(36) 在“图层 2”的第 49 帧处插入关键帧，调整“duo”实例的位置如图 10-60 所示。

图 10-60　调整“duo”实例的位置(“图层 2”第 49 帧处)

(37) 在“图层 2”的第 3～49 帧之间创建传统补间动画。

(38) 选择“图层 2”第 3 帧处的“duo”实例，在【属性】面板中设置其 Alpha 值为 0%，最后将“图层 2”第 50 帧以后的所有帧删除。

(39) 在“图层 2”的上方创建一个新图层“图层 3”，并在该层的第 7 帧处插入关键帧，将“duo”元件从【库】面板中拖拽到编辑窗口中，调整其大小与位置如图 10-61 所示。

图 10-61　调整“duo”实例的大小和位置(“图层 3”第 7 帧处)

(40) 在“图层 3”的第 64 帧处插入关键帧，调整实例的位置如图 10-62 所示，然后选择第 7 帧处的“duo”实例，在【属性】面板中设置其 Alpha 值为 0%。

图 10-62　调整“duo”实例的大小和位置(“图层 3”第 64 帧处)

(41) 在“图层 3”的第 7～64 帧之间创建传统补间动画。“多边形 1”元件的【时间轴】面板如图 10-63 所示。

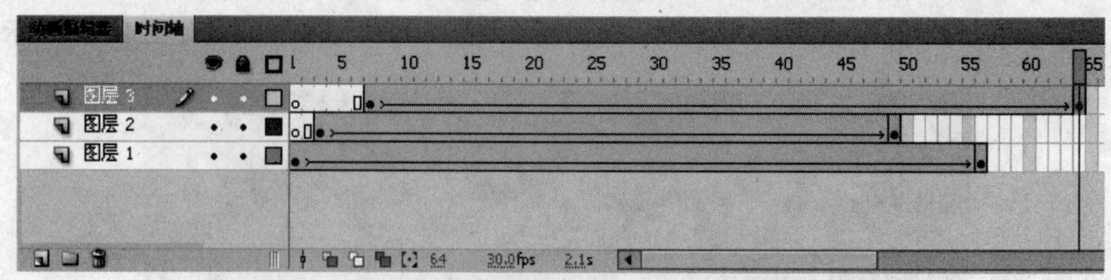

图 10-63 【时间轴】面板

(42) 在【时间轴】面板中分别选择“图层 1”的第 1 帧、“图层 2”的第 3 帧、“图层 3”的第 7 帧，在【属性】面板中设置参数如图 10-64 所示。

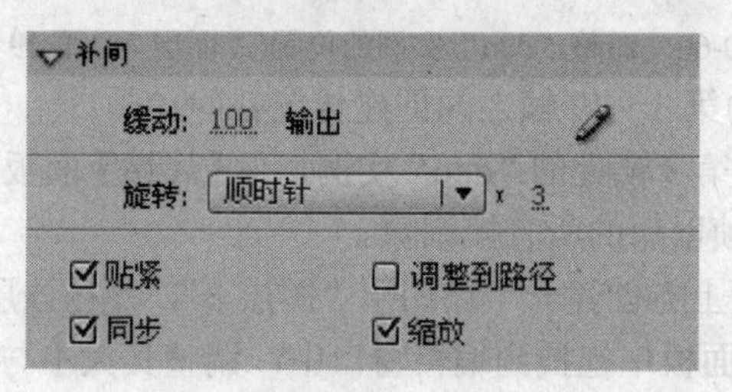

图 10-64 【属性】面板

(43) 单击舞台上方的 场景 1 按钮，返回到舞台中，然后在“第一场景 5”层的第 388 帧处插入关键帧，并将第 389 帧以后的所有帧删除，这样就完成了第一场景动画的制作，此时的【时间轴】面板如图 10-65 所示。

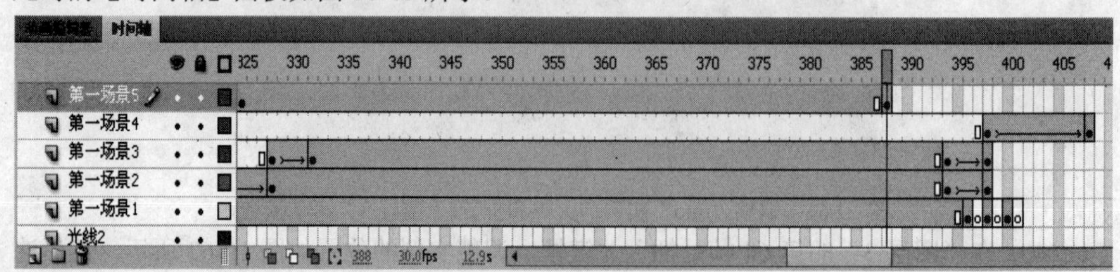

图 10-65 【时间轴】面板

10.4.4　制作第二、三场景动画

第二、三场景动画除了画面内容不同外，动画效果与制作技术完全与第一场景动画相同，主要作用是表现公司的不同侧面。

(1) 按下 Ctrl+F8 键创建一个新的图形元件“图片 2”，并进入其编辑窗口中，然后将本书光盘“第 10 章”文件夹中的“005.swf”文件导入到窗口中，这也是一个逐帧动画，如图 10-66 所示。

图 10-66　导入的动画“005.swf”

(2) 单击舞台上方的 场景 1 按钮，返回到舞台中。

(3) 在“第一场景 5”层的上方创建一个新图层，重新命名为“第二场景 1”，并在该层的第 415 帧处插入关键帧。

(4) 将“图片 2”元件从【库】面板中拖拽到舞台中，调整其位置如图 10-67 所示。

图 10-67　导入的实例“图片 2”

(5) 在“第二场景 1”层的第 425 帧处插入关键帧，然后选择该帧处的实例，在【属性】面板中设置其参数如图 10-68 所示。

图 10-68 【属性】面板

(6) 在【时间轴】面板中同时选择“第二场景 1”层的第 426～431 帧，按下 F6 键插入关键帧，然后分别选择第 426、428 和 430 帧处的“图片 2”实例，按下 Delete 键将其删除。

(7) 同时选择“第二场景 1”层的第 499～505 帧，按下 F6 键插入关键帧，然后分别选择第 500、502 和 504 帧处的“图片 2”实例，将其删除，并将第 506 帧以后的所有帧删除，此时的【时间轴】面板如图 10-69 所示。

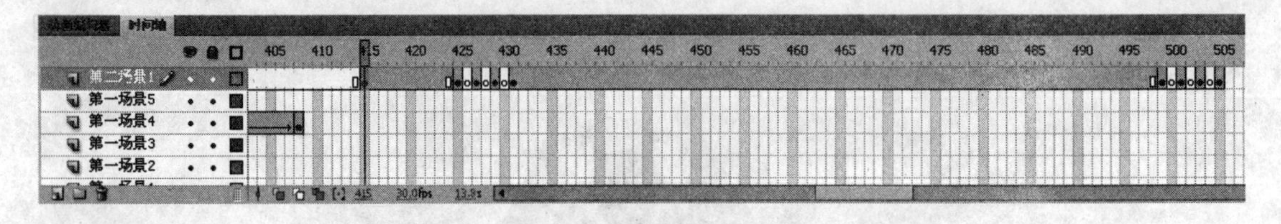

图 10-69 【时间轴】面板

(8) 在“第二场景 1”层的上方创建一个新图层，命名为“第二场景 2”层，然后在该层的第 424 帧处插入关键帧。

(9) 选择工具箱中的“文本工具” T ，在舞台中输入文字“精益管理”，并将其转换为图形元件“jygl”，调整其位置如图 10-70 所示。

图 10-70 调整“jygl”实例的位置

(10) 分别在“第二场景 2”层的第 431、499 和 503 帧处插入关键帧，然后选择第 424 帧处的“jygl”实例，在【属性】面板中设置其 Alpha 值为 0%，并调整到舞台的右侧，如图 10-71 所示。

图 10-71 调整“jygl”实例的位置(第 424 帧处)

(11) 在舞台中选择第 503 帧处的“jygl”实例，在【属性】面板中设置其 Alpha 值为 0%。

(12) 在“第二场景 2”层的第 424～431 帧、第 499～503 帧之间创建传统补间动画，制作出文字从右侧飞入并淡出的动画效果，然后删除第 504 帧以后的所有帧。

(13) 在“第二场景 2”层的上方创建一个新图层，重新命名为“第二场景 3”，并在该层的第 428 帧处插入关键帧，将“z1”元件从【库】面板中拖拽到舞台中。

(14) 参照“第一场景 3”层中动画的制作方法，制作“第二场景 3”层中的动画效果，然后删除第 504 帧以后的所有帧，此时的【时间轴】面板如图 10-72 所示。

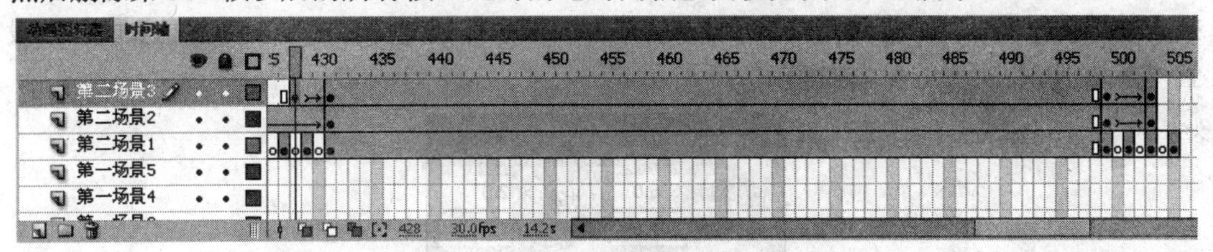

图 10-72　【时间轴】面板

(15) 在“第二场景 3”层的上方创建一个新图层，重新命名为“第二场景 4”，在该层的第 502 帧处插入关键帧。

(16) 在【时间轴】面板中同时选择“第一场景 4”层的第 398～408 帧，单击鼠标右键，在弹出的快捷菜单中选择【复制帧】命令，复制选择的帧。

(17) 在【时间轴】面板中同时选择“第二场景 4”的第 502～512 帧，单击鼠标右键，在弹出的快捷菜单中选择【粘贴帧】命令，粘贴复制的帧，然后将第 513 帧以后的所有帧删除，此时的【时间轴】面板如图 10-73 所示。

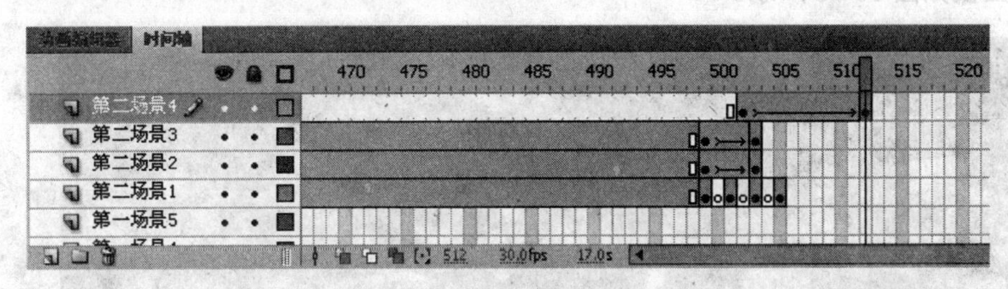

图 10-73　【时间轴】面板

(18) 按下 Ctrl+F8 键，创建一个名称为“多边形 2”的新影片剪辑元件，并进入其编辑窗口中。

(19) 按下 Ctrl+R 键，将本书光盘“第 10 章”文件夹中的“006.swf”文件导入到编辑窗口中，这是一个逐帧动画，如图 10-74 所示。

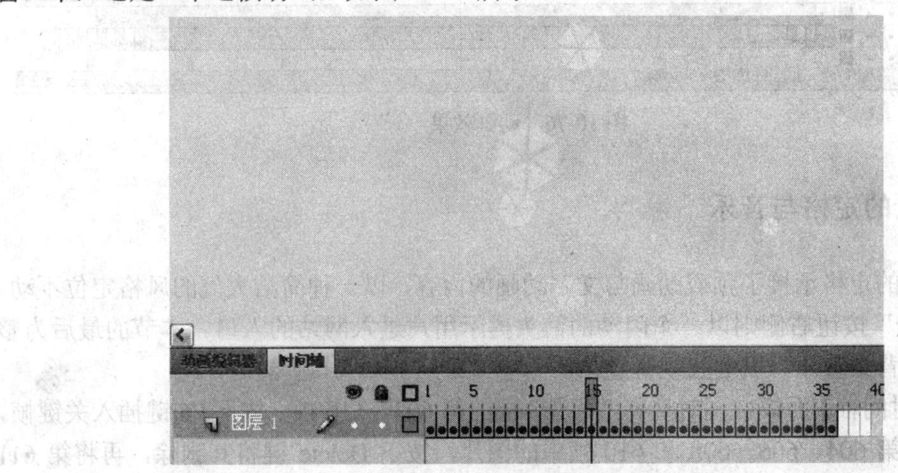

图 10-74　导入的动画“006.swf”

(20) 单击舞台上方的 场景 1 按钮，返回到舞台中。

(21) 在“第二场景 4”层的上方创建一个新图层“第二场景 5”，在该层的第 450 帧处插入关键帧，然后将“多边形 2”元件从【库】面板中拖拽到舞台中。在【信息】面板中设置“多边形 2”实例的参数如图 10-75 所示。

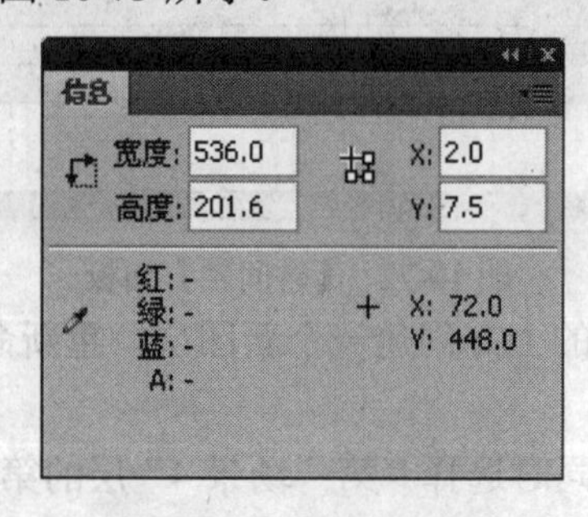

图 10-75　【信息】面板

(22) 在“第二场景 5”层的第 485 帧处插入关键帧，然后将第 486 帧以后的所有帧删除。

(23) 参照前面第一、二场景动画的制作方法，制作第三场景动画，完成后的画面与【时间轴】面板如图 10-76 所示。

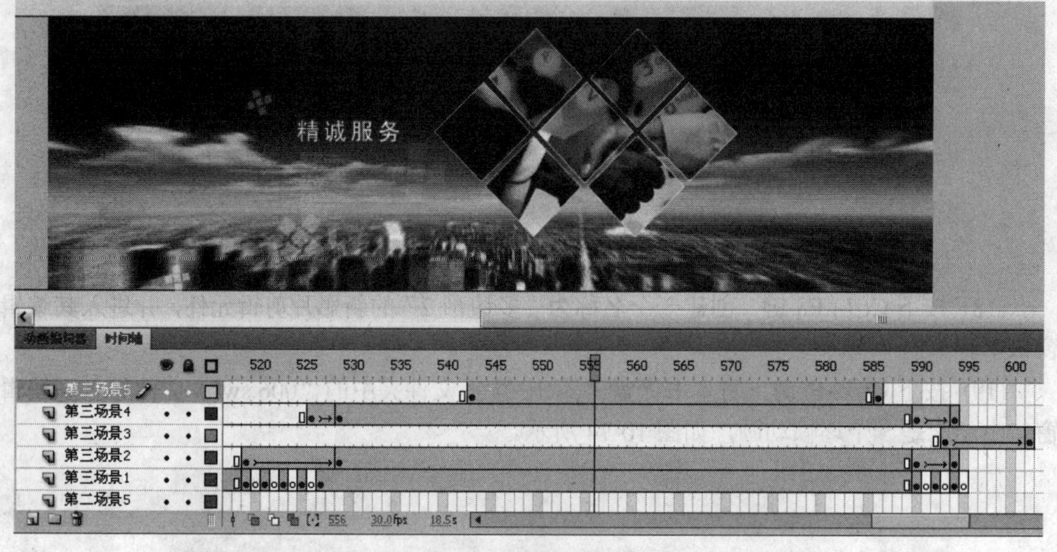

图 10-76　动画效果

10.4.5　场景的定格与音乐

片头动画的定格承接了预载动画与文字动画的内容，以一种简洁大气的风格定位不动，下方的“Enter”按钮右侧则以一个闪动的箭头提示用户进入网站的入口。本节的最后为整个动画添加了背景音乐，以增强视听效果。

(1) 在【时间轴】面板中同时选择“背景”层的第 603～610 帧，按下 F6 键插入关键帧，然后分别选择第 604、606、608 和 610 帧中的图片，按下 Delete 键将其删除，再将第 611 帧以后的所有帧删除。

(2) 同时选择“上帘”层与“下帘”层的第 615 和 623 帧，按下 F6 键插入关键帧。

(3) 分别选择“上帘”层与“下帘”层第 623 帧处的“juxing”实例，调整其位置如图 10-77 所示。

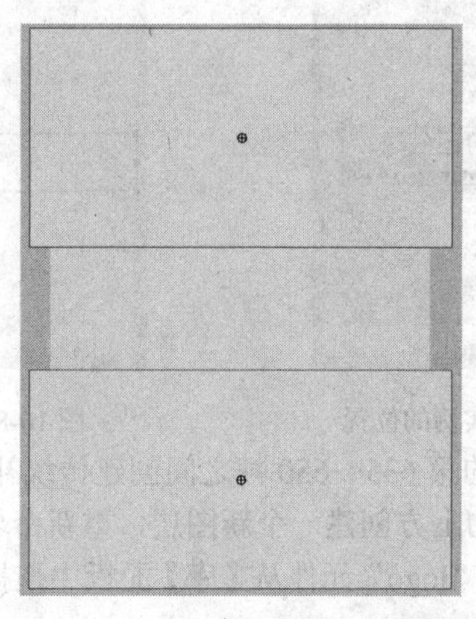

图 10-77　调整“juxing”实例的位置

(4) 同时选择“上帘”层与“下帘”层的第 615 帧，单击鼠标右键，在弹出的快捷菜单中选择【创建传统补间】命令，创建传统补间动画。

(5) 分别选择“上帘”层与“下帘”层的第 615 帧，在【属性】面板中设置缓动值为 −100，此时的【时间轴】面板如图 10-78 所示。

时间轴
585
590
595
600
605
610
615
620
625
630
文字1
下帘
上帘
背景
预载
615
30.0fps
20.5s

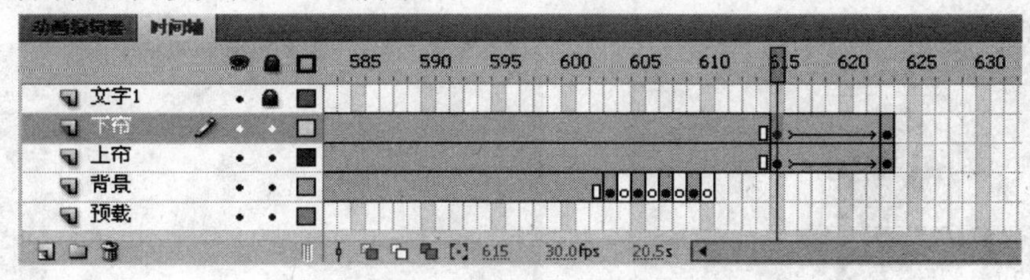

图 10-78　【时间轴】面板

(6) 按下 Ctrl+F8 键，创建一个新的图形元件“贝尔 3”，并进入其编辑窗口中。

(7) 将“贝尔 2”元件和“e”元件从【库】面板中拖拽到编辑窗口中，并调整其位置如图 10-79 所示。

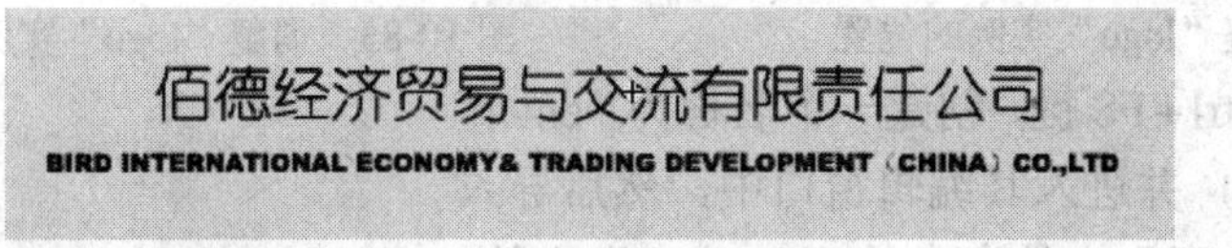

佰德经济贸易与交流有限责任公司
BIRD INTERNATIONAL ECONOMY& TRADING DEVELOPMENT（CHINA）CO.,LTD

图 10-79　调整“贝尔 2”和“e”实例的位置

(8) 单击舞台上方的 场景 1 按钮，返回到舞台中。

(9) 在“第三场景 5”层的上方创建一个新图层，重新命名为“公司名称”层，在该层的第 635 帧处插入关键帧，然后将“贝尔 3”元件从【库】面板中拖拽到舞台中，并调整其位置如图 10-80 所示。

(10) 在“公司名称”层的第 650 帧处插入关键帧。

(11) 选择“公司名称”层第 635 帧处的“贝尔 3”实例，在【属性】面板中设置其 Alpha 值为 0%，并将实例放大，调整其位置如图 10-81 所示。

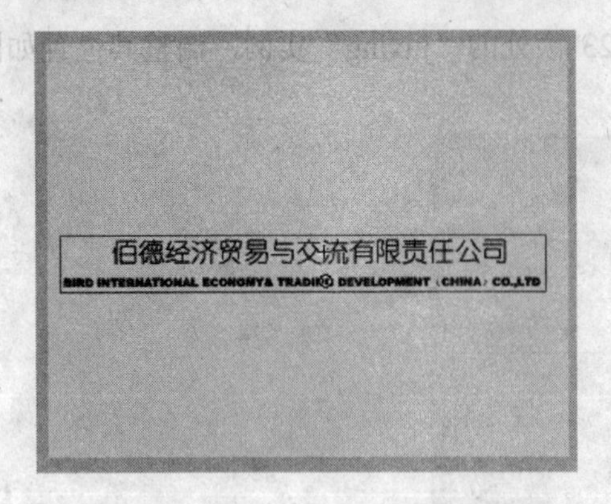

图 10-80　调整“贝尔 3”实例的位置

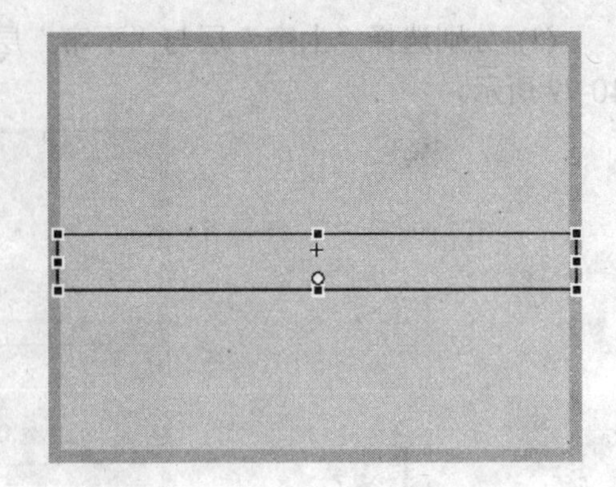

图 10-81　放大“贝尔 3”实例

(12) 在“公司名称”层的第 635～650 帧之间创建传统补间动画。

(13) 在“公司名称”层的上方创建一个新图层，重新命名为“公司标志”，在该层的第 635 帧处插入关键帧，然后将“logo”元件从【库】面板中拖拽到舞台中，其位置如图 10-82 所示。

(14) 选择“公司标志”层的第 650 帧，按下 F6 键插入关键帧，然后在第 635～650 帧之间创建传统补间动画。

(15) 选择“公司标志”层第 635 帧处的“logo”实例，在【属性】面板中设置其 Alpha 值为 0%，并调整到舞台的右侧，如图 10-83 所示。

图 10-82　调整“logo”实例的位置

图 10-83　调整“logo”实例到舞台的右侧

(16) 按下 Ctrl+F8 键，创建一个名称为“enter”的影片剪辑元件，并进入其编辑窗口中，然后导入本书光盘“第 10 章”文件夹中的“009.swf”文件。

(17) 单击舞台上方的 场景 1 按钮，返回到舞台中。

(18) 在“公司标志”层的上方创建一个新图层，命名为“回车”，在该层的第 650 帧处插入关键帧，然后将“enter”元件从【库】面板中拖拽到舞台中，调整其位置如图 10-84 所示。

图 10-84　调整“enter”实例的位置

(19) 选择“回车”层的第 650 帧，按下 F9 键，在【动作】面板中输入代码：

```
stop();
```

至此，网站片头的动画部分制作完成。为了得到更好的视觉和听觉效果，下面我们为动画添加音效。

(20) 单击菜单栏中的【文件】\【导入】\【导入到库】命令，将本书光盘“第 10 章”文件夹中的“sound_1.mp3”和“sound_2.mp3”文件导入到【库】面板中。

(21) 在“回车”层的上方创建一个新图层“音乐 1”，选择该层的第 40 帧，按下 F6 键插入关键帧，将“sound_1”从【库】面板中拖动到舞台上，然后在【属性】面板中设置参数如图 10-85 所示。

(22) 在“音乐 1”层的上方创建一个新图层“音乐 2”，选择该层的第 215 帧，按下 F6 键插入关键帧，将“sound_2”从【库】面板中拖动到舞台上，然后在【属性】面板中设置参数如图 10-86 所示。

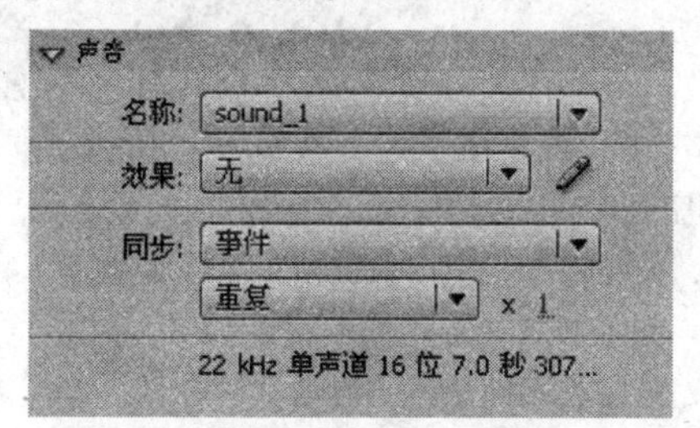

图 10-85　“sound_1”的参数

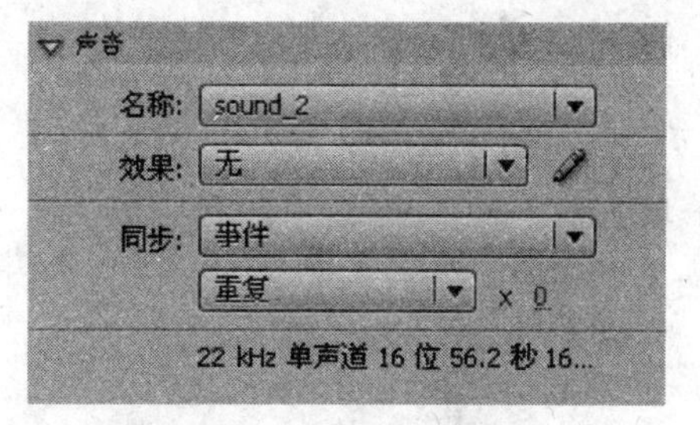

图 10-86　“sound_2”的参数

(23) 至此完成了整个网站片头动画的制作，按下 Ctrl+Enter 键可以测试动画效果。

(24) 如果测试通过，单击菜单栏中的【文件】\【保存】命令，将该文件保存为“网站片头.fla”。

本章小结

本章详细地讲解了一个比较完整的网站片头动画，向读者讲解了 Flash 片头动画的制作方法与技巧。为了方便读者的学习，我们将整个 Flash 片头分解成几部分单独讲解，但是整个动画仍然是一个 Flash 文件，这是一种非常有效的工作方法，对于一些稍大稍复杂的 Flash 动画，在制作之前，首先要对整个动画进行分析，然后将动画分解为几个场景，对每个场景中的动画效果都做到心中有数。这样制作可以大大提高工作效率。

Flash 动画具有动感强、视听效果好等特点。希望读者通过本章的学习，能够根据所学的内容设计并制作出属于自己的 Flash 片头动画。

课后练习答案

第 1 章

一、填空题

1. “传统”　“基本功能”
2. 舞台　后台
3. 局部细节　察看全局
4. 文档属性
5. 水平标尺　垂直标尺
6. 帧频

二、简答题（略）

第 2 章

一、填空题

1. 矢量图
2. 分辨率
3. 图形　自动粘合　对象
4. 轮廓线　填充色
5. 渐变色　位图
6. 路径　贝塞尔

二、简答题（略）

第 3 章

一、填空题

1. 修改图形
2. 平滑点　拐点
3. 【变形】　复制对象
4. 【交集】　【裁切】
5. 打散　可编辑

二、简答题（略）

第 4 章

一、填空题

1. 影片剪辑元件　按钮元件　图形元件
2. 【导入到舞台】　【导入到库】
3. 【声音】　【按钮】　【类】
4. 舞台的原位置
5. 【交换元件】

二、简答题（略）

第 5 章

一、填空题

1. 静态　动态　输入
2. 分离
3. 文本　按钮　影片剪辑元件
4. 事件声音　音频流
5. 声音同步

二、简答题（略）

第 6 章

一、填空题

1. 关键帧　空白关键帧　普通帧　过渡帧
2. 空白关键帧是　清除
3. 【清除帧】
4. 【分散到图层】

二、简答题（略）

第 7 章

一、填空题

1. 逐帧
2. 图形　【分离】
3. 传统补间动画
4. 两个
5. 文本

二、简答题（略）

第 8 章

一、填空题

1. fscommand
2. 某种行为
3. 帧或场景
4. 按钮　关键帧
5. quit

二、简答题（略）